国家肉羊产业技术体系
实用技术汇编

◇◇◇◇金 海 主编

中国农业科学技术出版社

图书在版编目（CIP）数据

国家肉羊产业技术体系实用技术汇编／金海主编. —北京：中国农业科学技术出版社，2020.10

ISBN 978-7-5116-4422-0

Ⅰ.①国… Ⅱ.①金… Ⅲ.①肉用羊–饲养管理 Ⅳ.①S826.9

中国版本图书馆 CIP 数据核字（2019）第 219676 号

责任编辑	贺可香
责任校对	贾海霞

出 版 者	中国农业科学技术出版社
	北京市中关村南大街 12 号　邮编：100081
电　　话	（010）82106638（编辑室）　（010）82109702（发行部）
	（010）82109703（读者服务部）
传　　真	（010）82106638
网　　址	http://www.castp.cn
经 销 者	各地新华书店
印 刷 者	北京地大天成文化发展有限公司
开　　本	787mm×1 092mm　1/16
印　　张	28　彩插 8 面
字　　数	730 千字
版　　次	2020 年 10 月第 1 版　2020 年 10 月第 1 次印刷
定　　价	120.00 元

谨以此书深刻缅怀国家肉羊产业技术体系奠基人
旭日干院士

《国家现代肉羊产业技术体系系列丛书》
编　委　会

《国家肉羊产业技术体系实用技术汇编》
编 委 会

主　　编：金　海

副 主 编：刁其玉　　　王　锋　　　王凤阳　　　李　军　　　张德权
　　　　　姜勋平　　　张英杰　　　张子军　　　王建国　　　邵庆勇
　　　　　张志刚　　　郝　耿

参　　编：马惠海　　　王文义　　　王文奇　　　王玉琴　　　王国春
　　　　　毛凤显　　　左北瑶　　　宁长申　　　刘永斌　　　张建新
　　　　　张锁良　　　李　瑞　　　李发弟　　　余忠祥　　　汪代华
　　　　　陈红莉　　　罗海玲　　　金海国　　　赵世华　　　柳尧波
　　　　　格日勒图　　项斌伟　　　姜仲文　　　郭天龙　　　海　龙
　　　　　凌英会　　　崔绪奎　　　章树林　　　储明星　　　廛洪武
　　　　　魏彩虹　　　韩丽敏　　　薛树媛　　　李长青　　　赵启南
　　　　　杨　斌　　　马　涛　　　于新蕾　　　崔　凯　　　阿娜尔
　　　　　何小龙　　　付绍印　　　王礞礞　　　周爱民

序

  国家肉羊产业技术体系是农业农村部与财政部共同领导下的，立足国家肉羊产业长远发展的战略需求，着眼全国不同区域肉羊全产业链发展关键技术研发的非法人公益性学术科研团体。肉羊产业技术体系从 2008 年建立至今，现有从事肉羊遗传育种、营养调控、饲料资源开发、疫病防控、生产与环境控制、羊肉产品加工、产业经济研究等领域的岗站专家团队 45 个，其中包括 25 位岗位专家，20 位综合试验站站长，团队科技人员达 245 人。

  肉羊产业技术体系从建立至今，走过十年风雨岁月，我们深刻缅怀已故首席旭日干院士，正是在他的带领下，我们的肉羊产业技术体系从蹒跚走路到立住脚跟。这十年间通过全体系历任岗站专家的积极探索，开拓创新，齐心协力，共同探索，有代表性、具有广泛应用价值的、有突破性的科技进展不断涌现，技术培训遍及全国各地，肉羊产业技术体系成员已成为肉羊产业发展的主要推动力。闯出了一条适合我国体制特色的肉羊产业科技创新与发展之路，在技术研发、协同创新、运行机制、成果评价、人员管理等方面进行了些许有益探索，丰富了我国现代农业产业技术体系建设的理论与实践。同时，围绕肉羊产业全产业链发展，针对不同技术用户需求，在培育肉用羊新品种（系），提纯选育地方品种，开发新技术新工艺，研发新设备新产品，为政府及技术用户建言献策等方面做出了相应的贡献，在推动国家肉羊产业结构调整、发展方式转变、产业技术进步中，都发挥了主力军作用。

  我感谢每一位为产业体系发展做出贡献、付出心血的同事、同仁。肉羊产业技术体系今后将一如既往服务农牧业生产主战场，破解产业发展技术难题，把体系的适用技术成果在企业、农牧户示范推广，扶持有潜力的养羊企业持续稳定升级发展，是肉羊产业技术体系应尽的职责。

  路漫漫其修远兮，吾将上下而求索。肉羊产业技术体系团队将不忘初心，永葆一颗积极探索、为民谋福祉的心，扎实服务于乡村振兴战略，为中华民族的伟大复兴做出自己的贡献。

2020 年 9 月于内蒙古呼和浩特

目　　录

肉羊营养与饲料实用技术

肉羊遗传改良实用技术

肉羊疾病防控实用技术

肉羊生产与环境控制实用技术

羊肉产品加工实用技术

肉羊养殖综合配套技术集成

肉羊产业经济典型模式与案例分析

肉羊营养与饲料实用技术

羔羊代乳品生产及应用技术

一、技术背景

发展现代化的优质羔羊生产体系需要充分发挥母羊多产性能，要求母羊能够达到1年2产或2年3产，而一胎多羔的成活率和过长哺乳期成为制约羔羊发展的重要因素之一，特别是母羊体况弱、奶水不足时，羔羊的成活率更低，有时甚至不足50%。羔羊实施早期断奶，代乳产品至关重要。使用牛奶饲喂羔羊，不仅营养不对应，而且使用不方便；使用代乳品（又称代乳料）补饲羔羊，既可提高羔羊的成活率，又有利于母羊及早恢复体况，进入下一个繁殖周期。优质的代乳料更有利于羔羊消化系统的发育，提高进食水平。

二、技术要点

成分：乳清粉、大豆蛋白、葡萄糖、麦芽糊精、全脂奶粉、棕榈油（图1）。

作用：保障羔羊生长发育的同时，促进消化器官的发育和免疫系统的完善，为羔羊的健康成长奠定基础，同时使母羊尽快恢复体况，实现1年2产或2年3产。

图1　羔羊代乳品

三、技术应用说明

代乳品的饲喂方法：每天增加代乳品饲喂量1/3，通过3d过渡期逐步从母乳换成代乳品饲喂。30日龄前，每天饲喂3次（7：00、13：00和19：00），30~60日龄每天饲喂2次（8：00和18：00）。代乳品用沸水冷却到50℃按1∶5比例冲泡成乳液，再次冷却至（40±1）℃装入人工奶瓶饲喂（图2）。

图 2　代乳品简易饲喂架

四、适宜区域

1. 农区以及其他舍饲条件下的肉羊养殖地区。
2. 北方牧区，特别适用于母羊产羔后奶水不足的情况。

五、注意事项

1. 器具卫生：每次饲喂结束后将饲喂工具清洗干净且每天消毒 1 次。
2. 羔羊护理：饲喂结束后及时擦净羔羊嘴边的代乳品。

六、效益分析

羔羊饲喂代乳品在 90 日龄前日增重超过 200g，成活率达 95% 以上，羔羊体况健康进食能力显著提高，生产性能超过随母哺乳羔羊。

七、技术开发与依托单位

联系人：马涛、张卫兵
联系地址：北京市海淀区中关村南大街 12 号
技术依托单位：中国农业科学院饲料研究所

青贮接种剂生产及应用技术

一、技术背景

针对肉羊产业所需要的青贮饲料，研发出青贮专用酶、菌复合接种剂和发酵剂，有效软化、降解秸秆的木质纤维素成分，提高秸秆降解率的同时为复合发酵剂中的乳酸菌提供发酵底物，并缩短发酵时间，保存更多的营养物质，提高秸秆的营养价值。同时具有降低二次发酵过程中毒素累积风险，保障家畜健康和畜产品的安全，接种剂中含有产酸益生菌，提高青贮的效果。

二、技术要点

（一）成分

植物乳杆菌和布氏乳杆菌；纤维素酶、木聚糖酶、β-葡聚糖酶等纤维降解酶（图1）。

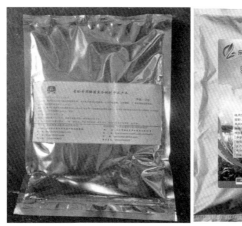

图1 青贮接种剂

（二）作用

玉米青贮专用微生物添加剂为同型乳酸菌和异型乳酸菌，能够抑制不良微生物的繁殖，改善青贮有氧稳定性。

三、技术应用说明

青贮接种剂使用方法：接种剂溶解到 10~30kg 清水中，在青贮饲料制备过程中均匀喷洒在 1t 切碎的青贮料上，尽快将青贮料压实，密封（图2、图3）。

图 2　青贮接种剂溶解方法

图 3　青贮接种剂使用方法

四、适宜区域

适用于各类条件下的青贮。

五、应用效果

可促使乳酸菌迅速繁殖，降低 pH 值，抑制不良微生物的繁殖；异型发酵乳酸菌：提高乙酸含量，改善青贮有氧稳定性（表 1）。

表 1   青贮接种剂应用效果

测定指标	常规青贮	外加接种剂青贮
水分（%）	70.80	71.60
pH 值	3.96	3.80
粗蛋白质（%）	6.80	6.95
乳酸（%）	5.21	5.65
乙酸（%）	1.27	1.39
丙酸（%）	—	—
丁酸（%）	0.16	0.13
氨氮（%）	0.10	0.09
氨氮/总氮	9.19	8.09
中性洗涤纤维（%）	59.40	57.20
酸性洗涤纤维（%）	39.40	38.50

六、技术开发与依托单位

联系人：马涛、张卫兵

联系地址：北京市海淀区中关村南大街 12 号

技术依托单位：中国农业科学院饲料研究所

秸秆型粗饲料生产及应用技术

一、技术背景

针对玉米秸秆纤维的特殊结构，通过添加不同组合添加剂，实现木质纤维素的碳链解码，提高玉米秸秆的利用效率，降低饲喂成本，提高经济效益（图1）。

图1 添加剂

二、技术要点

（一）成分

植物乳杆菌和布氏乳杆菌；纤维素酶、木聚糖酶、β-葡聚糖酶等纤维降解酶。

（二）作用

发酵剂中的酶制剂可以破坏木质素结构，断裂粗纤维素的碳链，降解秸秆的木质纤维素成分，分解植物细胞壁，使植物细胞壁降解供能并提高胞内物质的消化率，促进营养物质的消化吸收，降解饲料中的抗营养因子，提高饲料转化率，降低氮磷等排泄量，减少环境污染。

三、技术应用说明

1t日粮里添加1kg的复合酶制剂（酶制剂：载体=4：6）（图2）。添加方式：①应用于TMR：先按照日粮配比添加到浓缩料里混匀，再与一定比例的玉米秸秆和适量水进行混合、制作TMR；②如没有TMR机械设备条件，可将复合酶制剂干粉用水稀释成0.5%的溶液，30min之后，均匀地喷洒于秸秆表面。注意：长期贮藏条件为密封、低温（低于10℃）、干燥、避光。复合酶制剂与水接触后尽快使用，以免失效。

图 2　喷洒酶制剂

四、适宜区域

适用于各类应用秸秆饲料的区域。

五、效益分析

添加秸秆专用酶制剂能够提高肉牛净重和平均日增重；秸秆专用酶制剂能够显著提高饲料转化效率；在玉米秸秆饲料中使用专用酶制剂，可以提高饲料的利用率，每千克增重可降低饲养成本 2~3 元。

六、技术开发与依托单位

联系人：马涛、张卫兵
联系地址：北京市海淀区中关村南大街 12 号
技术依托单位：中国农业科学院饲料研究所

植物乳杆菌生产及应用技术

一、背景介绍

在羔羊饲料中添加抗生素可以降低腹泻率和死亡率。但抗生素的使用将增加羔羊体内致病性细菌产生耐药性的风险。我国2020年7月全面禁止抗生素类添加剂在动物饲料中的应用，近年来，微生态制剂因在促进动物生产性能和动物健康方面有着明显的效果而受到重视。乳杆菌具有提高畜禽生产性能、预防及治疗腹泻的作用，是国内外公认的有效微生态制剂之一。植物乳杆菌GF103是中国农业科学院饲料研究所分离提取的一株益生菌，具有促进羔羊生长发育，提高饲料营养物质消化率、降低羔羊粪便中大肠杆菌数量，增强免疫力的作用。

二、技术要点

1. 植物乳杆菌和含有该植物乳杆菌的饲料预混料，在羔羊日粮中添加饲喂，添加适宜量为 $1×10^9 CFU/kg$（图1）。

2. 在初生羔羊的代乳品或乳汁中添加植物乳杆菌，减少了羔羊腹泻，提高羔羊成活率10%以上。

3. 为提高植物乳杆菌的使用效果，采用植物乳杆菌发酵羔羊饲料原料大豆粕，降低豆粕中抗营养因子、尿素酶活性和胰蛋白酶抑制剂含量，从而提高豆粕的消化率。

图1 饲料预混剂

三、适宜地区

本技术适用于全国各地养羊区域。

四、注意事项

1. 一般不与抗生素类药物混合使用，否则会降低效果，甚至诱导植物乳杆菌产生耐药性，可与非抑菌或非杀菌类饲料药物添加剂混合使用（图2）。

2. 植物乳杆菌需密闭保存于阴凉、通风、干燥处。

图 2　饲料药物添加剂

五、效益分析

在羔羊乳汁或代乳品中添加植物乳杆菌，可提高羔羊成活率10%以上，同时提高羔羊日增重10g以上。每只育成羔羊增加经济效益20元以上。同时，使用植物乳杆菌发酵豆粕原料，提高豆粕在羔羊上的消化率，从而降低羔羊饲料生产成本。

六、技术开发与依托单位

联系人：江喜春

技术依托单位：中国农业科学院饲料研究所

哺乳期羔羊（0~2月龄）开食料配制技术

一、技术背景

羔羊从出生到哺乳期结束，经历了从单胃消化到复胃消化、从以液体乳营养为主向以草料营养为主的转变。该转变阶段是反刍动物生长发育水平最强，饲料利用率最高，开发潜力最大的阶段。0~2月龄的羔羊逐渐采食固体饲料，在很短的时间内经历了巨大的生理和代谢变化，消化系统的结构和功能迅速改变。

二、技术要点

（一）营养参数

蛋白质和能量对动物起重要作用，蛋白质是动物机体的重要组成成分，蛋白质摄入主要是满足动物机体组成所需氨基酸，而能量则是动物维持生命活动所必需的。饲料中蛋白质和能量含量需要满足动物的需要，且应保持适宜的比例，比例不当会影响营养物质的利用效率并导致营养障碍。哺乳期羔羊开食料适宜粗蛋白和代谢能水平分别为20%~22%、10.0~11.0MJ/kg。

（二）推荐配方

具体配方如表1所示。

表1　推荐配方

原料	配比（%）	营养水平	含量（%）
玉米	53	干物质	86.59
豆粕	27	粗蛋白质	20.80
小麦麸	6	代谢能（MJ/kg）	10.59
预混料	4	粗脂肪	2.89
苜蓿草粉	10	粗纤维	5.03
		钙	0.41
合计	100	总磷	0.24

三、适宜区域

各地区规模化羊场。

四、注意事项

选择优质饲料原料，尤其是苜蓿草；压制成颗粒料饲喂羔羊；颗粒料自由采食，提供充足饮水；给羔羊提供舒适的环境。

五、效益分析

应用试验表明，20~60日龄湖羊羔羊平均开食料采食量达到300g/d以上，平均日增重达到220~250g。

六、联技术开发与依托单位

联系人：张乃锋
联系地址：北京市海淀区中关村南大街12号
技术依托单位：中国农业科学院饲料研究所

断奶羔羊（3~4月龄）配制技术

一、技术背景

随着我国规模化养殖的发展，羔羊肉生产成为肉羊产业的发展方向。羔羊组织器官和胃肠道发育程度对其生长发育和生产性能的发挥具有决定性作用。3~4月龄羔羊处于快速生长阶段，其组织器官和胃肠道功能尚未发育完善，其生长发育极易受到环境因素（尤其是营养因素）的影响（图1）。

图1　断奶羔羊（3~4月龄）开食料

二、技术要点

（一）营养参数

蛋白质和能量对动物起重要作用，蛋白质是动物机体的重要组成成分，蛋白质摄入主要是满足动物机体组成所需氨基酸，而能量则是动物维持生命活动所必需的。饲料中蛋白质和能量含量需要满足动物的需要，且应保持适宜的比例，比例不当会影响营养物质的利用效率并导致营养障碍。断奶后羔羊开食料适宜粗蛋白和代谢能水平分别为15%~17%、10.5~11.5MJ/kg。

（二）推荐配方

具体配方如表1所示。

表1　推荐配方

原料	配比（%）	营养水平	含量（%）
玉米	49.3	干物质	87.17
小麦麸	4.4	粗蛋白质	15.74

（续表）

原料	配比（%）	营养水平	含量（%）
大豆粕	7.3	粗脂肪	3.38
苜蓿草粉	35.0	中性洗涤纤维	23.35
预混料	4.0	钙	0.98
		总磷	0.60
合计	100.0	代谢能（MJ/kg）	10.92

三、适宜区域

各地区规模化羊场。

四、注意事项

选择优质饲料原料，尤其是苜蓿草；压制成颗粒料饲喂羔羊；颗粒料自由采食，提供充足饮水；给羔羊提供舒适的环境。

五、效益分析

应用试验表明，3~4月龄湖羊羔羊平均开食料采食量达到1.10kg/d以上，平均日增重达到250~300g。

六、技术开发与依托单位

联系人：张乃锋
联系地址：北京市海淀区中关村南大街12号
技术依托单位：中国农业科学院饲料研究所

放牧羊发情营养调控技术

一、技术背景

牧区养羊主要以全年放牧为主，不同时期里牧草产草量及营养价值并不一致，所以一年四季都采食天然牧草的放牧羊所获得的营养非常不均衡。特别是在母羊的发情期，母羊的营养状况对发情率及排卵率有很大影响，如果绵羊营养缺乏，会导致不发情，或是即使发情，受精卵也很难着床，导致母羊繁殖率下降，影响牧民的养殖效益。因此，在充分了解放牧羊采食量及绵羊摄入营养状况的基础上，配制放牧羊配种期的专用饲料，对合理利用饲料资源、优化饲料配方、提高绵羊生产性能具有非常重要的意义。在此基础上进行同期发情处理并且采用人工授精技术，实现集中产羔，统一管理，可以充分发挥优良公羊的作用，加速绵羊的改良进程，降低牧户的劳动强度，达到提高母羊繁殖率的目的，可以提高牧区养殖经济效益，进一步推动畜牧业发展。

二、技术要点

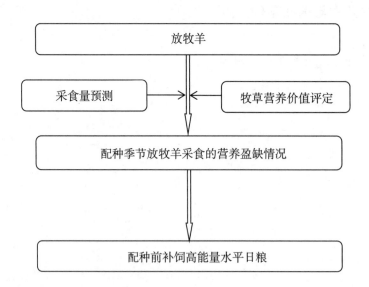

具体实施方式：

（一）采集草样

在放牧草场上随机选择 3 个点进行采样，样方间距大于 250m，样方为正方形（1m×1m）。采集当地放牧草场混合牧草，观察其中的主要植物类型并记录，将样方内的所有牧草齐根剪掉，烘干后称重，取 3 个样方的平均重。

（二）计算采食量

利用公式计算放牧羊的采食量：

绿草期：采食量 = 0.0486 羊的体重$^{0.75}$ + 0.0032 羊的日增重 - 0.0001 产草量

牧草枯黄期：采食量 = 0.0338 羊的体重$^{0.75}$ + 0.0134NDF - 0.0004 羊的日增重 - 0.0018 产草量

（三）计算放牧羊采食到的营养物质

1. 统计样方中的优势牧草占比。

2. 从牧草营养数据库中查找优势牧草的营养成分。

3. 计算放牧羊摄入的能量和蛋白质。

计算公式：

蛋白质摄入量 = 采食量×优势植物 1 的蛋白质含量×所占比例 + 采食量×优势植物 2 的蛋白质含量×所占比例

能量的摄入量 = 采食量×优势植物 1 的代谢能含量×所占比例 + 采食量×优势植物 2 的代谢能含量×所占比例

4. 查找配种期绵羊的营养需要量。从 NRC 或中国绵羊饲养标准中查询绵羊在配种期的营养需要量，在能量水平增加 20% 的基础上，补充缺乏的营养素，配制补饲配方。

5. 补饲。在配种前，利用上述配制好的专用配方补饲绵羊，每天每只 250g，补饲 20 天后即可开始配种。

三、技术应用说明

（一）应用说明

1. 本技术应在配种开始前 20 天开始应用。

2. 饲喂饲料时视绵羊体况而定，如膘情差可适当增加补饲量。

3. 人工授精前应用该技术效果更佳。

（二）应用条件

本技术利用起点较高，需要一定的专业知识，或由专业人员指导：

1. 牧草营养成分数据书籍或有能力上网查询。

2. 美国 NRC 肉羊饲养标准书籍或中国绵羊饲养标准。

3. 可识别简单的牧草。

4. 能进行简单的数学运算。

四、适宜区域

该技术适用于北方草原地区。

五、注意事项

1. 牧草采集后要自然风干后测其重量，计算时用 3 个样方的平均值。

2. 在配种前 20d 饲喂，配种后饲喂无效果。

3. 做饲料配方时，能量要增加 20%。

六、效益分析

该产品主要是针对影响母羊排卵数最大生理限制因素而设计，有效保证了母羊的正常生理功能，刺激母羊发情期排卵数的增加，明显提高母羊发情率、受胎率、产羔率，改善了母羊体况，且补饲方便。

七、技术开发与依托单位

联系人：李长青
联系地址：内蒙古自治区呼和浩特市玉泉区昭君路 22 号
技术依托单位：内蒙古自治区农牧业科学院

荒漠草原地区继发性铜缺乏症防控技术

一、技术背景

目前，由于持续的干旱及风沙等多种自然灾害的影响，使草地生态环境恶化，草原生产力逐年下降，土壤中的营养物质特别是矿物质元素流失，导致放牧羊采食到的矿物质元素缺乏，矿物质缺乏引起的疾病时有发生。特别是在内蒙古北方荒漠草原，一是由于草原牧草、畜产品常年大量外运，土壤中矿物质随着牧草和畜产品流失，特别是铜元素流失严重，导致土壤中矿物质元素减少，放牧羊采食不足，引起铜缺乏症。二是由于草原上矿藏开发愈来愈频繁，导致钼污染，引起继发性铜缺乏症。三是由于草原包产到户承包制的实行，牧户定居，草场围封，放牧区域相对限定，牲畜采食的牧草相对单一，造成动物营养不均衡，易发生区域性营养物质缺乏，从而导致机体内物质代谢紊乱，引发铜的缺乏症。铜缺乏已给当地畜牧业造成了极大的损失，实践证明采用本技术可以有效预防羔羊铜缺乏症。

二、技术要点

该病以预防为主，因常发生于初生羔羊，因此在母羊妊娠后期采取预防措施可有效地预防羔羊铜缺乏症。具体可采取以下几种方法：

1. 口服硫酸铜：每年在母羊产羔前 8 周左右口服硫酸铜 20mg/kg，4 周后再口服一次。还可将 0.2% 的硫酸铜溶于 100ml 的生理盐水中静脉注射，成年羊剂量为 50ml。

2. 补充含铜的矿物质：圈舍中放置含铜丰富的矿物质，含铜量一般为 0.25% ~ 0.5%，全年任羊只自由舔食。

3. 补饲含铜的精补料：从母羊妊娠后期开始补饲（最晚产羔前两个月），每天补饲 250g 左右，推荐的精补料配方见表 1。

表 1　精补料配方

精料中比例（%）	玉米	麸皮	豆粕	棉籽粕	3%羊用预混料	合计		
	0.57	0.20	0.05	0.15	0.03	1.00		
常规营养及维生素指标	DM	ME（MJ/kg）	CP（g/kg）	钙（%）	磷（%）	V_A（万 IU/kg）	V_D（万 IU/kg）	V_E（IU/kg）
	0.87	10.75	160.71	15.50	2.00	18.00	4.30	800.00
矿物质指标（mg/kg）	铜	铁	锌	锰	碘	硒	钴	镁
	1 518.00	3 659.00	3 500.00	2 054.00	41.25	20.20	24.00	4.16

如果羔羊发生铜缺乏症现象，可以对发病羔羊每天口服 1%硫酸铜溶液 10ml，病情较轻的羔羊 5 天后症状得到缓解，但对发病严重的羔羊治疗效果不明显。

三、技术应用说明

1. 加强饲养管理，有效轮牧，避免在含有矿周围及钼含量高的草地上长期放牧。

2. 预防羔羊铜缺乏的前提是掌握矿物质元素含量的状况。因此，应对本地区的饲料、水源及土壤进行矿物质含量的检测，开发专门的补饲料产品，是解决当地继发性铜缺乏症的长久之计。

四、适宜区域

该技术适用于北方荒漠草原以及其他土壤中钼含量高的地区。

五、注意事项

1. 加强饲养管理，有效轮牧，避免在含有钼的草地上长期放牧。
2. 不可在非个别草原及高钼地区使用。

六、效益分析

本技术很好地解决了荒漠草原高钼地区绵羊因继发性铜缺乏症死亡的问题，使用本技术后，羔羊因铜缺乏死亡的现象基本消除，羔羊死亡率降低到 10%以下，再加上科学的管理和饲喂，可以显著提升牧民的经济效益。同时本技术可以指导当地牧民合理放牧，增加在冬春季节补饲的时间，使草原有了休养生息的机会，有效地保护了草原生态环境。

七、技术开发与依托单位

联系人：李长青
联系地址：内蒙古呼和浩特市玉泉区昭君路 22 号
技术依托单位：内蒙古自治区农牧业科学院

矿物质盐砖应用技术

一、技术背景

目前，由于持续的干旱及风沙等多种自然灾害的影响，使草地生态环境恶化，草原生产力逐年下降，土壤中的营养物质特别是矿物质元素流失，导致放牧羊采食到的矿物质元素缺乏，矿物质缺乏引起的疾病时有发生。特别是在内蒙古北方荒漠草原，一是由于草原牧草、畜产品常年大量外运，土壤中矿物质随着牧草和畜产品流失，特别是铜元素流失严重，导致土壤中矿物质元素减少，放牧羊采食不足，引起铜缺乏症。二是由于草原上矿藏开发越来越频繁，导致钼污染，引起继发性铜缺乏症。三是由于牧户定居，草场围封，放牧区域相对限定，牲畜采食的牧草相对单一，造成动物营养不均衡，易发生区域性营养物质缺乏，从而导致机体内物质代谢紊乱，引发矿物质的缺乏。适用盐砖可以有效防止矿物质缺乏引起的各种疾病。

二、技术要点

（一）成分
食盐、磷酸钙、镁、硒、硫酸铁、硫酸锰、硫酸锌、硫酸钴、硫酸铜、碘（图1）。

（二）作用
补充平衡羊只所缺乏的矿物质，预防因矿物质不足所引起吃土、吃毛的异常行为，保持瘤胃的健康。

图1　矿物质盐砖系列产品

三、技术应用说明

放置在饲料槽的周边，使羊只自由舔食。

本产品应用广泛，适合于绵羊、山羊等畜种。可直接应用，无需购买其他设施设备，有条件的用户可选择购买专用的舔砖盒。

四、适宜区域

全国均可适用该产品。

五、注意事项

1. 因本产品里含有铁成分，可能会有变色现象，非质量问题。

2. 给动物充分饮水。

六、效益分析

本技术很好地解决了绵羊养殖业经常面临的矿物质缺乏的问题，使用本技术后，绵羊因矿物质缺乏导致死亡或生产性能下降的现象基本消除，羔羊死亡率降低到 10% 以下，再加上科学的管理和饲喂，可以显著提升牧民的经济效益。

七、技术开发与依托单位

联系人：李长青
联系地址：内蒙古呼和浩特市玉泉区昭君路 22 号
技术依托单位：内蒙古自治区农牧业科学院

蒙古羊母羊、羔羊一体化补饲技术

一、技术背景

母羊的繁殖性能和羔羊的生长性能是肉羊生产中的重要经济性状。母羊的繁殖性能不仅受到体重、年龄、饲养管理条件的影响，还受到营养水平的影响。营养物质通过对绵羊生理状态、生殖系统和胎儿发育等的影响而发生作用，只有满足其营养需求才能提高繁殖性能。在母羊妊娠后期如果提高饲料的营养水平，可显著增加羔羊成活率、羔羊初生重等。同时进行羔羊的早期断奶，开展配种前催情补饲、妊娠期营养调控补饲，是提高母羊生产性能的有效手段。

二、技术要点

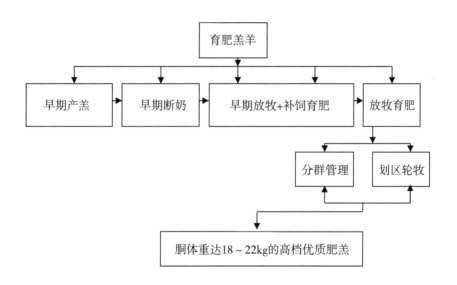

具体实施方式：

1. 母羊妊娠后期补饲。

2. 早期开食料促使羔羊瘤胃快速发育。通过早期给食有益于瘤胃早期发育和微生物繁殖的饲料调控产品，提早促进瘤胃发育，使羔羊对粗饲料的消化利用率提高。

3. 高蛋白典型饲料补饲羔羊快速成骨、成肌。通过"母乳哺育+典型饲料配方补饲"促进羔羊肌肉组织、瘤胃容量快速增长，快速促成羔羊体况的发育、生长。

4. 单、双羔定量补饲、草场划区轮牧、载畜量定量放牧。

三、技术应用说明

该技术是通过母畜补饲，产冬羔、早春羔，早期代乳品哺育、枯草期放牧+补饲育肥、绿草期放牧育肥等一系列手段促使蒙古羊羔羊早期出栏、生产出栏时体重达 40~45kg 的优质高档肥羔技术。该技术既减轻了草地压力，缓解了草畜矛盾，既增加了生态效益，又提高了牧户养畜的经济收益。

四、适宜区域

该技术适宜在内蒙古典型草原、荒漠草原以及新疆、青海的部分草原地区。

五、注意事项

羔羊初生后要吸足初乳，早期开食料训练采食，如有双羔，要加喂代乳品。

六、效益分析

利用该技术羔羊在一体化补饲条件下，能够发挥更好的生长性能。通过母羊羔羊一体化补饲技术与传统的自由放牧比较，每只蒙古羊羔羊出栏体重收入 715 元，而当地传统饲养方式每只羊出栏体重 34~39kg，收入 546 元，该技术生产羔羊比传统方法高出 147.7 元，并且在一体化补饲技术下，母羊的繁殖率可提高 5%，羔羊的初生死亡率下降 10%，极大地提高养殖的经济效益。

七、技术开发与依托单位

联系人：李长青
联系地址：内蒙古呼和浩特市玉泉区昭君路 22 号
技术依托单位：内蒙古自治区农牧业科学院

绵羊发酵全混合饲料生产及应用技术

一、技术背景

全混合日粮（TMR）饲养技术是现代饲料工业的一项革命性突破，但是 TMR 保质期很短，容易酸败变质，只能在养殖现场现配现喂，不能作为商品饲料进行开发。解决这些问题的理想措施之一就是推广应用发酵全混合日粮。发酵全混合日粮（FTMR）饲料的优点一是能够长期保存，可以规模化生产，也可以农户在饲养现场进行调制。二是通过发酵增加饲料的柔软性和膨胀度，使粗硬饲料变软，并具有香味，刺激家畜的食欲，从而提高家畜的采食量，采食量和采食速率提高 30%，干物质消化率提高 25%，粗纤维含量降低10%；肉羊增重提高 30%。三是通过微生物发酵，将植物性、矿物性物质中的抗营养因子分解和转化，产生能被家畜采食、消化、吸收的，养分更高且无毒害作用的饲料。四是饲喂发酵饲料能起到促进动物生长，增强家畜抗病力，去除粪便恶臭，改善生态环境等。五是能够变废为宝，为非常规饲料资源的开发利用开辟了新途径。六是减轻农户的劳动强度，有利于标准化、规模化生产。七是能够降低饲料成本，提高农户的经济收入。本技术可以利用我国丰富的秸秆、番茄渣、葵花皮渣、马铃薯渣等非常规饲料资源，并通过合理调制（发酵）生产发酵饲料，解决我国广泛存在的肉羊饲料资源不足、饲料利用率低等问题。

二、技术要点

具体实施方式：

（一）原料的准备

将玉米秸、豆秸、牧草、农副产品、灌木等粗饲料揉碎（图1、图2）。

图1　原材料粉碎　　　　　　图2　原材料混合

（二）搅拌混匀

将揉碎的原料与精料、矿物质等营养物质及发酵用菌种添加在一起并利用特殊的搅拌机搅拌均匀（图3）。

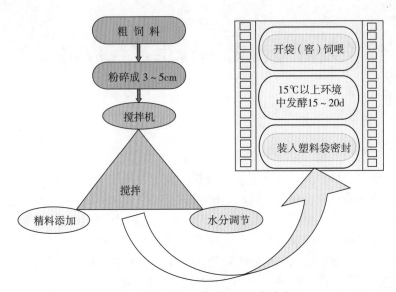

图3 绵羊全混合发酵饲料生产技术

（三）发酵

将搅拌好的原料装入特殊的不透气的聚乙烯塑料袋或窖中，抽取空气密封后发酵而成（图4、图5、图6）。

图4 喷洒菌液

图5 装袋

图6 发酵

图7 饲喂

（四）饲喂

在 10~15℃发酵，7~10d 后发酵完成即可饲喂（视环境温度而定）（图 7）。

三、技术应用说明

（一）应用说明

1. 全混合发酵饲料适合任何生长阶段的羊只，但以基础母羊为佳。
2. 在饲喂全混合发酵饲料的同时，应适当补饲一定量的其他干草。
3. 全混合发酵饲料原料中应以秸秆等非常规饲料为主。

（二）应用条件

本技术需要部分小型机械和耗材：①小型粉碎机；②塑料袋或窖；③发酵菌种。

四、适宜区域

该技术适用于全国大部分肉羊养殖区域。

五、注意事项

1. 全混合发酵饲料开袋或开窖后要在 3 天之内喂完，避免二次发酵。
2. 在冬季，全混合发酵饲料如果结冰，要解冻后再喂。
3. 注意观察全混合发酵饲料的质量情况，发现有结块、霉变的要立即停止饲喂。
4. 原料中要有足够的、可满足微生物生长繁殖的糖分（加玉米面、糖蜜的目的是增加糖分）。
5. 发酵原料中的水分要适宜，不可过高或过低。
6. 贮存时必须将原料压实，并排净空气，制造厌氧条件。

六、效益分析

使用本技术生产的全混合发酵饲料饲喂绵羊，平均增重提高 10%；饲料利用率提高 20%，每吨饲料节约成本 150 元。此外，柠条及秸秆等农副产品发酵饲料的推广，可以节约大量常规饲料并且在资源的再利用方面具有重要的意义，符合国家提倡的理念。

七、技术开发与依托单位

联系人：李长青
联系地址：内蒙古呼和浩特市玉泉区昭君路 22 号
技术依托单位：内蒙古自治区农牧业科学院

饲用油菜发酵全混合饲料生产及应用技术

一、技术背景

我国饲用油菜产量高，蛋白质含量高，并且低芥酸、低硫苷，不引起剂量依赖性肝肾肿大和内分泌紊乱。由于冬春季节肉羊等家畜需求量大，青绿饲料严重缺乏，油菜是这两个季节可以规模化供应的最重要的青绿饲料。但是，由于油菜结荚前含水量高，不容易保存，目前油菜在养殖上的应用还局限在现割现喂或者风干后饲喂的水平，规模化利用受到制约。另外由于油菜成熟时木质化程度高，做饲料时适口性差，不容易消化，导致家畜的采食量少。多年来人们探讨了各种青贮方法，但是由于油菜含水量高而没有成功。饲喂家畜时，由于油菜营养成分单一，必须混合其他饲料，不便饲喂。因此，开发饲用油菜全混合发酵饲料势在必行。

二、技术要点

将适时收割的油菜、花生藤、稻草切成 2~5cm 长的小段，加入玉米和预混料，然后调节水分至 55%，搅匀后再加入占物料总重量 0.5%~1.0% 的活化酵母，搅拌混合均匀，压实密封后发酵 2~3 周。此种方案既能很好地保存饲用油菜，又能在冬春季节给家畜提供适口性好、营养全面的饲料。

三、技术应用说明

本发明提供的羊发酵饲料，由以下重量百分比的原料制成：油菜 58%；花生藤 18%；稻草 9.9%；玉米 14%；预混料 0.1%；其中每千克所述预混料中，含有铜 ≥7g，铁 ≥30g，锌 ≥35g，锰 ≥30g，碘 ≥100mg，钴 ≥100mg，硒 ≥100mg。

按上述配方调节水分至 55%，混合均匀后再加入占物料总重量 0.5%~1.0% 的活化酵母，搅拌混合均匀，压实密封后发酵 2~3 周即可。

四、适宜对象

适用于南方家庭羊场或规模羊场，制备绵羊或山羊冬春季饲料。

五、注意事项

一定要调节好水分，压实、密封发酵。

六、效益分析

本发明以双低饲用油菜为主要原料，与花生藤、稻草、玉米混合后采用酵母菌发酵，制得的饲料营养丰富，稳定性好，不易腐烂，气味醇香，适口性好，易于消化吸收，可以提高家畜采食量，使家畜增重效果显著。另外，本发明的全混合发酵饲料采用酵母菌发酵，制得的饲料为弱酸性，克服了采用乳酸菌发酵易导致家畜酸中毒的弊端。最终，该全混合饲料的优势使养殖场（户）养殖效益得到提升。

七、技术开发与依托单位

联系人：刘桂琼、周广生、姜勋平、傅廷栋
联系地址：湖北省武汉市洪山区狮子山街一号
技术依托单位：华中农业大学

沙柳全混合发酵饲料生产及应用技术

一、技术背景

在养殖业中，饲草料占整个养殖成本的70%以上，可以说饲草料足则牛羊兴。但在北方牧区，由于草原退化和季节变化，冬春季节肉羊采食不到充足的饲草，营养摄入不足，往往产生掉膘现象。此外北方肉羊大多是一年一羔，在冬春寒冷季节基础母羊过多，而草原牧草产量以及贮备不足，所以草场超载过牧的问题比较突出。同时我国北方有丰富的沙柳等灌木资源，营养丰富，非常适合在饲料短缺的季节饲喂牛、羊。但是沙柳质地坚硬、含有生物碱等抗营养物质，作为饲料具有适口性差、消化率低、营养不均衡等问题，一直没有被广泛饲料化利用。"沙柳全混合发酵饲料生产技术"解决了沙柳在饲料化利用方面的缺点，可代替一部分常规粗饲料，降低饲养成本，提高牧民经济收入，又兼顾了沙柳"平茬复壮"的生物习性，从环境保护、防风固沙的角度来考虑，沙柳的饲料化开发利用也具有重要意义。

二、技术要点

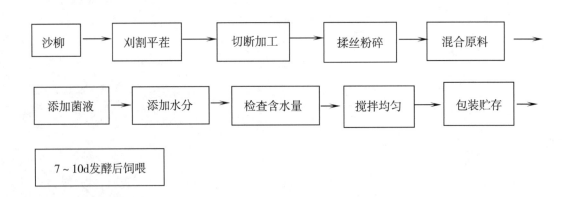

具体实施方式：

（一）沙柳收割

选择树龄3~5年以上、宜于机械化操作未经平茬的沙柳地，按照林业部门的规定进行平茬，并留一定的茬高（5~8cm）。收割后立即运回生产加工点（图1）。

（二）沙柳揉碎

沙柳枝条原料收回后，用专用机械切割揉碎，要求喂羊的原料应粉碎成长度2.5~

3.0cm 的丝状物料（图2）。

图 1 沙柳收割   图 2 粉碎

（三）微生物处理

1. 原材料的准备

微生物菌制剂；配料中的玉米面、麸皮、尿素、糖蜜、农副产品、秸秆、混合牧草等；调制产品所用的平茬机、揉丝机、搅拌机、抽真空机、封口机等（图3）。

2. 菌剂的活化

根据配方要求称量好菌制剂，加入自来水充分搅拌，放置活化1h以上。

3. 拌菌液与原料水分的调制

按配方将揉碎好的沙柳及其他成分混合均匀，加水调成原料含水量 50% ~ 55%（图4）。

图 3 原料的配制   图 4 搅拌混匀

4. 装袋、入窖或地面发酵

（1）袋装发酵法：将调制好的混合原料立即装入事先准备好的专用袋中，用真空机抽出空气，扎口密封保存（图5）。

（2）入窖发酵和地面发酵法：将粉碎的原料平铺在地面上每层 20 ~ 25cm，再将经活化并稀释好的菌液和水均匀喷洒在上面，使水分含量控制在 50% ~ 55%，压实，上面盖上塑料膜，后盖土密封。

5. 发酵及保存

温度 15℃ 以上时可以发酵，7 ~ 10d 后发酵完成即可饲喂（视环境温度而定）（图6、表1）。

图5 装袋贮存   图6 饲喂

表1 推荐的基础母羊沙柳饲料配方（干物质中的含量）

配方1		配方2		配方3	
原料名称	配比（%）	原料名称	配比（%）	原料名称	配比（%）
沙柳	35.00	沙柳	60.03	沙柳	45.12
玉米	10.70	玉米	4.77	玉米	17.44
糖蜜	5.60	麸皮	17.69	麸皮	20.51
土豆渣	10.0	尿素	1.36	尿素	1.01
混合草	5.00	糖蜜	6.50	糖蜜	3.87
2%预混料	0.70	土豆渣	4.07	土豆渣	5.27
石粉	0.40	混合草	3.19	混合草	4.74
盐	0.30	2%预混料	1.39	2%预混料	1.03
菌制剂	0.20	盐	0.69	盐	0.69
		菌制剂	0.32	菌制剂	0.31

三、技术应用说明

（一）应用说明

1. 沙柳全混合发酵饲料的饲喂对象以基础母羊和后备母羊为主，育肥羊可酌情适量添加。

2. 基础母羊和后备母羊每天2kg沙柳发酵饲料，适当补饲一定量的其他干草即可，自由饮水。

3. 刚开始饲喂家畜时，家畜可能不习惯，需要适应几天，逐渐加大饲喂量，第1天加 500g，以后按每天 100g 的量增加，5d 后加到正常饲喂量。

（二）应用条件

本技术需要部分小型机械和耗材：①小型粉碎机；②塑料袋或窖；③发酵菌种。

四、适宜区域

该技术适用于沙柳资源丰富、饲草料缺乏区域。

五、注意事项

1. 沙柳发酵饲料开袋或开窖后要在 3d 之内喂完，避免二次发酵。

2. 沙柳发酵饲料如果结冰，要解冻后再喂。

3. 要注意观察沙柳发酵饲料的质量，发现有结块、霉变的要立即停止饲喂。

4. 原料中要有足够的、可满足微生物生长繁殖的糖分（加玉米面、糖蜜的目的是增加糖分）。

5. 发酵原料中的水分要适宜，不可过高或过低。

6. 贮存时必须将原料压实，并排净空气，制造厌氧条件。

7. 发酵未成功之前不得开袋饲喂、开窖观察。

六、效益分析

本技术很好地解决了沙柳在畜牧业领域应用的难题，使沙柳的利用率大大提高。通过发酵技术处理使沙柳的消化率、利用率、转化率、适口性均得到有效的提高。同时，利用微生物及发酵技术将沙柳中的有害物质单宁分解，使适口性得到提升；而且，由于发酵过程中产生出芳香气味，家畜更容易采食。经发酵加工处理的沙柳饲料可食率达到 100%，可利用营养成分，利用率提高 30% 以上，经饲养实验，该饲料对后备羊和育肥羊的增重、增肉率均有显著的提高。实践证明，用沙柳发酵饲料来喂牛、羊等反刍动物具有显著的增产及改善肉、奶品质的功效。

七、技术开发与依托单位

联系人：李长青

联系地址：内蒙古呼和浩特市玉泉区昭君路 22 号

技术依托单位：内蒙古自治区农牧业科学院

糖蜜尿素营养舔砖生产及应用技术

一、技术背景

常言说："要想养好牛羊，首先要养好它们瘤胃内的微生物"，可见牛羊瘤胃微生物的重要性。瘤胃是一个大发酵罐，里面栖息着千万亿个微生物，这些微生物通过大量繁殖，生产各种酶类，将采食的饲草转化为动物可利用的营养物质。微生物自身的生长繁衍也需要可以快速利用的营养物质——糖类和氨态氮等。但是北方草原冬春季节枯草以及农区秸秆类饲料由于营养价值低，缺乏瘤胃微生物生长繁衍需要的可溶性营养物质，饲喂牛羊导致饲料消化率低、绵羊营养摄入量低。因此首先供给瘤胃微生物生长和繁衍需要的充分的、平衡的和稳定的营养源，对提高绵羊对劣质粗饲料的消化率、降低养殖成本有重要意义。糖蜜尿素舔砖是为瘤胃微生物提供营养的良好载体，主要以糖蜜（蔗糖）和尿素（非蛋白氮）为主，再添加必要的微量元素和其他营养物质。糖蜜可以为瘤胃微生物提供必要的可溶性糖类，尿素可以提供充足的氮源，促进瘤胃微生物繁殖，提高其活力，从而提高粗饲料的消化率，调节瘤胃内环境，改善绵羊生产性能。糖蜜尿素舔砖具有体积小、使用方便、适口性好、运输成本低、价格低廉、不潮解，可长期贮存等优点。

二、技术要点

（一）成分

成分主要有可溶性糖、非蛋白氮、磷酸钙、硒、硫酸铁、硫酸锰、硫酸锌、硫酸钴、硫酸铜、碘等。

（二）作用

改善瘤胃机能、提高枯草秸秆等劣质粗饲料的消化率、缓解冬季营养不足。促进生长、增加体重。增加绵羊和绒山羊的产毛和产绒量。

三、技术应用说明

使用专用的舔砖盒或放置于饲草架，自由舔食（图1）。

本产品应用广泛，适合于绵羊、山羊等畜种。可直接应用，无需购买其他设施设备，有条件的用户可选择购买专用的舔砖盒。

四、适宜区域

1. 北方草原牧区，特别是在冬春季节肉羊以放牧为主的地区。
2. 其他舍饲养羊，饲草以秸秆为主的地区。

图 1　糖蜜尿素营养舔砖

五、注意事项

1. 2 个月以内幼畜不宜饲喂。

2. 饲喂该产品后，保证充足的饮水。

3. 最好采用专用的舔砖架或放置于饲草架上饲喂，防止尘土污染舔砖。

六、效益分析

该产品为瘤胃微生物提供营养，改善瘤胃内环境，提高劣质粗饲料消化率 20%，补充枯草期放牧羊和以粗饲料为主的舍饲羊的营养不足，缓解过冬母羊的掉膘现象，促进育肥羊增重，绒山羊增绒。

七、技术开发与依托单位

联系人：李长青

联系地址：内蒙古呼和浩特市玉泉区昭君路 22 号

技术依托单位：内蒙古自治区农牧业科学院

夏季羔羊放牧及补饲育肥技术

一、技术背景

我国肉羊的养殖主要集中在北方草原，利用天然草原丰富的牧草资源，实行一年四季草场放牧的粗放式、家庭式饲养模式。在这种传统模式中，羔羊一般随母哺乳，3~4月龄断奶，这种饲养模式能够节约饲养成本，但同时也会导致母羊产后体况恢复慢，配种周期长，母羊利用率低，使用寿命短，同时不利于羔羊断奶后快速育肥，增加培育成本。

随着我国社会的发展和人们膳食结构的改变，羊肉的需要量越来越大，加上草原逐年退化，草场的产草量降低，已不能满足放牧羊的营养需求，因此传统的饲养模式已经不能满足日益增加的羊肉需要量。本技术的实施，一方面可以缩短母羊的生产周期，提高生产效率；另一方面也可以使羔羊尽早适应植物性固体饲料，从而加快其消化道，尤其是瘤胃的发育，使羔羊消化器官和消化腺的功能进一步完善，为提高其生产性能打下良好基础；还可以通过合理的营养调控实现羔羊的规模化快速育肥。

二、技术要点

具体实施方式：

（一）育肥前准备

1. 圈舍的准备

育肥圈舍可选择塑料暖棚，接近放牧草地。圈舍为狭长形半坡式，坐北朝南，采光面积相对较大，排水通风良好，后墙高 1.8m，前檐高 2.2m，圈舍前面设有活动场，面积可根据一次育肥的羊只数量而定。舍内温度不低于-5℃，中午敞开门或窗户换气。靠北侧墙为上料过道，用栅栏与羊床隔开（图1）。为了增加育肥效果，饲养密度为 0.4~0.5m²/只，以利于限制羊只运动。

2. 羔羊驱虫

为了提高饲料利用率，减少寄生虫的危害，羔羊育肥前，用伊维菌素对所有育肥羔羊进行体内外驱虫。用量为 0.8~1.0ml/只，方法为皮下注射，用以驱除秋末冬初感染的消化道线虫和体外寄生虫。

（二）放牧+补饲育肥

基本方法是白天放牧，晚上归牧后舍饲饲养。

1. 放牧育肥

育肥期间羔羊白天在天然草地放牧，既合理利用天然草地资源，也可降低生产成本

（图2）。

图1　羔羊称重

图2　放牧育肥

2. 圈舍补饲育肥

羔羊育肥必须利用其生长发育快的特点，在晚上补饲丰富的营养，使其快速增加体重，及早出栏（图3）。

图3　羔羊早期补饲

推荐的饲料配方：

玉米68.0%，棉粕8.0%，油葵粕7.0%，尿素2.5%，麸皮10%，硫酸氢钙1.1%，面粉1.6%，预混料1.0%。

（1）羔羊补饲采用料槽投喂颗粒精饲料：玉米68%，绵粕8%，油葵粕7%，尿素2.5%，麸皮10%，硫酸氢钙1.1%，面粉1.6%，预混料1%。早晚各投料一次，饲喂前清扫干净食槽，以提高采食量，避免浪费。根据羔羊消化生理特点，随体重增加，逐渐增加饲喂量。晚秋季节由于气温较低，若给羊饮冷水，甚至冰碴水，羊不愿饮用，会造成羊饮水不足。这样不仅使羊饲料消化过程放慢，体内代谢受阻，膘情下降，还会引发各种疾病。

（2）圈舍设有水槽：每天放入充足的自来水供羔羊随意饮用，确保羔羊有充足的饮水。

（3）开始补饲时，每天早晚投料时对食槽进行清理再投入新料。待羔羊学会吃料后，每天按设计日进食量投料。

（4）在圈舍内设盐槽，槽内放入食盐，让羔羊自由采食。

（5）日进食用量：初期为每只100～150g，育肥中期达到每只400g，后期达到每只500～700g。投料时，以30～40min内吃净为佳。

三、技术应用说明

(一) 应用说明

1. 本技术需要在北方草原等可以放牧饲养的地区。

2. 晚秋季草地牧草枯萎，草质低劣，营养物质含量下降，因此要注意选择放牧地段。

3. 要注意选择牧草条件较好、背风向阳、低洼地段放牧。先远后近，先高后低，先洼后平，先阴后阳，顶风出，顺风归，使羊只对寒冷逐渐适应并顺利进圈。出牧时控制行走速度，让羊多吃草少走路。

4. 根据天气情况，尽量延长放牧时间。放牧时要坚持全天放牧，采取晚出早归，中午不收牧的放牧方式。这时要抓紧中午暖和的时间放牧，让羊只尽量多采食牧草，放牧时间每天为 8h 左右，以增加羔羊采食量，让羔羊吃饱、吃好，促进其生长发育。

(二) 应用条件

本技术需要建立圈舍和购置料槽。

四、适宜区域

该技术适用内蒙古、新疆等草原地区及其他可以放牧饲养的地区。

五、注意事项

1. 羔羊的饲养管理中，始终要有充足、清洁的饮水供应，舍内通风良好，地面干燥，饲料不被污染。

2. 对圈舍、运动场、料槽、水槽勤清扫、消毒。每天保证清扫食槽两次，并及时清除粪便，使排尿沟流畅，不积粪尿水，保持圈舍清洁干燥及料槽、水槽、用具卫生。

六、效益分析

通过本技术的实施，相比于传统的纯放牧饲养，每只羊可多获利 90.1 元，育肥成本利润率可以达到 13.7%，羔羊销售利润率为 12.0%。所以羔羊放牧加补饲育肥后出栏效益明显、利润高、牧民增收空间大。

七、技术开发与依托单位

联系人：李长青
联系地址：内蒙古呼和浩特市玉泉区昭君路 22 号
技术依托单位：内蒙古自治区农牧业科学院

番茄渣混合发酵饲料生产及应用技术

一、技术背景

我国是世界上最大的番茄及番茄制品生产国，番茄渣是生产番茄酱（汁）后的废弃物，据估计我国年产番茄渣多于 50 万 t，资源较为丰富。番茄渣约占番茄鲜重的 4% 左右，主要由番茄皮、籽和残余果肉组成。以干物质计，番茄渣中粗蛋白质含量为 14%～22%，粗纤维为 34% 左右，并含有番茄红素等营养成分，是一种很好的饲料资源。然而，番茄渣在养殖业中应用，却存在一些问题，主要表现在：一是番茄渣含水量高（75% 以上），短时间内很难天然干燥并达到安全贮藏的水平。二是番茄渣若进行干燥，其经济成本高、干燥过程中营养物质的流失大。三是每年集中生产番茄渣是 7—9 月，若番茄渣不及时利用或者处理不当，极易腐败变质，资源浪费的同时，也会对环境造成一定的污染问题。鉴于此，番茄渣在畜禽养殖上一直得不到有效的利用。番茄渣与秸秆等原料混贮技术，解决了番茄渣不耐贮藏、利用效率低的问题。该技术的应用，可有效地解决番茄渣饲用的关键技术问题，对于开发牛羊饲料来源，降低饲养成本，提高养殖经济效益具有十分重要的意义。

二、技术要点

（一）原料选择

番茄渣（图 1）、小麦秸秆、玉米秸秆、棉籽壳、全株玉米等。

图 1　番茄渣

（二）原料的前处理

小麦秸秆、玉米秸秆和全株玉米需经简单切短或粉碎处理，其中玉米秸秆切碎长度以 1.0～2.0cm 为宜，小麦秸秆以 3.0～4.0cm 为宜，全株玉米切割长度为 2.0～3.0cm 为宜。

（三）原料的配伍与调制

鲜番茄渣与秸秆需进行科学配伍，控制水分 60%～70% 为宜。具体为：番茄渣与小麦秸秆按重量比 80：20 配伍、番茄渣与玉米秸秆按重量比 55：45 或 65：35 配伍、番茄渣与全株玉米按重量比 30：70 配伍、番茄渣与棉籽壳按重量比 75：25 配伍，上述原料进行配伍后充分混匀后，可进行下一步发酵。

（四）装袋、入窖或地面发酵

1. 袋装发酵法

将调制好的混合原料立即装入预先准备好的发酵袋中，可选用真空机抽出空气，扎口密封保存。

2. 青贮窖发酵法

与制作全株玉米青贮的方法类似。将调制好的混合原料逐层装填入青贮窖，用机械或人工压实，上面盖上塑料膜，压土密封后，进行发酵。

（五）发酵及成熟

一般经过 4～6 周时间，即可发酵成熟，取出可进行使用。

三、技术应用说明

（一）应用说明

1. 番茄渣混合发酵饲料饲喂对象以后备母羊、成年母羊、育肥羊为主，2 月龄之前羔羊少量饲喂或不喂。

2. 番茄渣混合发酵饲料在绵羊饲料配方中，可等量替代全株玉米青贮，且不会对绵羊生产性能造成不良的影响。

3. 成年母羊和后备母羊以每天 0.7～1.2kg 为宜，视绵羊采食和营养状况，饲喂量也可酌情增减。在使用时，注意与其他干草的配合。

4. 饲喂时注意一定的过渡期，建议过渡期以 6～9d 为宜，在过渡期内，番茄渣混合发酵饲料的使用量逐渐增加到正常饲喂量即可。

（二）应用条件

1. 原料处理

小型粉碎机、混合机。

2. 发酵设备或设施

塑料袋（发酵用）、青贮窖（以地上水泥青贮窖为宜）。

四、适宜区域

番茄渣资源相对比较丰富的区域。

五、注意事项

1. 鲜渣生产季节性很强、产量大，一次性购买番茄渣量不宜过大，视情况而定，满足发酵生产要求用量即可。

2. 番茄渣与其他原料配伍比例要合适，发酵底物水分控制要适宜，不可过高或过低。

3. 发酵未成熟之前不得开袋或开窖观察。

4. 番茄渣混合发酵饲料开袋或开窖取料量，以当天内使用完为宜，取料期间或饲喂期间尽量避免发酵饲料的二次发酵。

5. 天冷时，番茄渣混合发酵饲料如果结冰，要解冻后再使用。

6. 若发现发酵饲料有结块、霉变的，要立即停止饲喂。

六、效益分析

该技术解决了番茄渣不耐贮藏、无法长年使用的问题，所生产的番茄渣混合发酵饲料适口性好、绵羊消化吸收好，在生产中完全可以替代青贮饲料。经试验表明，该饲料有利于保障后备母羊和成年母羊的健康，对提高育肥羊日增重和发挥生产性能具有显著的效果。

七、技术开发与依托单位

联系人：王文奇、刘艳丰

联系地址：新疆维吾尔自治区（全书简称新疆）乌鲁木齐经济技术开发区阿里山街468号

发酵木薯渣饲料生产及应用技术

一、技术背景

我国人多地少，饲料资源严重不足，且一直以来动物能量饲料的大部分都是玉米，成本较高，需要寻求替代产品。木薯渣是生产酒精、木薯淀粉等产品之后的下脚料，我国每年的产量达 180 万 t，但利用率极低，大量堆放还易造成环境污染。由于木薯渣价格低廉、来源广泛、碳水化合物含量较高，可作为一种价格低廉的能量饲料，具有很大的发展潜力。但木薯渣中氢氰酸含量较高，容易引起动物中毒甚至死亡，而且粗纤维含量较高，不易消化，适口性极差，添加量稍高，羊会拒绝食用，如将木薯渣经过发酵处理，再搭配适量的能量饲料和蛋白质饲料饲喂动物，可提高其适口性，进而降低饲料成本，增加经济效益。

二、技术要点

（一）原材料的准备

1. 微生物制剂。
2. 配料中的玉米面/麦粉/薯干粉/木薯粉/高粱粉、食盐、豆粕等。
3. 调制产品所用的搅拌机、抽真空机、封口机等。

（二）发酵方法

1. 原料及水分的调制

取 100g "粗饲料降解剂" 加 500kg 的木薯渣，5kg 以上玉米面（麦粉，薯干粉，木薯粉，高粱粉也可，数量可以用到 50kg），食盐 1.5kg，搅拌均匀，含水量调控在 70%（图1、图2）。

图1　混合原料

图2　搅拌均匀

2. 装袋、入窖或地面发酵

（1）袋装发酵法：将调制好的混合原料立即装入事先准备好的专用袋中，用真空机抽出空气，扎口密封保存。

（2）入窖发酵和地面发酵法：将粉碎好的原料平铺在地面上每层 20~25cm，再将经粗饲料降解剂洒在上面，使水分含量控制在 70%，压实，上面盖上塑料膜后盖土密封。

3. 发酵及保存

一般需要发酵 3~7d，有甜酒醇香气味，即可饲喂（根据温度决定发酵时间）。

纯木薯渣发酵方法发酵出来的料，蛋白质含量低，只有 5%左右，可以在羊自配饲料中代替部分玉米粉来用。为提高蛋白质含量，也可在发酵时再加入 50~80kg 的豆粕（菜籽粕、棉籽粕均可），以弥补木薯渣蛋白质含量低的缺陷，同时，又可脱去菜籽粕、棉籽粕中的毒素，一举两得。这样发酵后的木薯渣中的粗蛋白含量是纯木薯渣发酵的 3 倍以上。

（三）发酵木薯渣使用的替代比例

在日粮中代替 20%玉米可提高日增重、改善肉品质，降低饲养成本（图 3）。

图 3 发酵木薯渣

三、技术应用说明

（一）应用说明

1. 发酵木薯渣饲料的饲喂对象为育肥羊、基础母羊和后备母羊等。

2. 饲喂木薯渣时部分肉羊可能采食不习惯，需要适应几天，以后可逐渐加大饲喂量。

（二）应用条件

1. 搅拌机。

2. 塑料袋或发酵窖。

3. 发酵菌种。

四、适宜区域

该技术适用于木薯渣资源丰富的区域。

五、注意事项

1. 发酵木薯渣饲料开袋或开窖后要在 3d 之内喂完，避免二次发酵。

2. 要注意观察发酵木薯渣饲料的质量情况，发现有结块、霉变的要立即停止饲喂。

3. 原料中要有足够的、可满足微生物生长繁殖的糖分。

4. 发酵原料中的水分要保持 70%，不可过高或过低。

5. 贮存时必须将原料压实，并排净空气，制造绝对的厌氧条件。

6. 发酵未成功之前不得开袋、开窖观察。

六、效益分析

本技术很好地解决了木薯渣饲料化应用的难题，通过发酵技术处理使木薯渣的消化率、利用率、转化率、适口性均得到有效的提高。同时，将木薯渣中的有害物质氢氰酸分解，而且由于发酵过程中产生出芳香气味，家畜更容易采食。经饲养试验，该饲料对育肥羊的增重、增肉率均有显著的提高。

七、技术开发与依托单位

联系人：樊懿萱、王锋

联系地址：江苏省南京市卫岗 1 号

技术依托单位：南京农业大学动物科技学院

过瘤胃精氨酸补饲调控技术

一、技术背景

氨基酸添加剂是在饲料中用来平衡或补足某种特定生产目的的营养性物质。天然饲料的氨基酸平衡性较差、含量差异很大，由不同种类、不同配比的天然饲料构成的全价配合饲料，虽然尽量根据氨基酸平衡的原则配料，但是它们的各种氨基酸含量和氨基酸之间的比例仍然变化多样。因此，需要氨基酸添加剂来平衡或补足某种特定生产目的。

精氨酸是动物机体内携带氮最多的氨基酸（图1），具有重要的生化功能。动物代谢产生大量的氨，精氨酸可促进尿素循环，使血氨转换为尿素排出，维持体内氮的平衡，同时也是畜禽机体肌酸、谷氨酰胺、脯氨酸、多胺和一氧化氮等多种生物活性物质的合成前体，在畜禽营养代谢的调控方面发挥重要作用。研究发现精氨酸可改善母畜宫内营养供应，促进胚胎着床和胎盘发育，维持母体妊娠。母羊注射精氨酸盐不仅可以降低胚胎损失，还可以提高羔羊初生重。对于非妊娠期雌性动物，精氨酸则具有提高初情期促黄体素的分泌，有助于空怀期子宫形态和机能恢复的作用。因此，精氨酸能够提高多胎动物窝产仔数和初生重，同时在机体免疫调节、免疫防御等方面发挥重要作用。

图1 包被精氨酸（L-精氨酸含量47%，其他为糊精等）

二、技术要点

饲喂包被精氨酸可改善营养不足妊娠母羊宫内营养供应，提高妊娠胚胎早期着床率，促进胎盘发育，维持妊娠，提高产羔率。在营养不足条件下促进母羊发情，减少母羊发情迟缓现象。

三、技术应用说明

（一）妊娠母羊

妊娠50d开始至母羊分娩结束，饲喂量20g/d。

（二）空怀母羊

促进发情迟缓母羊发情，饲喂量 6.65g/d。

四、适宜区域

广大肉羊产区，特别是在冬春季节肉羊以放牧为主、饲草以秸秆等劣质牧草为主的地区。

五、注意事项

密封干燥处存放。

六、效益分析

该产品可以补充枯草期放牧羊和以粗饲料为主的舍饲羊营养不足，缓解过冬母羊的胎儿在子宫内发育受限及发情迟缓现象，提高母羊发情率和产羔率。

七、技术开发与依托单位

联系人：王锋
联系地址：江苏省南京市卫岗 1 号
技术依托单位：南京农业大学动物科技学院

空怀母羊繁殖营养调控技术

一、技术背景

增加绵羊产羔数是提高绵羊繁殖力，提高养羊业经济效益的重要举措。除遗传因素外，营养是影响绵羊繁殖力的重要环境因素之一。黄体溶解前补饲能够促进绵羊卵泡发育，增加排卵数，而卵泡期补饲没有促卵泡发育效应。配种前空怀母羊的营养水平对后期繁殖性能具有重要的作用。黄体期补饲与颈静脉注射葡萄糖或生糖物质具有类似的代谢特征和促卵泡发育效应。因此，补饲期短暂性升高的葡萄糖直接作用于卵巢，可能导致黄体溶解时逃脱闭锁的卵泡数增多，进而促进卵泡期卵泡发育，增加排卵数。营养的短期促排卵效应对规模化羊场配种前母羊饲养管理，提高单胎母羊的繁殖性能，促进肉羊产业的发展，提高养羊经济效益具有重要的作用。

二、技术要点

（一）技术手段

1. 营养补饲

在发情期第 6~12d 给予采食量补饲（1.5 倍维持需要）。

2. 静脉葡萄糖注射

在发情期第 6~12d 给予静脉注射葡萄糖处理（500mmol/h；在实际生产中可考虑以 6h 为间隔进行注射处理）。

（二）作用机理

在不影响体况的前提下，利用黄体溶解前短暂升高的营养水平促进母羊的发情，提高排卵率，减少母羊因营养不足条件引发的乏情现象，进而通过缩短母羊的发情间隔来提高能繁母羊的繁殖力。

三、技术应用说明

1. 该技术基于绵羊卵泡发育的"急性营养效应"理论，通过短期的营养补饲或葡萄糖注射实现了能量物质的短暂升高促进卵泡发育。

2. 该技术基于绵羊黄体期不同生理阶段具有不同的营养需求和代谢特点，4~6d 的调控周期具有较强的可操作性。

四、适宜区域

1. 适用于具备开展同期发情处理的规模化羊场，以便对营养补饲或葡萄糖注射的适宜处理时间进行精确决策。

2. 对基础营养条件较差的母羊群的处理效果较明显。

五、注意事项

葡萄糖注射处理需具有一定持续性才能发挥促排卵效应，实施中应尽量避免连续性静脉注射对母羊的应激。

六、效益分析

通过促发情和促排卵效应能显著提高母羊的利用率，缩短繁殖间隔，显著提升经济效益。

七、技术开发与依托单位

联系人：聂海涛、王锋

联系地址：江苏省南京市卫岗 1 号

技术依托单位：南京农业大学动物科技学院

肉羊全混合日粮（TMR）制作与饲喂技术

一、技术背景

近年来，农区养羊业正面临饲草资源短缺和成本高等问题，而牧区则面临草原退化、载畜量下降等问题，如何解决规模化羊场的饲草资源紧缺问题已成为今后一段时间发展养羊业必须解决的关键问题。全混合日粮（Total Mixed Ration，TMR）是根据反刍动物不同阶段的营养需要设计饲料配方，将粗饲料、精饲料等所有原料按一定顺序投入搅拌设备均匀混合而成的一种营养平衡的全价日粮。全混合日粮饲喂技术克服了传统"精粗分饲"导致的挑食、营养摄入不均衡、不易定量等问题，已成为降低饲料成本、提高劳动生产率和养殖效益的重要途径，而且有利于非常规饲料资源的开发利用。TMR饲喂技术源于英国、美国、以色列等国家，因其具有提高饲料利用率、生产性能与经济效益以及减少人工费用等优势而被广泛关注。

二、肉羊 TMR 制作与饲喂技术要点

（一）技术流程
技术流程如下所示：

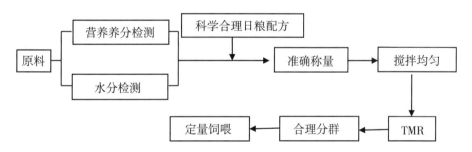

（二）主要技术要点
可参考王子玉主持制定的江苏省地方标准《羊全混合日粮制作与饲喂技术规程》（DB/T3204—2017），主要技术要点如下。

1. 饲料原料质量检测

（1）原料的选择：应选择当地资源丰富、有一定营养价值又相对便宜的非动物源性饲料原料，且应符合农业农村部最新《饲料原料目录》和《饲料添加剂品种目录》。

（2）原料营养成分检测：制定日粮配方前须对各原料进行成分测定，建议对各批次原料均进行检测化验，并以此为基础对配方进行调整。饲料原料应按标准采样方法（GB/

T 14699.1—2005）和测定方法定期进行营养成分测定，常规营养成分一般每周化验一次或每批化验一次，水分至少每周检测一次。

（3）水分检测：TMR 日粮要求水分在 45%～55%。简易测定 TMR 水分方法：用手握住一把 TMR 饲料，松开后若饲料缓慢散开，丢掉后手掌残留料渣，则水分合适；若饲料抱团或散开过慢，则水分偏高；若散开速度快且掌心几乎无料渣残留，则水分偏低。

2. 科学设计日粮配方

根据养殖场的实际情况，考虑羊只不同体况、不同生产阶段和预期的生产水平设计合理的系列日粮配方，使各个生产群体都有其相对应的专用 TMR 日粮，满足不同生理阶段的生产需要。

3. 准确称量

选择具有自动称量功能的 TMR 搅拌机时，应定期校正称重仪表。选择仅有搅拌功能的搅拌机或人工搅拌时应准确称量饲料原料。

4. 合理分群

根据羊只的年龄、体况、生产阶段和预期的生产水平进行分群，使之与各自的专用日粮相对应。

（1）大型自繁自养羊场：可根据生理阶段分为种公羊及后备公羊群、空怀期及妊娠早期母羊群、泌乳期羊群、断奶羔羊及育成羊群等群体。

（2）集中育肥羊场：按照饲养阶段划分为育肥前期、中期和后期羊群。

（3）小型羊场：可分为公羊群、母羊群和育成羊群。

5. 饲喂

（1）饲喂量：自由采食羊群，以下次喂料前 1h 食槽中日粮吃完为宜。根据剩料量，调整喂料量：羊每天剩料量应占每天添加量的 3%～5% 为宜。羊的实际采食量增减幅度超过日粮设计供给量的 10% 则需要对配方进行调整。

（2）饲喂次数：同一羊群每天喂 2～3 次，时间固定，喂量基本固定。一般每天上、下午各投料 1 次，高温高湿季节宜上午提早、下午推迟喂料时间。低温季节可每天上午投料 1 次。在两次投料间隔内翻料 1～2 次。

三、技术应用说明

（一）应用说明

TMR 日粮配方须建立在原料营养成分的准确测定和不同阶段肉羊的饲养标准明确之上。同时，TMR 的饲喂量要根据羊群的适时采食情况和体况随时做出调整。

（二）应用条件

1. 搅拌机机型选择

要根据养殖数量、羊舍设计参数、料槽设置、经济实力等情况灵活选择 TMR 搅拌机的机型（立式、卧式、固定式、牵引式、自走式）。

2. 搅拌机容积的选择

选择依据：羊场的建筑结构、喂料道的宽窄、羊群规模、日粮种类、每天的饲喂次数以及混合机充满度等。

搅拌机容积可根据以下公式推算：

$$TMR\ 日消耗量 = 日加工次数 \times 批生产量$$

$$日加工次数 = 日工作时 \div 批生产耗时$$

搅拌机容积 = 批生产量 $\div$ TMR 容重（300kg/m³）$\div$ 80%（按有效工作容积 80% 计算）

四、适宜区域

全国各地规模化养羊场。

五、注意事项

1. 投料量不超过搅拌机总容积的 70% ~ 80%。投料过程中避免铁器、石块、包装绳、塑料膜等异物混入。

2. 投料应遵循先长后短、先粗后细、先干后湿、先轻后重的原则，一般依次是干草、精料、预混料、青贮、湿糟、水等。

3. 使用自动撒料车投料时要控制车速，保证饲料投放均匀。

六、效益分析

由于 TMR 饲喂技术充分满足了肉羊不同生产阶段的营养需求，可使肉羊饲喂管理更加科学、合理，具有提高生产性能、提高饲料利用率、降低饲料成本、减少疾病发生和减少劳动负担等优点。

七、技术开发与依托单位

联系人：王锋

联系地址：江苏省南京市卫岗 1 号

技术依托单位：南京农业大学动物科技学院

鲜甘蔗梢裹包青贮饲料生产及应用技术

一、技术背景

甘蔗是我国糖类生产的主要原料，2008 年甘蔗播种面积多于 130 万 hm^2，甘蔗产量为 1.2 亿 t，仅次于巴西和印度，位居世界第三位。甘蔗梢（甘蔗尾叶）是甘蔗收获时砍下的顶上嫩节和叶片的统称，含有丰富的蛋白质、糖分及多种氨基酸和维生素。我国鲜甘蔗梢产量约 4 000 万 t，开发利用甘蔗主产区的甘蔗梢资源对解决南方地区山羊粗饲料来源不足、饲料成本高的难题意义重大。但由于鲜甘蔗梢含水量高、易霉变、不易晒干且干枯后适口性差等原因，总体利用率较低，目前绝大多数被废弃，造成了环境污染和资源浪费，其饲料化利用潜力巨大。

现有的甘蔗梢饲料化方案主要是鲜喂或晒干后揉搓粉碎做草粉等，存在饲喂期短、适口性较差等弊端。通过鲜甘蔗梢的收集、揉搓粉碎、水分调节或混合其他原料、拉伸膜裹包青贮生产裹包饲料，不仅能够维持鲜甘蔗梢的鲜绿状态，防止霉变，减少营养流失，而且具有保存时间长、便于运输、柔软多汁和适口性好等优点，提高了消化率，降低了饲料成本。若在青贮时加入尿素等非蛋白氮还会提高营养价值。

二、技术要点

（一）收集

甘蔗收获后立即收集甘蔗梢（图 1），尽量及时揉搓粉碎后青贮。若无法及时青贮，应将收获的鲜甘蔗梢扎成捆，疏松堆放于通风处，避免雨淋和霉变。

图 1　鲜甘蔗梢

（二）揉搓粉碎

用揉搓粉碎机揉搓成丝状或片状，顶梢的粗硬部分的长度应控制在 6cm 以内（图 2）。

（三）水分调节

鲜甘蔗梢的水分大于72%时，可适度晾晒半天或一天降低水分，也可在揉搓粉碎时混入干稻草或干玉米秸等，调节含水量至66%~68%；甘蔗梢的水分小于65%时，揉搓粉碎时均匀喷水或加入尿素溶液（尿素添加量控制在干重的0.5%~2%），调节含水量至66%~68%。甘蔗梢的水分在65%~72%时可直接揉搓粉碎。

图2　鲜甘蔗梢揉搓粉碎

（四）拉伸膜裹包青贮

将揉搓粉碎后的甘蔗梢打捆裹包密封，选择高强度、回缩性好的聚乙烯薄膜，利用裹包机将圆捆裹包4层（图3）。关键在于保证揉碎、压实、密封，若有破损及时用宽胶带封严。若无青贮裹包机也可采用青贮池青贮。若来不及青贮也可揉搓粉碎后晒干（若不揉搓则顶梢部分无法完全晒干）做草粉（图4），但营养流失多，适口性差。

图3　裹包青贮好的甘蔗梢　　　图4　甘蔗梢揉搓粉碎晒干后制草粉

（五）发酵时间

冬季低温时发酵30~50d，春季发酵20~40d。

三、技术应用说明

1. 当地处于甘蔗主产区，有丰富的甘蔗梢来源。

2. 需投入的设施设备：秸秆揉搓机、青贮裹包机等。

3. 适合于绵羊、山羊、牛等畜种。

4. 建议与其他饲料原料制作成全混合日粮饲喂，加入适量 $NaHCO_3$，可参照青贮玉米秸的添加比例。在妊娠后期山羊日粮中利用不同比例青贮甘蔗梢替代青贮玉米秸，研究结果表明，青贮甘蔗梢可提高妊娠后期母羊的采食量和羔羊初生重，母羊血清生化指标及雌激素、催乳素及孕激素等生殖激素水平均无显著差异。

四、适宜区域

南方甘蔗主产区。

五、注意事项

1. 甘蔗梢含糖量高，青贮时无需添加菌种发酵剂。

2. 发酵原料中的水分要适宜，不可过高或过低，水分过高时裹包汁液流出，易招蚊蝇。

3. 裹包时应裹紧压实，注意密封，防止霉变，若裹包有破损及时用宽胶带密封。

4. 揉搓片段大小要适宜，如片段过小不易裹包时可混入适量鲜玉米秸。

5. 开封后易二次发酵，应当天喂完。

六、效益分析

甘蔗种植区域相对集中，甘蔗梢方便收集，成本低廉，糖分、粗蛋白等营养成分含量高，是一种很有开发潜力的饲料资源，但由于其含水量高、易霉变、不易晒干且干枯后适口性差等原因，饲料化利用率较低，目前大多被废弃，造成了环境污染和资源浪费，其饲料化利用可使其变废为宝，缓解甘蔗主产区草食家畜饲料资源不足的难题，降低饲料成本，可替代青贮玉米秸，在山羊妊娠后期饲喂时可提高母羊采食量和羔羊初生重，经济效益和生态效益显著。

七、技术开发与依托单位

联系人：王子玉、王锋

联系地址：江苏省南京市卫岗 1 号

技术依托单位：南京农业大学动物科技学院

杏鲍菇菌糠发酵饲料生产及应用技术

一、技术背景

我国食用菌工厂化生产飞速发展，占世界食用菌总产量的70%以上，2015年全国27个省区市的总产量约为3 476万 t，随之而来的是大量菌糠的产生。菌糠是食用菌栽培过程中收获产品后剩下的培养基废料，主要由棉籽壳、甘蔗渣、木屑、玉米芯及多种农作物秸秆组成，估算每年采收食用菌后产生鲜菌糠3亿 t以上。食用菌菌糠的饲料化利用意义重大，有望成为解决当前反刍动物饲料资源供应紧张、成本偏高问题的途径之一。食用菌在培养基上的生长过程中，产生了大量分解纤维素、半纤维素的复合酶和降解木质素的过氧化酶，能将纤维素、半纤维素和木质素分解成葡萄糖、酮类化合物等供给食用菌和菌丝体生长繁殖。收菌后，残留丰富的菌丝体及经食用菌酶解后发生质变的粗纤维复合物，其营养价值得到一定改善。菌糠的随意堆放和焚烧，不仅造成了资源的浪费，也会导致环境的污染。菌糠饲料化应用前景广阔，但其纤维素含量高、消化率低、不易保存的特点，成为阻碍其利用的瓶颈。本技术利用几种纤维素降解能力强的菌株和益生菌混合发酵杏鲍菇菌糠，添加满足微生物生长的碳源、氮源，目的在于降解菌糠中的木质素等羊只不能利用的物质，分解为动物可以利用的单糖、双糖等，使其具有良好的饲喂效果，降低养殖成本。

二、技术要点

（一）菌种扩增

1. 主要菌种

绿色木霉、酵母菌、乳酸菌。

2. 培养基添加剂

尿素、麸皮。

（二）固态发酵程序

1. 菌种培养基

（1）绿色木霉斜面培养基：马铃薯提取液 1L，葡萄糖 20g，琼脂 15g。

（2）液体培养基：蛋白胨 11g/L，硫酸钠 13g/L，葡萄糖 6g/L，磷酸二氢钾 10.5g/L。

（3）酵母菌斜面培养基：麦芽汁 1L，琼脂 15g。

（4）液体培养基：葡萄糖 40g/L，酵母粉 5g/L，七水硫酸镁 0.25g/L，磷酸二氢钾 0.5g/L，蛋白胨 10g/L。

（5）乳酸菌斜面培养基：酪朊水解物 10g/L，酵母粉 5g/L，柠檬酸二铵 2g/L，醋酸钠 25g/L，硫酸锰 0.15g/L，硫酸镁 0.58g/L，葡萄糖 20g/L，吐温 80 1ml/L，磷酸二氢钾

6g/L，七水硫酸亚铁 0.03g/L，蒸馏水 1L，琼脂 15g/L，冰醋酸调至 pH 值 5.4。

（6）液体培养基：酪朊水解物 10g/L，酵母粉 5g/L，柠檬酸二铵 2g/L，醋酸钠 25g/L，硫酸锰 0.15g/L，硫酸镁 0.58g/L，葡萄糖 20g/L，吐温 80 1ml/L，磷酸二氢钾 6g/L，七水硫酸亚铁 0.03g/L，蒸馏水 1L，冰醋酸调至 pH 值为 5.4（图 1）。

2. 菌种培养说明

将斜面培养基上菌种挑取一环，于灭菌好的液体培养基中，封口膜封口，置于适宜温度，120r/min 摇床培养 24h 待用（图 2）。

图 1　培养基制作　　　　　图 2　菌种接种

3. 制作流程

固态发酵的培养基：菌糠为基质，加 20% 麸皮，1% 尿素，含水量 55%，菌液添加量 8%，发酵 8d。该菌种组合和发酵条件粗蛋白含量在 15.44%，粗脂肪 3.66%，中性洗涤纤维 57.49%，酸性洗涤纤维 37.45%。

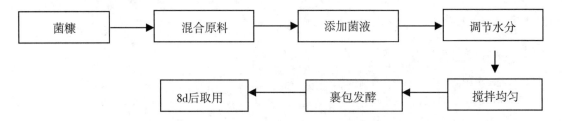

三、技术应用说明

湖羊育肥期推荐配方如表 1 所示。

表 1　湖羊育肥期推荐配方

原料	比例（%）
发酵菌糠	30.00
大豆秸秆	39.30
玉米	10.24

原料	比例（%）
菜籽粕	6.00
花生秧	7.00
麸皮	4.00
食盐	0.36
磷酸氢钙	2.20
石粉	0.40
预混料	0.50

四、适宜地区

食用菌产区及周边地区。

五、注意事项

菌糠发酵过程需压紧密封，避免空气中杂菌污染。发酵未成功之前不得开袋、开窖观察，取用时应随喂随取，拆口后不应放置时间过长，要注意观察饲料的质量情况，发现有结块、霉变的要立即停止饲喂。

六、效益分析

该产品可以补充枯草期放牧羊和以粗饲料为主的舍饲羊营养不足，降低了饲料成本。发酵后菌糠的消化利用率都有很大提升，发酵过程产生的芳香味提高了菌糠的适口性。

七、技术开发与依托单位

联系人：王锋、聂海涛

联系地址：江苏省南京市卫岗 1 号

技术依托单位：南京农业大学动物科技学院

羔羊育肥中棉秆利用技术

一、技术背景

据不完全估计，我国年农作物秸秆产量约为 7 亿 t，约占世界的 19%，其中，棉花秸秆（以下简称棉秆）产量约为 860 万 t，资源较为丰富。经检测，棉秆中粗蛋白、纤维素、半纤维素、木质素的含量分别约为 6.5%、45%、10%、15%。与其他秸秆营养价值比较，棉秆粗蛋白含量高于玉米秸和麦草，纤维素和木质素含量亦高于玉米秸和麦草，在瘤胃内的干物质降解率偏低，棉秆中的游离棉酚含量较低，动物采食少量棉秆一般不会出现棉酚中毒现象。由此可见棉秆具有一定的饲用价值。但由于棉秆木质化程度高，纤维素、半纤维素在动物体内很难降解，这是限制棉秆在动物生产中应用的关键因素之一。对于反刍动物而言，其瘤胃微生物可以部分降解纤维素、半纤维素，但很难降解木质素，在反刍动物日粮中添加少量的棉花秸秆对其生长性能无明显副作用。在发展节粮型畜牧业的大背景下，该技术将棉秆与其他原料经科学配伍，加工调制成全混合饲料（或颗粒饲料），进行绵羊育肥生产，降低饲料成本的同时，对动物生产性能和健康无不良影响。该技术的实施，为棉秆在绵羊中的应用提供了一种可行途径，可有效缓解部分区域饲草料资源紧缺的现状，解决绵羊生产中粗饲料供给的矛盾，有助于推进区域饲料优势资源转换，对于发展节粮型畜牧业、提高畜牧业经济效益具有十分重要的现实指导意义。

二、技术要点

（一）棉秆收割与粉碎

棉花采摘后，用棉秆联合收割机进行收割（附带对棉秆进行粗粉碎）（图 1、图 2），收割后的棉秆经晾干后，用专用机械进行细粉碎（筛网孔径 1~2cm 为宜）。

（二）育肥羊日粮的调制和饲喂

1. 棉秆在日粮中添加量

棉秆在育肥羊日粮中适宜的添加比例为 20%~30% 时，不影响绵羊生产性能的发挥。

2. 棉秆全混日粮配制技术

（1）成分：玉米、麸皮、棉粕、石粉、预混料、秸秆类饲料、青贮、棉秆等（图 3、图 4）。

图1　棉秆收割

图2　小型制粒机

图3　制作全价颗粒饲料

（2）全混合饲料的制作：根据羊的营养需求，确定科学的日粮配方，调制加工成绵羊用不同生长阶段的全混合饲料（或颗粒饲料）（图5），提高棉秆和低质秸秆的采食效率，减少饲料资源的浪费。

图4　棉秆颗粒饲料

图5　棉秆颗粒饲料喂羊

三、技术应用说明

（一）应用说明

1. 该技术除用于绵羊育肥外，也可用于绵羊其他生理阶段。可根据不同生理阶段的营养需要，酌情添加棉秆，以棉秆占全日粮低于30%添加量为宜。

2. 饲喂时，要注意一定的过渡期，建议过渡期以6~9d为宜，在过渡期内，棉秆全混合饲料的使用量逐渐增加到正常饲喂量即可。

3. 该技术在应用时，育肥羊要保证充足的饮水，注意舔砖和畜用盐的补饲。

（二）应用条件

1. 原料处理

联合收割机（收获棉秆）、粉碎机。

2. 加工调制设备

制粒机、TMR混合机。

四、适宜区域

棉秆资源相对比较丰富的区域。

五、注意事项

1. 要注意观察棉秆的质量情况，如发现贮存结块、霉变的棉秆，应停止使用。

2. 棉秆饲料可提供的营养素水平低，要注意饲料的搭配，满足动物的营养需求。

3. 制好的全价棉秆颗粒饲料存放时间不宜过长，以不超过 3 个月为宜。TMR 饲料以即做即用为好。

4. 棉秆适口性差，动物不喜采食，直接饲喂会因动物的挑食而导致浪费。

5. 做好动物的驱虫、圈舍及运动场的消毒工作，保证羊的健康。

六、效益分析

该技术解决了棉秆在育肥羔羊日粮中应用的科学问题，为棉秆的推广使用提供了参考依据。经饲养试验证明，绵羊日粮中添加少量的棉秆对其生产性能和健康无不良影响。按照每只羊日增重 200g、日采食量 1.5kg、日粮中棉秆用量 20%，以试验生产饲料时的成本计算，与玉米秸秆相比，每天每 100 只羊可节约成本 7.5 元。

七、技术开发与依托单位

联系人：张俊瑜

联系地址：新疆乌鲁木齐市经济技术开发区阿里山街 468 号

沙棘枝叶全价配合饲料生产及使用技术

一、技术背景

沙棘是一种耐干旱、生存力强的灌木，主要分布在我国东北、西北等半干旱地区，具有很强的水土保持作用。随着我国畜牧业的发展，对非粮饲料的需求量越来越高，将沙棘作为饲料的研究也越来越多。

沙棘枝叶中粗蛋白、氨基酸，维生素、矿物质含量较高，其饲料营养价值也超过绵羊常用的玉米秸、小麦秸、青贮玉米等大多数粗饲料（图1、图2）。此外，沙棘枝叶中还含有沙棘黄酮等有益活性因子，对绵羊生长具有明显促进作用，具有提高动物免疫力和改善肉品质等功效。由此可见，将沙棘枝叶作为饲料开发，具有一定的开发利用潜力。

图1　沙棘树（枝、叶、果）　　　图2　粉碎的沙棘枝叶

二、技术要点

（一）成分
玉米、麸皮、豆粕、棉粕、预混料、沙棘枝叶、秸秆和其他饲料原料。

（二）沙棘枝叶在日粮中的添加量
沙棘枝叶在绵羊日粮中适量的添加量为10%~30%，有助于绵羊生产性能的发挥。

（三）全价日粮配制技术
根据育肥羊的营养需求，确定科学的日粮配方，将沙棘枝叶调制加工成育肥羊用全价配合饲料。

三、技术应用说明

1. 该技术除用于绵羊育肥外，也可用于绵羊其他生理阶段。可根据不同生理阶段的营养需要，酌情添加沙棘枝叶，以沙棘枝叶占全日粮低于30%添加量为宜。

2. 饲喂时，要注意一定的过渡期，建议过渡期以 6~9 天为宜，在过渡期内，沙棘枝叶全混合饲料的使用量逐渐增加到正常饲喂量即可。

四、适宜区域

沙棘资源相对比较丰富的区域。

五、注意事项

沙棘枝叶添加量按照不同区域和绵羊品种可进行适当调整（图 3）。

图 3　沙棘枝叶喂羊

六、效益分析

经试验研究证明，在育肥羊饲料中添加不高于 30% 的沙棘枝叶，羔羊日增重 150~220g，同时提高免疫力和抗氧化能力，减少抗生素药物的使用。

七、技术开发与依托单位

联系人：刘艳丰、王文奇
联系地址：新疆乌鲁木齐经济技术开发区阿里山街 468 号

提高草原育肥羔羊产肉量及
肉品质的限时放牧技术

一、技术背景

放牧是草地最经济有效的利用方式之一。放牧活动对草地植被的影响是多方面的，一般情况下，适度放牧能增加草地植被的丰富度，有利于草地植被的稳定，能够提高草地的生产力。但是高强度草地放牧则会影响草地植被的群落结构，降低草地植被的多样性、草地的盖度和草地的生产力，也降低草地可食性牧草的数量和质量，严重影响草地生态环境和畜牧业的发展，并引起草地不同程度的退化。不合理的放牧制度会严重破坏草场，导致土壤蓄水力下降，调节气候水平减弱，甚至会造成严重的生态灾难。因此，探寻一种合理的放牧制度使草地生长和草食动物采食相互适应是长期以来畜牧工作者面临的一大课题。为了达到草畜平衡这一目标，建立正确的放牧方式显得尤为重要，应运而生的是限时放牧制度。

限时放牧与全天放牧相对，即在保证草畜系统稳态的前提下，减少放牧时间，迫使家畜短期迅速采食的一种放牧形式。研究发现，羔羊在不同的放牧时间下所采食的牧草量不同，而采食牧草量的不同，亦造成羔羊消化器官的发育程度各异，进而影响羔羊生产性能。限时放牧能够显著提高羊肉嫩度、显著降低蒸煮损失，保护草地植被和生物多样性。

二、适宜地区

本技术适于我国北方草原牧区及农牧交错地区，特别是在冬春季节肉羊以放牧为主的地区。具有天然放牧草地及价格低廉的饲料、饲草来源的地区。

三、技术要点

（一）舍饲圈舍

需要养殖户提供舍饲圈舍，用于归牧后羔羊的补饲，根据羔羊及其他绵羊整体养殖数量确定圈舍大小。具有冬暖、防寒、防雨等功效，有条件的可以安装自动饮水系统和清粪系统。

（二）饲草、精饲料

补饲使用的饲草和饲料应当以当地品质优良、价格合理的饲草、饲料资源为主。饲草可以是牧户刈割收集的天然牧草，精饲料可以自己根据配方配制，也可以购买商品羔羊育肥精料，精料应以颗粒料的形式饲喂。

（三）具体实施方式

1. 每天饲养管理方法

8：00 育肥羔羊进行补饲，自由饮水，饲喂一部分精料、饲喂草料；

12：00 出牧，所有羔羊集中放出圈舍，放牧；

16：00 限时放牧结束，所有羔羊归牧（限时放牧时间为 4~5h/天），检查羔羊数量及健康状况；

18：00 自由饮水，饲喂剩余部分的精料。

2. 饲料饲草投喂量

应根据育肥羔羊的体重及饲养实践中确定。一般而言，每天精饲料与饲草的饲喂比例为 1：1。对于体重为 15~20kg 的育肥羔羊，每天投喂量应为 1kg 左右（表 1）。

表 1 推荐的育肥羔羊放牧补饲精料配方（干物质%）

配方 1	配方 2
玉米 59.5	玉米 51.5
小麦麸 10	豆粕 25
大豆粕 25.5	麸皮 15
预混料 5	小苏打 2.5
	磷酸氢钙 1.5
	石粉 1.5
	食盐 2.0
	预混料 1
合计 100	合计 100

四、注意事项

1. 本方式适用于断奶后至出栏屠宰前的育肥羔羊，不包括初生羔羊、种公羊及基础母羊。这些羊群的饲养管理应该因地制宜进行妥善安排生产。

2. 饲料饲草不应当频繁更换。每天饲料饲草应分为两顿饲喂，切勿一次性全部投喂造成羔羊采食过度消化不良。

3. 每天观察羔羊的健康状况，做好消毒、免疫、剪毛、驱虫及防疫工作，保证清洁饮水。

五、效益分析

本技术能够显著提高羔羊的生长性能及屠宰性能。根据前期本团队大量试验研究发现，限时放牧加育肥 4h 能够比全天候放牧提高日增重 50%，出栏体重提高 30%，屠宰率提高 7%。按照 50 元/kg 肉价及 40kg 出栏体重计算，除去饲养成本和饲料成本，每只育肥羔羊约提高收入 100 元。此外该羊肉具有丰富的对人体有益的 $n-3$ 多不饱和脂肪酸。羊肉色泽及嫩度也显著提高。最重要的是保护了草地植被生态，实现了经济价值和社会生态环境保护的双重意义。

六、技术开发和依托单位

联系人：罗海玲

联系地址：北京市海淀区圆明园西路 2 号

技术依托单位：中国农业大学动物科技学院

该技术已获得授权专利保护

打包青贮配制及应用技术

一、技术背景

青贮可以减少青绿饲料营养成分的损失，提高饲料利用率，尤其能够有效地保存维生素，另外，通过青贮，还可以消灭原料携带的很多寄生虫（如玉米螟、钻心虫）及有害菌群。生产实践证明，青贮饲料不仅是调节青绿饲料欠丰、以旺养淡、以余补缺、合理利用青饲料的一项有效方法，而且是规模化、现代化养殖、大力发展农区畜牧业、大幅度降低养殖成本、快速提高养殖效益的有效途径。与此同时其也是提高畜产品品质，增强产品在国内、国际市场竞争力的一项有力措施。

由于常用的窖贮方法一次性投资大，而且建大青贮池就要买青贮取料机等配套设施，具有储藏量大的优点，但仅适合大型养殖场，却不适合中小型的养殖场。打包青贮是将粉碎好的青贮原料用打捆机进行高密度压实打捆，然后通过打包机用拉伸膜包裹起来，从而创造一个厌氧的发酵环境，最终完成乳酸发酵过程。打包青贮解决了制作窖藏青贮受时间、地点、生产数量、存放地点的限制。若能够在棚室内进行加工，也就不受天气的限制了。与其他青贮方式相比，打包青贮过程的封闭性比较好，通过汁液损失的营养物质也较少，而且不存在二次发酵的现象。此外打包青贮的运输和使用都比较方便，有利于它的商品化。这对于促进青贮加工产业化的发展具有十分重要的意义。

二、技术要点

（一）关键技术流程

原料→铡短或者揉丝→打包（拉伸膜拉紧）→摞放（不超过三层，防鼠防冻）→开包饲喂。

（二）具体实施方式

1. 选择的青贮原料含水量需为 60%~70%（即用手刚能拧出水而不能下滴时或者是玉米在乳熟末期至蜡熟前期最好），最适于乳酸菌的繁殖。

2. 原料要含有一定量的糖分，一般玉米秸秆的含糖量符合要求。

3. 在调制过程中，原料要尽量铡短或揉丝，打包时才能够打实，以尽量排除青贮包内的空气，羊用青贮长度以 1~2cm 为宜，玉米粒要尽量打碎（针对专用青贮收割机而言）。

4. 青贮产量。专用青贮（如墨西哥玉米等）辽宁朝阳地区进行过实验性种植，亩产在 10~15t。常规种植的农田玉米一般在 4~6t，平均 5t，干旱年份产量在 4t 左右。

5. 青贮饲料只要掌握水、糖、快、实、密就能制作成功（图1）。

图1 打包青贮饲料

三、技术应用说明

（一）应用说明

1. 打包青贮饲料的饲喂范围很广，除母羊的妊娠末期和羔羊哺乳早期以外，各类羊的各个生理阶段均可以适宜的添加量饲喂。

2. 成年羊每天宜饲喂打包青贮饲料1kg左右，适当补饲一定量的其他干草即可，保证充足的饮水，不宜添加过量，过多添加容易造成酸中毒。

3. 饲喂打包青贮时要循序渐进的添加，需要有过渡期，如果羊只有酸度过大的症状（反刍时口腔中流有白色液体等），可适度加入小苏打以中和酸度，一般添加量为5~15g/只。

（二）应用条件

1. 小型粉碎机或揉搓机，如果规模较大时可用大型青贮收割机最好。
2. 青贮打包机（动力有柴油机和电力两种）。
3. 牧草膜、麻绳等。

四、适宜区域

该技术适用于玉米为主的青贮制作，主要应用于以玉米为主要作物的广大农区。

五、注意事项

1. 注意保护牧草膜的密闭性。虽然牧草膜有一定的韧性，但是也怕石子等尖锐物体刮破，破坏其厌氧环境，故在加工和搬运时要特别注意，发现破损要及时用透明胶带粘补，尽量减少搬运的次数，在堆垛时一般不超过 4 层。

2. 防鼠工作。打包青贮在存放时要做好防鼠工作，比较有效的办法是用"电猫"防鼠，其电压为 36V，在安全电压范围以内。

3. 做好防冻工作。北方地区冬季寒冷，大部分时间气温都低于 0℃，打包青贮如果在露天堆放，就会出现冻结现象，在饲喂时一定要待其解冻后方可使用，有条件的养殖场可做一些保温措施。

4. 在饲喂中要注意观察青贮的质量，避免饲喂发霉变质的青贮饲料，一定要全部挑出包内的麻绳，以免被羊只误食。

六、效益分析

由于拉伸膜裹包青贮密封性好，提高了乳酸菌厌氧发酵环境的质量，提高了饲料营养价值，气味芳香，粗蛋白含量高，粗纤维含量低，消化率高，适口性好，采食率高，家畜利用率可达 100%。牧草膜有足够的强度且柔软，耐低温，包 2 层膜就可以存放 1 年以上，3 层膜可以存放 2 年以上。一般在 10℃ 以上经 15d 发酵即可制作成"面包草"饲料。

计算依据：

牧草膜：165 元/捆，打 75 包。绳子：45 元/捆，打 120 包。人工费：4 个女工×110 元+1 个男工×160 元＝600 元；日工作 10h×60 包。动力：8h 耗油 30 元。每包重量按 70kg 计（表 1）。

表 1　青贮打包成本核算　　　　　　　　　　　　　　　　　　　　（元）

成本	牧草膜	人工费	绳子	动力（柴油）	合计
每吨成本	31.46	16.45	5.36	0.90	54.17
每包成本	2.200	1.150	0.375	0.063	3.790
每斤成本	0.0160	0.0080	0.0030	0.0004	0.0274

注：人工费以辽宁朝阳地区为例

七、技术开发与依托单位

联系人：张贺春、李淑秋、卢继华
联系地址：辽宁省朝阳县柳城镇锦朝高速南出口 500 米
技术依托单位：辽宁省朝阳市朝牧种畜场

羔羊的舍饲及育肥技术

一、技术背景

羔羊具有增重快、饲料报酬高、产品成本低、生产周期短、肉质好、经济效益高等特点，羔羊育肥指利用羔羊一周岁前生长速度快、饲料报酬高等特点，通过科学饲养，使羔羊在短期内达到预期出栏体重的方法，近年来羔羊育肥生产发展很快。

二、技术要点

（一）基本要求

1. 依据羊的生理阶段可分为哺乳羔羊、育肥羊、育成羊、种母羊和种公羊；应按照性别、年龄、体重、体况等，分群饲养。

2. 宜采用定人、定时和定量的饲喂制度。

3. 饲草饲料变更应有 10 天左右的过渡期。

4. 自由饮水，饮水质量应符合《NY 5027—2008 无公害食品　畜禽饮用水水质》的规定，饮水设备应定期清洗和消毒。

5. 保证羊只每天有适量的运动。

6. 定期对羊舍进行卫生清扫和消毒，保持圈舍干燥、卫生。

7. 种用羊应建立生长发育及繁殖测定记录，包括初生、断奶、6 月龄、周岁和成年时的体重、体尺和繁殖性状。

8. 选择广谱、高效、安全、无残留或低残留的抗寄生虫药，定期驱虫。

9. 定期剪毛和修蹄。

10. 应经常观察羊群健康状况，发现异常及时隔离观察。

11. 饲养区内不应饲养其他动物。

12. 定期投放安全的灭鼠药，控制啮齿类动物。

（二）哺乳羔羊

1. 接生与羔羊护理

（1）羔羊出生后，应立即清除口、鼻、耳内的黏液，断脐并消毒。

（2）分娩完毕，清洁乳房，应在 2h 内让羔羊吃足初乳。

（3）羔羊出生后称重、编号，必要时可在 7 日龄左右断尾。

（4）应加强羔羊的护理，做好保温防暑工作，寒冷季节应给羔羊提供温水。

（5）勤观察羔羊的精神状态，发现异常时可采取辅助哺乳、清理胎粪、治疗等措施。

2. 人工辅助哺乳与早期补饲

（1）对新生弱羔和双羔以上的羔羊或在母羊哺育力差时，应人工辅助哺乳，每天至少4次，可采用保姆羊饲喂或人工饲喂羔羊代乳产品。

（2）羔羊代乳产品应选自取得饲料生产许可证的厂家，定时、定量及定温饲喂。哺乳用具应经常消毒，保持清洁卫生。

（3）羔羊出生1个月内以母乳或羔羊代乳产品为主，2周龄时在母羊舍内设置补饲栏，让羔羊可随时采食营养丰富的固体饲料。

3. 断奶

（1）适时断奶。根据羔羊生长发育和体质强弱断奶，可在2月龄左右进行。

（2）提倡羔羊早期断奶。羔羊可在3周龄左右断母乳，饲喂羔羊代乳品和开食料及干草等，宜在2月龄左右，固体饲料采食量能够满足营养供给时即断羔羊代乳产品。

（3）断奶期间应尽量减少羔羊的应激反应，避免场地、饲养员、饲养环境条件等的变化。

（三）育肥羊

1. 羔羊育肥

（1）断奶后用于育肥的羔羊，应按性别、体重分群饲养。

（2）根据生长需要和育肥目标确定饲粮。

（3）育肥前应免疫和驱虫。

（4）做好体重和饲料消耗记录。

（5）羔羊育肥至30~40kg出栏。

2. 成年羊育肥

（1）不做种用的公、母羊和老、弱、瘦羊均可来育肥。

（2）按性别、体况等组群。

（3）进行免疫和驱虫。

（4）按照育肥羊营养需要配制饲粮，充分利用各种农林副产物。

（5）育肥达到出栏体重时出栏。

（四）育成羊

1. 公、母分群饲养，根据体况和体重配制饲粮。

2. 保证足够的运动，不宜过肥或过瘦。

3. 定期称量羊只的体重，测量体况，建立完整的系谱记录和生长记录。

4. 做好防疫驱虫工作。

5. 育成母羊体重达到成年体重的70%以上即可配种，育成公羊应在周岁后配种。

（五）种母羊

1. 空怀母羊

（1）根据体况和体重配制调整饲粮，调整母羊至适配体况，为进入下一个配种期做好准备。

（2）对体况较差的空怀母羊，经补饲恢复膘情后方可配种。

2. 妊娠母羊

（1）分为妊娠前期（前 3 个月）和妊娠后期（后 2 个月）两个阶段。

（2）妊娠前期和后期应配制不同饲粮，妊娠后期应增加营养供给，不应饲喂霜冻或霉烂饲料。

（3）避免惊群和剧烈运动，保持圈舍内外安静。

（4）妊娠期应注意做好保胎工作，保持适量运动，忌粗暴管理，防止相互打斗。

（5）产前一周左右，应将临产母羊转入产房，产房应有垫料。做好接产准备工作，并配备充足的专业技术人员。

（6）应对产房进行巡回检查，及时处理母羊分娩、难产、羔羊假死等问题。

（7）母羊围产期减少或停止饲喂青贮饲料，在母羊预产期临近时，根据母羊体况，调整精料补充料的饲喂量。

（8）初产母羊宜在产前两周及产后一周，每天人工按摩乳房 1~2 次；对较瘦弱的母羊需提供优质的精料补充料和青绿多汁饲料。

3. 泌乳母羊

（1）泌乳前期应以母羊为羔羊提供充足母乳为饲养管理目标，根据母羊的体况和产羔情况调整饲粮供给。

（2）泌乳后期或羔羊断奶早期应及时调整饲喂方案，保证母羊及时恢复体况。

（3）经常检查母羊乳房，如发生乳房炎应及时处理。

（4）保持圈舍清洁干燥，及时清理排泄物。

（六）种公羊

1. 基本要求

（1）应单圈饲养，圈舍宽敞，保持足够的运动量。

（2）要求体格健壮、中等膘情，具有旺盛的性欲、优质的精液和良好的配种能力。

（3）应保证饲粮的合理配搭，满足营养需要。

2. 非配种期

（1）饲粮以优质青粗饲料为主，适量补充精料补充料，保持中等偏上体况，防止过肥。

（2）配种前 1.5~2 个月，逐渐调整种公羊饲粮，增加精料补充料比例，保证优质饲草和块根块茎类饲料的供应，同时进行采精训练和精液品质检查。

3. 配种期

（1）合理配制饲粮。精料补充料中粗蛋白质含量应在 20% 左右，并保障矿物质和维生素的供给量；提供优质的青、粗饲料，需注意容重。

（2）应根据需要提前制定选配计划。

（3）采用人工辅助交配方法时公母比例为 1∶20~1∶30；提倡采用鲜精稀释人工授精技术。

（4）应控制配种强度，每天配种或采精 2 次，每周至少安排休息 2d。

（5）配种结束后，应适当加强运动，逐渐减少精料补充料的饲喂量，直至达到非配种期饲养水平。

三、适宜地区

适用于以羔羊舍饲育肥生产为主要生产模式的育肥场，其他羊场可参考使用（图1）。

四、注意事项

育肥前做好分群、防疫及驱虫工作。育肥期间变换日粮应逐步过渡，注意预防酸中毒。育肥前是否去势可根据当地习惯确定，大尾羊应适时断尾，具体出栏体重或出栏日龄应根据活羊市场行情和增重成本灵活调整。为提高育肥效果，可采用全价颗粒饲料育肥或使用育肥专用添加剂，并适当减少运动量。

图1　羔羊舍饲育肥场

五、效益分析

羔羊阶段饲料报酬高，分阶段育肥可节省饲料成本，提高日增重和经济效益。

六、联系方式

联系人：马涛
联系地址：北京市海淀区中关村南大街12号
技术依托单位：中国农业科学院饲料研究所

番茄渣与秸秆混合青贮高效利用技术

一、技术背景

内蒙古巴彦淖尔市是我国重要的番茄种植基地，年生产番茄 180 万~230 万 t，加工番茄副产品番茄渣每年达 10 万 t 左右，具有开发为肉羊饲料的巨大资源潜力。但由于鲜番茄渣水分含量在 68% 左右，加之番茄渣又集中在秋季 40 天内出产品，短时间内很难天然干燥达到安全贮存水平，极易腐败变质。当前，这类非常规饲料利用主要是通过实时干燥和青贮的办法，但存在干燥营养物流失大、营养素不平衡的缺点。因此，作为当地一种资源大、成本低的一类重要非常规饲料，开发番茄渣与秸秆混合青贮研究，利用番茄渣内溶液营养丰富和干秸秆易吸附水分的特点，将番茄渣与秸秆混贮，一干一湿青贮达到优势互补，开辟肉羊生产饲料来源、降低饲养成本、提高养殖效益具有重要意义。

二、技术要点

（一）技术流程

番茄渣与秸秆混合青贮高效利用技术流程如图 1 所示。

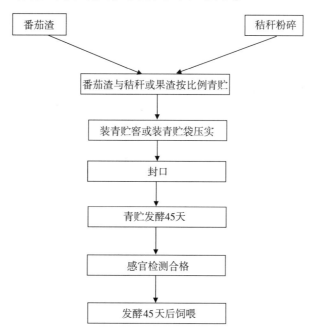

图 1 番茄渣与秸秆混合青贮高效利用技术流程

（二）具体实施方式

1. 番茄渣

选择新鲜番茄渣，主要由番茄皮、籽和残余的果肉组成，占番茄鲜重的4%~5%（图2至图10）。

| 图2 番茄渣单贮45d | 图3 番茄渣单贮60d | 图4 番茄渣单贮90d |

图5 番茄渣：玉米秸秆　　　图6 番茄渣：玉米秸秆　　　图7 番茄渣：玉米秸秆
（60：40）混合青贮45d　　（60：40）混合青贮60d　　（60：40）混合青贮90d

图8 番茄渣：麦秸　　　　图9 番茄渣：麦秸　　　　图10 番茄渣：麦秸
（90：10）混合青贮45d　　（90：10）混合青贮60d　　（90：10）混合青贮90d

2. 秸秆

主要指农作物秸秆，其粗纤维含量高，难以被动物消化吸收的粗饲料。

3. 青贮条件

缺氧环境、青贮原料的含水量以65%~75%、青贮温度以20~35℃为宜、具有一定糖分。青贮设施要求不透气、不透水。

4. 制作原则

（1）原料填装原则：要迅速将青贮窖当天装满压实。当天封窖，避免青贮料在装满密封前腐败变质，即使大规模青贮也要在2天之内完成。

（2）水分控制原则：将混贮原料用手握紧，指缝中能见到水但又不能流出来，就是适宜含水量。水分过低需加水。

5. 制作方法

（1）清理准备：根据青贮规模的大小，选择合适的青贮窖，并在使用前进行清理，除去脏土、剩余的原料等，将塑料膜平铺于窖内并延伸出青贮窖墙壁。

（2）番茄渣与秸秆比例：番茄渣 60%~90%，秸秆 10%~40%。

（3）原料准备：根据青贮窖容积确定青贮原料用量。青贮的番茄渣一定要新鲜，秸秆切碎至 2~3cm 长。

（4）混合青贮：将青贮番茄渣与切短的玉米秸或小麦秸秆混合均匀（可用 TMR 搅拌机），装窖时要压实，装满后窖顶要用塑料膜封严，上面覆盖 20~30cm 土层。

（5）分层青贮：将切短的玉米秸秆或小麦秸秆均匀平铺在青贮窖 15~20cm 的厚度，然后均匀平铺番茄渣 15~20cm 的厚度，依次顺序交替装窖，交替压实，最上一层应为番茄渣。装满后窖顶要封严，上面覆盖 20~30cm 土层。

6. 青贮成熟

番茄渣与秸秆混合青贮一般在 45d 左右即可启用。

7. 青贮量

青贮量应根据饲养量来计算。

（1）单位绵羊用量。一年需要的青贮饲料量，按每只绵羊每天喂给 1.5kg 计算。则：一只羊全年青贮饲料需要量 = 1 只×1.5kg/（只·d）×365d = 548kg。

（2）取料量。根据饲养量来确定每天用量。每天取出青贮饲料的厚度不应少于 0.1m，才能保证家畜每天能吃到新鲜的青贮饲料。

不同青贮时间番茄渣单贮和混贮感官评定结果和推荐配方如表1、表2所示。

表1　不同青贮时间番茄渣单贮和混贮感官评定结果

指标	组别	发酵时间（d）		
		45	60	90
颜色	番茄渣单一青贮	淡红色	红色	红黄色
	番茄渣与梨渣（50∶50）混合青贮	橙黄色	橙黄色	深黄色
	番茄渣与玉米秸秆（60∶40）混合青贮	淡褐色	淡黄色	黄色
	番茄渣与小麦秸秆（90∶10）混合青贮	橙黄色	橙黄色	深黄色
气味	番茄渣单一青贮	酸香味	酸香味	芳香味
	番茄渣与梨渣（50∶50）混合青贮	酸香味	芳香味	芳香味
	番茄渣与玉米秸秆（60∶40）混合青贮	弱酸味	酸香味	酸香味
	番茄渣与小麦秸秆（90∶10）混合青贮	弱酸味	酸香味	酸香味
质地	番茄渣单一青贮（Ⅰ组）	保持良好	保持良好	保持良好
	番茄渣与梨渣（50∶50）混合青贮	保持良好	保持良好	保持良好
	番茄渣与玉米秸秆（60∶40）混合青贮	保持良好	保持良好	保持良好
	番茄渣与小麦秸秆（90∶10）混合青贮	保持良好	保持良好	保持良好

表2 推荐育肥羔羊番茄渣青贮饲料配方

配方1		配方2	
原料名称	配比（干物质,%）	原料名称	配比（干物质,%）
青贮（含果渣）	25.32（相当于含水量 68.7%青贮81）	青贮（含秸秆）	25.32（相当于含水量 68.7%青贮81）
羊草	12.45	羊草	12.45
胡麻草	6.22	胡麻草	6.22
葵盘粉	6.22	葵盘粉	6.22
玉米	31.12	玉米	31.12
预混料	18.67	预混料	18.67
配方1		配方4	
原料名称	配比（干物质,%）	原料名称	配比（干物质,%）
青贮（含果渣）	23.32（相当于含水量 68.7%青贮75）	青贮（含秸秆）	23.32（相当于含水量 68.7%青贮75）
羊草	8.45	羊草	8.45
麦秸	4.32	稻草	4.32
葵盘粉	4.35	葵盘粉	4.35
玉米	35.12	玉米	35.12
预混料	24.88	预混料	24.88

三、技术应用说明

（一）应用说明

1. 番茄渣秸秆（果渣）混合青贮适用于基础母羊、后备羊、育肥羊，根据不同用途的羊可适量添加。

2. 基础母羊后备羊饲育肥羊饲喂青贮1~1.5kg/（只·d），按照配方适当补饲干草与精饲料。

3. 饲喂青贮时，青贮量由少到多，让羊逐渐适用，5d达到青贮1~1.5kg/（只·d）。

（二）应用条件

本技术需要粉碎机及耗材：

1. 粉碎机；

2. 青贮窖或青贮袋、塑料布、防雨布等；

3. 发酵菌种或自然发酵。

四、适宜区域

该技术适用于番茄种植主产区和秸秆资源丰富的地区。

五、注意事项

1. 青贮饲料开袋或开窖后要在 3 天之内喂完，避免二次发酵。

2. 青贮饲料如果结冰，要解冻后再喂。

3. 要注意青贮饲料的质量情况，发现有结块、霉变的要立即停止饲喂。

4. 原料中要有足够的、可满足微生物生长繁殖的糖分。

5. 发酵原料中的水分要适宜，不可过高或过低。

6. 贮存时必须将原料压实，并排净空气，制造绝对的厌氧条件。

7. 发酵未成功之前不得开袋、开窖观察。

六、效益分析

本技术能开发当地番茄渣饲料在肉羊生产应用，使番茄渣的利用率大大提高。通过发酵技术使番茄渣秸秆青贮饲料的消化率、利用率、转化率、适口性均得到有效的提高。而且，由于发酵过程中产生出芳香气味，家畜更容易采食。经发酵加工处理的青贮饲料可食率达到 100%，营养成分利用率提高 30% 以上，经饲养试验，该饲料对后备羊和育肥羊的增重、增肉率均有显著的提高。实践证明，用番茄渣秸秆青贮饲料来喂牛、羊等反刍动物具有显著的增产作用。

七、技术开发与依托单位

联系人：刘敏

联系地址：临河区解放西街农科路 1 号

技术依托单位：巴彦淖尔市农牧业科学研究院

改善反刍动物肉质风味的中药添加剂的目录应用技术

一、技术背景

近年来，随着人们生活水平的提高和保健意识的增强，消费者对肉品的需求逐渐由数量向质量转变，人们越来越重视畜产品的肉质风味和保健功能。其中牛、羊肉因具有暖中补虚、开胃健力、补气滋阴等特点颇受消费者欢迎。但是随着退耕还林禁牧的实施以及集约化养殖的潮流，放弃传统的放牧方式使肉牛、肉羊的生活习性及饲草结构发生改变，牛羊肉风味逐渐减少；另外，养殖生产中使用人工合成的饲料添加剂如抗生素、促生长素、激素等，使牛羊肉品质和风味严重下降。我国中药资源丰富，中药使用安全可靠、功能多样、经济环保。多项研究证实，牧草和饲料气味最终会在家畜体内有残留，那么在基础日粮中添加含有生物碱、挥发油类、甙类等生物活性物质的芳香中药也势必会通过营养调控改善动物肉品风味，同时还可能在一定程度上改善机体代谢、促进生长发育、提高免疫功能及预防疾病，最终为人们提供优质的牛、羊肉，因此利用中药改善反刍动物肉质风味具有很大的优势和潜力。本添加剂是根据中医药和现代营养调控理论结合反刍动物生长发育特点和规律精心配制而成的，以1%的添加量添加于基础日粮中，能明显提高平均日增重，改善肉品质（嫩度和风味等），有较好的推广应用前景。这种用于改善羊肉风味的中药复方饲料添加剂，由下列原材料组成：小茴香、白芷、紫苏、草果、豆蔻、山奈、桂皮、陈皮、高良姜、芒硝、生石膏、寒水石。

本产品的有益效果是：本产品为纯中药制剂，无毒副作用；以1%含量添加即能明显提高平均日增重，还能改善反刍动物肉品质（嫩度和风味等），适于在反刍动物生产中推广应用。

二、技术要点

原料组成：小茴香、白芷、紫苏、草果、豆蔻、山奈、桂皮、陈皮、高良姜、芒硝、生石膏、寒水石。作为优选，所述的中药复方饲料添加剂由下列重量份的原料药组成：小茴香2~5份、白芷2~5份、紫苏5~8份、草果2~5份、豆蔻2~5份、山奈5~8份、桂皮2~5份、陈皮3~7份、高良姜1~3份、芒硝1~3份、生石膏1~3份、寒水石1~3份。作为进一步优选，所述的中药复方饲料添加剂由下列重量份的原料药组成：小茴香3份、白芷3份、紫苏7份、草果5份、豆蔻5份、山奈5份、桂皮3份、陈皮6份、高良姜1份、芒硝1份、生石膏1份、寒水石1份。上述中药中的小茴香、白芷、紫苏、草果、豆蔻、山奈、桂皮、陈皮和高良姜均气芳香，为天然调味品，被广泛用于民间的风味食品，具有增香、增鲜、去异、防腐、促食欲的作用。同时具有健胃消食、温胃散寒、行气止痛等药理功效。另外，添加芒硝、生石膏或寒水石，可以对上述主要原料药中的温热药物以寒制热，达到阴阳平衡，两者相得益彰。

三、技术应用说明

（一）配方成分（重量份）

小茴香 2 份、白芷 2 份、紫苏 5 份、草果 2 份、豆蔻 2 份、山奈 5 份、桂皮 2 份、陈皮 3 份、高良姜 1 份、芒硝 1 份、生石膏 1 份、寒水石 1 份，上述药材均为中药饮片。

（二）制备方法

1. 初步粉碎

按上述配方比例取药称重，先粉碎成粗粉，混匀。

2. 超微粉碎

将上述药物粗粉置于超微粉碎机中进行细粉，使植物细胞破壁。药物粉末粒度为 300~500 目。

（三）使用方法

将中药超微粉均匀混合于羊精饲料中，添加比例为 1%，每天 1 次，连用 30d。

（四）效果分析

与对照组相比，1% 的中药饲料添加剂组肉羊背最长肌中肌苷酸含量提高了 158.16%。

四、适宜区域

全国山羊、绵羊养殖区域均可。

五、注意事项

所需中药材为正规的药材，不可以次充好。同时添加剂的配方在使用时要严格按照比例进行搭配。

六、效益分析

通过使用"用于改善反刍动物肉质风味的中药复方饲料添加剂"在一定程度上能够改善羊的机体代谢、促进生长发育、提高免疫功能及预防疾病，最终为人们提供优质的羊肉，从而提高养殖效益，具有较好的经济效益。

七、技术开发与依托单位

联系人：凌英会

联系地址：安徽省合肥市蜀山区长江西路 130 号

技术依托单位：国家肉羊产业技术体系合肥综合试验站

热带牧草颗粒加工生产技术

一、技术背景

在牛、羊养殖生产过程中，饲草料占整个养殖成本的 70% 以上，可以说饲草料足则牛羊兴。在南方干热区，由于区内光热资源丰富，非常有利于坚尼草、象草、柱花草等热带优质高产牧草的生长。同时由于该区雨季主要集中在 6—9 月，其余季节则干旱少雨，使得雨季牧草生长茂盛处于丰沛状态，而旱季则受水分限制牧草相对短缺。充分利用该区气候资源优势，进行合理牧草种植，把雨季生长过盛的牧草收集加工成草颗粒饲料，是解决区域雨季饲料过盛而冬春饲草不足，实现全年均衡饲料供应，保障肉羊产业健康、持续发展的有效途径。同时，由于颗粒饲料具有营养全面、加工简单、便于储存和运输、饲喂方便等诸多优势，不仅可以有效解决区域牧草供需不平衡问题，还大大提高了饲草利用效率。用草颗粒饲料饲喂牛、羊等草食家畜，可以增加干物质的采食量，使饲草料消化率提高 10%~12%。同时由于混合颗粒料相对于单一牧草养分较为均衡，能增加牛、羊生长速度，提高畜产品品质。

二、技术要点

（一）技术流程

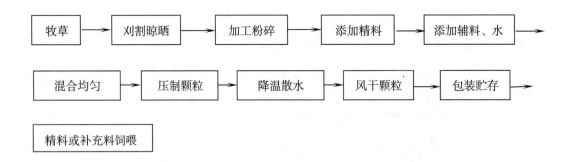

（二）具体实施方式

1. 牧草收集

以坚尼草、象草、王草等热带高产量的禾本科牧草为主，配以蛋白含量较高的柱花草、新诺顿豆等豆科牧草。这些牧草收割主要是在高温多雨的夏季，因此收割后的牧草要在干燥通风环境下及时进行晒制，避免发霉变质（图 1）。

2. 牧草粉碎

牧草经过晒制，完全干燥后，用专用粉碎机进行粉碎加工，其中要求喂羊的原料应粉碎成孔径为 4mm 的粉状物料（图2）。

图1　牧草收割

图2　粉碎混拌

3. 草颗粒加工

（1）原材料的准备：准备好草粉、玉米面、麸皮等原料，并根据饲喂需求，配制不同原料比例颗粒饲料（图3）。表1是四个参考配方。

图3　颗粒加工

图4　搭配饲喂

表1　颗粒合成的主要原料配比

混合料占比	1	2	3	4
豆科：禾本科	1：4	1：3	1：2	1：1
精料含量（%）	55	45	35	25

（2）原料含水量调节：按配方将粉碎好的草粉和辅料及其他成分，再加入适量的水充分混合均匀，原料含水量严格控制在 15%～17%。

（3）草粉颗粒制作：将混合好的草粉原料少量均匀加入颗粒机入口，待颗粒正常出料时陆续加入混合料直到全部草粉混合料制作成草粉饲料颗粒。

（4）降温风干及保存：刚刚生产出的饲料颗粒温度较高，水分含量较大，需要及时平摊在空旷的干净地板上降温及风干 2 天左右（图4）。

三、技术应用说明

(一) 应用说明

1. 本技术适宜小型畜牧养殖户加工操作，实用性强，原料饲草草粉成本低、加工简易和省力。

2. 加工成型的草粉颗粒饲料饲喂对象以牛、羊为主。

3. 颗粒加工过程中用于饲喂母畜的颗粒饲料在混合料上可以适当增加精料的配比。

4. 饲喂草粉颗粒料开始时要少量多次。

(二) 应用条件

本技术需要部分小型机械和耗材：①小型粉碎机；②颗粒饲料加工机器；③草粉、精料和辅料。

四、适宜区域

该技术适用于干热降雨分布不均匀以及饲草料资源季节性缺乏区域。

五、注意事项

1. 牧草尽量在孕穗期之前收割，并及时晒干，避免发霉变质。

2. 粉碎的草粉分类存放，注意防潮。

3. 混合料的水分含量一定控制好，并搅拌均匀。

4. 初次加工颗粒可以增加精料含量，带机器正常出料后再适量添加混合料。

5. 刚刚出炉的饲料颗粒要及时降温风干。

6. 保存好风干的草粉饲料颗粒，并及时饲喂，避免长时间堆积压放。

7. 颗粒饲料做好防尘防鼠害。

六、效益分析

本技术很好地解决了季节性饲草短缺的问题。通过收集干热河谷雨季各种生长茂盛的热带牧草资源，并加以合理利用，不但可以有效减少丰草季青饲料浪费现象，同时也为枯草季提供充足饲料来源。试验证明在草粉混合中，禾本科与豆科的混合比例在1∶2和1∶3之间，精料含量在35%~45%颗粒料配方较好。这样的混合配比既能合理利用草粉，也不会浪费精料，同时加工过程中出料速度也较快。如果草粉品种多，可以每个品种草粉都适量加入混合，保证精料的含量，制作的混合草颗粒更具有营养性和较高的适口性。

七、技术开发与依托单位

联系人：张明忠

联系地址：云南省楚雄彝族自治州元谋县南城街 150 号

技术依托单位：国家现代肉羊产业技术体系昆明综合试验站示范基地

蚕豆茎叶糠饲喂技术

一、技术背景

蚕豆茎叶通常作为一种农业废弃物采用就地焚烧的方法处理，既对环境造成了污染，又浪费了农作物资源。现如今，随着养殖业规模的不断扩大，畜牧业对粮食消耗大量增加，人畜争粮问题越发显现，对农作物副产物开发利用提出新的要求。蚕豆茎叶蛋白质含量及蛋白质消化率高于水稻、玉米、高粱、大麦、小麦、大豆，其钙、镁含量甚至高于蚕豆籽实，是优质的饲草料资源。蚕豆茎叶粗纤维含量高，尤其适合作为反刍动物的粗饲料。蚕豆茎叶糠经蚕豆茎叶晒干后粉碎形成，粉碎后饲喂更利于提高其消化率。云南省是蚕豆种植面积最大的省份，占全国 23.7%，常年种植在 35 万 hm^2 左右，开发利用蚕豆茎叶有利于农业资源循环利用，有利于推进生态畜牧业发展。

二、技术要点

（一）技术流程

蚕豆茎叶收割：蚕豆茎叶为蚕豆生产的副产物，因此主要根据蚕豆的实际生产需要，适时收割。一般来说青绿期的蚕豆茎叶养分含量更高，尤其是粗蛋白质含量更高，可达到 23% 左右，粗纤维含量略低约为 19%。

（二）具体实施方式

1. 晾晒

蚕豆茎叶收割后，晾晒至水分 9%~11%，物理感官为干草状态（图1）。

2. 粉碎

晒干后的蚕豆茎叶经粉碎机粉碎成长度为 0.5~1cm 的蚕豆茎叶糠（图2）。

3. 利用

蚕豆茎叶糠作为粗饲料在肉羊养殖中的运用可分为两种：一种是与其他粗料混合后饲喂，多用于羊断奶后的饲喂；另一种是与其他原料一同制成全混合饲料，将饲料粉料直接投放或压制成颗粒料投放，多用于羔羊的饲喂（表1）。

图 1　蚕豆茎叶

图 2　蚕豆茎叶糠

表 1　肉羊养殖推荐使用的蚕豆茎叶糠饲料配方（干物质含量比例）

配方 1（断奶羊）		配方 2（断奶羊）		配方 3（羔羊）	
原料名	配比（%）	原料名	配比（%）	原料名	配比（%）
全株青贮	24	全株青贮	24	蚕豆茎叶糠	12~18
蚕豆茎叶糠	46	蚕豆茎叶糠	46	玉米	30~35
精料		精料		豆粕	25~29
豆粕	4.8	豆粕	4.8	膨化大豆	5~6
膨化大豆	1.5	麦麸	4.8	乳清粉	9~10
玉米蛋白粉	1.8	玉米	18.9	玉米蛋白粉	4~5
麦麸	4.5	磷酸氢钙	0.6	油脂	3~4
玉米蛋白粉	16.2	食盐	0.3	石粉	0.8
碳酸氢钙	0.6	小苏打	0.3	磷酸氢钙	0.4

（续表）

配方 1（断奶羊）		配方 2（断奶羊）		配方 3（羔羊）	
原料名	配比（%）	原料名	配比（%）	原料名	配比（%）
食盐	0.3	0.5%矿物质预混料	0.15	盐	0.5
0.5%矿物质预混料	0.15	0.5%维生素预混料	0.15	1%预混料	1
0.5%维生素预混料	0.15			胆碱	0.1
				抗氧化剂	0.01
				注：此为专利配方	

三、技术应用说明

（一）应用说明

1. 全混合蚕豆茎叶糠饲料的饲喂对象以哺乳羔羊为主，羔羊反刍功能尚未发育完全，此时饲喂以母乳为主，饲料为辅，自由饮水，极少添加粗饲料和青绿饲料。

2. 羊只断奶后，粗料、精料大致按 7∶3 比例饲喂，饲喂量逐渐增加，最终精料每天干物质采食量可达到 300~400g，饲喂时应保证饮水供应充足。

3. 干物质去掉水分后的质量占原物质质量的含量。一般干草和商品饲料的干物质重约为 86%，青贮类干物质重为 25%~30%，在实际运用中需注意换算。

（二）应用条件

制作蚕豆茎叶糠需要粉碎机，若直接采购成品则没有机械限制。在养殖规模较大的饲养厂，建议使用混合机进行混合配制。

四、适宜区域

该技术适用于蚕豆种植区及附近区域。

五、注意事项

1. 使用的蚕豆应为长势良好，没有病虫害的植株，若蚕豆植株患病（如锈病）则羊只食用后也会发病。

2. 蚕豆茎叶糠在磨碎前务必晾晒，降低水分，一来干草状的茎叶方便粉碎，二来水分含量低利于保存，保证其品质。

3. 粉碎长度适中。粉碎可以使茎叶横向和纵向得到破坏，扩大粉碎料和微生物的接触面积，有利于细菌集群发酵和消化，提高其利用率。但是粉碎太短，粉末太细加上水分含量低则影响适口性。

4. 蚕豆茎叶糠本身含水量较低，不宜单独饲喂。可适量加水混匀后饲喂，或者与其他多汁饲草料如青贮等混匀后饲喂。

5. 蚕豆茎叶糠饲喂量不宜过多，控制在干物质 0.6kg/（只·d）以下，否则易引起瘤胃胀气，严重会导致死亡。

六、效益分析

本技术很好地解决了蚕豆茎叶农副产物再利用的问题，减少了资源浪费，避免了环境污染，同时开发了本地草食畜用优质饲草资源，就近采购饲草料，降低了生产成本。蚕豆茎叶的营养优于黑麦草和青草，在实际生产中更利于动物增重，取得好的经济效益。

七、技术开发与依托单位

联系人：王思宇
联系地址：云南省昆明市盘龙区金殿青龙山社区
技术依托单位：国家现代肉羊产业技术体系昆明综合试验站

南方高产刈割牧草养羊技术

一、技术背景

在肉羊养殖中，饲草料成本在养殖成本中的比例很高。优质牧草缺乏、饲草料供给不足是造成当前许多肉羊养殖场效益低下的重要原因。在我国南方，冬季养羊饲草料短缺的问题较为突出，甚至一些集约化、规模化养羊场在夏季牧草生长繁盛期无草可用。究其原因，是南方地区缺少优质高产牧草种植技术，丰富的农副产品综合开发利用程度不够。实际上，南方地区光热条件好，适宜种植的牧草种类多、生长期长且产量丰富，许多牧草品种一年可以刈割 2~3 茬。在南方地区种植适宜的牧草品种，开发优质青绿或青贮饲料，可为南方地区养羊提供有力的饲料保障。适宜南方地区种植的优质牧草种类很多，本技术结合相关试验基础，以甜高粱为例，甜高粱是一种抗逆性极强的农作物，耐旱耐涝、耐盐碱贫瘠、耐高温，很适合在南方地区生长，该品种亩产量高，稳定制作成青贮饲料，适口性很好。

二、技术要点

（一）草种购买

选择正规的草种公司购买。

（二）土地平整

甜高粱籽粒小，要求土地要精耕细作、细碎平整。

（三）播种

甜高粱一茬生长期在 45~60d，4—7 月均可播种，南方地区建议在冬小麦收割后，即 5 月底进行播种，播种时可机播，也可点播，播种深度 3~5cm，点播穴距 15~20cm，每亩播种量在 1~1.5kg。

（四）收贮加工

甜高粱可做青贮或黄贮，适时播种、及时收割，以保证甜高粱在冷季前收贮 2 次以上。

三、技术应用说明

（一）应用说明

1. 进行地块精细平整，施肥。

2. 甜高粱在青贮湿度要求 65%~70%，若水分太大，可适量添加小麦等秸秆进行调节。

(二) 应用条件

本技术需要部分小型机械和耗材：①饲料秸秆粉碎收割机；②棚膜或打包机；③抽真空机。

四、适宜区域

南方大部分地区均可。

五、注意事项

1. 甜高粱播种前需要施有机肥。
2. 甜高粱株高很高，过涝容易倒伏，要做好排水防涝。
3. 及时收割，确保收割次数。
4. 勤观察，防止虫害。

六、效益分析

本技术与农业生产"粮改饲"政策相结合，在南方冬小麦收获季节种植甜高粱，预期在冷季之前甜高粱可收获两茬以上。这种麦—草轮作模式，不仅可以为养羊提供优质饲草，还可增加每亩经济效益，改良土壤改善环境。甜高粱平均株高可达 300cm 以上，亩产 10 000kg 以上。甜高粱糖分含量高，经青贮加工后，适口性极好。

七、技术开发与依托单位

联系人：张子军
联系地址：安徽省合肥市蜀山区长江西路 130 号

人工混播草地养羊技术

一、技术背景

在肉羊养殖业中，无论是传统放牧羊还是现代舍饲方式，草地在养羊业中都发挥着至关重要的作用。根据羊的生物学特性，给羊只提供一定的草地，进行采食和运动调节，能增强羊只体质、减少发病率并改善羊肉品质。受季节、地形地貌等自然条件限制，南方地区草山草坡存在荒草期长、开发利用难度大等诸多困难。现代农业科技的发展，已经在优质牧草的品种、适应性、栽培技术等方面积累了大量经验，为人工混播草地建植打下了基础。

二、技术要点

（一）草种选择

选择和购买适宜的牧草种类。

本技术主要混播草品种为：苇状羊茅+紫花苜蓿+白三叶+黑麦草。

（二）栽培与管理

低产田，在播种前应进行深松。

播种时间：春季或秋季。

播种方式主要有撒播、条播和网格状播种，播深1~2cm，条播行距10~15cm。

播种量：撒播或条播1.5~2.0kg，网格状播2.5~3.0kg。

（三）放牧或收贮

实行划区轮牧的放牧制度，把草地划分为若干区域，用围栏围住，逐块区域进行放牧，兼顾草地休整。

对于没有放牧条件的羊场，则可将牧草收割后鲜饲或制作成青贮或干草。

三、技术应用说明

（一）应用说明

1. 主要混合方式

禾本科类、豆科类或禾本科与豆科混合播种（单科混播有利于后期田间管理，而两科混播草地的营养更加全面）。

2. 以划区轮牧为宜，对没有放牧条件的养羊场，可刈割后鲜饲或青贮。

3. 青贮时，水分控制在65%~70%，若水分太高，可添加一定比例秸秆进行调节。

（二）应用条件

本技术需要部分小型机械和耗材：①牧草收割机；②棚膜或打包机；③播种机。

四、适宜区域

该技术适宜在我国安徽、河南、湖北、湖南、贵州、云南等地区。

五、注意事项

1. 人工混播草地推荐播种方式为网格状播种。
2. 实施划区轮牧制度时，要注意草地休整，避免过度放牧。
3. 南方地区降水量大，混播草地建植要注意排水。

六、效益分析

本技术充分利用各种低产田和荒山荒坡，在给养羊提供优质牧草和运动调节场地的同时，增加低产田收入、提高草山草坡利用效率，是现代农业"种养循环"的重要模式。人工混播草地营养全面丰富，适口性好，产量高，生长季长，部分地区可全年供草，经济价值高。

七、技术开发与依托单位

联系人：张子军
联系地址：安徽省合肥市蜀山区长江西路 130 号

桶装青贮饲料制作技术

一、技术背景

传统的窖装青贮，在开窖利用过程中经常会发生二次发酵、雨水进入导致腐烂；而袋装青贮，难以压紧，易被老鼠咬破、发生漏气，袋子不能重复利用，造成白色污染；打包青贮，需要专门的打包机械投入、维护费用。

二、技术要点

（一）收割

要掌握各种青贮饲料收割时间，及时收获。一般全株青贮玉米在蜡熟期收割，豆科牧草在开花初期，禾本科在抽穗期，豆科牧草最好与禾本科牧草混贮。

（二）运输

原料要随割随运，及时切碎贮存。割下的原料不能堆放时间过长，以免发热腐败。

（三）铡碎

根据家畜自身特点，可将青贮原料切成 2~3cm 长度较好（图1）。

（四）装填压实

切碎后及时填装，含水率以 65%~70% 为好。要随装随压，每装 50cm 厚时压实一次，尤其是边缘部分要注意踩实（图2）。装填时要连续进行，力争在短时间内完成，使青贮工作拖长时间或间断，最好一次性装满。在制作过程中，一定不能让雨水漏入青贮桶内。

图1 粉碎

图2 装填、压实

（五）密封

当原料装到略高于桶口时，即可封盖（图3、图4）。

图 3　密封　　　　　　　　　　　　图 4　取用

三、技术应用说明

（一）应用说明

青贮饲料适宜南方 3 月龄以上育成羊、育肥羊、成年公羊、成年母羊冬、春季节枯草期放牧后补饲用。最初几天少量补给饲料，逐渐增加青贮饲料用量，达到每只羊补充 0.5~1kg 为宜。

（二）应用条件

1. 小型铡草机或揉搓机。
2. 青贮桶。

四、适宜区域

本技术适宜岩溶地区小规模养羊户。

五、注意事项

青贮饲料现取现喂；取后盖严，防止霉烂；多种饲料搭配饲喂；出现霉烂变质禁止使用。

六、效益分析

制作青贮饲料是解决南方特别是喀斯特岩溶山区冬、春季节牧草短缺的有效途径。牧草适时收获后制成青贮饲料保存了大部分养分，可以长期保存利用。青贮桶青贮制作成功率高、品质优于其他青贮方式，而且桶可以重复使用，制作时间、地点灵活，特别适用于小规模养羊场推广使用。

七、技术开发与依托单位

联系人：陈历俊、余昌培
联系地址：贵州省盘州市农业局

西北牧区绵羊冷季放牧补饲技术

一、技术背景

放牧是我国西北地区绵羊的重要生产方式。绵羊进行放牧饲养不仅可以充分利用自然资源，而且节省饲料投入及管理成本，这是草原畜牧业生产的显著特点。但近些年来，我国天然草场退化问题也日渐严重，天然草场载畜量和生产力较低，放牧养殖业陷入"夏季壮，秋季肥，冬季瘦，春季亡"的境况。通常来说，在纯放牧条件下，放牧绵羊的生产性能会受牧草的营养供给、寒冷应激和机体的生理状况等多方面制约。秋末到翌年春初，母羊由于妊娠、哺乳、长毛的需求，对于营养物质需求量也较大。然而在冷季放牧时期，受牧草产草量不足和牧草自身营养价值较低的影响，绵羊从牧草中获得的营养量难以满足自身的营养需求。所以，在秋末、冬、春枯草季节，就很有必要对放牧绵羊进行适当的补饲来维持机体的营养需求，保证母羊妊娠和哺乳等特殊生理阶段的营养和生理需求。该技术提供了一种简易、实用、可行的妊娠母羊、哺乳母羊和后备母羊放牧补饲技术，对维持母羊正常妊娠、提高哺乳母羊泌乳量、降低母羊体损耗、保证后备母羊正常发育均具有十分重要的现实指导意义。

二、技术要点

（一）适用对象

妊娠母羊、哺乳母羊和后备母羊。

（二）补饲料成分

玉米、麸皮、棉籽粕、葵花粕、预混料、磷酸氢钙、预混料等按基于"能氮平衡理论"的饲料配方设计，颗粒或粉料均可。

图 1　补饲现场　　　　　图 2　放牧绵羊整群补饲

三、技术应用说明

放牧绵羊补饲方法：在早晨出牧和晚上归牧各补饲料 1 次，或者出牧前补饲 1 次；饲喂量按妊娠母羊 0.4kg/（d·只）、哺乳母羊 0.5kg/（d·只）、后备母羊 0.35kg/（d·只），补饲量可根据母羊体况、放牧草场植被类型和产草量情况进行适当调整；补饲方式可采用补饲袋对个别羊施行精准补饲（尤其是对弱羊），也可以采用补饲槽（无条件的可将饲料洒放在雪地上补饲）对羊群进行整群补饲。

四、适宜区域

1. 我国西北广大牧区：四季轮牧或游牧的绵羊生产方式。
2. 农牧区交错带。

五、注意事项

1. 对初次补饲绵羊，部分羊只出现拒食的现象均属正常，绵羊对补饲料有逐步适应的过程，一般适应期为 5~7d。

2. 补饲料如果是粉状，可适当加水，与饲料进行充分搅拌混匀后饲喂，效果更好；尤其是用补饲袋对个别羊进行精准补饲时，将饲料用水拌湿很重要。

六、效益分析

冬、春季节，放牧绵羊进行补饲后，母羊妊娠中后期日增重可达到 260~320g，胎儿发育良好，羔羊初生重大；0~3 月哺乳母羊增重达 50~80g/d，泌乳高峰期产奶量可达 1.5kg/d，羔羊日增重达到 240~260g/d，母羊体损耗小，羔羊生长速度快；后备母羊日增重可达 20~30g，后备母羊体损耗小，发育正常。

七、技术开发与依托单位

联系人：王文奇、刘艳丰
联系地址：新疆乌鲁木齐经济技术开发区阿里山街 468 号

加硒舔砖研发及应用技术

一、技术背景

我国羊的饲养管理以舍饲为主，粗饲料一般以干草、农作物秸秆、青贮饲料为主。补充少量的精料，蛋白质和矿物质元素等营养物质摄取量也明显不足，严重影响羊的生长发育，降低了经济效益。为了预防肉羊异食癖、乳房炎、蹄病、胎衣不下、产后奶水少、羔羊体弱生长慢等现象发生，制作舔砖以补充肉羊生长繁育的营养元素。

二、技术要点

（一）舔砖主要营养成分及含量

具体如表 1 所示。

表 1　舔砖主要营养成分含量

项目	测定值
铜（mg/kg）	430.00
铁（mg/kg）	1 550.00
锌（mg/kg）	1 100.00
锰（mg/kg）	490.00
硒（%）	30.00
水分（%）	6.30

（二）舔砖加工流程

采用液压机械成型法制备舔砖。配套设备自行设计改制，由粉料提升机、糖蜜加热、加压系统、搅拌机、压块机构成。

（三）制作工业参数

1. 原料称量及搅拌

添加量少的小料用台秤称量、添加量大的原料用磅秤称量。预混料搅拌时间 10min，舔砖原料搅拌时间 20min。

2. 舔砖规格

舔砖长 15cm、宽 15cm、厚 7.5cm，中央有一个圆柱形（内径 2.5cm）小孔，每块砖重 5kg 左右，密度 1.78g/cm³。

3. 模具及压制成型

采用自制方形铸铁模具（壁厚 8cm、容积 15cm×15cm×25cm），可填粉 30kg 左右，液压机（压力 30~50kg/cm²）瞬间冲击压制成型。采用压制设备，在压力 20MPa 时保压 3~5s。

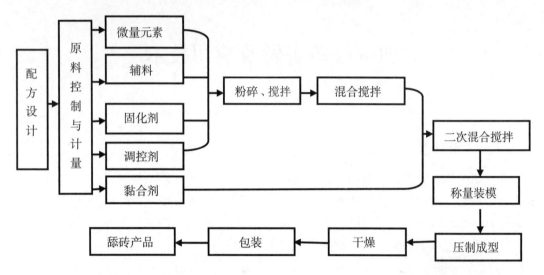

（四）羊舔砖的生产加工

根据肉羊生长需要，制作舔砖配方。利用压制成型法加工制作舔砖。压制成型法是将育肥羊所需的营养物质放入金属模具中，利用机械装置依靠外力将物料压制成某种形状。压制成型的舔砖必须具有一定的硬度和坚实度，以保证放置在畜舍内供羊舔食。

（五）舔砖制作图

具体如图 1 所示。

图1　舔砖主要加工过程示意图

三、技术应用说明

1. 羊每天舔食量的标准因舔砖原料及其配比的不同略有差异，主要以羊实际摄入的尿素量为标准加以换算。一般成年羊每天进食的尿素量分别为 8~15g。

2. 使用舔砖的初期最好能在上面撒少量的食盐、玉米面或糠麸，以诱导羊舔食，一般经过 5 天左右的训练即可达到目的（图 2）。

图 2　羊舔食舔砖

四、适宜区域

该技术适用于缺硒地区肉羊饲养场。

五、注意事项

1. 舔砖的硬度必须适中，以便使羊的舔食量在安全有效的范围之内。若羊的舔食量过大，就需增大黏合剂的添加比例；若羊的舔食量过小，就需增加填充物并减少黏合剂的用量。

2. 保持舔砖清洁，防止舔砖破碎成小块，使羊一次食入量过多，引起中毒。

六、效益分析

根据反刍动物喜爱舔食的习性和矿物质营养需要而设计生产。添加了肉羊日常所需的营养元素，保证肉羊健康快速生长。舔砖的利用有效地降低了饲养者的劳动量，加大了工作效率，提高了人们饲养肉羊的意愿。

七、技术开发与依托单位

联系人：海龙、李伟

联系地址：齐齐哈尔市龙沙区合意大街 2 号

羔羊育肥技术

一、技术背景

羔羊育肥成本低、效益好，且羔羊肉质优良。因此，羔羊肉的生产已成为国外养羊业的主产业。近年来，我国羊肉生产有了长足的发展，当年羔羊育肥出栏占的比例越来越大，而且人们对羔羊肉也越来越偏爱，发展肥羔生产有广阔的市场前景。但我国肉羊生产基础脆弱，出栏率和商品率不高，因此，科学的羔羊育肥技术是降低育肥成本、提高羔羊养殖效益的关键。

二、技术要点

①利用杂种羔羊育肥；②采取肥羔生产，缩短生长周期；③合理搭配饲料；④正确利用非常规饲料原料；⑤适宜的育肥环境；⑥建立羔羊快速育肥的技术操作规程。

目的：降低饲料成本，提高增重速度，减少劳动力。

三、技术应用说明

选用杂种羔羊公羔，实施早期断奶（2~2.5月龄），快速育肥2~3个月，羔羊体重达40~45kg时及时出栏上市。

（一）40kg至出栏日粮

在30~40kg羔羊育肥配方基础上每天加玉米0.1kg。

（二）饲粮

多种饲料合理搭配，各种营养成分相互调剂，以提高饲料转化率和羔羊增重速度。

（三）育肥环境

最适宜的育肥季节为春秋，适宜的育肥温度为21℃左右，冬季需采用暖棚育肥。

（四）全价料配方

1kg青贮+0.75kg精料，羔羊自由采食，日增重达325g（表1）。

表1 20~30kg羔羊育肥精料配方

原料	用量（g）
玉米	61
麸皮	12
豆粕	25

（续表）

原料	用量（g）
食盐	1
石粉	1
磷酸氢钙	0.5
1%预混料	1

（五）全价料配方

0.75kg青贮+0.78kg精料，羔羊自由采食，日增重达300g（表2）。

表2　30~40kg羔羊育肥精料配方

原料	用量（g）
玉米	70
麸皮	8
豆粕	20
食盐	1
石粉	1
磷酸氢钙	0.5
1%预混料	1

四、适宜区域

舍饲条件下的肉羊养殖地区。

五、注意事项

1. 不可全精料育肥。
2. 羊舍通风干燥，清洁卫生，夏挡强光，冬避风雪。

六、效益分析

羔羊2个月断奶后，进行短期育肥，育肥至5月龄即可达到45kg出栏重，平均日增重可达300g以上，饲料报酬高。羔羊育肥技术加快了羊群周转，缩短生产周期，提高出栏率，从而降低生产成本，获得最大经济效益。

七、技术开发与依托单位

联系人：段春辉、张英杰
联系地址：河北省保定市乐凯南大街2596号
技术依托单位：河北农业大学

北方牧区绵羊冬季低成本舍饲技术

一、技术背景

自 2014 年以来，我国羊价普遍下跌，广大养殖户效益大幅度下降，部分养殖户亏损严重。在此羊价低迷的情况下，降低养羊成本摆在我们的面前。众所周知，繁殖母羊的成本占总养羊成本的一半以上，因此降低母羊的成本是降低整个养羊成本的关键。而在北方牧区，母羊一年四季在草原上放牧饲养，夏秋季牧草丰盛，一般不补饲，饲养成本很低；但在冬春季节，草原产草量低，绵羊采食不到充足的饲草，营养摄入不足，往往产生掉膘现象，因此大多数牧民进行补饲，这一块是放牧绵羊成本的主要组成部分。因此，本技术从精养细养、改善绵羊冬季饲养环境、降低能量消耗等几个方面降低北方牧区绵羊冬季的饲养成本，从而达到降低成本，提高养殖效益的目的。

二、技术要点

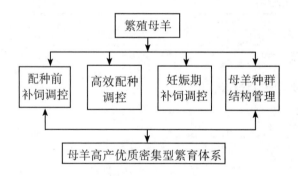

1. 调整畜群结构，对畜群中老弱病羊只进行淘汰，购买优质种羊，提高羊群的整体水平。

2. 冬季进行 4 个月的舍饲饲养。

3. 建立暖棚，减少绵羊抵抗冬季寒冷的能量损失。

4. 冬季饮用温水，减少温水由 0℃升到 38℃的能量损失。

5. 饲喂冬季放牧羊专用高蛋白饲料。

（1）通过体外日粮配方筛选与母羊体况动态监测，建立越冬母羊补饲最佳时间和优化补饲配方模型，通过合理化补饲降低肉羊越冬营养受限对繁殖性能的影响。

（2）通过微生物培养和营养调控剂筛选技术开展瘤胃调控产品对越冬母羊瘤胃微生物区系变化影响试验，确定最适合肉羊冬季补饲的营养舔砖及补饲饲料配方。

（3）通过体外产气试验和微生态制剂发酵试验，筛选确立越冬母羊补饲的最佳高蛋白调控饲料和生物发酵饲料。

三、技术应用说明

（一）应用说明

该技术需由当地的改良站或农牧业局做技术支撑，由其牵头组成专家小组，完成最基本的畜群鉴定。同时，要严把优良畜种关，避免购入生产性能差的种畜。

（二）应用条件

本技术需要当地畜牧部门的协助。

四、适宜区域

该技术可在全国大部分家庭牧场推广使用，尤其适用于我国北方草原地区。

五、注意事项

1. 严把种畜关。
2. 充分利用当地的粗饲料资源。

六、效益分析

冬季放牧羊损失的能量成本：每天行走 10km，消耗 413g 青干草；每天饮用冰水，消耗 100g 青干草，在 −20℃ 条件下采食，消耗 195g 青干草。整个冬季每天消耗青干草 708g。损失的成本 708g/d × 90d × 1.2 元/kg ＝ 76.5 元，而舍饲条件下绵羊也差不多补饲 700g 左右的干草。因此放牧羊冬季补饲精料的量和舍饲羊相同，由于能量的损失折合的青干草与舍饲羊饲喂量相近，但是放牧羊采食、践踏了本就脆弱的天然草场，破坏了生态，舍饲羊还可在规模化饲养、劳动力减少方面降低成本，因此绵羊在冬季舍饲是比较合算的。

七、技术开发与依托单位

联系人：李长青
联系地址：内蒙古呼和浩特市玉泉区昭君路 22 号
技术依托单位：内蒙古自治区农牧业科学院

陕南白山羊放牧技术

一、技术背景

陕南地区，气候湿润温和，四季分明，雨量充沛，饲草种植面积很大，饲草品种很多，为陕南白山羊提供了良好的饲草，山羊具有行动敏捷、合群性强、适宜放牧、采食力强、食性广等特点，可以充分利用各类饲料资源，陕南白山羊以半放牧半舍饲的饲养方式为主，良好的轮牧与合理的组群，不但有利于放牧管理，防止某些寄生虫病，而且能合理利用和保护资源，提高山羊的生产能力。

二、技术要点

（一）放牧要合理组群

一般 50 只为一群，草场面积较大，草质较好的，可以 150～200 只组群，一名牧工管理。

（二）公母分群放牧

应做到大小羊、公母羊应单独组群，分开放牧。

（三）放牧应以轮牧为好

会按照山势或沟壑划定区域进行轮牧。

（四）放牧的基本要求

要做到四勤四稳，四勤是腿勤、手勤、眼勤、嘴勤。四稳是出入圈稳、放牧稳、走路稳、饮水稳。放牧时控制羊少走路、多吃草。少走路消耗能量少，多吃草羊膘好。每天让羊吃三四分饱。

（五）四季放牧技术

1. 春季放牧

青草返青时，防止羊跑青，放牧时决不能让瘦弱羊总去追赶强壮羊，早春放牧，防止羊误食毒草，妊娠羊、哺乳母羊，要适当补饲些精料。

2. 夏季放牧

要早出晚归，中午多休息，避开炎热高温。

3. 秋季放牧

重点是抓好秋膘，为羊配种做好准备。通常 30～50 只为一个群体，会产生一个"头羊"，并给头羊带上铃铛。在"头羊"的带领下 9：00—10：00 放至自家山林（这个时候，草上的露水已干），下午 5：00—6：00 收牧。尽量延长放牧时间，多遛庄稼茬，多吃些精料和草籽。

4. 冬季放牧

重点是保膘、保胎、防流产。很多养殖户会在晴天准备一些青干草，捆成小把，雨季备用。冬季圈舍保温应以 0~5℃ 为宜，俗话说"圈暖三分膘"。放牧时间短，大部分草被雪覆盖，羊吃不饱。天气寒冷羊消耗的热能多，因此对妊娠羊、产羔羊、体弱的羔羊除放牧外，必须补草补料，补多种微量元素和维生素 A、维生素 D（舔砖），条件好的农户补给青贮饲料。冬季大雪或平时的雨季，就进行舍饲。利用农副产品苞谷秆、包谷壳、麦秆、黄豆秆等切短氨化处理（很多用塑料袋储藏），红苕藤青贮或晒制青干草。大量种植萝卜和黑麦草、甜玉米等高产牧草。一般储备按照 100 只山羊，饲料按 10 000kg 准备，配合使用。当地牧民总结的羊冬季补饲诀窍：（1）干草扎成把，吊在空中，以山羊吃得着为准。（2）温水喂羊，添加少量食盐。妊娠后期的羊，防止拥挤、踩压、滑倒、顶撞，走路时不急速驱赶，不打冷鞭，更不能用牧羊犬惊吓羊群，防止羊舔食泥土、羊毛、食品袋、塑料薄膜等。

三、适宜区域

安康、汉中、商洛。

四、注意事项

1. 注意公羊、母羊分群放牧，防止胡乱交配。
2. 注意轮牧。
3. 注意寄生虫病的防范。

五、技术开发与依托单位

技术开发与依托单位：陕西省布尔羊良种繁育中心

湖羊精细化饲喂管理关键技术

一、技术背景

湖羊是我国著名的白色羔皮绵羊品种,是世界著名的高繁殖力绵羊品种之一,已被列入首批 138 个国家级畜禽遗传资源保护品种名录,具有早熟、四季发情、一胎多羔、繁殖力高、泌乳性能好、生长发育快、肉质好、耐湿热等优良性状,主要分布于我国太湖周边的江、浙、沪地区,现已成为我国许多地区发展肉羊产业的首选母本品种。随着湖羊的生长发育,其所需的营养水平也随之改变,只有精准饲喂并配合科学管理才能发挥饲料的最大利用率。

二、技术要点

(一)饲养管理总则

首先保证羊舍清洁卫生,定期清理羊粪,对羊舍、周围环境、饲养用具进行消毒,定期对羊只进行驱虫、药浴、防疫。其次按时饲喂,观察羊群状况,保证饮水充足。此外,还应按时断奶、转群,公、母羊及后备羊应分圈饲养。

(二)种公羊的饲养管理

公羊舍应远离母羊舍,单独饲养,保持配种场所环境安静,在非配种期,要适时降低种公羊(图1)的饲养标准并加强运动,防止过肥。在配种前 1~1.5 个月,日粮由非配种期饲养标准逐步提高到配种期的标准(2.0kg 以上饲料单位,250g 以上可消化粗蛋白)。配种期日粮中,一般禾本科干草为 35%~40%,多汁饲料为 20%~25%,精饲料为 40%~45%。配种频繁时,可提高饲养标准或补饲其他特需的饲料(如鸡蛋等)。

(三)繁殖母羊的饲养管理

繁殖母羊(图2)应常年保持良好的饲养管理条件,以完成配种、妊娠、哺乳等任务。配种前 1 个月,应实行短期优饲,为配种做好准备。母羊妊娠期前 3 个月以饲喂优质青草、干草、青贮料为主,每只每天补饲精料不超过 0.25kg。母羊妊娠期后 2 个月应加强饲养管理,保证其营养物质的需要,此时每只每天补饲精料 0.3~0.4kg。母羊临产前一周左右转入产羔舍,按妊娠后期日粮饲喂。羊舍内应保持安静,饲养操作要慢、稳,尽量避免惊动羊群。早晨空腹不饮冷水,忌饮冰冻水,以防流产。哺乳前期(1~30d)应饲喂优质的青草、干草、多汁饲料和适当的精料,以提高产乳量。哺乳后期(30~60d)母羊应饲喂全价饲料,可酌情补饲。羔羊断奶前几天,应减少母羊的多汁料、青贮料和精料饲喂量。

图 1 种公羊

图 2 妊娠母羊

（四）育成羊的饲养管理

育成羊应按性别、年龄、体重和体质分群饲养（图3）。羔羊转入育成羊舍时不要同时更换饲料，应逐步过渡。粗饲料自由采食。精料补饲量应根据粗饲料种类等具体条件而定，一般4月龄前每只每天补饲精料0.2～0.3kg，4～6月龄每只每天补饲精料0.3～0.4kg，6月龄至配种前1个月逐步减少补饲，控制膘情。

（五）羔羊的饲养管理

羔羊出生后应尽早吃到初乳。湖羊一般一胎多羔，注意加强多胎羔羊的护理，确保弱羔能吃到奶。对初生孤羔、弱羔、缺奶羔羊和多胎羔羊，应找保姆羊寄养或人工哺乳。羔羊10日龄即可训练吃草料，以刺激消化器官的发育，促进心、肺功能健全。1月龄后，羔羊逐渐转变为以采食为主。饲料要优质并多样化，青绿多汁饲料不能饲喂过多，保证盐和矿物质摄入。断奶后按性别、体质强弱等分群饲喂。断奶时宜将羔羊留在原羊舍饲养，将哺乳母羊移出（图4）。

图 3 育成羊

图 4 断奶羔羊

（六）育肥羊的饲养管理

育肥羊舍应保持安静，不能随意惊扰羊群（图5）。草架和饲槽的长度应与羊数相称，以免饲喂时拥挤和争食。育肥期间不宜调整更换饲养员和技术员。育肥饲养过程中应给予充足营养，保持饲粮稳定，避免过快变换饲料种类和类型。

图 5　育肥羊

三、技术应用说明

1. 饲养不同生长阶段羊，应严格按照相应饲养管理操作。
2. 饲料原料应根据当地实际情况调整。

四、适宜区域

全国湖羊养殖场。

五、效益分析

本饲养管理技术科学地规范了湖羊的饲养管理，提高种羊繁殖利用率、羔羊存活率，缩短育肥周期，有效地降低饲养管理成本，提高经济效益。

六、技术开发与依托单位

联系人：王锋、聂海涛
联系地址：江苏省南京市卫岗 1 号
技术依托单位：南京农业大学动物科技学院

肉羊遗传改良实用技术

公羊免疫功能去势技术

一、技术背景

家畜去势技术在我国具有悠久的历史，最早记载于夏代《夏小正》中，称公畜去势为攻驹或攻特。目前，家畜去势方法主要采用手术阉割。畜牧生产中主要对公畜去势，母畜基本不去势。每年大约就有 3 亿头公猪和 1 亿只公羊采取手术去势，工作量巨大，成本很高，而且易造成动物感染和应激，对生产造成极大影响。同时，在规模化标准化生产中对动物福利、成本控制、熟练劳动力等新需求和新形势下，迫使开发方便高效，成本低廉的去势新技术和新方法。在众多去势方案中，以下丘脑—垂体—性腺轴中的生殖激素成员为靶标的激素免疫去势在规模化标准化生产中最有应用潜力。

二、技术要点

本技术创造性地以 KISS1（图 1）作为一个新的免疫去势 DNA 疫苗靶标，提供了一种免疫原性和去势效果更好，并且不会产生抗药性的用于动物免疫去势基因疫苗。该基因疫苗的构建采用非抗性筛选 *asd* 基因，不仅可以避免抗生素的使用，而且实验证明可以通过肌肉注射、口服、滴鼻多种途径进行免疫，使其更方便在家畜去势上推广使用。

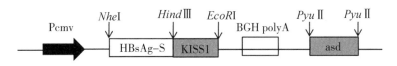

图 1　非抗性筛选 KISS1 基因疫苗 pKS-asd

三、技术应用说明

非抗性筛选 KISS1 动物免疫去势基因疫苗的制备是先将合成人的 *KISS*1 基因（GenBank 登录号为 NM_ 002256）克隆到真核表达载体 pVAX1 的 *Hind*III 和 *EcoR*I 酶切位点中，得到质粒 pVAX-KISS1；再将从质粒 pCMV-S 扩增的乙肝表面抗原 S 基因克隆到质粒 pVAX-KISS1 的 NheI 和 HindIII 酶切位点中，得到中间质粒 pVAX-KISS1-S；之后用非抗性筛选基因天冬氨酸 β-半乳糖脱氢酶替换中间质粒 pVAX-KISS1-S 中的卡那霉素（Kan）基因，再将替换后的质粒转化至 *asd* 和 *crp* 基因双缺失的大肠杆菌菌株 x6097 内，筛选阳性克隆 x6097/pVAX-KISS1-S-asd，即得到含有非抗性筛选 KISS1 真核表达质粒 pVAX-KISS1-S-asd 的大肠杆菌菌株 x6097/pVAX-KISS1-S-asd；将阳性克隆 x6097/pVAX-KISS1-S-asd 扩大培养，用改良的碱裂解法大量提取质粒 pVAX-KISS1-S-asd，即得到非抗性筛选动物免疫去势基因疫苗 pVAX-KISS1-S-asd，并将该基因疫苗应用于湖羊公羊进行临床验证，效果显著。

四、适宜对象

育肥公羊。

五、注意事项

疫苗运输时要用泡沫盒并放入冰袋，保证低温状态。

六、效益分析

本发明的基因疫苗不含抗性筛选基因，不会造成抗药菌株的传播和基因疫苗产品制备过程中潜在的痕量过敏现象，而过去的 GnRH 免疫去势基因疫苗中普遍存在着抗性筛选标志基因（*Amp* 或 *Kan*），在培养细菌的过程中需要添加此类抗性物质来筛选重组菌，不仅增加了成本，也有可能导致临床抗药菌株的播散和基因疫苗产品制备过程中潜在的痕量过敏现象。而且，该疫苗不会造成家畜感染和应激，使用方便，可以节省大量人力物力。

七、技术开发与依托单位

联系人：刘桂琼、姜勋平、韩燕国
联系地址：湖北省武汉市洪山区狮子山街一号
技术依托单位：华中农业大学

沉淀液选择性沉淀去除蛋白，最后纯净的基因组 DNA 通过异丙醇沉淀并重溶解于 DNA 溶解液（图1）。

（3）Taqman MGB 探针法进行基因分型　针对绵羊第 6 号染色体上第 29382188 bp 位点（NC_ 019463.1，基于绵羊基因组序列信息版本号 Oar_ v3.1，2012 年 12 月）设计引物及探针。

所述引物的核苷酸序列如下：

正向引物：5'-CCAGCTGGTTCCGAGAGACA-3'

反向引物：5'-CTTATACTCACCCAAGATGTTTTCATG-3'

所述探针的核苷酸序列如下：

P-G：5'-FAM-AAATATATCGGACGGTGTT-MGB-3'

P-A：5'-HEX-AAATATATCAGACGGTGTTG-MGB-3'

引物和探针由英潍捷基公司合成，采用购自 ABI 公司的 universal Master Mix，PCR 仪型号为 ViiA™ 7 实时荧光定量 PCR 系统（图2）。

图 1　基因组 DNA 提取　　　图 2　荧光定量 PCR 仪

反应体系：以提取的基因组 DNA 为模板，以上述合成的探针在荧光定量 PCR 系统中进行以下扩增（6μl 反应体系）（图3）：基因组 DNA 1μl，2×Master Mix 3μl，10μmol/L 正向引物 0.3μl，10μmol/L 反向引物 0.3μl；10μmol/L 探针 P-G 0.15μl，10μmol/L 探针 P-A 0.15μl，去离子水补至 6μl。具体步骤如下。

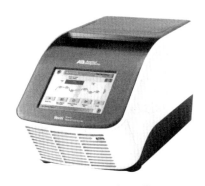

图 3　PCR 仪扩增

①考虑到移液器及吸头的误差，一般每个 384 孔板按 400 个反应计算体系。

②每个 384 孔板设置一个空白对照 NTC，设置两个已知 GG 型绵羊基因组对照，一个已知 AG 型绵羊基因组对照，一个已知 AA 型绵羊基因组对照。

③应用连续电动加样器将反应体系分至 384 孔板内，每孔 5μl。

④应用排枪在每孔中加 1μl DNA 样品。

⑤完成后用封口膜封口，平板离心机离心。

⑥开启 ABI ViiA™ 7 实时荧光定量 PCR 系统，设置参数，反应条件如下：95℃ 10min 预变性，95℃ 30s，60℃ 1min，40 个循环。

（4）分析结果：应用 ViiA7_ v1_ 1 Software 进行数据分析（图4、图5）。根据对照扩增结果，分型产生三种基因型（图6）。

图 4　3730XL 基因测序仪

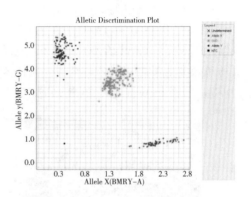

图 5　*Taqman* 探针法分型结果

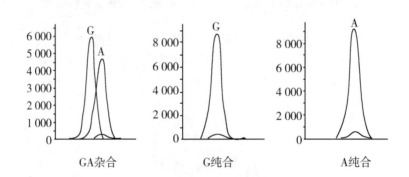

图 6　SNaPshot 法分型结果

第一种基因型：GG，与 GG 型对照在一个轴上；

第二种基因型：AG，与 AG 型对照在一个轴上；

第三种基因型：AA，与 AA 型对照在一个轴上。

2. SNaPshot 单碱基延伸测序法

（1）实验材料：选取绵羊为检测对象。

（2）试剂及仪器：东胜龙黑金刚 EDC-810 PCR 仪购自北京东胜创新生物科技有限公司，3730XL 基因测序仪购自美国 ABI 分司，Allegra 25R 台式高速冷冻离心机购自美国 Beckman 公司，Micro 17R 微量台式离心机购自美国 Thermo 公司，微量可调移液器购自德国 Eppendorf 公司，*Taq* DNA 聚合酶、dNTPs、*EcoR*I 酶以及 *Fast*AP 酶购自加拿大 Fermentas 公司，SNaPshot 试剂盒购自美国 ABI 公司。

（3）基因组 DNA 的提取：绵羊颈静脉采血 1ml，用 EDTA 抗凝处理。首先红细胞裂解液裂解去除不含 DNA 的红细胞，细胞核裂解液裂解包细胞释放出基因组 DNA，然后蛋白沉淀液选择性沉淀去除蛋白，最后纯净的基因组 DNA 通过异丙醇沉淀并重溶解于 DNA 溶解液。

（4）SNaPshot 技术进行基因分型：针对绵羊第 6 号染色体上第 29382188 bp 位点（NC_ 019463.1，基于绵羊基因组序列信息版本号 Oar_ v3.1，2012 年 12 月）设计引物组合。

PCR 扩增引物的核苷酸序列如下：

上游引物 F：5′-TTCAGATGGTGAAACAGATTGG-3′

下游引物 R：5′-CAAGATGTTTTCATGCCTCATC-3′

延伸引物序列及延伸产物如表 1 所示。

表 1   延伸引物序列及延伸产物

序列编号	多态性	延伸方向	延伸产物	延伸引物长度	延伸引物（5′-3′）
S1	[A/G]	正向	AG	22	TTCCGAGAGACAGAAATATATC

上述引物由英潍捷基公司合成。

（5）实验流程如下：

①提取待测绵羊的基因组 DNA；

②以待测绵羊的基因组 DNA 为模板，利用引物 F 和 R，进行 PCR 扩增反应；

③用 *EcoR*I 酶和 *Fast*AP 酶对 PCR 扩增产物进行纯化；

④以纯化后的 PCR 扩增产物为模板，利用延伸引物 S1 进行延伸反应；

⑤分析延伸产物，从而对绵羊 *FecB* 基因型进行判定。

其中，PCR 扩增反应使用的反应体系以 15μl 计为：100ng/μl 基因组 DNA 1μl，10× PCR 反应缓冲液 1.5μl，1.5mmol/L MgCl₂ 1.5μl，200μmol/L dNTPs 0.3μl，100pmol/μl 上、下游引物各 0.15μl，2.5U/μl *Taq* DNA 聚合酶 0.3μl，去离子水补至 15μl。

PCR 扩增反应的扩增程序为：95℃ 3min；95℃ 15s，56℃ 15s，72℃ 30s，35 个循环；72℃ 3min。

对 PCR 扩增产物进行纯化，主要是用 *EcoR*I 酶去除反应产物中的剩余引物，用 *Fast*AP 酶去除反应中剩余的 dNTPs。使用的反应体系以 7μl 计为：PCR 扩增产物 3μl，10U/μl 酶 *EcoR*I 0.2μl，5U/μl 酶 FastAP 0.8μl，酶 *EcoR*I 缓冲液 0.7μl，去离子水补至 7μl。反应条件为：37℃ 15min，80℃ 15min。

延伸反应使用的反应体系以 6μl 计为：纯化后的 PCR 扩增产物 2μl，SNaPshot Mix 试剂 1μl，100pmol/μl 延伸引物 0.1μl，去离子水补至 6μl。

延伸反应条件为：96℃ 1min；96℃ 10s，52℃ 5s，60℃ 30s，30 个循环。

取 1μl 延伸产物，加 9μl 上样 HIDI，95℃ 变性 3min，立即冰水浴，用测序仪进行测序。

三、技术应用说明

（一）应用说明

1. *Taqman* 探针法每次可以检测 96/384 个样品，且不需要进行 PCR 产物的后续分析，在节省了检测成本的同时，大大缩短了检测周期，提高了检测效率。

2. SNaPshot 法基于的是单碱基延伸的测序，分型比较准确，检测速度快，而且检测不受 SNP 位点多态性及样本个数限制。

（二）应用条件

本技术需要的主要仪器和耗材：

1. 仪器

高速冷冻离心机，电泳仪，数码凝胶成像系统，超低温冰箱，NANODROP 2000 梯度 PCR 仪，ABI7500 型荧光定量 PCR 仪，ViiA™ 7 实时荧光定量 PCR 系统，3730XL 基因测序仪。

2. 耗材

血液基因组 DNA 提取试剂盒；琼脂糖凝胶回收试剂盒；Taq PCR Master Mix；限制性内切酶；荧光定量试剂盒；*EcoR*I 酶、*Fast*AP 酶以及 SNaPshot 试剂盒；三氯甲烷、无水乙醇等常规试剂。

四、适宜区域

该技术适用于规模化养殖舍饲羊场。

五、注意事项

1. 考虑到成本问题，这两种方法适合检测样品数量较大的情况。

2. *Taqman* 探针法和 SNaPshot 法已经非常成熟，但由于涉及荧光定量 PCR 仪以及测序仪，一般需要到省部级以上的专业实验室进行。需要专业人员操作。

六、效益分析

由于 BMPR1B 的 *FecB* 突变能显著提高绵羊繁殖力，可带来巨大的经济利益，因此对各个绵羊品种进行 *FecB* 检测具有重要的意义。通过此技术能够构建超高繁殖力绵羊核心群，促进企业培育高繁殖力肉羊新品种，提升企业的市场竞争力和行业地位。同时显著提高基础母羊繁殖性能、增加肉羊出栏量，提高企业的净利润。另外科研人员还可通过现场指导帮助企业开展技术培训，为企业培养更多的技术人才。

七、技术开发与依托单位

联系人：储明星

联系地址：北京市海淀区圆明园西路 2 号

技术依托单位：中国农业科学院北京畜牧兽医研究所

绵羊高繁 SNP 芯片生产及应用技术

一、技术背景

（一）市场导向

随着人们膳食结构的调整，人们对羊肉的需求量显著增加，但我国羊单体生产水平远低于发达国家，肉羊缺口大，大力发展养羊业迫在眉睫。然而，在国家农牧业政策"减羊增牛"的大形势下，提高养羊业生产效率成为解决目前困境的唯一手段，特别是繁殖效率的提升。

（二）育种需求

繁殖效率与产羔数、常年发情密切相关，而我国大多数绵羊品种为单胎且四季发情，因此，培育多羔母羊品系（种）成为迫切需求。

（三）技术进步

育种经历了三个发展历程。第一个时代，根据性状来选育品种。第二个时代，根据分子标记来选育品种。第三个时代，随着近年来荧光标记及高通量测序技术的发展，育种已经进入全基因育种时代，特别是基于全基因组 SNP 的基因组选择、全基因组关联分析，大大缩短了世代间隔，增加了育种准确性，加速了育种进程。

（四）经济效益

目前，市场上用于绵羊育种的主流芯片，价格昂贵、位点冗余，特殊性状效应性不强。因此，需要开发基于重测序的目标性状廉价 SNP 低密度芯片。

二、技术要点

该方案的核心是繁殖性状相关 SNP 的挖掘及 KASP 技术的分型检测应用。其技术要点包括三个步骤：

1. 整合蒙古羊与世界绵羊不同产羔数高通量、芯片数据，发掘了 129 个与绵羊繁殖性状显著相关的 SNP 位点（图 1、图 2）。

2. 应用 KASP（竞争性等位基因特异性 PCR）技术实现了所有 129 个等位基因位点的 SNP 分型检测分型。

3. 关键 SNP 位点及其 KASP 技术在巴美肉羊高繁群体选育中的应用：①应用 KASP 技术对巴美肉羊双羔群体进行了检测分型，位点检出率大于 95% 的个体占 90%，MAF 大于 0.01 的 SNP 位点为 114 个；②利用 114 个位点的基因分型结果，借助判别分析，PCA 主成分分析，均能将产羔情况进行判别和归类（图 3）。这表明了这 129 个 SNP 位点可以用来进行绵羊高繁性状辅助选育。

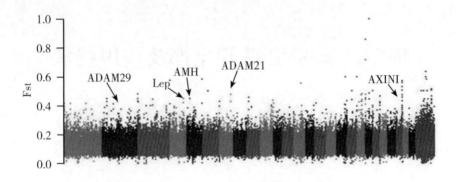

图 1　重测序检测 Fst 值在基因组上的分布特点

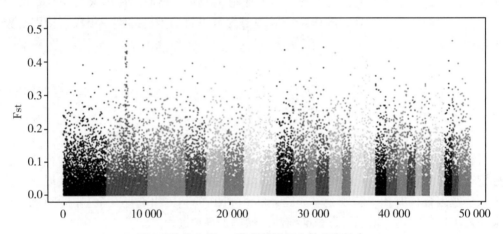

图 2　芯片分析 Fst 值在基因组上的分布特点

三、技术应用说明

该技术的核心在于绵羊繁殖相关功能 SNP 的挖掘及其 SNP 在绵羊繁殖性状辅助育种方面应用的准确性。绵羊繁殖相关功能 SNP 的挖掘，整合了国内不同繁殖力绵羊重测序结果与国外不同繁殖力绵羊芯片结果，绵羊品种涵盖多，SNP 位点效应高，且在巴美肉羊高繁品系选育中进行了验证和应用；获得的针对绵羊繁殖性状的功能 SNP 位点少，便于后续的 KASP 检测分型。

四、适宜区域

由于在主效 SNP 定位研究中，数据既有来自世界各地的芯片数据，又有来自中国本土的地方品种高通量测序数据，因此，挖掘的绵羊高繁相关 SNP 位点应用十分广泛，适合于各种基因分型研究及绵羊繁殖分子辅助育种。

五、效益分析

该芯片位点及检测的 KASP 技术，效力高、位点少、成本低，适用于绵羊繁殖性状的

基于114个位点的产羔情况判别分析						
SEQ_NO.	NAME	CLASS	P-HIGH	P-LOW	表型记录		
1	111000	LOW	0.0001	0.9999		双	单
2	111746	LOW	0	1	单	单	单
3	120286	LOW	0	1	单	单	单
4	120440	HIGH	1	0	双	双	
5	120536	LOW	0.0043	0.9957	单	双	单
6	130152	LOW	0	1	单	双	单
7	130782	LOW	0	1	单	单	单
8	1500727	LOW	0	1	无	无	双
9	170	LOW	0.0018	0.9982	单	双	单
10	2804	HIGH	0.935	0.065			
11	2805	LOW	0	1			
12	2806	LOW	0	1			
13	2807	LOW	0	1			
14	2808	LOW	0	1			
15	2809	HIGH	1	0			
16	2810	LOW	0	1			
17	2811	LOW	0.0013	0.9987			
18	2812	LOW	0.0031	0.9969			
19	2822	HIGH	1	0			

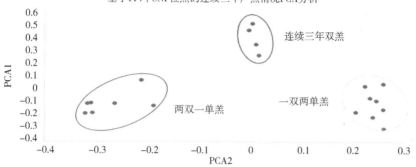

基于114个SNP位点的连续三年产羔情况PCA分析

图3　繁殖性状相关 SNP 位点巴美肉羊辅助育种

早期检测筛查，对于绵羊高繁性状的早期遗传选育，绵羊高繁品系（种）培育具有重要意义。可以实现早期准确选种，缩短选育世代间隔，节约养殖成本，经济效益显著。

六、技术开发与依托单位

联系人：刘永斌

联系地址：内蒙古呼和浩特市玉泉区昭君路 22 号

技术依托单位：内蒙古自治区农牧业科学院

肉羊 P2P（群体配群体）配种技术

一、技术背景

在肉羊育种与生产实践中，有必要建立完备的性能测定和个体选配/系谱记录体系，以为后续的个体选留和综合评定奠定基础。然而，由于基层人工授精技术和人力与生产成本等因素影响，很难在肉羊生产中贯彻执行准确的个体选配及系谱登记。基于此，在充分利用性能测定与分子遗传标记技术的基础上设计了 P2P 选种配种方法。该方法一方面降低了成本，另一方面提高了选择的效率，具有易用易推广的优点。P2P 是群体（Population）配群体的简称，两个 P 分别表示公羊群体和母羊群体。P2P 的实施依赖于亲子鉴定技术、性能测定技术及育种值估计技术。

二、技术要点

P2P 技术分为三个步骤，依次为：①母羊和公羊小群体划分及群体组合；②后代性能测定和亲子鉴定；③育种值估计及种羊再组群。示意如图 1 所示。分别以红绿蓝代表三个不同的大群体。每个群体内部选择最好的公羊和母羊组群配对，生出的后代进行性能测定并选择最好的 10%公羔做亲子鉴定以节省成本，母羔淘汰最差的 10%，其余也不做亲子测定。经过亲子鉴定的种公羊、公羔和种母羊、母羔做育种值估计，并排序以选择下一个世代可用的公羊和母羊（图 1）。

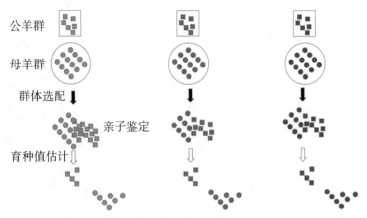

公羊群

母羊群

群体选配

亲子鉴定

育种值估计

图 1　第一世代的 P2P 流程

第二个世代的工作流程与第一个世代基本一致（图 2）。不同之处有两点：第一是后续使用的种公羊是经过育种值选择的种羊，所以遗传优势更加明显；第二是不同群体的种公羊要进行周转轮换，以避免近交。同时这种轮换有利于建立群体之间的遗传联系，便于后续在更广的范围内基于动物模型 BLUP 方法结合分子育种技术选择更优秀的种羊，同时有利于群体遗传稳定性的提升。

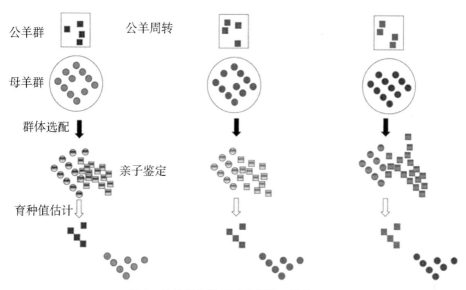

图 2　公羊周转轮换后进行第二世代 P2P

持续执行 P2P 育种策略，若干世代后将育成肉羊新品种。新的肉羊品种将拥有多个群体的基因并且具有整合的优势（图 3）。

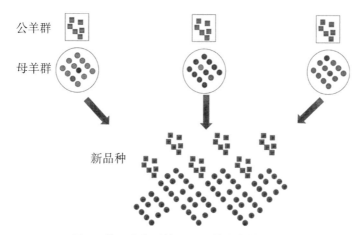

图 3　若干世代后基于 P2P 培育肉羊新品种

三、技术应用说明

（一）应用说明

1. 本技术适用于羊的品种选育及新品种培育过程的本交配种。

2. 本技术可有效解决羊本交的系谱档案记录不清楚的问题。

3. 本技术简便易行，成本低，易推广。

4. 本技术通过本交受胎率高，覆盖面广。

5. 本技术可以实现集中发情配种。

（二）应用条件

本技术需要提供如下材料与平台：

1. 亲子鉴定需要委托相关科研机构平台进行。

2. 遗传评估需要委托相关科研机构平台进行。

3. 选种选配方案的制定需要委托相关科研机构平台进行。

四、适宜区域

该技术适用于农区、牧区、半农半牧区的各类型养殖场。

五、注意事项

1. 做好详细记录，包括配种记录、产羔记录、生产性能测定记录等。

2. 亲子鉴定、遗传评估、选种选配方案的制定必须委托相关科研机构进行。

六、效益分析

本技术很好地解决了绵羊自然交配过程中系谱难以确定、产羔间距长、集中发情难、配种成本高、受胎率低的问题。通过该技术的实施，使群体同期发情，自然交配，节省了劳动力，降低成本，受胎率提高，易推广，从而加快了绵羊育种工作进展，经济效益、社会效益、生态效益显著。

七、技术开发与依托单位

联系人：刘永斌

联系地址：内蒙古呼和浩特市玉泉区昭君路 22 号

技术依托单位：内蒙古自治区农牧业科学院

肉羊短期集中催情+小群体配种技术

一、技术背景

我国北方绵羊发情周期多为 16~19d，发情持续期为 30~36h，妊娠（怀孕）期平均 150d（145~154d），哺乳期一般为 2~4 个月。目前北方农牧区肉羊生产主要以传统生产方式为主，产羔时间不整齐，间距长，出栏不统一，生产管理繁杂，再加上绵羊冷冻精液技术和生产管理的制约，人工授精、同期发情技术较难推广，配种方式还是以本交为主，在不改变配种方式的前提下，为了实现集中配种、集中产羔和均衡出栏，降低劳动力，节约成本的目的，本技术团队根据羊的繁殖生理，繁殖周期和营养状况，开发了短期催情补饲料和配种模式，使基础母羊群体在两个情期内完成发情及自然配种，缩短产羔间隔，实现母羊集中配种、羔羊集中上市、节约成本，方便管理，提高产羔数，从根本上解决肉羊繁殖效率低和产羔间距长的问题。

二、技术要点

（一）群体组建

组建体质健康、产羔后 60d 以上的空怀母羊群（图 1），按照公母比例 1：30~1：50 投放种公羊。

图 1　母羊群

（二）饲喂方法

催情精补料选择早晨（舍饲）或每天晚上（放牧）定时饲喂（图 2），饲喂要和饲料搅拌均匀同时饲喂，尽量保证每只羊吃到等量催情饲料。保证粗饲料自由采食，充足饮水。

补饲期共计 35d：第 1~3 天分别饲喂绵羊短期催情精补料 250g/只、350g/只、500g/只，饲喂催情补饲料的第 1 天将种公羊放入母羊群体中。

第4~6天平均饲喂绵羊短期催情精补料500g/只，饲喂催情素30g/只。

第7~9天饲喂绵羊短期催情精补料500g/只。

第10~12天饲喂绵羊短期催情精补料500g/只，饲喂催情素30g/只。

第13~35天饲喂绵羊短期催情精补料500g/只，第35天后及时将种公羊隔离出群。

（三）妊娠检查

补饲结束33d后，对催情母羊群进行妊娠检查（图3）。

图2　饲喂母羊群　　　　图3　催情母羊群妊娠检查

（四）生产性能测定与记录

羔羊初生、断奶和6月龄记录，包括出生日期、母羊耳号、体重、性别、鉴定日期等信息。

（五）技术路线

两年三产技术模式：该技术模式综合应用短期补饲催情配种技术、同期发情人工授精技术，在较好的饲养管理条件下，合理安排配种季节，将8个月作为一个繁殖周期，分别选择1月、5月、9月作为配种季节，1—8月、9月至翌年4月、翌年5—12月作为一个繁殖周期，最终实现绵羊两年三产，提高基础母羊的年繁殖率。

三、技术应用说明

（一）应用说明

基础母羊主要针对产羔后2~3月的基础母羊群100~300只，每个群体中放入种公羊2只以上；群体大小可按照以上公母羊的比例扩张，公母比例一般为1：30~50。

（二）应用条件

本技术需要提供肉羊短期催情精补料。

四、适宜区域

该技术特别适用于北方农牧区的各种养殖场。

五、注意事项

1. 催情饲料选择早晨（舍饲）或每天晚上（放牧）定点饲喂，要采用合适的补饲食槽尽量保证采食均匀，尽量保证每只羊均能吃到等量催情饲料，保证粗饲料自由采食，充足饮水。

2. 补饲结束 33 天后，开始对基础母羊群进行 B 超妊娠检查，统计妊娠率，对于没有怀孕的母羊进入下一个催情补饲配种期，连续两次催情补饲没有配种的母羊考虑淘汰。

3. 做好详细记录，包括产羔记录、生产性能测定记录等。

六、效益分析

本技术很好地解决了以本交为主的前提下，产羔时间不整齐的问题实现了母羊集中配种、羔羊集中出栏、缩短产羔间距、节约成本、方便管理，同时极大提高了发情期受胎率，该技术受胎率高、覆盖面广，便于推广。同时在加强管理的条件下，能够实现两年三产和三年四产，大幅度提高肉羊繁殖效率，经济、社会、生态效益显著。

七、技术开发与依托单位

联系人：刘永斌

联系地址：内蒙古呼和浩特市玉泉区昭君路 22 号

技术依托单位：内蒙古自治区农牧业科学院

绵羊冷冻精液生产及应用技术

一、技术背景

随着肉羊产业化、工厂化的发展，绵羊人工授精技术已被广泛应用于养羊生产实践中，但所用精液多为经过稀释的鲜精，一是不便长期保存及运输，二是不能充分发挥优质种公羊的使用效率。因此绵羊精液冷冻技术亟待应用于生产中，以最大限度地发挥种公羊的繁殖潜力，保障羊产业健康、持续、稳定发展。

二、技术要点

（一）种公羊

具有种用价值的公羊，体质健康，无遗传病，不允许有现行动物防疫法中所明确的两类疫病。

（二）新鲜精液

色泽乳白或淡黄色，精子活力≥65%，精子密度≥$6×10^8$个/ml，精子畸形率≤15%。

（三）每剂解冻后精液

外观：细管无裂缝，两端封口严密。

剂型、剂量：细管冻精：≥0.18ml。

精子活力：≥35%。

前进运动精子数：≥1 000万个。

三、技术应用说明

绵羊冷冻精液解冻时，应置37℃水浴轻摇8s取出至全部融化。冷冻精液解冻后应随即输精。为了获得更高的受胎率，应配套使用腹腔内窥镜人工输精技术。

四、适宜区域

适用于所有绵羊养殖区域。

五、注意事项

1. 精液需要在液氮中保存，及时添加液氮。
2. 精液解冻有一定的方法步骤，需要严格按照该方法进行。
3. 冷冻精液解冻后应随即输精。
4. 输精过程中注意卫生要求。

六、效益分析

提高优质种公羊使用效率，以及商品羊生长速度、屠宰率等。

七、技术开发与依托单位

联系人：闫俊

联系地址：呼和浩特市滨河路呼市日报社印刷厂办公楼 407 室

技术依托单位：内蒙古乐科生物技术有限公司；内蒙古赛科星繁育生物技术（集团）股份有限公司；内蒙古大学。

同期发情+腹腔内窥镜输精技术

一、技术背景

（一）技术研发的意义

羊繁殖调控（同期发情）技术，可以使母羊在一定时间内集中发情、集中配种、集中产羔、集中育肥，为肉羊产业标准化生产奠定基础。腹腔内窥镜输精技术则可以有效地克服子宫颈解剖结构障碍，提高输精母羊受精率和受胎率。

（二）解决哪些主要问题

繁殖调控（同期发情）技术主要就是可以使母羊能够按照市场需求，使其集中发情、集中配种、集中产羔，提高繁殖效率。缩短母羊的产羔间隔，实现两年三产或一年两产的产业化目标。

由于羊子宫颈特殊的解剖学结构，羊人工授精的效率始终不高。而通过腹腔内窥镜进行子宫角输精，可以有效地克服子宫颈解剖结构障碍，其输精后的受胎率能提高 15%~30%。

二、技术要点

（一）繁殖调控（同期发情）

1. 药品准备

孕马血清促性腺激素 PMSG（购自宁波三生），含 40mg 黄体酮的海绵栓（或羊用 CI-DR）及氯前列烯醇 PG。

2. 同期发情羊只的准备

选择身体健康，体质状况良好，未怀孕的本地母羊作为被处理对象。自然条件下舍饲或半舍饲饲养。

3. 同期发情具体处理方法

（1）绵羊：母羊阴道放置海绵栓的当天记为第 0 天，第 10 天每只羊肌内注射 200IU 的 PMSG，第 12 天撤栓的同时每只羊注射 0.1mg 的 PG。撤栓后 12h 试情，发情后 12h 开始输精；撤栓后母羊不试情，在撤栓后 36~40h 时直接输精。

（2）山羊：母羊阴道放置海绵栓的当天记为第 0 天，第 9 天更换新的阴道栓，第 14 天每只羊肌内注射 200IU 的 PMSG，第 16 天撤栓的同时每只羊注射 0.1mg 的 PG。撤栓后 12h 试情，发情后 12h 开始输精；撤栓后母羊不试情，在撤栓后 36~40h 直接输精。

（二）腹腔内窥镜输精

1. 输精羊只空腹处理

羊只输精前空腹 1.5 天以上（试情前半天即可），禁水禁食。

2. 输精羊只固定

羊只倒置绑定，与地面成 60°以上夹角。

3. 剪毛消毒

输精羊只乳房前腹部两侧剪毛、清洗，2%碘酊和 75%酒精联合消毒。

4. 穿刺器打孔

羊只左腹部以穿刺器与腹中线大约成 45°夹角进行穿刺。穿透后将腹腔镜插入腹腔。

5. 输精

打开冷光源，镜头下寻找子宫角，用输精枪将 0.1~0.2ml 稀释好的精液输入子宫角大弯处。

6. 归圈

碘酊消毒，解除保定，归圈。

三、技术应用说明

繁殖调控（同期发情）+腹腔内窥镜输精在散养户中应用的比较少，主要应用于规模养殖场（种羊或商品羊）。同期发情技术能够缩短绵羊的产羔间隔，达到两年三产或三年四产，使母羊集中产羔，节约劳动成本等优点，同时对以后的分娩产羔、商品羊的批量生产等一系列的管理工作带来方便，以适应现代集约化生产或工厂化生产的要求。而腹腔内窥镜输精可以有效地克服子宫颈解剖结构障碍，显著提高人工输精的受胎率。同时腹腔镜可以观察卵巢情况，检测生殖道疾病（生殖道畸形，卵巢或者子宫粘连，卵巢疾病，缺乏卵巢反应，早孕等）。

应用的载体条件：

1. 同期发情

需要有以下药品：孕马血清促性腺激素 PMSG（购自宁波三生）；含 40mg 黄体酮的海绵栓（或羊用 CIDR）；氯前列烯醇 PG。

2. 腹腔内窥镜输精

需要有手术操作室，其他设备包括：固定架（图 1），采精设备，腹腔内窥镜（图 2），2%碘酊和 75%酒精等。

图 1 固定架

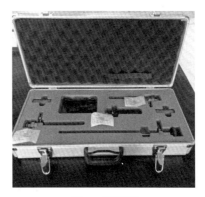
图 2 腹腔镜

四、适宜区域

适宜所有规模化绵羊、山羊、奶山羊养殖的地区。

五、注意事项

1. 腹腔内窥镜输精由于其较高的成本，技术较复杂，需要经过专业训练的技术人员。
2. 繁殖调控（同期发情）技术需要注意药物的使用量和使用时间。
3. 在夏天需要注意腹腔内窥镜输精的卫生情况，防止感染。

六、效益分析

繁殖调控（同期发情）就是利用某些激素制剂人为地控制并调整一群母畜发情周期的进程，使之在预定时间内集中发情。使用本技术中推荐的药品和药瓶用量，羊的同期发情率在繁殖季节可以达到95%，在非繁殖季节也能达到80%以上。腹腔内窥镜输精可以有效地克服羊子宫颈解剖结构障碍，鲜精的腹腔内窥镜人工输精受胎率在繁殖季节能达到95%，非繁殖季节能达到85%。综合分析相对于平常的羊人工输精，腹腔内窥镜人工输精能够提高15%~30%的受胎率。

七、技术开发与依托单位

联系人：闫俊
联系地址：呼和浩特市滨河路呼市日报社印刷厂办公楼407室
技术依托单位：内蒙古乐科生物技术有限公司；内蒙古大学

寒冷地区羔羊接羔保育技术

一、技术背景

羔羊时期是羊生长发育关键时期，合理科学地进行羔羊保育会影响后期的生长发育及生产性能。所以加强饲养管理，增加羔羊成活率，增强羔羊的体质，是发挥羔羊生产性能的重要手段。

羔羊体温调节机能不完善，反应迟钝，皮肤保护机能差，各组织器官功能尚不健全，机体易受环境温度变化的影响，特别是出生后几小时最明显。受寒冷刺激，易发生感冒、肺炎等病。

二、技术要点

（一）接羔

1. 生产前准备

（1）在接羔前，对产房进行彻底的清扫，并使用适当的设备对产房加温，使产房温度达到5℃以上。

（2）清扫后，在产房内用铁栅子隔离0.8~1.2m²单独分娩栏，为母羊生产使用。

（3）安排好接羔人员，及时发现即将生产母羊，对其处理。

（4）准备药品及使用工具，包括来苏儿、酒精、橡胶手套、剪刀等。

2. 接羔

（1）正常生产与接羔：母羊生产时最好让其自行产出。母羊分娩时，先露出充满羊水的胎膜，随后羊膜破例，可见羔羊前蹄，并蹄掌朝下，此为正生。接着露出羔羊前肢兼头部和嘴部，待头部完全露出后，全部身躯即将产出。有时会先看到后肢，蹄面朝上，此为倒生，也可自产。

（2）难产及助产：由于胎势、胎位不正，胎儿过大，初产母羊阴道狭窄，母羊体能差等诸多原因可导致难产。如发现难产，接羔人员应及时助产，视难产原因做相应处理。人员进行助产时，戴上助产用的橡胶手套，将手套涂上肥皂水、凡士林等润滑剂。

（3）倒产：羔羊后肢露出母羊阴道后，立即用手指捏住双肢，随着母羊努力，将胎儿朝着母羊腹部方向慢慢拖出。

（4）胎位不正：垫高母羊后躯，把胎儿露出部分推回，将手伸入产道摸清胎位，慢慢纠正成顺位，然后慢慢将胎儿拉出。过早破水或羊水少的母羊，可向产道内注入温肥皂水、液体石蜡，促使产道滑润。如难产过于复杂，助产不能相应处理，及时操作剖腹产胎儿术。

3. 假死羔羊处理

因生产时间过长，子宫内缺氧，羔羊过早自主呼吸而吸入羊水造成假死。发现应及时处理，握住羊嘴，并清除口、鼻及耳内异物，后将羔羊提起，悬空并轻拍背部，直至羔羊苏醒。

4. 档案建立及出生重测定

在羔羊出生后，无异常表现，及时佩戴耳标，查阅配种记录，并详细记载，建立羊只档案。

羔羊体表无黏液或有少许黏液时，检测出生重，并详细记录。

5. 人工辅助哺乳

羔羊产出后 20min 左右即能站立，应人工辅助，尽早吃上初乳。瘦弱的羔羊、初产母羊及母性差的母羊，需人工辅助哺乳。多羔或母羊有病、奶量不足时，应使用代乳品人工哺乳。

（二）断尾

由于部分品种绵羊尾部肥大，为保持羊体洁净卫生，便于交配，羔羊应在出生后 7~15d 内断尾。断尾方法如下所示：

1. 热断尾

将羔羊保定，将尾尖部向尾根部回拉，用烧红的特制断尾刀，在羔羊尾根部（距肛门 4~5cm）切断，速度不宜过快，用力均匀。使切断面在切断的同时受到烙烫，因而起到消毒止血作用。如切断后依然出血，可用断尾铲再次烙烫，直至不出血为止。最后用碘伏消毒。

2. 结扎法

用橡胶圈在距尾根 4~5cm 处紧紧扎住，阻断血流，经 15d 左右，尾部下端自然脱落。

（三）断乳

一般断乳时间为 3~4 月龄，亦可根据生产计划提前断乳。

三、技术应用说明

1. 母羊妊娠期平均 150d，饲养员及接羔人员应根据母羊配种记录推算分娩时间，以备接羔。

2. 在接羔前，对产房进行彻底的清扫，并使用适当的设备对产房加温，使产房温度达到 5℃以上。

3. 母羊分娩预兆：母羊精神不安、食欲减退、回顾腹部、时起时卧、前蹄刨地、欣窝塌陷、乳房肿胀、外阴肿胀且流出黏液、频尿。妊娠母羊出现上述症状预示该母羊即将生产。接羔人员应及时发现及处理，将此羊赶入分娩栏内待生产。

4. 为了恢复母羊体质，羔羊独立。当羔羊生长到一定时期，发育到一定程度时，必须断乳。断乳后，将母羊移走，羔羊单独饲养，并将断乳羔羊按品种、性别、大小、强弱分开，单独组群。

四、适宜区域

寒冷地区。

五、注意事项

（一）接羔时

1. 接羔人员应将指甲剪短，做好自身消毒和防护。
2. 切忌用力过猛和硬拉，损伤产道和胎儿。
3. 及时发现假死羔羊，并正确处理。
4. 护理初生羔羊应注意保暖，切记羔羊受冷、着凉。
5. 对患病羔羊及时治疗。
6. 按时防疫。
7. 仔细记录羔羊档案。

（二）羔羊断尾后

1. 加强饲养管理。
2. 如有出血应立即止血。
3. 观察羔羊状态，如发生并发症，紧急治疗。

（三）羔羊断乳后

1. 加强饲养管理，科学饲养，增加饲料营养，减少应激。
2. 羔羊发生疾病时应紧急治疗。
3. 分泌乳汁过多的母羊应进行人工排乳，减少乳房炎的发生。

六、效益分析

本技术涵盖了从接羔准备到羔羊断乳过程，合理、科学地进行接羔保育，有利于增加羔羊成活率，增强羔羊的体质，减少疾病的发生，提高生长速度及生产性能。

七、技术开发与依托单位

联系人：李瑞
联系地址：内蒙古赤峰市克什克腾旗浩来呼热苏木

舍饲羔羊淘汰标准

一、技术背景

从生物功能的角度来看，羊是一种利用饲（草）料资源转化为蛋白质的工具，这一视角的一个作用就是淡化羊的生命价值，强化羊的经济价值。生产实际中有许多养殖场过于看重羊的生命价值，而忽略了羊的经济价值。集中表现有：在选种时重视价格，不重视质量；在生产中过度重视治疗，并且很多场存在过度治疗的情况等。对于一些该淘汰而未淘汰的羊，会造成生产成本的上升，而且这种成本的上升多半是隐性的，对于淘汰羊大部分养殖场会动一些"恻隐之心"，造成了极大的经济损失，而现阶段我国尚未制定相应的淘汰标准作为参考。制定舍饲多羔羊即时淘汰标准是优化生产工艺流程的重要依据，淘汰标准的制定和执行将会大大提高肉羊生产企业和大户的管理水平和经济效益，是提高我国养羊竞争力和发展效益型养羊业的重要途径。

二、技术内容

（一）淘汰的原则

淘汰的原则一是要看拟淘汰羊是否有转化价值（主要指生产性能）及转化价值的大小；二是要看拟淘汰羊自身经济价值（主要指肉用价值）的变化。

（二）淘汰羊标准的主要指标和内容

1. 先天性疾病（牙齿有问题，器官发育不良，不孕，产道狭窄等）。

2. 疾病不容易治愈（子宫脱落，吐草等）。

3. 得过传染病的。

4. 习惯性流产或者容易引起生殖系统炎症的流产。

5. 保姆性差的。

6. 老龄羊（7 胎以上的母羊，约 5 年）。

7. 连续两产少乳或者无乳。

8. 采食量正常膘情差，驱虫健胃后仍很瘦的。

9. 8 月龄以上不发情或者连续两次配种不成功。

10. 连续两次生产都需要助产的。

11. 正常饲养管理情况下经产单羔的。

12. 后备种公羊超过 11 月龄以上不能使用的。

13. 公羊连续两个月精液检查不合格的。

14. 僵羊。

15. 断奶后 3 个情期不能发情配种的（指四季发情的多胎肉羊）。

16. 非近亲产羔畸形或基因突变的。

17. 羔羊初生重不整齐而且差异较大的。

18. 假发情或者发情反应过于强烈的。

19. 产后恶露不止的。

20. 初配前两个情期诱导发情时不发情的（图 1）。

图 1　淘汰羊示例图

三、应用说明

1. 本标准可作为舍饲肉羊生产单位制定科学生产工艺的重要参考依据。

2. 因个别指标难以量化，生产单位可根据自身实际情况来确定。

四、适用区域

本标准适用于舍饲肉羊生产场，包括繁育场、育肥场及种羊场。

五、注意事项

1. 人工喂养的母羔羊多会造成保姆性差。

2. 后备母羊偏瘦会使性成熟延迟并减少使用年限；过胖则脂肪浸润卵巢造成排卵异常。

3. 青年母羊第一次配种的体况显著影响其终生的生产性能。

4. 妊娠母羊过肥会造成难产和产后食欲降低影响泌乳。

六、技术开发与依托单位

联系人：王国春、张贺春、潘国立

联系地址：辽宁省朝阳县柳城镇锦朝高速南出口 500 米

技术依托单位：辽宁省朝阳市朝牧种畜场

羔羊早期断奶直线育肥技术

一、技术背景

羔羊快速育肥技术是推动肉羊产业快速发展的关键技术，也是制约肉羊生产效益和适应市场经济的重要因素。在国外，特别是工厂化生产比较发达的国家，羔羊早期断奶已成为集约经营的组成部分。我国现代肉羊产业技术体系成立以来，羔羊早期断奶技术得到快速发展，饲喂代乳品对羔羊实施早期断奶不仅可以解决多胎或缺奶造成的羔羊营养不足的问题，而且有利于羔羊在后期培育中饲料采食量和粗饲料利用率的提高，更利于母羊体况恢复，及时配种。断奶日龄是羔羊早期断奶技术的关键环节，是现代化养羊必须面临的主要问题。尤其是在北方牧区或半农半牧区，蒙寒杂羊由于具有多胎性能，常年产羔，为羔羊饲喂代乳品进行早期断奶就显得尤为必要。

二、技术要点

应用现代营养调控与饲料配制技术，研制羔羊专用开食料和代乳品。对正常随母哺乳的羔羊，在15日龄开始补饲羔羊专用开食料，在60日龄断奶，断奶后将开食料换为育肥料进入育肥阶段直到出栏；对不能正常随母哺乳的羔羊，在尽量确保吃到初乳的基础上，饲喂羔羊专用代乳品，在15日龄开始补饲羔羊专用开食料，在60日龄断奶，断奶后将开食料换为育肥料进入育肥阶段直到出栏。制定羔羊早期断奶和直线育肥技术规程，实现羔羊早期断奶，缩短育肥周期和母羊繁殖周期。

具体实施方式：

1. 羔羊于14日龄断掉母乳，断母乳前随母饲养，断奶后开始饲喂代乳品（专利授权号 ZL 02 1 28844.5）和开食料至60日龄，60~75日龄添加育肥料，于75日龄停喂液体饲料并开始饲喂育肥料至试验结束（羔羊体重达到45kg）。

2. 冲泡代乳品的具体步骤如下：将水烧开，冷却至50~60℃，根据干粉的用量和比例（1∶5或者1∶6）进行冲泡，然后使用奶瓶饲喂。每天每只羔羊分别以体重的2%为标准进行饲喂，一天饲喂3次（7∶00、13∶00和18∶00）。饲喂结束后用干净毛巾将羔羊嘴边残留乳液擦拭干净，并将饲喂器械清洗干净，每天煮沸消毒饲喂器。羔羊21~60日龄开始自由采食开食料，60日龄后添加育肥料。75日龄后直接饲喂育肥料。羔羊饲喂至45kg出栏。羊只饲喂方法见表1。

表 1　饲喂方法

项目	方法
断奶时间	14d
14~21 日龄	代乳品
21~60 日龄	代乳品+开食料
60~75 日龄	代乳品+育肥料
75 日龄后	育肥料
出栏	45kg

三、技术应用说明

（一）饲喂对象

本产品适用于出生 14~60 日龄羔羊。可用于弱羔保育。

（二）饲喂量

羔羊吃到初乳后，可能对代乳品的味道不适应，坚持饲喂几日后，即可适应。饲喂量可参考羔羊体重，每天每只羔羊分别以体重的 2% 为标准进行饲喂。

（三）饲喂方式

奶瓶或专用羔羊喂奶器械均可使用，使用前如对羔羊进行反射训练，可大大降低羔羊饲喂难度。

四、适用对象

本技术适用于农区、牧区及半农半牧区，一胎多羔的羔羊。

五、注意事项

（一）代乳品的冲泡

代乳品在勾兑时需要用凉开水冲泡，具体步骤：将水烧开，冷却至 50~60℃，根据干粉的用量和比例进行冲泡，然后使用奶瓶饲喂。温度太高，营养物质容易损失。

（二）代乳品的饲喂量

代乳品的饲喂量不应过多，过多容易造成羔羊腹泻。

（三）饲喂器械消毒

代乳品营养含量高，如不及时消毒器械，容易滋生细菌，造成羔羊腹泻等疾病。

（四）开食料、育肥料的饲喂

21 日龄后，就可以给羔羊饲喂开食料，60 日龄后，可饲喂育肥料，但此时代乳品应逐渐断掉，否则羔羊可能因为肠胃不适应，造成各种疾病。

六、效益分析

由于饲喂代乳品需要的人工成本较高，因此试验组饲养总成本高于对照组，但由于试验组生长速度高于对照组，经成本核算和利润分析得出，纯利润比正常断奶羔羊高57.88元/只。并且，对于多胎品种来说，早期断奶为羔羊饲喂代乳品不仅能够达到与母羊母乳相同的效果，还能尽早恢复母羊体况，增加经济效益，对多胎品种羊更具有实际意义。另外，本地区设定在羔羊体重达到45kg时出栏，此时羔羊为6.5月龄。但经过计算，如果试验组羔羊在5.5月龄时出栏，则经济效益会比6.5月龄时增加25元/只。可见，进行直线育肥时，应注意把握出栏时间，及时出栏，保证效益最大化。

七、技术开发与依托单位

联系人：刘敏
联系地址：临河区解放西街农科路1号
技术依托单位：巴彦淖尔市农牧业科学研究院

肉羊选种技术

一、技术背景

（一）技术研发的目的意义

选种也叫选择，具体地讲，就是把那些符合标准的个体从现有羊群中选出来，让它们组成新的繁育群再繁殖下一代，或者从别的羊群中选择那些符合要求的个体加入现有的繁育群中来。经过这样反复地、多个世代的选择工作，不断地选优去劣，最终使羊群的整体生产水平不断提高或者把羊群变成一个全新的群体或品种。因此，肉羊选种技术在生产中的应用是养羊业中最基本的改良育种技术，具有创造性。

（二）主要内容

选种技术内容主要有种羊繁育场的选种技术（也叫种羊鉴定技术）和引种羊的选种技术两种情况。在现阶段我国的养羊业中，绵羊、山羊选种的主要对象是种公羊。农谚说"公羊好好一坡，母羊好好一窝"，正是这个道理。选择的主要性状多为有重要经济价值的数量性状和质量性状。例如肉用山羊的体重、产肉量、屠宰率、胴体重、生长速度、繁殖力等；细毛羊的体重、剪毛量、毛长度、细度等；绒山羊的产绒量、绒纤维的长度、细度及绒的颜色等；绵羊、山羊的选择，主要指种公羊的选择，一般从以下四个方面着手进行：①根据个体本身的表型表现——个体表型选择；②根据个体祖先的成绩——系谱选择；②根据旁系成绩——半同胞测验成绩选择；④根据后代品质——后裔测验成绩选择。另外，随着生物技术的发展，分子标记辅助选择也逐步提上日程。上述几种选择方法并不是对立的，而是相辅相成，互有联系的，应根据不同时期所掌握的资料合理利用，以提高选择的准确性。在生产实际中以个体选择为主。

（三）解决哪些主要问题

肉羊选种技术的推广和应用，帮助广大养殖场、户了解肉羊选种的基本原理、技术方法，为解决在当前养羊业生产中种羊市场品种繁多、纯种杂种混杂条件下选出优质理想种羊提供参考。

二、技术要点

（一）种羊繁育场的选种技术

1. 个体表型选择

个体表型值的高低，主要通过个体品质鉴定和生产性能测定的结果来衡量，表型选择就是在这一基础上进行的。因此，首先要掌握个体品质鉴定的方法和生产性能测定的方法。此法标准明确，简便易行，尤其在育种工作的初期，当缺少育种记载和后代品质资料时，是选择羊只的基本依据。个体表型选择是我国绵、山羊育种工作中应用最广泛的一种选择方法。表型选择的效果，则取决于表型与基因型的相关程度，以及被选性状遗传力的高低。

根据育种工作的需要可分为个体鉴定和等级鉴定两种。两者都是根据鉴定项目逐头进行，只是等级鉴定不作个体记录，依鉴定结果综合评定等级，做出等级标记分别归入相应的等级群中，而个体鉴定要进行个体记录，并可根据育种工作需要增减某些项目，作为选择种羊的依据之一。个体鉴定的羊只包括种公羊、特级、一级母羊及其所生育成羊，以及后裔测验的母羊及其羔羊，因为这些羊只是羊群中的优秀个体，羊群质量的提高必须以这些羊只为基础，因此生产中常用。

鉴定前要选择距离各羊群比较适中的地方准备好鉴定圈，圈内最好装备可活动的围栏，以便能够根据羊群头数多少而随意调整圈羊场地的面积，便于捉羊。圈的出口处应设鉴定台，台高 60cm，长 100~120cm，宽 50cm，或者在圈出口的通道两侧挖坑，坑深60cm，长 100~120cm，宽 50cm。鉴定场地里还应分设几个小圈，以分别圈放鉴定后各等级羊只，待整群羊只鉴定完毕后，鉴定人员对各级羊进行总体复查，以随时纠正可能发生的误差。

鉴定开始前，鉴定人员要熟悉掌握所选择鉴定羊的品种标准，并对要鉴定羊群情况有一个全面了解，包括羊群来源和现状、饲养管理情况，选种选配情况，以往羊群鉴定等级比例和育种工作中存在的问题等，以便在鉴定中有针对性地考察一些问题。

鉴定人员和保定羊的人员站在坑内，目光正好平视被鉴定羊只的背部。坑前最好铺一块与地面相平的木板，让羊只站在木板上。

鉴定开始时，要先看羊只整体结构是否匀称，外形有无严重缺陷，被毛有无花斑或杂色毛，行动是否正常，待羊接近后，再看公羊是否单睾、隐睾，母羊乳房是否正常等，以确定该羊有无进行个体鉴定的价值。凡应进行个体鉴定的羊只要按规定的鉴定项目和顺序严格进行。

个体表型选择，除按个体品质鉴定和生产性能测定结果进行外，随着羊群质量的提高，育种工作的深入，为了选择出更优秀的个体，提高表型选择的效果，可考虑采用以下选择指标，如性状率（T）、育种值等。

2. 查看系谱进行选择

系谱是反映个体祖先生产性能和等级的重要资料，是一个十分重要的遗传信息来源。在养羊业生产实践中，常常通过系谱审查来掌握被选个体的育种价值。如果被选个体本身好，并且许多主要经济性状与亲代具有共同点，则证明遗传性稳定，可以考虑留种。当个体本身还没有表型值资料时，则可用系谱中的祖先资料来估计被选个体的育种值，从而进行早期选择。根据系谱选择，主要考虑影响最大的是亲代，即父母代的影响，随血缘关系越远，对子代的影响越小。因此，在养羊业实践中，一般对祖父母代以上的祖先资料很少考虑。

3. 根据半同胞表型值进行选择

根据个体半同胞表型值进行选择，是利用同父异母的半同胞表型值资料来估算被选个体的育种值而进行的选择。由于人工授精繁殖技术在养羊业中的广泛应用，同期所生的半同胞羊只数量大，资料容易获得，而且由于同年所生，环境影响相同，所以结果也较准确可靠；另外，通过半同胞表型可以提前进行选种，在被选个体无后代时即可进行。

4. 根据后代品质——后裔测验成绩选择

后裔测验就是通过后代品质的优劣来评定种羊的育种价值。这是最直接最可靠的选种方法，因为选种目的是在于获得优良后代，如果被选种羊的后代好，就说明该种羊种用价值高，选种正确。后裔测验方法的不足之处是需时较长，要等到种羊有了后代，并且生长到后代品质充分表现能够做出正确评定的时候。如肉用羊在后代长到 6~8 月龄时，细毛羊、绒山羊要等到后代长到周岁龄时，滩羊要在生后 1 月龄左右，羔皮羊在生后三日内。虽然如此，此法在养羊业中仍被广泛应用，特别是有育种任务的羊场（企业）和规模较大的养羊专业户。后裔测验应遵循的基本原则：

（1）被测验的公羊需经表型选择、系谱审查后，认为最优秀的并准备以后要大量使用的公羊，年龄 1.5~2 岁。

（2）与配母羊品质整齐、优良，最好是一级母羊，年龄 2~4 岁。

（3）每只被测公羊的与配母羊数在细毛羊、绒山羊上要求为 60~70 只，以所产后代到周岁鉴定时不少于 30 只母羊为宜；肉用羊、羔裘皮羊上配 30~50 只母羊即可；配种时间尽可能一致，相对集中为好。

（4）后代出生后应与母羊同群饲管，同时对不同公羊的后代，也应尽可能在同样或相似的环境中饲管，以排除环境因素造成的差异，从而科学客观地进行比较。后裔测验结果的评定方法在养羊业中常用者有两种即母女对比法：有母女同年龄成绩对比和母女同期成绩对比两种。前者有年度差异，特别是饲管水平年度波动大时，会影响结果；后者虽无年度差异，饲管条件相同，但需校正年龄差异。在进行母女对比时，又有两种指标：一是母女直接对比：是以母女同一性状的差（D-M）进行比较，这看不出女儿的生产性能水平。二是公羊指数对比，是以女儿性状值在遗传来源上由父母各提供一半为依据计算得出。此值越大，表明该公羊后代平均值超过母代之值越大，公羊的种用价值越高。

在养羊业中，对公羊进行后裔测验较为广泛，但也不能忽视母羊对后代的影响。根据后代品质评定母羊的方法，是当母羊与不同公羊交配，都能生产优良羔羊，就可以认为该母羊遗传素质优良；若与不同公羊交配，连续两次都生产劣质羔羊，该母羊就应由育种群转移到一般生产群中去。母羊的多胎性状是一个很有价值的经济性状，当其他条件相同时，应优先选择多胎母羊留种。

（二）引种羊的选种技术

要根据体形外貌来选择种羊，有条件的要查阅系谱，种羊应健康无病，个体外形特征要符合品种要求，不允许有任何损征。

1. 羊群的体型、膘度和外貌等状况

以此初步判断品种的纯度和健康与否。种羊的毛色、头型、角和体型等要符合品种标准。选的种羊要体质结实，体况良好，前胸要宽深，四肢粗壮，肌肉组织发达。公羊要头大雄壮、眼大有神、睾丸发育匀称、性欲旺盛，特别要注意是否单睾或隐睾；母羊要腰长腿高、乳房发育良好。胸部狭窄、尻部倾斜、垂腹凹背、前后肢呈 "X" 状等的公、母羊，不宜作种用。

2. 年龄

主要查售羊单位的相关育种记录确定；若无记录可查时，可通过牙齿的发生、变换、磨损和脱落等状况进行初步判断。

3. 羊的健康状况

健康羊活泼好动，两眼明亮有神，毛有光泽，食欲旺盛，呼吸、体温正常，四肢强壮有力；病羊则毛散乱、粗糙无光泽，眼大无神，呆立，食欲不振，呼吸急促，体温升高，或者体表和四肢有病等。

4. 随带系谱和检疫证

一般种羊场都有系谱档案，出场种羊应随带系谱卡，以便掌握种羊的血缘关系及父母、祖父母的生产性能，估测种羊本身的性能。从外地引种时，应向引种单位取得检疫证，一是可以了解疫病发生情况，以免引入病羊；二是运输途中遇检查时，手续完备的畜禽品种才可通行。

其他注意事项：第一，不宜到集市上选购种羊。这是因为，一方面不易选购到合格种羊，羊只也容易传播疾病；另一方面，有些不法羊贩及羊主为牟取私利，羊只上市交易前饲喂浓盐水或对羊只采食含盐物，羊只大量饮水后体重增加。致使一些种羊引进后突然死亡，造成经济损失。第二，可适当引进一些条件相对成年羊更容易适应异地自然环境条件的幼年羊。

(三) 肉用绵羊体况评级标准实例

采用5级评分，方法是用手触摸待测羊后腰部位的肌肉和脂肪沉积情况，触摸羊背部最后一根肋骨之后，髋骨之前的脊柱，触摸横突的尖部（图1至图6）。

1分：羊只极度瘦弱，骨骼显露，无脂肪覆盖，手感容易触及，羊只行动正常。

2分：羊只偏瘦，肌肉组织外部正常，骨骼外露不显，横突圆滑，手指较难触及，背、臀、肋骨部位有薄层脂肪覆盖。羊只健康，行动敏捷。

3分：羊只脊柱滚圆平滑，肌肉丰满，羊体主要部位有中等厚度脂肪覆盖，横突滚圆平滑，手指很难触及。

4分：全躯外观隆圆，肩、背、臀、前肋处有较多脂肪沉积，肌肉丰满，硬实，横突无法触及。

5分：脂肪在肩部、背部、臀部和前肋处有大量脂肪沉积，肌肉非常丰满，横突无法触及，硬实感差，羊只行动少，不爱活动。

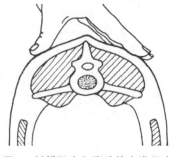

图1 触摸肌肉和脂肪的丰满程度

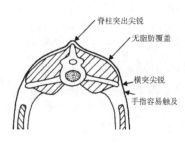

图2 丰满度1分

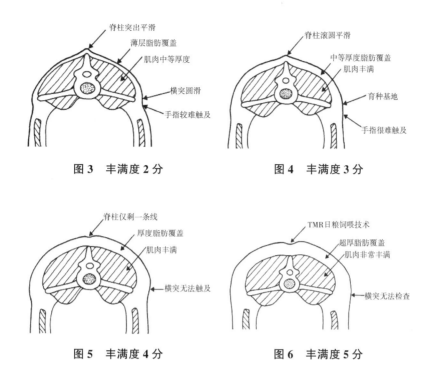

图3　丰满度2分　　　　　　　图4　丰满度3分

图5　丰满度4分　　　　　　　图6　丰满度5分

三、技术应用说明

绵、山羊品种选择时，由于生产者自身生产目的和方向不同，因此，选种时个体品质鉴定的内容和项目，随种生产方向不同而有不同的标准、鉴定项目和鉴定方法。但其基本原则是以影响品种代表性产品的重要经济性状为主要依据进行鉴定。具体地讲，细毛羊以毛用性状为主，肉用羊以肉用性状为主，羔裘皮羊以羔裘皮品质为主，奶用羊以产奶性状为主，毛绒山羊则以毛绒产量和质量为主。鉴定时应按各自的品种鉴定分级标准和鉴定方法分别组织实施。

繁殖育种场选择种羊时，选种时间的确定以代表品种主要产品的性状已经充分表现，而有可能给予正确的客观的评定结果为依据，细毛羊及其杂种羊通常是在1.5周龄春季剪毛前进行；肉用羊一般在断奶、6~8月龄、周岁和2.5岁时进行；卡拉库尔羊、湖羊、济宁青山羊等羔皮品种是在羔羊出生后两日内进行；滩羊、中卫沙毛山羊等裘皮品种则应在生后1月龄左右，当毛股自然长度达7~7.5cm时进行；绒毛山羊品种是在1.5岁龄春季抓绒前进行。

四、适宜区域

肉羊选种技术适宜在广大农区、牧区羊场和养殖户中应用。

五、注意事项

选择种羊时，首先应该注意选择羊的体质，其次还要考虑品种遗传力的高低和种群的大小。体质是指家畜有机体在遗传因素和外界环境条件相互作用下，所形成的内部和外部、部分和整体以及形态和机能在整个生命活动过程中的统一，它体现了有机体在结构上和机能上的协调性，有机体对于生活条件的适应性以及其生产性能等特点。结实的体质是保证羊只健康、充分发挥绵、山羊品种所固有的生产性能和抵抗不良环境条件的基础；片面追求生产性能或某些性状指标而忽视了绵、山羊的体质，就有可能导致不良的后果。在绵、山羊杂交育种过程中，随着杂交代数的增加，如果不注意选种选配和相应地改善饲养管理条件，再加上不适当的亲缘繁殖，都有可能造成杂种后代的体质纤弱，生活力下降，生产性能低和适应性差。因此，在选择绵羊、山羊时应当注意选择体质结实的羊。

六、效益分析

肉羊选种是在养殖者原有羊群规模基础上的一种选优淘劣的实用技术，对生态环境没有任何影响。通过科学选种，使群体中的每只羊个体的各项指标都达到本品种的理想指标，生产性能显著提高，从而使群体生产性能普遍提高，提高养殖效益。

七、技术开发与依托单位

联系人：王玉琴
联系地址：河南省洛阳市开元大道 263 号
技术依托单位：河南科技大学动物科技学院，洛宁农本畜牧科技开发有限公司

肉羊二、三元杂交羊养殖技术

一、技术背景

随着社会的发展，人们物质生活水平的不断提高，养殖业占整个农业的比重越来越大，对肉类产品特别是草食类肉品的需求愈来愈多，而肉羊"三高"：胴体瘦肉率高、肉的营养价值高、肉品等级高，备受消费者青睐。肉羊的二、三元杂交羊的养殖模式就是利用国内外优质肉羊品种进行杂交选育、选配、育肥，从而提高后代生产性能、肉品品质和经济价值；对呼伦贝尔羊、小尾寒羊、杜泊羊进行的杂交试验，表明发展和饲养质优、高效的二、三元杂交羊有效解决肉羊养殖业发展障碍，市场前景广阔，经济效益高，社会价值大。

二、技术要点

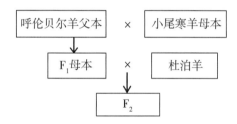

（一）二元杂交

利用小尾寒羊为母本，选择耐粗饲、适应强、肉质无膻味的呼伦贝尔羊为第一父本，生产出高繁殖性能、抗病力强的 F_1 母本，F_1 公羊直接肉用。

（二）三元杂交

再选择产肉性能好的杜泊羊为终端父本与 F_1 母羊进行交配，F_2 全部用作羔羊生产。

三、技术应用说明

（一）应用说明

1. 母羊营养需要

母羊在配种前 6~8 周需要获得优良的日粮营养，每天摄入干物质应达体重的 5% 左右。母羊在怀孕第 2 个月，营养需要略高于空怀期。第 3 个月以后，随羔羊体重的迅速增加而营养也需增加。在怀孕后期应适当补给配合精料，这时母羊每天摄入的干物质应达到体重的 3.5%~4% 才能满足需要，具体应根据怀单羔和多羔而有所不同。

2. 初生羔羊需尽早吃初乳

初乳是羔羊获得 Y 球蛋白以增加血液中缺乏的抗体，增加羔羊对疫病的抵抗力，所以，尽快吃到、吃好初乳，是使羔羊获得足够能量，提高成活率的关键，特别是冷天产羔时更为重要。羔羊对能量的需要：羊乳的能量来源于乳糖、酪蛋白质和乳脂，首先供给能量的是乳脂和乳糖。羔羊能吃到足够的乳汁，即可满足对能量的需要。

（二）应用条件

本技术具备三个品种的健康、性能优越的母本和父本即可。

四、适宜区域

该技术模式主要是保留本地羊品种的适应性及较好的肉用品质，利用小尾寒羊、杜泊羊改良其繁殖性能、生长性能，适宜在本地羊品种适应性强、肉质较好，但生长性能、繁殖性能低的区域进行推广。

五、注意事项

1. 需注重母羊和羔羊的营养补饲，确保 F_1 和 F_2 的性能优良、遗传性状稳定。

2. 根据亲本品种在杂交中的作用，对父本和母本的选择要求应有所不同，母本的选择，把重点放在繁殖能力和适应性上，对父本的选择应强调生长快、肉品质好、饲料报酬高等方面。

六、效益分析

该技术利用呼伦贝尔羊与小尾寒羊进行杂交，呼寒羊再与肉用品种杜泊羊进行杂交，杜呼寒羊进行育肥销售。既保留了呼伦贝尔羊耐粗饲、适应性、抗病能力强、羊肉无膻味的特点；又发挥了小尾寒羊高繁殖性能，在舍饲条件下呼寒羊能够实现 2 年 3 产，每胎成活 2 只羔羊；又遗传了杜泊羊的产肉性能，杜呼寒羊日增重达到 292g/天，从而实现了肉羊舍饲养殖的成功之路。

七、技术开发与依托单位

联系人：张志刚、刘荣、王少华

联系地址：内蒙古呼和浩特市赛罕区乌兰察布路 70 号

技术依托单位：内蒙古自治区农牧业科学院

肉羊鲜精低温延时保存技术及其应用

一、技术背景

人工授精是羊优良种群高效扩繁的有力手段，精液品质的优劣决定了人工授精技术的成败。目前，国内大部分羊场采用低温保存的方法短时间储存羊鲜精，鲜精的有效保存时间仅为1~2天。随着保存时间的延长，精液的活力降低，精子的质膜完整性被破坏，精子在母羊生殖道的存活时间也缩短，进而导致胚胎的死亡率增加和受胎率降低。本技术可将鲜精保存时间延长至168h，大大提高优质肉用种公羊的使用效率，在繁育工作中具有重要的作用。

二、技术要点

（一）鲜精保存稀释液的制备

按照表1的配方制备鲜精保存稀释液。

表1　鲜精保存稀释液配方

试剂	配制78ml鲜精保存稀释液的用量	在鲜精保存稀释液中的浓度
Tris	3.30g	42mg/ml
青霉素	4.5万单位	0.058万单位/ml
链霉素	5.0万单位	0.064万单位/ml
柠檬酸	2.50g	32mg/ml
葡萄糖	0.80g	10mg/ml
维生素 B_{12}	0.030g	0.38mg/ml
甘油	7.8ml	0.10ml/ml
水	70.2ml	/

注："/"表示不存在

（二）采集肉羊鲜精

采集健康种公羊的精液，采出后将精液放入集精瓶，盖严并避光恒温保存，尽快进行稀释处理。

（三）制备种公羊鲜精保存液

在30℃水浴内对精液按1：3~1：5倍稀释，将稀释液沿集精瓶壁缓慢注入，轻轻转动，使之混合均匀，不能过快，防止发生稀释性休克。

（四）保存

精液稀释分装后，用纱布或脱脂棉包裹容器，并以塑料袋包装密封防水，然后置于0~4℃的恒温冰箱中。

三、技术应用说明

（一）应用说明

1. 为尽可能延长精子寿命，在采精前即制备好鲜精保存液，采精结束后立即按照比例完成稀释操作。

2. 本技术只是暂时抑制并延缓肉羊精子的运动，降低其代谢速度，以达到延长精子寿命又不使其丧失受精能力的目的，在保存过程中精子活力仍在不断降低，保存第6天精子活性将降低至55%左右。

3. 在稀释过程中，要缓慢转动集精瓶，不能过快，防止发生稀释性休克。

（二）应用条件

本技术需要部分器械：①采精器；②密闭不透光容器；③恒温冰箱。

四、适宜区域

该技术适用于任何品种肉绵羊鲜精7天以下保存。

五、注意事项

1. 使用器皿需经高温干燥后冷却使用。
2. 要注意观察鲜精保存液的质量情况，发现有变色、沉淀的要停止使用。
3. 保存温度要适宜，维持在3~5℃下保存，不可过高或过低。
4. 贮存条件要保持清洁，尽量保持无菌状态。

六、效益分析

肉羊鲜精低温延时保存技术使每只公羊全年配种由自然本交配35~40只基础母羊，提高到每只公羊全年通过基础母羊同期发情配到1 000~1 500只。提高了优质肉用种公羊的使用效率，降低了饲养管理成本。配种12 000只基础母羊可减少使用种公羊300~340只，每只杜泊等外国种公羊按1万元计算，可节约购买种公羊费用300万~340万元。每只种公羊饲养管理费按2 000元计算，节约使用管理费60万~68万元。合计每年节约费用360万~408万元。体外药物针剂注射同期发情技术降低了基础母羊同期发情药物使用成本，减少因为抓羊造成的劳动力成本。常规使用海绵栓同期发情每个处理药物成本28元，4~5次抓羊人工成本15元。而引进该项目后，仅产生药物成本12元。合计每只羊节约成本31元。12 000个处理合计节约药物和人工成本37.2万元。通过两项技术的实施，合计节约人民币391.2万~445.2万元。

七、技术开发与依托单位

联系人：张志刚、刘荣、王少华
联系地址：内蒙古呼和浩特市赛罕区乌兰察布路 70 号
技术依托单位：内蒙古自治区农牧业科学院

高繁殖力肉用安徽白山羊新品系培育技术

一、技术背景

安徽是我国肉羊养殖的重要省份，在农业部《全国肉羊优势区域布局规划（2008—2015 年）》中被列入中原肉羊优势区。改革开放以来，我省养羊业高速发展，2008 年全省存栏羊数 560.3 万只，羊肉产量 13.4 万 t，分别比 1978 年的 299.6 万只和 0.99 万 t 增长 1.9 倍和 13.5 倍，列全国第八位。但与全国相比，安徽省肉羊生产的总体技术水平较为落后，肉羊胴体重为 15kg，低于世界 18kg 的平均水平；肉羊良种覆盖率不足 40%，与发达国家 80% 以上的水平差距很大。制约我国及安徽省肉羊产业技术发展的突出瓶颈问题是良种培育技术落后，缺乏自主培育的专门化优质高效肉羊品种。目前，安徽省饲养的主要肉羊品种为安徽白山羊（黄淮山羊）。该羊是我国著名的肉、皮兼用型地方良种，2009 年作为唯一的羊品种被列入第一批省级畜禽遗传资源保护名录。该羊性成熟早，一般 1 年 2 胎，产羔率在 230% 以上，属于高繁殖力山羊品种；其羊肉风味独特，尤其为产区及长三角地区消费者所青睐，在羊肉产品中具有品质竞争优势，属于高端肉类产品。此外，该羊经长期自然选择和人工选择，还形成了抗逆性强、耐粗饲和成活率高等优良性状。但该羊体型小、产肉性能不高。虽然自 20 世纪 80 年代以来，安徽省先后引进奶山羊、马头山羊、南江黄羊、波尔山羊等品种对黄淮山羊进行杂交改良，但由于缺乏科学、系统的选育，在杂交后代的产肉性能得到了一定提高的同时，却带来了种群血统混杂、某些优秀遗传基因丢失（如波杂后代繁殖性能降低等）、杂交群体生产性能不一等负面影响，制约了生产水平的进一步提高。本技术正是从上述生产实际和技术需求出发，以黄淮山羊新类群为对象，通过性能测定与强度选择，结合分子标记辅助育种技术，组建育种核心群，并采用现代繁殖新技术进行扩繁选育，不断提纯、复壮，以培育遗传性能稳定的黄淮山羊肉羊新品系。通过高繁殖力肉用安徽白山羊新品系选育与推广，能解决或缓解因良种缺乏而制约我国肉羊产业发展的瓶颈问题，大幅度提高肉羊养殖效益，产业化前景广阔。

二、技术要点

安徽白山羊新品系（图 1）具有繁殖力高、肉用性能好、耐粗饲、抗病力强、肉品质优良、适应性强等品种优点。通过推广安徽白山羊新品系种羊及其精液，大幅度提高了项目区肉用山羊的生产性能。

（一）新品系羊 6 月龄、12 月龄、成年体重

公羊、母羊分别为 27.35kg 和 24.46kg、48.15kg 和 40.92kg、62.11kg 和 49.32kg。比原品种（安徽白山羊）分别提高 82.3% 和 103.8%、83.08% 和 96.73%、82.68% 和 89.69%。接近世界优秀山羊品种波尔山羊。

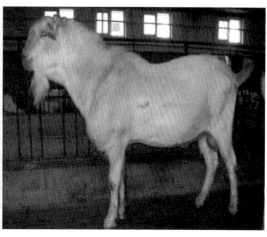

图1　高繁殖力肉用安徽白山羊新品系

注：安徽白山羊6月龄、12月龄、成年体重：公羊、母羊分别为：15kg和12kg、26.3kg和20.8kg、34kg和26kg；波尔山羊分别为：28kg和25kg、50kg和40kg、75kg和55kg

（二）胎产羔率

255.1%，比原品种安徽白山羊（胎产羔率平均230%）提高25.1个百分点；高于国内其他山羊品种和国外山羊品种（如波尔山羊为193%）。

（三）6月龄羯羊屠宰率和净肉率

分别为53.2%和42.16%。屠宰率、净肉率比原品种安徽白山羊6月龄羯羊（屠宰率49.29%，净肉率36.9%）高3.91和5.29个百分点；接近世界优秀山羊品种波尔山羊（6月龄羯羊屠宰率为53%~55%;）。

三、技术应用说明

安徽白山羊新品系是安徽农业大学、合肥博大牧业科技开发公司等从21世纪初开始，采用现代遗传种和生物繁殖技术，对安徽白山羊改良群进行大规模选育，于2011年培育出的安徽白山羊肉用新品系，通过省级成果鉴定，然后在全省选点建立了10多个繁育基地及育种核心群，又经过4年扩繁和进一步选育，并在全省及周边地区应用。安徽白山羊新品系在保留原品种的优点（繁殖力高、耐粗饲、适应性强、肉品质好等）外，其产肉性能大幅提高（6月龄、12月龄、成年平均体重，公、母羊分别为27.35kg和24.46kg、48.15kg和40.92kg、62.11kg和49.32kg）；6月龄羯羊平均屠宰率和净肉率分别为53.20%和42.16%，繁殖性能亦有所提高（胎产羔率平均255.1%）。

四、适宜区域

安徽、河南、湖北、江苏等地区。

五、注意事项

1.2个月左右断奶，辅以代乳料。

2. 8~10 月龄出栏为佳。

六、效益分析

（一）经济效益

高繁殖力肉用安徽白山羊新品系每只出栏羊体重增加 8.4kg，每只新增经济效益 110 元；本技术的实施使当地丰富的农作物秸秆资源得到了有效利用，实现了粪污无害化处理，取得很好的经济与生态效益。

（二）社会效益

通过本技术的实施，使安徽白山羊新品系种群数量迅速增长，生产性能得到进一步提高，快速扩大了种羊生产与供种能力，提高了肉羊生产的技术水平，加快了肉羊产业的良种化进程，有效缓解了因良种和技术缺乏而制约肉羊产业发展的瓶颈问题，大幅度提高了肉羊生产效率，促进了畜牧业科技进步和畜牧业结构调整。通过本技术的实施还带动了农民加入肉羊养殖行业来，促进周边地区农民通过养羊产业脱贫致富；对农民进行技术培训，提高了农民科学养羊的水平和文化素质，促进了农村经济发展和农民增收，进而推动了地方农村经济结构的升级，所取得的社会效益十分显著。

（三）生态效益

高繁殖力肉用安徽白山羊及配套高效养殖技术，是现代生态农业产业化中重要部分。技术覆盖的核心群种羊场属适度规模，示范基地分散在广大农区，有的通过种草养羊，一部分羊粪、尿可以作为草地肥料，另一部分可通过沼气或充分利用当地的农作物秸秆混合堆肥就地转化为农家肥料，以递减化肥的用量，改善土壤结构，不仅不会造成污染，而且还带来了明显的生态效益。通过技术的推广，当地存栏了大批肉用山羊，山羊是草食家畜，而且示范推广的饲养方式为舍饲或半舍饲，每年可消耗近百万吨的农作物秸秆，实现了过腹还田，就地转化为畜产品，在增加农民收入的同时，大大减少了项目区因秸秆焚烧造成的环境污染，形成农业良性生态循环。

七、技术开发与依托单位

联系人：凌英会
联系地址：安徽省合肥市蜀山区长江西路 130 号
技术依托单位：国家肉羊产业技术体系合肥综合试验站

非繁殖季节山羊诱导发情技术

一、技术背景

山羊属季节性发情动物，但在不同地区、不同品种，其发情的季节性表现不尽一致。在江淮地区，山羊在夏季处于乏情期，此时母羊的卵巢活动处于相对静止状态，生殖器官处于周期性萎缩时期。应用外源激素处理或采取一定的管理措施等可以激活乏情期母羊的下丘脑-垂体-卵巢轴，恢复卵巢机能状态，刺激卵巢上卵泡发育并排卵。利用诱导发情技术可以提高羊的繁殖效率并减少羊的空怀时间。

国内外对绵羊的诱导发情研究较多，而对非繁殖季节山羊的诱导发情研究较少。常用的诱导发情方法有以下几种："公羊效应"法、促性腺激素释放激素（国内合成的类似物主要有促排2号和促排3号等）注射法、促性腺激素（促卵泡素、促黄体素、孕马血清促性腺激素、人绒毛膜促性腺激素等）注射法、黄体酮阴道栓法、黄体酮阴道栓+促性腺激素法。山羊非繁殖季节诱导发情率一般介于70%~95%，个别达到100%；情期受胎率在50%左右，极少达到70%。

研究PMSG、FSH+PG等不同的生殖激素及不同处理方案诱导山羊在非繁殖季节发情排卵的效果，筛选出一种非繁殖季节山羊诱导发情技术的优化方案，使诱导发情率≥90%，情期受胎率≥60%，解决山羊乏情期配种、空怀时间长、发情率低和受胎率低等问题。

二、技术应用说明

应用孕酮阴道栓+PMSG，诱导山羊发情，采用低剂量（5IU/kgBW和8IU/kgBW）孕马血清促性腺激素PMSG处理空怀母羊，按照技术要点进行操作。

三、适宜区域

肉羊养殖区域均可。

四、注意事项

所选空怀母羊应无繁殖性疾病如布鲁氏菌病、子宫炎症等，技术实际操作应严格按照操作规范，同时要注意外阴的清洗。

五、效益分析

通过研究PMSG对山羊诱导发情的效果，有利于调节山羊发情的时间，缩短母羊生殖器官的周期性萎缩时间。利用诱导发情技术可以减少羊的空怀时间，提高羊的繁殖效率，从而提高羊场整体的繁殖水平，提升经济效益。利用 PMSG 诱导山羊发情，能有效控制羊场羊的怀孕时间，便于妊娠后的管理。

六、技术开发与依托单位

联系人：凌英会
联系地址：安徽省合肥市蜀山区长江西路 130 号
技术依托单位：国家肉羊产业技术体系合肥综合试验站

肉山羊电刺激采精技术

一、技术背景

20世纪90年代以后，肉羊生产快速发展，养羊业由分散型、小规模、传统的粗放经营管理向集约型、规模化、舍饲精细化管理转变，随着近年来国家草原生态保护奖励机制和禁牧、草畜平衡制度的实施，传统的分散放养型饲养模式正向集中舍饲和公司规模化经营模式转变，羊的人工授精技术再次受到规模化养殖企业的重视和应用。人工授精技术的使用不仅可以节约购买和饲养大量种公羊的成本，还能最大限度地发挥优秀公羊种用价值，提高繁殖效率，因此，越来越受到世界各国的普遍重视。而采集种公羊精液（图1、图2）是人工授精的重要环节之一，常用的假阴道法对性情暴烈、胆小易惊、遇到发情母羊不追逐、不爬跨和未经调教的公山羊较难采集精液。此外，因为科研需要，在没有发情母羊时，采用假阴道法也难采集公羊精液。综合以上因素，迫切需要使用假阴道法以外方便快捷的精液采集方法。近年采用的电刺激采精技术解决了这一难题。

图1　采精操作　　　　　　　图2　采出精液

二、技术要点

（一）种公羊选择

所选种公羊繁殖机能正常、体质健壮，符合采精要求。

（二）种公羊保定

将种公羊右侧卧放倒，将前肢和后肢用宽布条捆绑在一起，中间用1根长棒连接，2人固定好种羊。剪净包皮和尿道口周围被毛，先用湿毛巾擦净，再用生理盐水洗净擦干。

（三）电刺激

将阴茎拉出用纱布条轻轻缠绕，将阴茎拉入 50ml 或 15ml 离心管。在电极棒上均匀涂抹凡士林后插入直肠，使电极棒金属部位紧贴直肠壁，打开电刺激采精仪电源开关，由低至高，调节输出电压和频率，每档刺激持续 10s，每次间歇 15s 以上，可以重复刺激 2~3 次。

三、技术应用说明

本技术需要的主要仪器、试剂和耗材：①电刺激采精仪；②剪毛剪；③凡士林；④生理盐水；⑤离心管。

四、适宜区域

本技术应用广泛，适合所有地区的所有绵羊、山羊等。

五、注意事项

1. 电刺激采精应在肉山羊性成熟后进行。
2. 采精时间安排在饲喂之前进行。
3. 遵循刺激电压和频率由低至高逐步递增的原则。
4. 金属环应紧贴直肠的底壁。

六、效益分析

本技术很好地解决了常用的假阴道法无法采精的难题，也解决了没有发情母羊就难采精问题。本技术的使用不仅可以节约购买和饲养大量种公羊的成本，还能最大限度地发挥优秀公羊种用价值，提高繁殖效率。本技术在山羊种质资源的保护、纯种繁育和杂交利用等方面也有重要贡献。

七、技术开发与依托单位

联系人：吕春荣
联系地址：云南省昆明市盘龙区金殿青龙山社区云南省畜牧兽医科学院
依托单位：国家现代肉羊产业技术体系昆明综合试验站

羊人工授精器械箱研发及应用技术

一、技术背景

人工授精是近代畜牧技术的一项重大成就。羊人工授精不仅可以提高种公羊的利用率和配种率，加速羊群的改良进程，而且可以有效防止疾病的传播，节约饲养种公羊的费用，降低成本。由于目前农牧区牛、羊等家畜养殖仍有大部分是散养，不配备种公畜，也不具备对精液品质进行检测的条件，因此，研究适宜于小规模及散养型为主的养殖用人工授精配套器械是非常有必要的。

二、技术要点

羊人工授精器械包括箱体、箱盖和把手，其特征是：箱体的前部设有前门，箱体外侧（图1）设有灯光强度调节按钮；箱体内部（图2）通过隔板分成多个空腔，左侧空腔底部固定有显微镜，其余的空腔用于放置采集精液的器械和对动物进行人工授精的器械；左侧空腔内壁上设有灯泡，左侧空腔内还设有显微镜电源插座，左侧空腔的顶部设有可以拆卸的有机玻璃盖板；有机玻璃盖板上设有显微镜的目镜穿孔，内表面固定有温度显示器；箱体外侧设有电源线插孔。

图1　羊人工授精器械箱外部　　　图2　羊人工授精器械箱内部

本技术克服了现有技术的不足，提供了一种动物人工授精器械箱，箱内含采精、人工授精及精液品质检测配套器械。该器械箱长35cm、宽18cm、高30cm，重量约5kg，体积小，方便携带，配备显微镜，并能够调控温度，可以现场采精后直接进行精液品质检测，若合格即可直接对动物进行人工授精，方便、快捷。

三、技术应用

本技术集采精、检测及人工授精的器械于一体，节约了往返实验室进行精液品质检测时间，非常方便，尤其适用于国内不具备实验条件的小型养殖场及小规模养殖户使用。

四、技术开发与依托单位

联系人：王金文、崔绪奎
联系地址：济南市历城区桑园路 8 号
技术依托单位：山东省农业科学院畜牧兽医研究所

肉羊疾病防控实用技术

肉羊球虫病药物防控技术

一、技术背景

球虫病是对羊为害很大的常见多发寄生虫病中较为重要的一种。羊球虫世界性分布。我们的调查结果表明，羊球虫平均感染率在95%左右。羊球虫寄生于绵羊或山羊的肠道，侵入并破坏羊肠上皮细胞，导致羊消化功能紊乱、腹泻、消瘦、生长发育迟缓和生殖功能下降等，羊肉、羊奶、羊毛及皮革产量和品质均降低，严重者可引起羊死亡，给养羊业造成严重的经济损失，严重阻碍羊养殖业的健康发展，因此，羊球虫病的防治极为重要。地克珠利作为一种广谱、高效、低毒的化学合成类抗球虫药，为动物性食品允许使用且不需要制订残留限量的药物，因此首选地克珠利应用于肉羊球虫病的防治。

二、技术要点

分别对自然感染球虫的50日龄断奶羔羊、围产期母羊及哺乳羔羊进行抗球虫药物筛选、适宜用药剂量和用药程序、抗球虫效果和增重效益试验研究，并取得了良好效果。本技术采用球虫卵囊转阴率、卵囊减少率、平均增重率等判定药物疗效和驱虫增重效益，结果表明：按20mg/kg体重剂量给予百球清或按1mg/kg体重剂量给予地克珠利，每天1次，连用2d的效果最好，球虫卵囊转阴率和减少率均可达100%；按1mg/kg体重剂量地克珠利每天1次，连用2d且每间隔14d重复用药对断奶湖羊羔羊自然感染球虫防治效果和增重效益最好；按1mg/kg体重剂量地克珠利每天1次，连用2d，于母羊产前一周和产后一周各用药一次对母羊自然感染球虫防治效果最好，且哺乳羔羊增重效益最好。

三、技术应用说明

（一）应用说明

药物防控技术主要对象为感染球虫的肉羊，可显著提高肉羊育肥效果和效益，有效减少羔羊球虫病发生。

地克珠利对 *Eimeria parva*、*E. ovinoidalis*、*E. ahsata*、*E. crandallis*、*E. granulose*、*E. punctata*、*E. pallida*、*E. weybridgensis* 8种绵羊艾美尔球虫的效果良好，对 *Eimeria bakuensis*、*E. marsica*、*E. granulose* 的效果较差。

（二）载体条件

无需特殊条件。

四、适宜区域

在北方牧区、中原农区和南方山区肉羊球虫病防控中均可应用。

五、注意事项

无论百球清还是地克珠利，用药后 14d 的球虫卵囊转阴率和减少率均可达 100%，但均不能长期维持抗球虫效果，所以，间隔 14d 再次用药效果更好。

六、效益分析

该肉羊球虫病药物防控技术分别对自然感染球虫的 50 日龄断奶羔羊、围产期母羊及其哺乳羔羊进行了抗球虫药物筛选、适宜用药剂量和用药程序、抗球虫效果和增重效益试验研究，取得了良好效果。能够有效地预防和治疗肉羊球虫病，并且对 *Eimeria parva*、*E. ovinoidalis*、*E. ahsata*、*E. crandallis*、*E. granulose*、*E. punctata*、*E. pallida*、*E. weybridgensis* 8 种绵羊艾美尔球虫的防治效果较好，能显著提高肉羊育肥效果和效益，有效减少羔羊球虫病发生。地克珠利为动物性食品允许使用，不需要制订残留限量的药物，山羊羔羊口服该药物较为安全。

七、技术开发与依托单位

联系人：宁长申
联系地址：河南省郑州市郑东新区龙子湖高校区 15 号
技术依托单位：河南农业大学第一实验楼牧医工程学院

嗜吞噬细胞无浆体 SYBR Green I 荧光定量 PCR 检测技术

一、技术背景

嗜吞噬细胞无浆体（*Anaplasma phagocytophilum*）隶属立克次体目、无浆体科、无浆体属，是主要经蜱传播、可在多种哺乳动物和人的专性细胞内寄生的病原体，可引起人粒细胞无浆体病（HGA），是重要的人兽共患病病原体。近年来，我国学者应用 PCR 等方法已在犬、羊、牛等家畜和人中检测到嗜吞噬细胞无浆体。

有关 *A. phagocytophilum* 的检测方法主要包括形态学、分子生物学方法、血清学检查和 LAMP 技术等。形态学方法主要是显微镜观察，操作简单但检出率较低且难以区别形态相近的病原。由于病原感染后特异性抗体出现较晚，故使用血清学检测方法不能在早期对该病进行诊断。LAMP 的灵敏度强、反应时间短，不需复杂仪器，但对引物的要求极高，易出现假阳性结果。PCR 是检测嗜吞噬细胞无浆体应用较多的分子生物学检测方法，如常规 PCR、巢式 PCR 等具有快速、特异和敏感等优点，但其只能用于病原的定性检测，而荧光定量 PCR 是一种快速、特异和敏感、兼具定性和定量的检测病原体的方法。

本技术参照 GenBank *A. phagocytophilum* 16S rRNA 基因保守序列（JN558815），设计 1 对引物 1-25 F/183-205R。以已知引物 EE1/EE2 和该引物进行巢式 PCR 扩增出预期大小片段（205bp），构建含有 16S rRNA 基因的重组质粒，以质粒为模板构建标准曲线。以 1-25 F/183-205R 为荧光定量 PCR 引物，建立了 *A. phagocytophilum* 荧光定量 PCR 检测方法，该技术可应用于 *A. phagocytophilum* 感染的病原定性检测，也可用于 *A. phagocytophilum* 的定量检测及其早期感染的快速诊断。

二、技术要点

（一）引物的设计及合成

根据 GenBank *A. phagocytophilum* 16S rRNA 基因保守序列，利用 Primer Premier 5.0 设计 1 对荧光定量 PCR 引物 1-25 F/183-205 R，且以 EE1/EE2 和 1-25 F/183-205 R 为引物进行巢式 PCR 扩增 16S rRNA 基因部分片段（205bp），构建重组质粒。用来比较该方法阳性检出率的巢式 PCR 引物为 EE1/EE2 和 SAP2f/SSAP2r（表 1）。

表 1 PCR 扩增 *A. phagocytophilum* 所用引物及其序列

目的基因	引物名称	引物序列（5'-3'）	扩增片段
16S rRNA	EE1	TCCTGGCTCAGAACGAACGCTGGCGGC	1 430bp
	EE2	GTCACTGACCCAACCTTAAATGGCTG	
	1-25 F	GCTGAATGTGGGGATAATTTATCT	205bp
	183-205R	ACTGCGCCCTTCTGTTAAGAAG	
	SSAP2f	GCTGAATGTGGGGATAATTTAT	641bp
	SSAP2r	ATGGCTGCTTCCTTTCGGTTA	

（二）制备重组质粒标准品

利用 EE1/EE2 和 1-25 F/183-205R 进行巢式 PCR 扩增，首轮 PCR 反应体系（25μl）：10×LA PCR 2.5μl，dNTP mix 4μl，EE1/EE2 上、下游引物（20μmol/L）各 0.5μl，LA *Taq* 酶 0.25μl，水补足至 25μl；次轮 PCR 反应体系（25μl）：10×PCR Buffer 2.5μl，dNTPs mix 2μl，1-25 F/183-205R 上、下游引物（20μmol/L）各 0.5μl，*rTaq* 酶各 0.25μl，水补足至 25μl。

首轮 PCR 扩增条件为 94℃预变性 5min，94℃变性 30s，55℃退火 40s，72℃延伸 50s，35 个循环，72℃后延伸 7min；次轮 PCR 扩增条件为 94℃预变性 5min，94℃变性 20s，58℃退火 25s，72℃延伸 35s，36 个循环，72℃后延伸 7min。PCR 产物用 1%琼脂糖凝胶电泳检测。PCR 产物纯化回收后与 pMD18-T 载体连接，转化感受态细胞 DH5α，培养后挑选白色单菌落，对菌落进行 PCR 鉴定，菌液测序。并按照质粒提取试剂盒说明书提取质粒。

（三）标准曲线的建立及反应条件的优化

通过反应条件的优化，20μl 反应体系：上、下游引物（浓度 10μmol/L）各 0.8μl，质粒模板 2μl，SYBRPremix Ex Taq Ⅰ 10μl，ddH$_2$O 6.4μl，扩增参数为 95℃ 5min；95℃ 20s、60℃ 20s、72℃ 20s，40 个循环。

以 $6.4×10^8$、$6.4×10^7$、$6.4×10^6$、$6.4×10^5$、$6.4×10^4$、$6.4×10^3$ copies/μl 重组质粒为模板得到的标准曲线方程为 $y=33.64-3.30x$，相关系数为 $r^2=0.99$，扩增效率 E 为 1.01。标准曲线和溶解曲线见图 1。

（四）特异性试验

分别以 *A. phagocytophilum* 质粒（$6.4×10^6$ copies/μl）、*A. ovis*、*A. bovis* 和 *T. annulata* 样品和灭菌蒸馏水为模板，用建立的荧光定量 PCR 进行检测。扩增结果显示，只有 *A. phagocytophilum* 质粒扩增为阳性，其他均无特异性扩增（图 2），表明该方法具有较强特异性。

（五）PCR 敏感性试验

以 10 倍倍比稀释的质粒标准品（$6.4×10^8$~$6.4×10^2$ copies/μl）作为模板，进行荧光定量 PCR 和常规 PCR 扩增。扩增结果显示所建方法的最低检测量为 $6.4×10^2$ copies/μl，

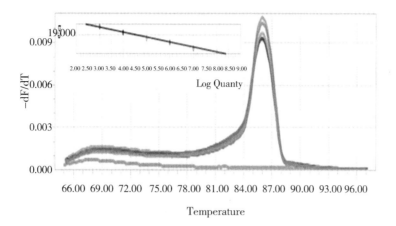

图1 *A. phagocytophilum* 荧光定量 PCR 标准曲线和溶解曲线

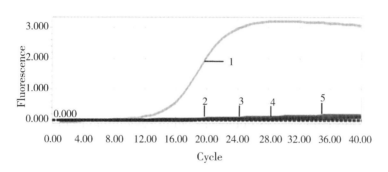

图2 *A. phagocytophilum* 荧光定量 PCR 扩增特异性试验

注：1：*A. phagocytophilum* 质粒；2：*A. ovis*；3：*A. bovis*；4：*T. annulata*；5：灭菌双蒸水

常规 PCR 的最低检测量为 $6.4×10^4$ copies/μl（图3、图4），荧光定量 PCR 的敏感性是常规 PCR 的 100 倍，表明本试验建立的方法具有较高的敏感性。

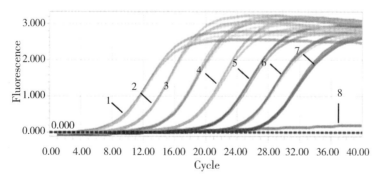

图3 荧光定量 PCR 敏感性检测结果

注：1~7 为质粒稀释 $6.4×10^8$、$6.4×10^7$、$6.4×10^6$、$6.4×10^5$、$6.4×10^4$、$6.4×10^3$、$6.4×10^2$ copies/μl，8 为阴性对照

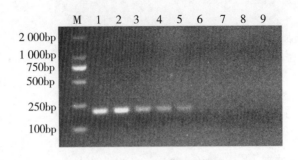

图 4 常规 PCR 敏感性检测结果

注：1~8 为质粒稀释 $6.4×10^8$、$6.4×10^7$、$6.4×10^6$、$6.4×10^5$、$6.4×10^4$、$6.4×10^3$、$6.4×10^2$、$6.4×10^1$ copies/μl，9 阴性对照

（六）重复性试验

以 $6.4×10^8$~$6.4×10^5$ copies/μl 质粒为模板进行组内、组间重复试验，组内、组间变异系数为 0~0.02%（表 2），表明该荧光定量 PCR 检测方法具有较高的重复性。

表 2 荧光定量 PCR 的重复性试验结果

质粒浓度（copies/μl）	重复次数	组内变异试验		组间变异试验	
		平均数±标准偏差	变异系数（%）	平均数±标准偏差	变异系数（%）
$6.4×10^8$	3	7.68±0.18	0.02	7.63±0.06	0.01
$6.4×10^7$	3	10.26±0.10	0.01	10.25±0.09	0.01
$6.4×10^6$	3	13.53±0.10	0.01	13.55±0.04	0.00
$6.4×10^5$	3	16.67±0.10	0.01	16.88±0.29	0.02

（七）临床样品检测实例

分别采用建立的荧光定量 PCR 和巢式 PCR 方法对贵州 30 份羊血液样品进行检测，荧光定量 PCR 检出阳性样品 16 份，巢式 PCR 检出 11 份。所建方法阳性检出率比巢式 PCR 方法高 16.67%。用统计学方法对结果进行分析，差异显著（$x^2=0.64$，$P>0.05$），即表明本研究建立的检测方法敏感性高于巢式 PCR。

三、技术应用说明

（一）应用说明

嗜吞噬细胞无浆体 SYBR Green I 荧光定量 PCR 检测方法可用于肉羊等家养动物、野生动物及人类嗜吞噬细胞无浆体感染的检测。

采集临床待检血液样品，参照 DNA 提取试剂盒提取 DNA，以提取的 DNA 作为模板，按照该荧光定量 PCR 检测方法的反应体系及反应条件进行。

（二）应用条件

本技术主要试剂：pMD18-T 载体、T4 DNA 连接酶、PCR 相关试剂、DNA Marker、DNA 凝胶回收试剂盒、质粒提取试剂盒及 SYBR Premix Ex *Taq* I 聚合酶、感受态 DH5α。

仪器：荧光定量 PCR 扩增仪。

四、适宜区域

在北方牧区、中原农区和南方山区等肉羊无浆体病检测中均可应用。

五、注意事项

1. 每次试验均要有阳性、阴性对照，以便有问题时查找原因。

2. 在操作中，应使用不含荧光物质的一次性手套、一次性带滤嘴自卸式移液器吸头，不能用手直接触摸毛细管、离心管底部。

3. 在试剂准备和标本处理时应使用负压式超净工作台或防污染罩，以防止环境污染。

4. 配制反应体系过程中若需标记，请在试管架或离心机管架上标记，不要直接标记在离心管上，以免引起污染。

六、效益分析

目前，常用的荧光定量 PCR 定量方法主要包括 *Taqman* 探针法和 SYBR Green 染料法。与 *Taqman* 探针法相比较，SYBR Green 染料法简便易用、灵敏性高，且省去了探针制作的成本。本技术与普通 PCR 相比，不仅实现了 PCR 由定性到定量检测，而且具有较高的特异性、敏感性和更好的稳定性及成本较低等优点。该方法可应用于 *A. phagocytophilum* 感染的病原定性检测，也为 *A. phagocytophilum* 的定量检测及其早期感染的快速诊断奠定了基础。

七、技术开发与依托单位

联系人：宁长申
联系地址：河南省郑州市郑东新区龙子湖高校区 15 号
技术依托单位：河南农业大学第一实验楼牧医工程学院

羊泰勒虫和无浆体双重 PCR 检测技术

一、技术背景

羊泰勒虫病是由羊泰勒虫属病原引起的绵羊和山羊的一种蜱传性血液原虫病，给我国养羊业造成很大危害。该病最早于 1914 年由 Jittlewood 发现于埃及的绵羊，患病羊表现高热、体表淋巴结肿大、贫血和消瘦等症状，严重时导致死亡。羊无浆体病（俗称边虫病）是由无浆体属的病原引起的蜱传性血液立克次体病，绵羊和山羊感染时主要表现高热、贫血、黄疸和渐进性消瘦等，严重感染时可导致死亡，其中嗜吞噬细胞无浆体作为人和多种动物的人畜共患病病原，具有公共卫生学意义，受到人们的高度重视。

目前，血液原虫诊断方法主要有涂片染色镜检、酶联免疫吸附试验（ELISA）、间接荧光抗体试验（IFA）、聚合酶链式反应（PCR）等。单 PCR 扩增结合测序方法临床上用于多种寄生虫的敏感性和特异性检测，但单 PCR 一次只能检测一种病原或一个基因，当需检测多种病原或多个基因，或检测未知病原体的混合感染时，应用单 PCR 方法对单一病原的检测需多次扩增筛选，费时费力，且成本大大增加。

羊泰勒虫和无浆体都是以硬蜱为媒介在羊中传播的，因此混合感染两种病原的现象在一些地区很常见。针对目前羊泰勒虫和无浆体的检测方法检出率低、操作繁琐等问题，本检测技术依据羊泰勒虫 18S rRNA 和羊无浆体 16S rRNA 基因保守序列为靶基因位点，设计 2 对特异性引物，通过条件优化，建立同时检测羊泰勒虫属和无浆体属的双重 PCR 方法。该法具有快速、特异、灵敏、高效、低成本等特点，为羊泰勒虫病和羊无浆体病的快速诊断及流行病学调查提供了适用先进技术。

二、技术要点

（一）引物设计

根据 GenBank 登录号：AF081136.1、KJ188221.1、AY260172.1、AF081137.1、U97052.1，用 DNAMAN 软件比对羊泰勒虫 18S rRNA 基因序列，找到基因保守序列靶基因位点，设计特异性引物 Tf/Tr；根据 GenBank 登录号：JQ917906.1、AY149637.1、JF514513.1、AF311303.1，用 DNAMAN 软件比对羊无浆体 16S rRNA 基因序列，找到基因保守序列为靶基因位点，设计了特异性引物 Af/Ar，引物序列见表 1。

表1 引物序列及扩增产物

扩增基因		引物序列	产物大小
Theileria spp	Tr	5′CGACTCCTTCAGCACCTT 3′	298bp
	Tf	5′ ATTCCCGCATCCTATTTAGCAG 3′	
Anaplasma spp	AR1	5′AGGTACCGTCATTATCTTCCCTACT 3′	139bp
	AF1	5′ ACACGGTCCAGACTCCTACG 3′	

（二）羊泰勒虫 DNA 及羊无浆体 DNA 的提取

使用血液基因组 DNA 提取试剂盒，按照说明书提取待测血液样品 DNA。

（三）双重 PCR 扩增条件

采用 25μl 的 PCR 反应体系，2μl 模板，2.5μl 10×PCR Buffer 缓冲液，2μl 的 dNTP Mixture，特异性引物序列 I 上、下游引物各 0.47μl，特异性引物序列 II 上、下游引物各 0.53μl、0.2μl Taq DNA 聚合酶，灭菌水补至 25μl，混匀；其中以上各个引物的浓度均为 25μmol/L。PCR 的扩增条件：95℃预变性 5min，95℃变性 35s，56℃退火 45s，72℃延伸 50s，36 个循环，72℃后延伸 7min。

（四）双重 PCR 特异性

用优化好的双重 PCR 条件分别对羊泰勒虫属阳性、无浆体属阳性、泰勒虫和无浆体阳性、羊附红细胞体、吉氏巴贝斯虫 DNA、灭菌三蒸水进行扩增。双重 PCR 方法可以扩增出羊无浆体（139bp）、羊泰勒虫（298bp）特异性条带，与预期扩增结果一致，其他样品均未扩增出条带，说明该方法具有较强的特异性（图1）。

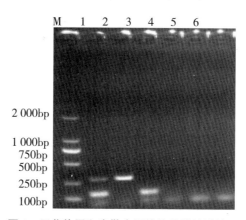

图1 无浆体属和泰勒虫属的特异性扩增结果

注：M. 2 000bp DNA marker；1. 泰勒虫无浆体阳性样品；2. 泰勒虫阳性样品；3. 无浆体阳性样品；4~6. 羊附红细胞体、巴贝斯虫 DNA、灭菌蒸馏水

（五）常规 PCR 和双重 PCR 的敏感性分析

取羊血液阳性样品，连续 10 倍系列稀释 6 个梯度（$10^{-1} \sim 10^{-6}$）用优化好双重 PCR 条件对稀释样品进行 PCR 扩增，确定所建立的双重 PCR 方法检测泰勒虫、无浆体 DNA 敏感性与最低检出量。用优化后的反应条件用单 PCR 和双重 PCR 分别对 10 倍梯度稀释阳性样品进行扩增，双重 PCR 检出量可达 29.4pg/μl（可稀释到 10^{-3}），低于单 PCR 检出量（可稀释到 10^{-6}），详见图 2 和表 2。

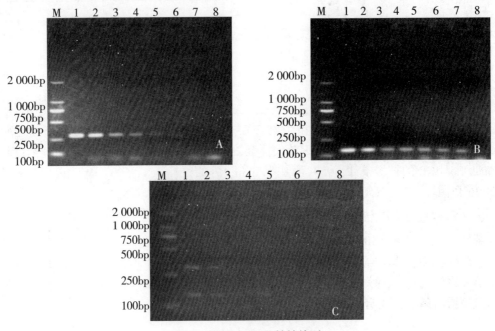

图 2　双重 PCR 灵敏性检测

注：A：M. DL2000 Maker　1. 泰勒虫阳性样品；2~7. 稀释样品稀释从 $10^{-1} \sim 10^{-6}$；8. 阴性对照。B：M. DL2000 Maker　1. 无浆体阳性样品；2~7. 稀释样品稀释从 $10^{-1} \sim 10^{-6}$；8. 阴性对照。C：M. DL2000 Maker　1. 无浆体和泰勒虫阳性样品；2~7. 稀释样品稀释从 $10^{-1} \sim 10^{-6}$；8. 阴性对照

表 2　单 PCR 和双 PCR 引物敏感性比较

DNA 模板倍比稀释	常规 PCR		双重 PCR
	18S rRNA	16S rRNA	
Theileria spp	10^{-6}	—	—
Anaplasma spp	—	10^{-6}	—
混合 *Theileria spp* 和 *Anaplasma spp*	—	—	10^{-3}

（六）双重 PCR 重复性试验分析

用所建立的双重 PCR 方法，以 *Anaplasma spp* 和 *Theileria spp* 阳性样品 DNA 模板进行 3 次重复检测，均可扩增出特异片段（图 3）。

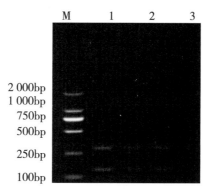

图3 双重PCR重复性试验

注：M. 2 000bp DNA marker；1~3. 重复性；4. 阴性对照

三、技术应用说明

（一）应用说明

羊泰勒虫和无浆体双重 PCR 检测技术，应用于泰勒虫及无浆体感染的检测。

将采集的羊血液样品经过 DNA 提取后，以提取 DNA 作为模板，按照 PCR 反应体系及反应条件将 PCR 扩增管置于 PCR 扩增仪中进行循环扩增，取 PCR 产物于 2% 琼脂糖凝胶上电泳。

（二）应用条件

本技术主要试剂：*Taq* DNA 聚合酶（5U/μl）、10×PCR Buffer、dNTPs Mixture（各 2.5mmol/L）、2 000bp DNA Maker

仪器：PCR 扩增仪、微量紫外分光光度计。

四、适宜区域

在北方牧区、中原农区和南方山区等肉羊泰勒虫病和无浆体病检测中均可应用。

五、注意事项

PCR 检测微量感染因子时，容易因为污染而导致各种问题，因此，PCR 操作时，操作人员应严格遵守操作规程，最大限度地降低可能出现的 PCR 污染或杜绝污染的出现。

六、效益分析

1. 操作简单，只需一个反应物体系进行一次扩增可同时检测两个属病原，省时省力。

2. 特异性强，设计 2 对引物可特异识别羊泰勒虫 18S rRNA 靶基因和无浆体 16S rRNA 靶基因。

3. 结果判定简单，琼脂糖凝胶电泳中见 298bp、139bp 两条带，可判断感染两种病原，只见一条带可判断感染了 *Theileria spp*（298bp）或 *Anaplasma spp*（139bp）。

4. 该技术基于羊 *Theileria spp* 18S rRNA 靶基因和 *Anaplasma spp* 16S rRNA 靶基因建立

的双重 PCR 方法特异性强，可检测羊 *Theileria spp*（*T. separate*；*T. luwenshuni*）和 *Anaplasma spp*（*A. ovis*；*A. bovis*；*A. phagocytophilum*）。该法以具有快速、特异、灵敏、高效、低成本等特点，为羊泰勒虫病和无浆体病的快速诊断及流行病学调查提供了适用先进技术。

七、技术开发与依托单位

联系人：宁长申
联系地址：河南省郑州市郑东新区龙子湖高校区 15 号
技术依托单位：河南农业大学第一实验楼牧医工程学院

羊布鲁氏菌病血清亚类抗体检测技术

一、技术背景

布鲁氏菌病是当前世界上最为普遍的人畜共患病之一，一直是我国动物疫病防控工作的重中之重。近几年，该病在我国人畜间的感染发病率呈直线上升态势，已严重威胁民众的公共卫生和食品安全。为此，我国农业部于 2014 年 3 月 12 日发布了《常见动物疫病免疫推荐方案（试行）》，其中规定了我国北方地区 15 个省区及新疆生产建设兵团为免疫区，要求连续 3 年实行家畜布鲁氏菌病疫苗强制免疫。显然，随着我国动物布鲁氏菌病免疫防控措施的不断落实，原有的感染诊断、监测方法和标准已不再适用。为此，亟须开发动物布鲁氏菌病诊断和检测新技术（如感染与免疫抗体鉴别诊断、中和抗体定量检测等）。

目前，我国动物布鲁氏菌病诊断技术（如凝集试验和补体结合试验）存在的问题主要是方法单一、技术陈旧、标准制（修）订缓慢，不同权威单位生产的同一种方法的商品化诊断试剂检测结果差异太大（主要表现在敏感性指标上），让使用者无法判断该采用哪种产品。酶联免疫吸附试验是 20 世纪 70 年代发展起来的一种新型布鲁氏菌病快速检测技术，该方法简单、快速、敏感性高、特异性高、结果易于判定、易于标准化、可实现高通量检测，具有良好的应用前景。2004 年，竞争 ELISA（rELISA）已被世界动物卫生组织（OIE）列为诊断和消灭牛布鲁氏菌病的推荐方法。目前，国内外在动物布鲁氏菌病诊断方面还没有血清亚类抗体检测 ELISA 方法，本技术建立的布鲁氏菌病 IgM 抗体检测 ELISA 方法可用于该病早期感染的快速诊断，而 IgG 抗体检测 ELISA 方法主要用于免疫抗体效价的评估。

二、技术要点

本项技术是由布鲁氏菌病血清总抗体检测 ELISA（阻断法）、布鲁氏菌病 IgG 抗体检测 ELISA（双抗体竞争法）和布鲁氏菌病 IgM 抗体检测 ELISA（双抗原夹心法）共同组成的一个成套技术，方法已成熟，且组装出了成品试剂盒（正在申报新兽药注册证书）（图 1）。

根据实际需求，既可以单独使用，也可以组合使用。根据精度需要，既可定性检测，也可定量检测。

三、技术应用说明

由于检测靶标不同，其检测结果所反映的科学意义也大大提高。

本项技术在使用时无特定或贵重仪器的要求，但对检测实验室条件和设备有基本要求，而这些在现代规模化养殖场的兽医实验室均能具备。

设备条件：①无菌间和超净工作台；②酶标仪。

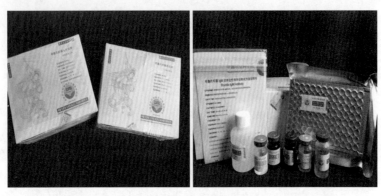

图1　羊布鲁氏菌病血清亚类抗体检测技术成品试剂盒

四、适宜区域

该技术适用于所有养羊区域。

五、注意事项

与传统方法相比，本技术方法在敏感性、特异性上有所提高，但这些方法毕竟还未被列入国家或行业标准。它们可被谨慎使用于感染与免疫鉴别诊断以及动物免疫机能状态的评估工作中，且只能作为参考的辅助检测技术。

六、效益分析

布鲁氏菌病作为新的强制免疫类疫病，需要质量稳定的亚类抗体检测试剂盒来鉴别诊断疫苗免疫和野毒感染的血清抗体，这对于家畜布鲁氏菌病的免疫防控和净化具有重要的意义。有专业人士估测，市场对本技术产品的需求每年在千万元以上。

七、技术开发与依托单位

联系人：尹双辉

联系地址：兰州市城关区盐场路徐家坪1号

技术依托单位：中国农业科学院兰州兽医研究所

山羊传染性胸膜肺炎疫苗应用技术

一、技术背景

山羊传染性胸膜肺炎（CCPP）最早是由山羊支原体山羊肺炎亚种（Mccp）等引起的山羊呼吸道传染病，对山羊养殖业危害严重，是世界动物卫生组织（OIE）规定须法定报告的动物疫病之一。我国20世纪20年代就有本病发生的临床报道，但由于分离鉴定技术落后，对本病病原一直存有争议，直到2007年才首次确定病原为山羊支原体山羊肺炎亚种，由于对该病认识不清，使防控技术基本处于空白状态。

在此背景下，中国农业科学院兰州兽医研究所在前期十多年防治技术研究的基础上，借助"十一五""十二五"国家科技重大专项、国家肉羊产业技术体系项目的支持，进行了免疫防控制品的开发，先后成功研制出山羊支原体肺炎灭活疫苗2种（双价苗、单价苗），现已全部转让企业进行生产。此前，我国还沿用20世纪50年代研制的山羊传染性胸膜肺炎组织灭活疫苗，保护率仅为20%～30%，且该产品仅包含丝状支原体山羊亚种一种病原体，早已不能适应新形势下复杂的病原学和流行病学情况，因此临床上也难以达到有效免疫保护。

二、技术要点

山羊支原体肺炎双价灭活疫苗（MoGH3-3株+M87-1株）中所选用的制苗菌株分别为绵羊肺炎支原体亚种代表株MoGH3-3和丝状支原体山羊亚种代表株M87-1，这两种菌株是导致山羊CCPP的主要病原，且两者之间无交叉保护性。山羊传染性胸膜肺炎灭活疫苗（M1601株）中所选用的制苗菌株为山羊支原体山羊肺炎亚种代表株M1601。这两个制品均获得了国家二类新兽药注册证书，填补了我国山羊支原体肺炎免疫防控技术上的空白。

在疫苗研制过程中，在国内外率先开展了对候选菌株的基因组和蛋白组学研究，筛选出了抗原性、生长特性良好的制苗菌株，攻克了体外高效培养技术，采用了抗原浓缩纯化等先进制苗工艺，疫苗保护率均达80%以上，免疫持续期6个月以上。

三、技术应用说明

这两种疫苗适用对象是各地方品种的山羊，颈部肌肉注射，剂量按说明书执行，使用时无需其他设施设备。有效免疫期6个月。

四、适宜区域

山羊传染性胸膜肺炎灭活疫苗（M1601株）主要适用于南方坡地草场地域养殖的山

羊，而在北方半农半牧养殖区和农区半舍饲养殖区的山羊更适宜山羊支原体肺炎双价灭活疫苗（MoGH3-3 株+M87-1 株）（图1）。

图1　新兽药注册证书

五、注意事项

1. 要充分明确羊群健康状况，已感染羊群严禁临时注射疫苗。
2. 使用疫苗时应尽量选择风和日丽的好天气，以避免应激。
3. 应根据当地本病流行病学情况或本场流行史科学选择单价苗或双价苗。

六、效益分析

患山羊支原体肺炎的绝大多数病畜都是以慢性感染和隐性感染的形式存在，由于其临床表现（多以咳嗽、气喘和消瘦为主）不太引起人的注意，所以对其的免疫防控容易忽略。目前该病是羊的疫病中流行范围最广、发病最为常见的细菌性传染病，而且往往发现得迟，病畜很难治愈，为此该病造成的经济损失非常巨大。疫苗免疫无疑是当前最有效的防控措施。

该产品目前已转让3家企业进行生产，在甘肃、广西、青海、四川、辽宁、内蒙古和新疆等地进行推广应用，创经济效益约600万元/年，已显示出良好的社会经济效益。

七、技术开发与依托单位

联系人：储岳峰
联系地址：兰州市城关区盐场路徐家坪1号
技术依托单位：中国农业科学院兰州兽医研究所

羊支原体肺炎诊断技术

一、技术背景

羊支原体性肺炎,是由羊肺炎支原体引起的一种接触性传染病,其临床诊特征为高热、咳嗽,胸和胸膜发生浆液性和纤维素性炎症,多表现为亚急性和慢性经过,发病率在22%~30%,有的高达60%~80%,死亡率为15%~30%。本病常见于世界各养羊国家和地区,尤其广泛流行于非洲、中东和西亚地区,山羊和绵羊均可发生。国内随着肉羊养殖业的发展,本病发生日益普遍,目前已遍及甘肃、宁夏、新疆、青海、四川、贵州、云南、广西、河北、辽宁、江苏、内蒙古、湖南、河南等20多个省区。如今随着舍饲化、规模化养殖方式的不断发展,该病的发生呈现愈演愈烈的态势,已成为我国当前养羊业危害最严重的疫病之一。

形成这一局面的主要原因是引起羊支原体肺炎的病原(如山羊支原体山羊肺炎亚种、山羊支原体山羊亚种、丝状支原体山羊亚种以及绵羊肺炎支原体亚种等)非常复杂,而且流行病学资料极度匮乏,在很大程度上制约了对本病流行规律的认识,因而难以制定和实施正确而有效的防控措施。归根结底,诊断和检测技术跟不上是关键的制约因素。

本项技术属复合型技术,由病原分子诊断和血清抗体检测方法及试剂盒组成。分子诊断方法有:①丝状支原体山羊亚种(Mmc)巢式PCR检测技术;②绵羊肺炎支原体(Mo)和Mmc二重PCR鉴别检测技术;③无乳支原体(引起绵羊和山羊的接触传染性无乳症)PCR检测方法。血清抗体检测方法及试剂盒有:①绵羊支原体肺炎间接ELISA抗体检测试剂盒(国家二类新兽药证书)(图1);②绵羊支原体肺炎间接血凝诊断液(国家二类新兽药证书);③山羊传染性胸膜肺炎间接血凝诊断液(国家三类新兽药证书)。

图1 新兽药注册证书

病原分子诊断技术主要用于解决早期感染快速诊断与病原菌株亚种鉴定、区系分布调查以及遗传关系分析的问题,而血清抗体检测除了用于感染与否的辅助性诊断之外,还可用于群体动物免疫效果的评估。

二、技术要点

隐性感染的快速确诊需要完整的实验室诊断，既有病原学分子诊断，也需要血清抗体检测，具体流程如下：

第一步：科学及时的采样（包括血清、病料组织）；

第二步：同时进行间接血凝法检测血清抗体和双重 PCR 方法检测病料中的病原分子；

第三步：如果抗体检测阳性，病原分子检测阴性，则说明疫苗免疫过或感染后痊愈，可采用 ELISA 抗体检测方法进行血清抗体效价检测，评估羊只的抗感染能力；如果病原分子检测阳性，可进一步进行巢式 PCR 检测羊的支原体亚种。

三、技术应用说明

该项技术中所涉及具体检测方法均属常规试验，且有商品化的检测试剂。在检测过程中无特定或贵重仪器的要求，但对检测实验室基本条件和设备有要求，而这些在现代规模化养殖场的兽医实验室均能具备。

设备条件：①无菌间和超净工作台；②PCR 仪；③酶标仪。

四、适宜区域

该技术适用于所有养羊区域。

五、注意事项

由于支原体是一类在环境中常在的条件性致病菌，故该病的存在和发生非常普遍，所以在采样诊断时一定要结合临床检查，重视疫病发生的关键病原，科学合理采样（要求样品新鲜及时、发病明确有代表性），避免田间污染和实验室污染，以防出现假阳性或其他病原菌的干扰误判。

六、效益分析

本套技术及时解决了羊支原体肺炎隐性感染的早期诊断问题，使该病的正确防治有了实施依据。该技术推广应用经济社会效益显著，市场前景广阔，仅间接 ELISA 和血凝诊断液 2 种血清抗体检测试剂盒自 2009 年以来已在甘肃、广西、青海、四川、辽宁、内蒙古和新疆等地应用，经济效益达 530 万元。

七、技术开发与依托单位

联系人：储岳峰

联系地址：兰州市城关区盐场路徐家坪 1 号

技术依托单位：中国农业科学院兰州兽医研究所

羊布鲁氏杆菌病防治技术

一、技术背景

布鲁氏杆菌病是由布鲁氏菌引起的以感染家畜为主的人畜共患传染病。世界动物卫生组织（OIE）将其列为 B 类动物疫病，我国将其列为二类动物疫病。在自然条件下，对布鲁氏菌易感的动物分布广泛，有 60 多种家畜、野生动物是布鲁氏菌的宿主，主要感染牛、绵羊、山羊、猪、犬等家畜，多种野生动物均可感染，并可相互传播，人也可感染发病。此病严重危害畜牧养殖业发展，更为重要的是危及人类身体健康，引发公共卫生安全事件。随着养殖业的发展，裕民县每年羊只数量不断增加和外来牲畜的引进，布鲁氏杆菌病呈现上升趋势，根据对部分养殖户的 20 659 只羊进行检疫检测，血清阳性 735 只，感染率达到 3.56%。利用布鲁氏杆菌病疫苗进行强化免疫，达到控制布鲁氏杆菌病的目的。

二、技术要点

召开动员会—技术培训—免疫接种—免疫效价监测—完成。

具体实施方法：为进一步做好羊布病防疫工作，尽快遏制羊布鲁氏杆菌病的反弹势头，保障人民群众自身健康和养羊产业持续发展。本着高度重视重大动物疫病防控和羊布鲁氏菌病的免疫防控工作，在防疫开始前，要召开动物防疫和布鲁氏菌病集中免疫动员部署会议和村级防疫员培训会，要加强组织领导，落实工作责任，严格督查考核。

（一）技术培训

开展布病免疫注射之前，对工作人员及参与免疫接种的乡村防疫员进行集中培训，使其熟练掌握布病疫苗的规范接种操作要领、消毒及个人防护用品佩戴，防疫入场时喷水压尘、离场时及时全面消毒的良好习惯和意识，确保布病疫苗接种规范、安全、有效。

（二）免疫

1. 严格按疫苗使用说明书推荐的方法和剂量进行免疫。

2. 统一使用省政府采购的羊布鲁氏菌 M5 菌株弱毒活疫苗，对 3 月龄以上符合布病免疫的羊只进行免疫，每年一次。

3. 设立布病补免日（或周），及时进行补免，提高布病的免疫密度。

4. 单独建立布病免疫档案，管理方式参照重大动物疫病的免疫档案。

（三）检测

1. 每年开展一次集中检测工作（秋季免疫，春季检测），对新生羊（3 月龄以上）和未免疫羊（种公羊等）开展全面检测。

2. 对超过转阴期（注射 M5 菌株疫苗免疫抗体转阴期为一年半）的免疫羊按照 5% 抽样检测。

3. 对有人感染布病的养殖户（场）100% 检测。

4. 养羊规模在 50～100 只，在免疫前和免疫后 20 天分别进行采血监测，计算免疫抗体转阳率。

5. 对未实行布病免疫的养殖场（企业）继续实行检疫检测净化措施。

（四）强制扑杀和无害化处理

1. 检测出阳性羊要按照技术规范及时进行强制扑杀，不留隐患。

2. 要组织做好扑杀羊只的无害化处理工作，特别是患病羊只及其流产胎儿、胎衣、排泄物、乳、乳制品等，要严格按照《病死及病害动物无害化处理技术规范》（农医发〔2017〕25 号）进行无害化处理。

（五）养殖环境清洁和消毒灭源

免疫前认真组织做好养殖环境消毒工作，指导养殖户定期对羊圈舍进行清洁消毒，特别是对流产胎儿、胎衣、排泄物、病畜流产污染过的用具、物品、场地、水源等，必须严格按照规范进行彻底消毒和无害化处理，消灭传染源。

三、免疫技术说明

1. 羊只进行布鲁氏菌病免疫（种公畜除外）。

2. 免疫人员在工作中必须做好个人防护，使用防护服、口罩、手套、护目镜等个人防护用品，同时，应随身携带消毒药品。必要时，在卫生医护人员的指导下，进行预防性用药。

3. 防疫人员在工作开始前后各进行一次布鲁氏菌病体检。

四、推广区域

新疆北部区域。

五、注意事项

当前羊布病免疫使用的羊布鲁氏菌 M5 菌株是弱毒活疫苗，对人有一定的致病力，工作人员和养殖人员大量接触有较高感染风险，必须加强宣传和人员培训工作。

1. 严禁未经培训、未配备个人防护用品的防疫人员开展免疫工作。

2. 按照双向选择、平等自愿的原则，要与防疫人员签订年度劳务合同，为签订劳务合同的防疫人员按年度购买医疗保险金、工伤保险金（特殊行业）。同时，加强防疫人员健康管理，在工作开始前后各进行一次布病体检。因参与布病免疫工作而感染布病的人员，产生的治疗费用，属于公职人员的按照职工医疗保险规定处理，属于村级防疫人员的治疗费用由财政全额报销，并按规定申报职业病待遇。

3. 布病免疫人员在工作中必须做好个人防护，使用防护服、口罩、手套、护目镜等个人防护用品，同时，应随身携带消毒药品。必要时，在卫生医护人员指导下，进行预防性用药。

4. 在布鲁氏菌病免疫过程中，推荐采取疫苗集中稀释、免疫前消毒压尘等措施。免疫结束后，必须对废弃疫苗瓶、注射器具、防护用品等进行消毒处理。

5. 布鲁氏菌病防控人员在工作中如感觉不适或出现持续低热现象应立即停止免疫工作，并立即到当地医疗卫生机构进行相应的检查、诊断、治疗措施。

六、经济效益

本技术很好地解决了布鲁氏菌病在畜牧业养殖中的危害，本次使用的 M5 号疫苗的转阴期为一年半，减少了羊只流产的概率，同时可以增加羊只的体重，增加了出肉率。通过本技术可显著降低羊只的损失，增加农牧民的收入。

七、技术开发与依托单位

联系人：卢裕华
联系地址：新疆维吾尔自治区裕民县畜牧兽医站

羊断尾技术、无血去势法及驱虫技术

一、技术背景

1. 一般肉用绵羊多数品种尾较长，为了防止尾巴玷污后驱或妨碍配种，必须做断尾处理。同时研究表明，断尾后对肉用性能提高有正向作用。

2. 去势即是阉割（骟羊），去势后的羊又叫羯羊。去势虽然并不提高羔羊生长速度，但可使羊性情温顺，便于管理；容易肥育、改善肉的品质、减少膻味。也可使一些劣质公羊减少配种机会，使羊的品质提高。

3. 寄生虫是影响与降低羊生产能力的最重要因素之一，尤其放牧或半舍饲的绵山羊，肝蛭、血吸虫、绦虫、疥螨等携带率60%以上。因此，有效的驱虫措施十分必要。

二、技术要点

（一）断尾技术要点

在羔羊出生3d左右，结合戴耳标一起进行，同时肌注破伤风类毒素预防量。用胶筋断尾是操作简单、安全可靠的最宜方法，用普通胶皮圈，在3~4尾椎骨之间，用力绕缠4~5圈即可。

（二）去势技术要点

在生后2~3周内进行。

睾丸摘除适用于2周左右小公羔。手术时需两人合作，一个保定抓住羔羊两侧前后腿，让羔羊腹部朝向手术者半坐在凳子上。手术者用碘酒消毒阴囊外部，用左手将睾丸从阴囊的上方握挤到下部紧握住。右手用消毒后的手术刀在阴囊侧下方开口（以能挤出睾丸为度），并割破鞘膜后，挤出睾丸，捻断精索，同样方法摘除另一侧睾丸。在伤口处涂碘酒，术后让羔羊待在干燥处，检查有无意外。

胶筋去势其原理与断尾相同，一般小羔羊适用，把一周内的公羔睾丸挤到阴囊底部，然后用胶筋紧紧缠扎阴囊根部，经半个月左右，阴囊枯萎自行脱落。

无血去势钳法适用于月龄较大的公羊。公羊保定、局部麻醉后，手术者用手抓住公羊的阴囊颈部，将其睾丸挤到阴囊底部，将精索推挤到阴囊颈外侧，并用长柄精索固定钳夹在精索内侧皮肤上，以防精索滑动。然后将无血去势钳的钳嘴张开，夹在长柄精索固定钳固定点上方3~5cm处，助手缓缓合拢钳柄。钳夹点应该在睾丸上方至少1cm处。在确定精索已经被钳口夹住之后，用力合拢钳柄，即可听到清脆的"喀嗒"声，表明精索已被挫断。钳柄合拢后应停留至少1min，再松开钳嘴，以保证精索已经断裂。松开钳子，再于其下方1.5~2cm处的精索上钳夹第二次，确保手术效果（图1、图2）。

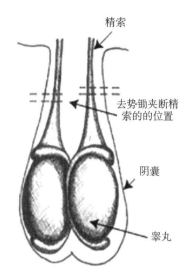

精索

去势锄夹断精
索的的位置

阴囊

睾丸

图 1　无血去势钳的手术示意图（1）

图 2　无血去势钳的手术示意图（2）

（三）驱虫要点

针剂皮下注射，禁止肌内注射；母羊妊娠后期禁止超量用。针剂驱虫结合丙硫咪唑等灌服药效果最佳。驱虫间隔一周两次为宜，要同时清粪转圈防止虫卵二次感染。脑包虫与血吸虫要断绝中间宿主（犬猫与螺）传播途径。放牧场水洼螺较多的，可用氯硝柳胺（是世界卫生组织唯一推荐使用）等杀螺剂。发病的羊宜使用吡奎酮（原粉）灌服。药浴应在晴朗无风天气进行，减少羊只应激与感冒。

三、技术应用说明

断尾、去势等为日常管理措施，在规范化肉羊养殖场应为程序化管理。

四、适宜区域

北方地区。

五、注意事项

断尾宜在羔羊 7 日龄内进行，太晚则易造成炎症或破伤风；去势并不提高生长速度，仅改善肉质，育肥羊场应酌情进行。

六、效益分析

断尾、去势等管理措施可提高生产效率，非种用公羊去势减少种群遗传力下降的风险。驱虫则不仅提高养殖效益，而且降低人畜共患寄生虫的危害，对于保障人类食品安全具有重要意义。

七、技术开发与依托单位

联系人：马惠海、金海国
联系地址：吉林省公主岭市东兴华街 186 号

肉羊生产与环境控制实用技术

羊自由采食槽研发及应用技术

一、技术背景

"羊自由采食槽"是一款为羊提供自由采食的设备。该设备主要应用于羊的育肥。是将全混合日粮颗粒饲料投入该料槽，使羊自由采食，这样既满足羊自然采食特性，又达到营养均衡、迅速育肥目的。

二、技术要点

1. 满足羊自由采食的自然特性，为羊创造了良好的采食环境，使羊健康生长。
2. 饲料槽容积大，只需每 7~15d 投料一次，大大降低了劳动强度与劳动成本。
3. 大小羊不争食，避免了羊育肥时出现的强者肥、弱者瘦的现象。
4. 防雨雪。该设备可防止雨雪进入料槽，在下雨下雪时羊可正常采食。
5. 圆形设计，保证相同采食距离加大了羊的采食密度，让饲料的上下流通不留死角。
6. 出料口设计了可上下调节活动圆形卡，便于饲料流量控制。

三、技术应用说明

自由采食槽加全混合日粮颗粒化育肥饲料使肉羊均衡营养育肥，解决了育肥羊自由采食、随时采食、均衡采食的问题，更重要的是节省劳力，提高效率。以前饲喂 1 000 只育肥羊早中晚喂 3 次，至少需要 5 人，而现在喂 5 000 只羊只需要 1 人完成。日增重速度提高 30% 以上（250~350g）。彻底解决了工厂化育肥的瓶颈。

四、适宜区域

1. 北方草原牧区，特别是用于冬春季节肉羊补饲。
2. 广大农区规模较大的肉羊养殖场及育肥场。

五、注意事项

1. 要保证羊充足的饮水。
2. 在夏季，尽量将自由采食槽放置阴凉处。

六、效益分析

该产品可以使饲料从生产到应用过程处于低成本状态。在此过程中不仅降低了饲料生产运行的成本，而且大大降低了育肥羊的饲喂成本。从现阶段平均每人只能饲养 800 只育肥羊的工作量可以提高到每人饲养 5 000~10 000 只育肥羊，提高了工作效率。减少了劳动力，加快了规模化育肥羊的发展，经济效益显著。

七、技术开发与依托单位

联系人：刘永斌

联系地址：内蒙古呼和浩特市玉泉区昭君路 22 号

技术依托单位：内蒙古自治区农牧业科学院

零排放养殖场正压通风装置和生物垫料研发及应用技术

一、技术背景

生态零排放养殖技术是一种全新的养殖概念，目前采用微生物发酵技术且遵循动物生态福利的自然规律，符合国家无污染零排放养殖要求。生态零排放养殖技术深得各地、各级政府部门的重视。我国从 2005 年起先后在福建、山东、四川、黑龙江、湖南、湖北等养殖密集区试用，效果理想。采用生态零排放养殖技术饲养的动物，具有疾病少、抗病力强、肉质好、口感好、养殖圈舍无臭味、零排放无污染、节水省工和成本低等诸多优点。在实际生产中，由于畜禽粪便在发酵降解过程中会产生一定温度，因此该技术在冬季特别能显现出优势。

二、技术要点

本技术目的在于提供一种适合畜禽生长的零排放养殖场正压通风装置和生物垫料，能够将外界新鲜空气加热后导入畜禽圈舍并将氨气等其他污浊气体置换出，以保证圈舍良好的生长环境，提高畜禽的抵抗力，有利于畜禽的健康生长。

三、技术应用说明

本技术的热水循环锅炉通过冷水管和热水管与热交换器连通，热交换器的一端与风机连通，另一端与通风管道连通，通风管道，还设有出风口。风机将新鲜空气不停送入通风管道，保证每个出风口有 0.15m/s 的风速，在进风口安装一个热风炉，根据畜禽的适宜温度提前设定好一个温度，当外界进来的空气温度低于这个温度时将其启动，保证从通风口出来的空气温度高于这个温度。冬季，当进入畜舍的空气温度低于此温度时启动热风炉。在通风管道前设置一个挡板，根据畜禽舒适情况，调节进入通风管的通风量。本技术既能够保持羊舍垫料舒适，又能保证畜舍适宜的温度和良好的空气环境 ［专利号：200920317574.6；200910062214.0］。

四、适宜对象

南方中小规模羊场

五、注意事项

设定温度一定要准确，必要时要根据实际情况来调节。

六、效益分析

通过本技术正压通风装置和生物垫料的应用，使羊圈舍的空气得以置换。外界新鲜空气的导入，可将圈舍内的大量氨气和其他有害气体排出，降低圈舍有害气体的浓度，保证畜禽的健康生长。不仅省水、省力、零排放无污染，还可以提高羊只抵抗力、肉品质，增加养殖效益。本技术的使用既可以提高环境效益，又可以增加经济效益。

七、技术开发与依托单位

联系人：刘桂琼、姜勋平
联系地址：湖北省武汉市洪山区狮子山街一号
技术依托单位：华中农业大学

新型移动式清粪羊舍研发技术

一、技术背景

我国是养羊大国，有着悠久的养羊业历史，绵、山羊品种资源丰富。我国北方牧区承担着全国大部分养羊业的生产任务。南方农区虽有悠久的养羊历史，因为南方夏季闷热、冬季湿冷，且严寒酷暑气候持续时间长，加上羊舍蚊蝇泛滥、寄生虫肆虐，所以在南方养羊，羔羊成活率低，羊只生长速度慢，养羊业效益低下。随着我国人口对食物的需求量逐渐加大，北方的草场严重退化，近年来南方地区成为我国非常重要的草食家畜生产基地。为了进一步加大养羊业在南方地区的迅速发展，保障羊舒适的生活环境、人类便捷的管理和盈利，调动人们对养羊的积极性，发挥南方地区草料资源的优势，研发了多功能新型组装式羊舍。新型移动羊舍是一种实用性强、造价低廉、小气候环境良好的羊舍。羊舍主要由以钢材建造的顶棚和以漏粪地板组成的羊床体构成。下方铺设钢轨，羊舍整体能够平行移动，且着重在采光、通风、保暖等因素上采取优选的方法，一栋标准新型移动羊舍可饲养肉羊 200 只。新型移动羊舍可随意移动与组装，依据草地类型、生产季节、饲养对象和管理要求等实现单元化管理和标准化生产。

二、技术要点

新型移动羊舍主要是依据南方的地形条件、气候特征和养殖模式特点而设计的，将有效地解决南方气候炎热、湿润、多蚊虫等对肉羊养殖造成的困扰。舍内小环境可调节性强，同时移动羊舍将羊的休息场所与饲喂场所分离开来，有利于羊的生长与繁殖。其既能满足规模化羊场养殖标准化、单元化，又能满足农户饲养小型化。羊舍主要材质是钢材，故具有实用性强、造价低廉、质量轻的特点，便于整个羊舍逐草而居。底部安装两条钢轨，羊舍整体能自主移动，羊床板也可拆卸，能定期清理羊粪的同时也不至于在一个地方对生态环境造成破坏，同时可充分利用南方草地资源。

三、主要技术说明

第一，光线充足，通风良好，使舍内的空气保持相对清洁；第二，方便进出，宜于清理，使羊只有序进出羊舍，避免踩踏受伤；第三，冬天能保温，夏天能防暑；第四，羊舍能够根据需要整体移动，以便清理羊粪，还原草场。

四、适宜区域

中国南方地区具有养羊基础和潜力的区域，包括广大种羊、肉羊养殖企业、农户等。

五、注意事项

标准化、可复制，但不同地区、不同类型羊群的羊舍建造要因地制宜规划设计。

六、效益分析

新型移动羊舍实用性强、造价低且可移动，有望建成环境友好型生态牧场，其经济效益明显，造价为 $300\sim500$ 元 $/m^2$，远远低于普通混凝土结构羊舍；新型移动羊舍的饲养方式可根据草地面积和产草量充分利用草地资源，同时由于可移动的特性，又能保证草地资源不被破坏，实现羊养殖的可持续发展战略，保持良好的生态效益。

七、技术开发与依托单位

联系人：张子军

联系地址：安徽省合肥市蜀山区长江西路 130 号

自动传送式饲喂系统研发技术

一、技术背景

目前国内已有的饲喂方式有传统的人工饲喂、TMR 机饲喂技术以及一些自动饲喂系统。传统的人工饲喂投资成本低、操作简单，但是过程繁琐，准备时间长，劳动强度大，生产效率低。TMR 机饲喂技术是目前使用最广泛的饲喂机器，它从根本上解决了人工饲喂的不足，适合规模化、产业化、机械化、自动化的生产，但存在着投资巨大、对粗饲料要求过高以及产生的噪音和排放的废气影响羊的生长发育等问题。已有的一些自动饲喂系统也是投资成本太高，不能被一些中小型的养殖场所接受。所以迫切需要研发出一种新的投资低、组装方便、操作简单、维护成本低、能耗小、自动化程度高、对饲养人员要求低和能够节约人力并且适合所有饲养方式的饲喂系统。自动传送式饲喂系统是一种与羊舍分开的饲喂系统。主要由料仓、饲料搅拌机、饲料运输装置、护栏和围栏及其他附属设施设备构成。它是集饲料储存、饲料搅拌加工、送料、喂料及饲槽消毒一体化的系统。该系统的优点是饲喂系统与畜舍分离，适时消毒、便于防疫，有利于羊的健康生长，实现了饲喂的全自动化，为羊创造了良好的进食环境，可以根据生产需要计算饲喂系统的成本，适合不同年龄段的羊群。

二、技术要点

饲喂自动化控制，对饲养人员要求低，节约人力，降低投入成本。能够使动物采食、休息、饮水相对独立，创造了良好的进食环境，有利于羊的正常生长发育，不会出现因为雨天或者阳光强烈的时候羊不能正常采食的情况，便于防疫。饲喂时可根据需要调控喂料程序，供料机的长度可以根据生产单元、饲喂动物数量及畜舍个数进行调节，围栏的个数和高度也可根据动物采食高度进行调整，用于满足不同生产的需求，同时减少饲料浪费，节省饲料成本。送料运输机和供料机上方设置有消毒喷头，可适时清扫、消毒，减少疾病。

三、技术应用说明

饲料经饲料搅拌机搅拌均匀，通过控制器开启卸料口、送料运输机及供料机，饲料通过送料运输机输送到供料机，待饲料输送到供料机末端时，关闭控制器，饲料传送完成。打开畜舍的大门，动物通过饲喂通道到达饲喂走道，根据动物采食高度调整围栏高度，动物将头伸入围栏内采食输送皮带上的饲料。此自动传送式饲喂系统投资低，组装方便，操作简单，维护成本低，能耗小，自动化程度高，对饲养人员要求低，能够节约人力并且适合所有饲养方式。

四、适宜区域

具有养羊基础和潜力的区域，包括广大种羊、肉羊养殖企业、农户等。

五、注意事项

南方地区应用时，需加强防锈维护等工作，及时检查和清理机械故障。

六、效益分析

每个自动饲喂系统长 10m，成本约 5 000 元，能饲喂肉羊 60 只。一个存栏 2 000 只羊的羊场仅需 5 名牧工和 1 名技术主管，每年可节约人力成本 7 万元。

七、技术开发与依托单位

联系人：张子军
联系地址：安徽省合肥市蜀山区长江西路 130 号

羊粪养殖蚯蚓技术

一、技术背景

循环养殖模式是利用养羊（牛、猪等）所产生粪、剩草等养殖蚯蚓而产生的蚓粪用以蔬菜、作物的有机肥料，蚯蚓用作养殖鱼类、禽类的高蛋白饲料或者药用，形成一个低成本、高效益、品质优的农业生产模式。养殖蚯蚓可以生产优质有机肥。在我国由于保护土地的意识淡薄和化肥使用的不合理，导致土地板结，肥力下降，沙漠化或盐碱化，化学肥料用量连年增加而产量却逐年下降，故急需改变现有生产模式，改用优质的生物有机肥。经蚯蚓消化吸收过的粪肥，会增加有机质和肥力，粪肥无臭、无害、高效，蚓肥用于花卉，可明显延长花期，使花更鲜艳；用于果蔬生产，不仅可提高产量，而且还可提高品质和延长贮藏时间。蚯蚓可作为优质的蛋白饲料或者药用：蚯蚓蛋白质含量高，且消化率高，可用于鱼类、禽类的养殖，用蚯蚓喂养的猪、鸡、鸭、鱼等生长速度快，肉味鲜美，其中赤子爱胜蚓还能提取蚓激酶。可用于处理城市垃圾：蚯蚓在处理城市生活垃圾和商业垃圾方面也起到了很大的作用，加拿大在 20 世纪 70 年代所建的一个蚯蚓养殖场，至今已发展了几十年，目前每周可处理 75t 的垃圾，用蚯蚓处理的垃圾，不仅节约了因烧毁垃圾所需要能源，而且经蚯蚓处理的垃圾可作为农田的肥料，使农作物增产。

二、技术要点

常规方法是采用露天堆肥养殖，此法低成本，是大规模生产蚯蚓产品的最佳方法，不需任何投资设备，利用一切空闲地，只要把经发酵的羊粪、牛粪、猪粪做成高 15~20cm，宽 1~1.5m，长度不限，放入蚓种，盖好稻草，遮光保湿，就可养殖。此种方法的关键是要使饵料保持含水量在 60%~70%，不可过干过湿，否则饵料发热造成蚯蚓死亡。

蚯蚓适宜的最佳温度在 15~25℃。冬季采用加厚养殖床到 40~50cm，饵料上盖稻草，再加塑料布，保温、保湿，夏季力争每天浇一次水降温。分期饲养：可分成种子群、繁殖群、生产群，薄饲勤翻，每月给料 2 次，上料前先翻床，每次给料厚度为 10cm，始终保持饵料新鲜透气，适时采收：夏季每月采收一次，春、秋季节每 1.5 月采收一次，采收后及时补料。

三、技术应用说明

经以大平二号蚯蚓实验，85%羊粪+15%剩草作为底料，采用高压静电消毒的模式，模式一：羊粪养殖蚯蚓—蚯蚓喂饲稻田蟹、蚯蚓粪作为有机肥上稻田；模式二：羊粪养殖蚯蚓—蚯蚓饲喂溜达鸡、蚯蚓粪作为有机肥上杂粮地。在沿海地区可推广羊粪养殖蚯蚓—蚯蚓养殖海产品、蚯蚓粪回田—种植有机农产品；在内陆推广养羊的羊粪养殖蚯蚓—蚯蚓饲喂溜达鸡、蚯蚓粪回田—种植有机农产品，养羊的大户小户均可采用，无需增加设备设施。

四、适宜区域

本技术适用于各类规模的肉羊生产单位，具有一定的空闲场地，气候条件符合蚯蚓的生理需要，并有一定的销售市场均可应用技术。

五、注意事项

轮换更新：种蚓要每年更新一次，养殖床每年换一次，以保蚓群的旺盛，防止蚯蚓因自然发展而造成种群衰退；所用羊粪应避免使用过消毒剂和其他药物。

防雨：在选择蚓床时，一定要选在较高的地势，防止因大雨特别是暴雨淹没蚓床，造成蚯蚓因缺氧而死亡或逃跑。

防鸟：蚯蚓在蚓床上面时易于被鸟类偷食造成损失，可以在蚓床上方设置网具进行防护。

六、效益分析

蚯蚓生产周期短，40~60d 为一个生产周期，每年可养殖 6~9 个周期，若饲养好时每亩可产鲜蚯蚓 1 000~3 000kg，按目前市场上鲜蚯蚓每千克 10 元的价格，每亩产值可达 1 万~3 万元。

七、技术开发与依托单位

联系人：张贺春、李淑秋、陈波
联系地址：辽宁省朝阳县柳城镇锦朝高速南出口 500 米
技术依托单位：辽宁省朝阳市朝牧种畜场

移动式羊体重、体尺测量装置研发及使用技术

一、技术背景

在羊业生产中，羊的体重、体尺数据是非常重要的，它不仅能为养殖人员提供数据参考，从而更加科学地指导生产，还是育种工作中不可或缺的资料。

目前国内的羊的体尺测量主要是测量羊的体重、体高、体斜长、胸围、管围等。现今国内测量这几个数据，主要是通过抓羊、绑定后手工测量，或者是仪器测量。在抓羊和绑定的过程中不仅费时费力，还存在安全隐患，工作人员容易受到伤害。测量过程中容易因牲畜的反抗而对其造成伤害，影响其正常的生长，甚至影响其出售价格。

羊体重体尺测量装置，包括测量围栏、电子磅秤、第一测量仗、第二测量仗和过道围栏。过道围栏位于测量围栏的后方，测量围栏包括底板、前栏杆、右侧栏板、左侧栏板和后侧栏板，底板置于电子磅秤上，右侧栏板固定在底板上，前栏杆的一侧与右侧栏板固定。前栏杆、后侧栏板、右侧栏板和左侧栏板上均设置若干个卡口，左侧栏板和后侧栏板的四个角均设置凸起，卡口与凸起配合使用，前栏杆和后侧栏板上的卡口用于固定左侧栏板四个角的凸起，左侧栏板和右侧栏板上的卡口用于固定后侧栏板四个角的凸起。右侧栏板的中前部设置凹口，凹口处安装第一测量仗，左侧栏板和右侧栏板的前端面上均设置固定件，固定件用于放置隔板，第二测量仗设置在左侧栏板上，测量围栏内安装测胸围装置。

二、技术要点

下面结合图 1 至图 3 和具体实施方式对本发明作进一步详细的说明。

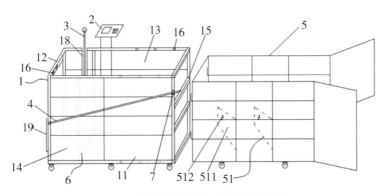

图 1　移动式羊体重、体尺测量装置

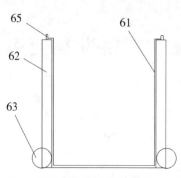

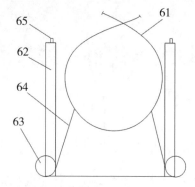

图2　测胸围装置未使用示意图　　　图3　测胸围装置使用示意图

注：图1是本发明的示意图；图2是本发明的测胸围装置未使用时的示意图；图3是本发明的测胸围装置使用时的示意图；

1. 测量围栏；2. 电子磅秤；3. 第一测量仗；4. 第二测量仗；5. 过道围栏；6. 测胸围装置；7. 挂钩；11. 底板；12. 前栏杆；13. 右侧栏板；14. 左侧栏板；15. 后侧栏板；16. 卡口；18. 凹口；19. 固定件；51. 阻拦装置；511. 阻拦板；512. 弹性件；61. 皮尺；62. 皮尺卡槽；63. 自动回缩件；64. 回缩牵引线；65. 卡件

三、技术应用说明

利用过道围栏将待测羊只圈起来，根据待测羊群的大约平均宽度，选择左侧栏板前端的凸起卡入前栏杆的哪个卡口内，以使测量围栏左右宽度与待测羊群宽度最接近为宜。将隔板放在固定件上形成前栏门，此前栏门上面一部分留有可供羊伸出脖子的缺口，然后将后侧栏板四个角的凸起固定在左侧栏板和右侧栏板的卡口内，打开电子磅秤，去皮。然后抽出后侧栏板，将过道围栏的羊只赶入测量围栏，根据此只羊的长度选择后侧栏板的凸起卡入左侧栏板和右侧栏板相应的卡口内，卡口的确定以羊头伸出前栏门缺口，前腿紧贴前栏门为宜。人工记录该羊只的耳标在测定记录表中，然后进行测量和数据的读取。

（一）体重测量

工作人员均保持安静，以使待测羊只平静，不动，方便电子磅秤上显示数据稳定，读出数据。

（二）体高测量

将第一测量杖全部拉出，安装好第一测量杖的卡条，并使卡条与第一测量杖垂直；往下收缩第一测量杖并旋转，以确保卡条靠在羊只鬐甲最高点，读出此时第一测量杖的数据，人工记录在测定表中的体高一栏中。

（三）体斜长测量

上下调整第二测量杖的前端，使之紧靠羊肩端前缘，然后用左手握住并固定前端，右手上下调整第二测量仗的另一端，使羊肩端与臀端均在测量杖上，读出肩端与臀端所在的数据，相减得到体斜长的数据。若羊的体位并没有紧靠本装置前端，即羊肩前缘没有紧靠前栏门，则需要上下调整第二测量杖使肩端前缘与臀端均在测量杖这条直线上，读取前后的数据，相减后人工记录在测定表中体斜长一栏。

（四）胸围测量

拿起皮尺两端，交叉提至皮尺紧挨肩胛骨后缘绕胸一周，读出皮尺交叉点两侧的数据，相减得到胸围，测量完毕后，将皮尺两端再次固定在皮尺卡槽上端的卡件，皮尺在回缩牵引线和自动回缩件的作用下复位。

（五）管围测量

技术员蹲在左侧栏前端，用皮尺围绕羊只左前腿的管骨上 1/3 处，读出数据。

以上几个数据测量除体重外，均可同时进行。测完一只羊后，将前栏门上的隔板从固定件中抽出，羊则会顺势跑出测量围栏；待羊全身已出装置后，再将隔板放入固定件中，然后抽出后侧栏板，放下一只羊，再迅速根据羊的长度，选择左右侧栏板上相应的卡口，固定后侧栏板；通过几个测量工具进行体尺测量。依次循环，可快捷轻松地得到数据。

四、适宜区域

规模化山羊绵羊养殖区域均可。

五、注意事项

此装置的材料应牢固轻便。对于妊娠后期的母羊不宜使用此装置测量。

六、效益分析

通过使用移动式羊体重、体尺测量装置，并遵循其使用方法，可大幅度减少养羊过程中测量的成本，以及减少测量过程中对羊体的伤害，同时可在养殖过程中多次使用，对群体进行测量，有利于饲养管理的调整、优化，从而提高养殖效益。此外，还有利于羊育种工作的进行，促进羊的良种改良等，具有一定社会效益和经济效益。

七、技术开发与依托单位

联系人：凌英会
联系地址：安徽省合肥市蜀山区长江西路 130 号
技术依托单位：国家肉羊产业技术体系合肥综合试验站

自动温控式羔羊哺乳器研发技术

一、技术背景

目前养羊生产过程中，随着集约化规模羊场的出现，场内的羔羊数量也在大幅度增加，由于母羊哺乳能力有限，常出现羔羊母乳不够的问题。为了防止羔羊因营养不良而导致疾病的发生，饲养员往往会采用一些代乳品进行人工哺乳。由于人工哺乳需要人员多，饲喂乳液的温度不确定，而且工作量大，许多羔羊不能及时饲喂，容易出现营养不良或营养过剩甚至死亡的局面。

本发明的目的是解决上述技术问题，提供一种自动温控式羔羊哺乳器，可以同时哺乳多只羔羊，并且能够保证奶液温度恒定，还能防止奶液产生沉淀或结块，从而延长哺乳时间，大大减少哺喂次数，提高饲喂效率。

自动温控式羔羊哺乳器，包括支撑装置和放置于支撑装置上的哺乳箱。

哺乳箱包括箱体、箱盖、控制装置和吸奶装置，箱盖扣合在箱体上，在箱盖上设置控制装置，控制装置包括控制面板、温度感应器、加热丝、吸收泵、蓄电池、进奶管和出奶管。控制面板上设置显示屏和操作按钮，温度感应器与控制面板连接，蓄电池用于提供动力，控制面板用于控制加热丝和吸水泵，温度感应器设置在加热丝的前端，进奶管和出奶管连通，加热丝和吸水泵均设置在进奶管和出奶管的连通处，加热丝位于吸水泵的前端，吸奶装置设置在箱体的底部；

支撑装置包括托盘、若干个支撑架、焊接在支撑架上部的固定圆环和设置在支撑架底部的车轮，每个支撑架中部依次设置若干个圆孔，圆孔用于安装固定栓，托盘放置于固定栓上用于放置哺乳箱。

二、技术要点

图1是本发明的结构示意图，其中主要部件包括托盘、固定圆环、车轮、制动板、固定栓、箱体、箱盖、控制装置、吸奶装置、把手等。

三、技术应用说明

本发明公开了一种自动温控式羔羊哺乳器，包括支撑装置和放置于支撑装置上的哺乳箱，哺乳箱包括箱体、箱盖、控制装置和吸奶装置，箱盖扣合在箱体上，箱体的外壁上设置保温层，可以有效防止奶液温度散失，保证奶液温度恒定；在箱盖上设置控制装置，控制装置包括控制面板、温度感应器、加热丝、吸收泵、蓄电池、进奶管和出奶管，控制面板上设置显示屏和操作按钮，温度感应器与控制面板连接，蓄电池用于提供动力，控制面板用于控制加热丝和吸水泵，温度感应器设置在加热丝的前端，进奶管和出奶管连通，加

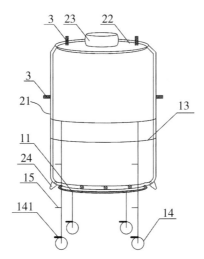

图1　自动温控式羔羊哺乳器

热丝和吸水泵均设置在进奶管和出奶管的连通处，加热丝位于吸水泵的前端，此种设置方式既保证了奶液循环流动，也可以使奶液保持在适宜的温度，防止奶液温度过高或太低；吸奶装置设置在箱体的底部，数量为6~10个，均匀分布在箱体的底部，可以同时饲喂多只羔羊；吸奶装置包括奶嘴、奶嘴导管和硅胶阀，奶嘴通过奶嘴导管与箱体内部连通，奶嘴导管的另一端设置硅胶阀，硅胶阀为中部开有十字口的垫片，此种设置方式可以保证每次羔羊喝到的奶液都是热奶，且奶嘴内不会残留奶液。

支撑装置包括托盘、若干个支撑架、焊接在支撑架上部的固定圆环和设置在支撑架底部的车轮，为了方便控制车轮，在车轮上设置制动板，此种设置方式方便哺乳器随时移动；每个支撑架中部依次设置若干个圆孔，圆孔用于安装固定栓，托盘放置于固定栓上用于放置哺乳箱。此种设置方式可以通过改变托盘的高度进而控制哺乳箱的高度。在本实施例中，支撑架的数量为个，每个支撑架中部依次设置个圆孔，当需要放置托盘时，在每个支撑架的同一高度上安装固定栓，四个固定栓形成支撑平台，然后将托盘放置在这个支撑平台上即可；当需要调节托盘的高度时，只需要将固定栓卸掉，分别安装在同一高度的其他圆孔内即可。为了便于操作，在箱体和箱盖上均设置把手。

四、适宜区域

南方半舍饲方式养殖区域以及全放牧模式养殖区域。

五、注意事项

此装置使用时应积极查看装置内的奶是否变质，及时根据羔羊的采食量调整投入的奶量。

六、效益分析

（一）经济效益

使用此自动温控式羔羊哺乳器，可大幅度提升羔羊的免疫力，降低死亡率，从羔羊方面，增加了奶制品的利用率，减少了饲养成本，从而增加了养殖的经济效益。

（二）社会效益

利用自动温控式羔羊哺乳器，大幅度提升羔羊的成活率，从而提高了养殖效益，更加促进了羊业发展，具有一定的社会效益。

七、技术开发与依托单位

联系人：凌英会

联系地址：安徽省合肥市蜀山区长江西路 130 号

技术依托单位：国家肉羊产业技术体系合肥综合试验站

移动式精料储存与饲喂一体装置研发技术

一、技术背景

在畜禽生产过程中，精料补饲是不可或缺的。在放牧及半放牧的养殖模式中，精料的补饲一般采用定点投喂，这种方式不仅需要畜禽来回跑动，浪费能量，还因为要人工次次运输精料而增加了劳动力。同时在舍外存储精料容易遭到鼠害、受潮等。现需要既能在舍外存储精料又能方便投喂的装置。

本装置为实用新型移动式精料储存及饲喂装置，包括圆柱体储存部分、取料口、饲喂槽及支架滚轮；其中圆柱体由内部四根支柱，外围铁皮构成，上端有遮盖物，下底为内凹圆锥形；取料口在圆柱下端，由可旋转铁皮构成；饲喂槽为圆柱底部延伸出来所构成；支架滚轮在下端支撑整个装置的组件。

可在舍外储存精料，且能够有效防止鼠害，潮湿等；可根据畜禽所在地点，移动此装置进行补饲，减少畜禽的能量消耗；储存饲喂二合一，使人工操作更加方便、快捷；圆锥形底部以及内设凸起的取料口保证精料的全部取出，有效防止不同配方的混杂等。

二、技术要点

图1：移动式精料储存及饲喂装置立体图；图2：移动式精料储存及饲喂装置剖面图；图3：取料口示意图。

图中编号：1. 圆柱铁皮；2. 支柱；3. 取料口铁皮；4. 铁圈；5. 圆环；6. 把手；7. 取料口；8. 饲喂槽；9. 滚轮；10. 支架；11. 圆锥形底面；12. 底面支柱；71. 取料口内凸起；72. 取料口内上突起；73. 取料口外端螺纹。

三、技术应用说明

参阅图1、图2所示：此移动式精料储存及饲喂装置包括：圆柱铁皮、支柱、取料口铁皮、铁圈、圆环、把手、取料口、饲喂槽、滚轮、支架、圆锥形底面、底面支柱。整个装置上端有一盖板，然后是由铁皮围成内部有四根支柱的圆柱体，下端外围焊接有一铁圈，通过铁环连接设有四个取料口的可旋转滑动的铁皮。其中铁圈与圆柱只有四个焊接点即与四根支柱接触点，可滑动的铁皮要高于围成圆柱的铁皮下缘。圆柱底端为内凹的圆锥形，由铁皮围成，并有四根外支柱焊接，同时此四根支柱向外延迟后，再由铁皮铺成饲喂槽。饲喂槽下端有支架支于滚轮上方。

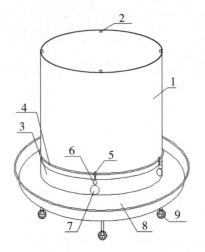
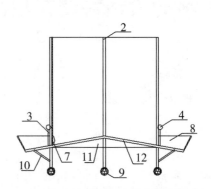

图1 移动式精料储存及饲喂装置立体图　　图2 移动式精料储存及饲喂装置剖面图

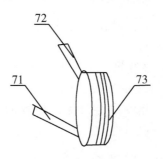

图3 取料口示意图

使用时,先将取料口用螺纹盖拧上并滑至支柱处,打开上端盖板,投入定期所需要储存饲喂的精料。需要投喂时,可推动此装置至畜禽密集处,打开取料口旋盖,推动取料口上端的把手,使取料口所在铁皮旋转滑动1/4圈,饲料将会从取料口滑落至饲喂槽,可通过来回滑动次数控制取料量。取料后用螺旋盖将取料口盖上,即可完成精料的取料,以及直接进行饲喂。

四、适宜区域

南方肉羊养殖区域均可。

五、注意事项

使用时应经常观察精料投放后是否变质。

六、效益分析

利用移动式精料储存与饲喂一体装置可降低精料的损失率,提高利用率,减少饲养成本;同时也可促进舍饲放牧的养殖模式发展,提升日增重,加大养殖的经济效益。

七、技术开发与依托单位

联系人：凌英会
联系地址：安徽省合肥市蜀山区长江西路 130 号
技术依托单位：国家肉羊产业技术体系合肥综合试验站

组合式饲料青贮装置研发技术

一、技术背景

青贮饲料是将含水率为 65%~75% 的青绿饲料切碎后，在密闭缺氧的条件下，通过厌氧乳酸菌的发酵作用，抑制各种杂菌的繁殖，而得到的一种粗饲料。青贮饲料气味酸香、柔软多汁、适口性好、营养丰富、利于长期保存是家畜优良饲料来源。调制青贮饲料是实现牛羊等草畜养殖业全年均衡供应青绿饲料，是搞好养殖、降低饲养成本和增加收益的重要措施。现有的青贮形式主要有青贮塔、青贮窖、青贮壕和青贮袋等。但现有的青贮设备适合于大规模青贮，存在一次性投资较高、设施较复杂、对土地要求高、开窖后易腐烂变质以及青贮塑料袋易破漏，不可移动等不足，在小规模及家庭式养殖户难以推广应用。一种可移动组合青贮设施，由钢铁焊接成长方体支撑框架，框架底部安有滚轮，底面和前后侧面用铁皮和木板封实，左右两个侧面的立柱上设有可插入木板的卡槽，左右两个侧面的立柱上分别设有向上的挑钩和插管，左右均可链接另外一个本设施。

作为优选，长方体支撑框架长 1m、宽 2m、高 1.5m。

作为另一个优选，前后侧面用铁皮封实；左右侧面用模板（建筑工地上的木板材料）嵌入；底部铺上模板，此模板钻有孔。

作为进一步优选，设施左右两侧面分别设有向上的挑钩和插管，用来组合增加设施体积；采用三个组合，约得 6t 青贮料，可供 50 只羊饲用约 2 个月。

更进一步优选，左右侧面的立柱设有卡槽，可嵌入模板。

本实用新型的有益效果是：能方便快捷进行青贮，成本低；可根据实际用量组合设施大小；具有可移动性，可与移动羊舍一同移动，便于饲喂；满足小规模、家庭式和零星牛羊等草畜养殖户青贮的需要，便于推广。

二、技术要点

图 1 是本实用新型移动可组合青贮设施框架立体示意图；图 2 是本实用新型移动可组合青贮设施右视图；图 3 是本实用新型移动可组合青贮设施左视图；图 4 是本实用新型移动可组合青贮设施立柱卡槽横截面示意图；图 5 是本实用新型移动可组合青贮设施优选三组合立体示意图。

图中：1. 框架立柱；2. 框架横柱；3. 模板上缘；4. 挑钩；5. 插管；6. 滚轮；7. 挑钩和插管组合；8. 立柱上卡槽的卡边；9. 立柱；10. 立柱上卡槽。

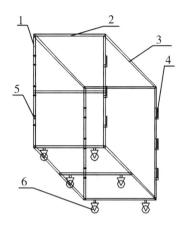

图 1 组合式饲料青贮装置框架立体示意图

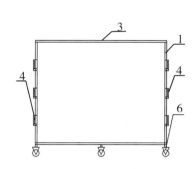

图 2 组合式饲料青贮装置右视图

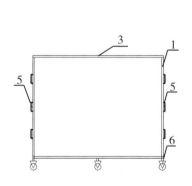

图 3 组合式饲料青贮装置左视图

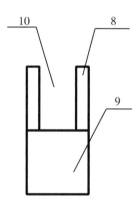

图 4 立柱卡槽横截面示意图

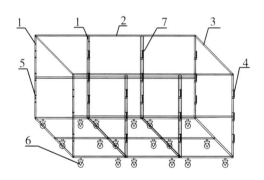

图 5 优选三组合立体示意图

三、技术应用说明

移动可组合青贮设施，由钢铁焊接成长方体支撑框架，框架底部安有滚轮；底面和前后侧面用铁皮和木板封实；左右两个侧面设有可插入木板的卡槽；左右两个侧面的立柱上分别设有向上的挑钩和插管；组合时，将挑钩插入另外一个的插管。青贮前左右两个侧面须插入模板，设施下面须放置收集青贮过程中流出液体的装置如塑料薄膜。

（一）青贮

原料须经过切碎，玉米秸、串叶松香草秸秆或菊苣秸秆青贮前均必须切碎到长 1~2cm，青贮时才能压实。牧草和藤蔓柔软，易压实，切短至 3~5cm 左右青贮。原料切碎后立即加入添加物，目的是让原料快速发酵。可添加 2%~3% 的糖、甲酸（每吨青贮原料加入 3~4kg 含量为 85% 的甲酸）、淀粉酶和纤维素酶、尿素、硫酸铵、氯化铵等铵化物等。然后将原料填入装置中，此时活动门应用凸扣关住。填装时要踏实，人力夯实。装至高于铁皮 20cm 时，盖上薄膜，排除气体后封口，用石块等压住。常温下经过 45~60 天发酵便可制成青贮饲料。

（二）移动和取料

青贮后可将设施用牵引力移动至所需饲喂的羊舍处，取料时先将一侧模板抽出，用铁锹或者锄头等工具从上往下切取饲料，务必保持切面平，且垂直。取料后用薄膜从上往下封上，此时可用模板顺着切面插入压紧薄膜。

四、适宜区域

适宜各大养殖区域，中小规模养殖场。

五、注意事项

取料时切口要保持平整，结束时要注意压紧薄膜和空气的排除，防止变质。

六、效益分析

使用组合式饲料青贮装置，可促进饲料的青贮，降低饲养成本，减少焚烧秸秆等对环境的破坏；同时增加了青贮料的使用，又可提升牲畜的生长性能，从而进一步加大了养殖效益。

七、技术开发与依托单位

联系人：凌英会
联系地址：安徽省合肥市蜀山区长江西路 130 号
技术依托单位：国家肉羊产业技术体系合肥综合试验站

南方高效肉用山羊羊舍及附属
设施研发及应用技术

一、技术背景

随着城乡居民收入的增加和人们生活水平的提高，消费者对蛋白质含量高、胆固醇含量低、营养作用独特的羊肉需求量明显增加。同时，改革开放以来，中国农业和农村经济得到了全面的发展，畜牧业已经成为农村经济的一个重要支柱产业，养羊业也取得了迅速进步和发展。在市场需求和相关政策的推动下，过去羊肉消费量很小，但近几年也呈明显的上升趋势。

北方草原受毁草开荒、过度放牧、气候干旱等因素的影响，草地退化严重，饲草资源日趋枯竭，而南方地区拥有草山草坡总面积 7 958 万 hm^2，草地资源丰富，约有 6 000 万 hm^2 草地基本上都处于待开发状态，发展草地畜牧业的潜力非常巨大，经考察论证，如能有效地开发利用南方地区 $13×10^6 hm^2$ 草地，年产牛羊肉 $3×10^6 t$ 以上，相当于生产了 $24×10^6 t$ 粮食，很大程度上缓解我国粮食短缺的问题。随着人口压力的持续增大和食品结构的不断调整，南方草地必将成为中国重要的草地畜牧业生产基地。

南方地区目前投入使用的很多羊舍既不标准也不适用，有窗封闭式羊舍和半开放式羊舍，建设时选址复杂，建筑多采用砖混结构，附属设施复杂，羊场基础设施造价成本高昂，而且一旦建成很难进行改造和完善，尤其不利于在普通养殖户中推广。我国南方当前肉羊养殖的主要模式是农户小规模散养，几乎没有专门的羊舍建筑和附属设施，多采用改造民用房舍建筑的办法，饲养管理操作很不方便，小气候环境也较差，尤其南方地区夏季高温高湿、冬季低温低湿，现投入舍饲使用的羊舍内部小气候环境不易调节，尤其夏季羊舍内小气候环境会变得非常恶劣，羊患病较多，给养羊户特别是以舍饲为主的养羊企业造成重大损失。有些大型的现代化养羊场，羊舍建筑规格过高，基础设施投入巨大，目前的大规模肉羊舍饲生产模式饲养成本很高、效益很难提高，而且不能充分利用南方丰富的草山草坡和农副产品等资源。

本研究是针对南方气候特点、草地资源类型、羊的生活习性和现代生态农业产业化生产需求而设计研发的南方高效肉用山羊羊舍及附属设施，具有生产高效性、单位羊只建筑面积小、设施配套合理、小环境优良、可拆卸装配、单元化管理和标准化生产等特点，经推广和示范表明南方高效肉用山羊羊舍及附属设施设备的建造，可充分利用南方草地资源，进行现代生态农业产业化发展。

南方高效肉用山羊羊舍及附属设施设备的研发弥补了传统散养模式生产力低和北方大规模肉羊场不适应南方生态、气候的不足，以高效的、可装配的舍饲生产模式创新出不同于传统模式的肉羊生产方式。创新性地提出南方肉羊产业生态发展之路，对促进我国养羊业可持续发展具有重要的现实意义。在中国南方地区推广并应用南方高效肉用山羊羊舍及附属设施设备具有其他羊舍无法比拟的优势，市场竞争力明显。

通过南方高效肉用山羊羊舍及附属设施的研发项目的实施，能够充分利用南方丰富的饲草料资源，最大限度满足不同规模养羊企业和养羊户的需要，能有效改变南方传统的肉羊放牧饲养管理模式，大幅度提高肉羊养殖效益，产业化前景广阔，推广使用后能有效提高肉羊草地养殖的经济效益、生态效益和社会效益。

南方肉用山羊生产方式相对落后，羊舍及辅助设施设备短缺，迫切需要探求研发高效的适合南方地区肉用山羊羊舍及设施设备，以及新型肉羊饲养模式以期达到显著提高养羊经济效益，减少劳动力投入，创造肉用山羊舒适、健康的生活环境的目的。基于以上设计理念，探索研发高效的适合南方地区肉用山羊羊舍及设施，并研究不同类型羊舍内夏季小气候环境，制定南方羊舍小气候环境检测与调控技术规程，并开展南方高效肉用山羊羊舍及附属设施研发的示范应用与推广。

（一）南方肉用山羊羊舍小气候环境监测与调控技术规程研制

对南方常见的双坡顶漏缝地板有窗封闭式羊舍和单坡顶漏缝地板半开放式羊舍进行长期的环境监测，分析南方地区气候及羊舍小气候环境的变化规律，这对于指导实际生产具有重要的意义。同时对比研究了不同羊舍的小气候环境，并检测了舍内羊群的生理生化指标，研制南方羊舍小气候环境检测与调控技术规程。

（二）南方高效肉用山羊羊舍及附属设施研发

依据肉用山羊生物学特点、南方地区气候环境及建筑工程学原理，以"结构简单、造价低廉、操作方便"为原则，因地制宜、就地取材，研发设计出一系列适用于南方地区养羊条件的设施设备，主要包括标准化种羊舍、育肥舍、可拆卸组装羊舍、羔羊防逃围栏、组合式草料架、组装式围栏等，适用于南方地区不同类型养羊企业及广大养羊户。

（三）南方高效肉用山羊羊舍附属设备研发

依据肉用山羊生产管理过程中山羊的生活习性和特点，研发便于羊场肉羊性能测定的移动称重装置、便于收割周边草场饲草资源的便携式割草机及一系列羔羊人工哺乳设备，包括羔羊哺乳球、简易型羔羊哺乳器和集约型羔羊哺乳器等羔羊人工哺乳设施，初步解决了规模化饲养中羔羊缺奶、羔羊早期断奶等问题。

（四）南方高效肉用山羊羊舍及附属设施示范应用

在安徽阜阳、亳州、合肥、安庆、六安等安徽肉用山羊主产区或新型产区示范应用了南方高效肉用山羊羊舍及附属设施，并取得显著的经济社会与生态效益。

二、技术要点

技术路线如图1所示。

三、技术应用说明

可直接根据南方高效肉用山羊羊舍设计的图纸以及适用范围建造羊舍；高效肉用山羊羊舍附属设施也可直接按照图纸自行搭建；高效肉用山羊羊舍附属设备可根据具体情况选

择采购设备或者自行打造。即南方高效肉用山羊羊舍及附属设施研发与应用的技术应用是通过新增投入和设施设备的方式。

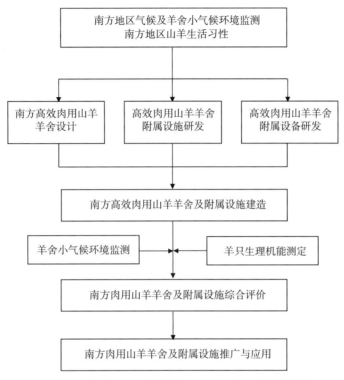

图1 南方高效肉用山羊羊舍及附属设施研发技术路线

(一) 双过道四列式高效育肥羊舍

双过道四列式育肥羊舍 (图2、图3、图4、图5) 便于集体饲养育肥羊, 便于机械化操作。双过道四列式育肥羊舍是由屋体、羊栏、羊床层构成。屋体构成羊舍外廓, 由四个转帘门、墙体、通风窗和屋顶构成; 羊栏由两端的围栏、羊舍中间栅栏、隔间栏、活动栅栏以及颈夹围栏构成羊的生活区, 并包括在过道两边的料槽和自动饮水器; 羊床层的羊床下方为清粪槽, 清粪槽一端为集粪池。屋体宽12m, 转帘门宽2.2m, 高2m, 过道宽2.29m, 相邻羊间隔栏之间的距离为2m, 每列宽1.49m, 清粪槽宽1.25m且出口端低于入口端有0.2%斜坡, 羊栏高1.2m。

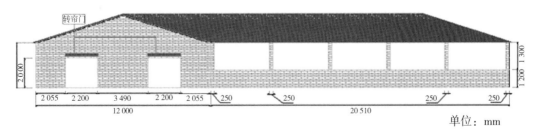

单位: mm

图2 双过道四列式育肥羊舍 (外部立面图)

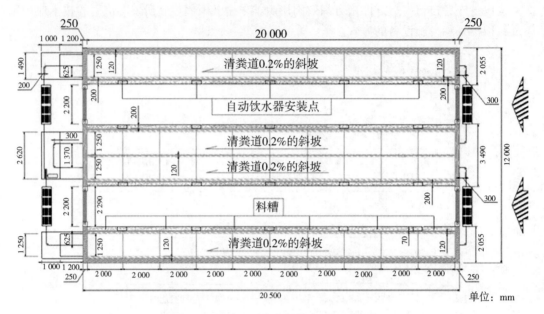

图 3　双过道四列式育肥羊舍（平面图）

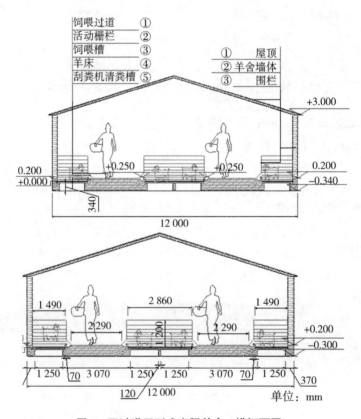

图 4　双过道四列式育肥羊舍（横切面图）

双过道四列式育肥羊舍的特点有：

（1）集约化程度高，羊舍利用率、周转率及出栏率高，操作管理方便，适合农牧区舍饲或半舍饲半放牧的规模养殖方式，既提高短期育肥效果，又减少过度放牧对草原生态的破坏。

（2）敞开式通气窗有效地解决了在高密度饲养的羊舍里有害气体和粉尘微粒的及时排出，达到自然通风、环境调控和经济适用的目的。

（3）羊舍内圈栏式的饲养方法，隔绝了羊只对墙体的破坏。适用于规模养羊户和新农村建设中的养羊小区，特别适合于大型规模肉羊育肥。

（4）羊舍建成的隔栏可实现强弱分饲、公母分饲和全进全出制，便于规模养殖的饲养管理。

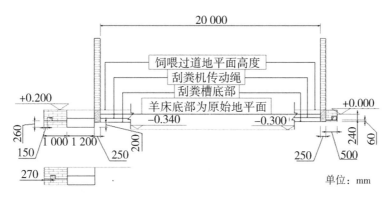

图5　双过道四列式育肥羊舍（纵切面图）

（二）单过道单列式公羊舍

单过道单列式公羊舍（图6至图9）是由屋体、羊栏、羊床层和运动场构成。屋体和运动场构成羊舍外廓，由两个转帘门、墙体、屋顶和运动场构成；羊栏由两端的围栏、羊舍中间栅栏、隔间栏、活动栅栏以及颈夹围栏构成羊的生活区，并包括在过道两边的料槽和自动饮水器，运动场由三面围栏及墙体构成；羊床层的羊床下方为清粪槽、清粪槽一端为集粪池。屋体宽6m，转帘门宽2.2m，高2m，过道宽2.25m，运动场门宽80cm，相邻羊间隔栏之间的距离为2.0m，生活区宽3.0m，高1.2m，运动场宽9.0m，高1.2m，清粪槽宽1.25m且出口端低于入口端有0.2%斜坡。

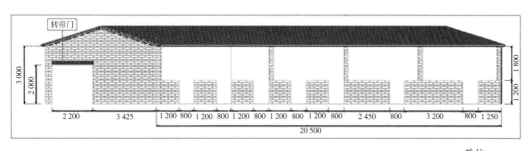

单位：mm

图6　单过道单列式公羊舍（外部立面图）

单过道单列式公羊舍的特点有：

（1）饲养密度合理，羊舍利用率、周转率及出栏率高，操作管理方便，适合圈养的规模养殖方式，使公羊具有适当的运动，从而产生更多优质的精子。

（2）敞开式的羊舍有效地解决了在高密度饲养的羊舍里有害气体和粉尘微粒的及时排出，达到自然通风、环境调控和经济适用的目的。

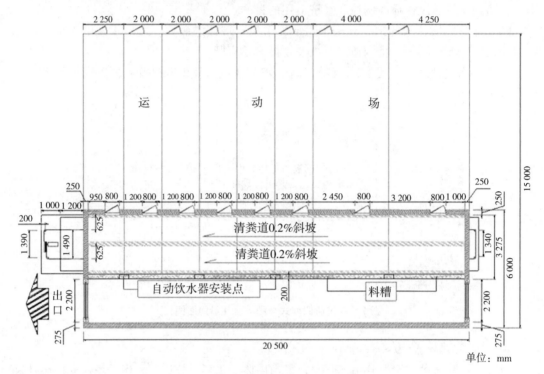

图7 单过道单列式公羊舍（平面图）

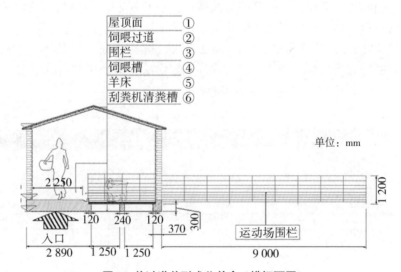

图8 单过道单列式公羊舍（横切面图）

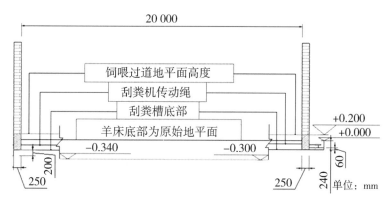

图9　单过道单列式公羊舍（纵切面图）

（三）单过道双列式母羊舍

单过道双列式母羊舍（图10至图13）是由屋体、羊栏、羊床层和运动场构成。屋体和运动场构成羊舍外廓，由两个转帘门、墙体、屋顶和运动场构成；羊栏由两端的围栏、羊舍中间栅栏、隔间栏、活动栅栏以及颈夹围栏构成羊的生活区，并包括在过道两边的料槽和自动饮水器，运动场由三面围栏及墙体构成；羊床层的羊床下方为清粪槽，清粪槽一端为集粪池。屋体宽9m，转帘门宽2.2m，高2m，过道宽2.25m，运动场门宽80cm，相邻羊间隔栏之间的距离为4m，生活区宽3m，高1.2m，运动场宽6m，高1.2m，清粪槽宽1.25m且出口端低于入口端有0.2%斜坡。

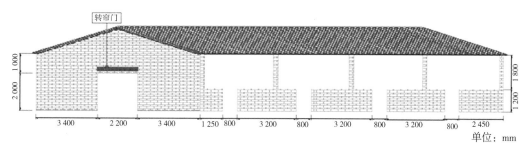

图10　单过道双列式母羊舍（外部立面图）

单过道双列式母羊舍的特点有：

（1）饲养密度合理，羊舍利用率、周转率及出栏率高，操作管理方便，适合圈养的规模养殖方式，使母羊具有适当的运动，产下健康的后代。

（2）敞开式的羊舍有效地解决了在高密度饲养的羊舍里有害气体和粉尘微粒的及时排出，达到自然通风、环境调控和经济适用的目的。

（四）南方肉用山羊可拆卸组合式移动羊舍

南方肉用山羊可拆卸组合式移动羊舍（图14）是一种结构简单，便于舍内环境控制，只提供羊只休息，且无饲喂设备的羊舍。该羊舍可以看作是一个养殖羊群的一个基本单元。每一基本单元包括顶棚和羊床，顶棚与羊床体为两个分离的结构；顶棚上带有升降装置，顶部设有太阳能加热板，羊床体上安装有轮子便于移动。羊床上表面为距离地面一定

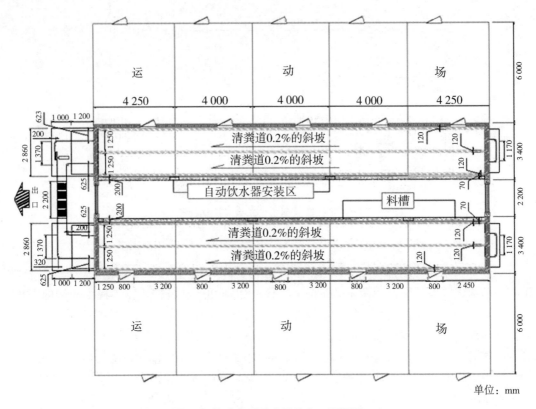

图 11 单过道双列式母羊舍（平面图）

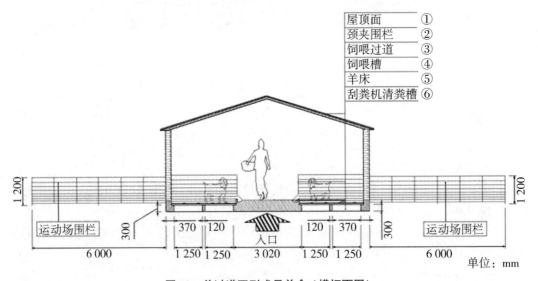

图 12 单过道双列式母羊舍（横切面图）

高度的漏缝地板，四周有龙骨支撑，龙骨之间固定有窗纱（内外有两侧防护网）似的防蚊虫设施。在羊舍门附近设有通风口，通风口也设有夹有窗纱的防护网。该新型移动羊舍的建筑材料主要为塑料。

新型羊舍有以下特点：

（1）该新型羊舍特殊在从传统羊舍一定带有饲槽、饮水槽的观念中解放出来，本羊舍专供羊只休息，不用于饲喂。

（2）羊舍顶棚可以升降。夏天时，顶棚可以升起，加快了舍内空气流通，凉爽了羊只。在窗户及通风口处都设夹有窗纱的防护网，可以防蚊虫，同时避免羊只毁坏。冬天时，顶棚降至地面可以减少舍内热量散失，同时有太阳能加热板的作用可以更好地对羊舍进行保温。

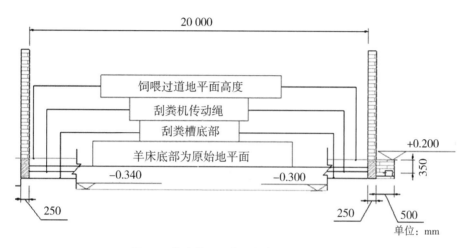

图13　单过道双列式母羊舍（纵切面图）

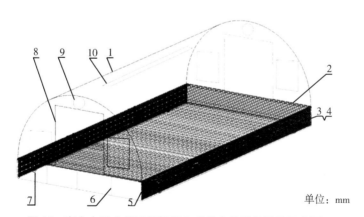

图14　南方肉用山羊可拆卸组合式羊舍的整体结构示意图

1. 顶棚；2. 羊床；3. 窗纱；4. 防护网；5. 升降装置；6. 龙骨；
7. 轮子；8. 门；9. 通风口；10. 太阳能加热板

（3）羊舍可以可拆卸组装并可以移动，在羊床下面安装有隐藏的轮子。羊的粪便积累到一定时间，可以推动羊床离开原来的地方，到达一个新的环境，以避免在同一地方累积过多的粪便，影响羊只休息与生长。

（4）单元化、标准化管理。该移动羊舍是一个养殖群体的一个基本单元，一个单元可以饲养 10~30 只羊；规模化标准化养羊场可以采纳，普通农户也可以使用。

四、适宜区域

大部分南方区域，主要包括南方农区、南方山区和南方草地等区域。

五、注意事项

南方高效肉用山羊羊舍及附属设施研发与应用这一成果主要适用于广大南方区域，同时是适用于山羊而非绵羊。本成果中有很多的羊舍设计和设施设备，其中内容的选择需要根据具体的养殖地区的地貌、资源以及饲养规模等进行调整，不可全盘照搬。

六、效益分析

（一）经济效应

1. 肉用山羊增重效益

应用南方高效肉用山羊羊舍及其附属设施，该设施设备完全适应本地气候条件，通过选取同一羊场的两栋羊舍进行了饲喂比较，在新型羊舍为试验组，传统羊舍为对照组，试验 10 个月出栏，出栏时试验组比对照组平均每只增重 6kg。按照商品羊 32 元/kg，每只增效益 200 元。

2. 肉用山羊羊群健康效益

应用南方高效肉用山羊羊舍及其附属设施，该设施设备完全适应本地气候条件，相应条件下，羊群发病率显著降低，经对比实验统计，新型羊舍肉羊养殖，群体各种疾病累计发生率为 4%，而传统羊舍为 12%。

3. 肉用山羊羔羊哺乳期增重效益

对比研究母乳和羔羊哺乳球饲喂羔羊体重增长差异，结果显示，随着日龄的增长哺乳球饲喂的羔羊体重显著高于母乳饲喂的羔羊，60 天的哺乳期后，人工哺乳比母乳喂养平均增重 1.4kg，表明哺乳球能够有效解决羔羊缺奶、羔羊早期断奶等实际生产问题。

4. "南方高效肉用山羊羊舍及附属设施研发与应用" 总经济效益

项目单位自 2011 年开始开展 "南方高效肉用山羊羊舍及附属设施研发与应用" 并在安徽省肉羊产区进行肉用山羊羊舍建造和肉羊生产，至 2015 年年底，取得如下成效：

应用南方高效肉用山羊羊舍及其附属设施，该设施设备完全适应本地气候条件，各项羊舍环境指标都利于羊群生长发育。各类羊群要好分群，其中羔羊防逃围栏能有效降低因羔羊流窜、羔羊偷奶而导致的母羊乳房炎以及羔羊口疮的发生，另外羔羊哺乳期有效提高羔羊成活率，据统计至 2015 年年底，"南方高效肉用山羊羊舍及附属设施研发与应用"应用后共计新增产值 1 亿多元，新增纯收益近 2 000 万元。

（二）社会效益

目前南方高效肉用山羊羊舍及附属设施已在安徽阜阳、亳州、合肥、安庆、六安等安徽肉用山羊主产区或新型产区示范应用。据当地饲草条件、气候特点、饲养对象管理要求等，实现总体单元化、标准化，具体可调整的设施与管理方式，同时充分利用了南方丰富的草地资源，保证了良好的经济效益和生态效益。根据羔羊生理机能、采食习惯和对哺乳球的适应程度等情况，制定不同日龄羔羊的饲喂标准，结果表明，羔羊哺乳球的使用切实解决了实际生产中羔羊缺奶和羔羊断奶等一系列问题，保证了羔羊生产的稳定和高效。

南方高效肉用山羊羊舍及附属设施建造科学、平均造价成本低，主要饲料为南方丰富的牧草资源，极大限度地降低了饲养成本，生产方式更加高效，最大限度地增加农民收入，对促进我国农业经济发展具有重要意义。

（三）生态效应

通过南方高效肉用山羊羊舍及附属设施进行科学合理饲养肉用山羊，能够充分利用杂草、灌木资源和农作物秸秆。过腹还田，杜绝焚烧秸秆污染环境，实现以草养畜、农畜结合的良性循环和农业的可持续发展。同时羊粪作为优质有机肥料，既肥地又用于种植业的生产绿色食品上，具有良好的生态效益。

七、技术开发与依托单位

联系人：凌英会

联系地址：安徽省合肥市蜀山区长江西路 130 号

技术依托单位：国家肉羊产业技术体系合肥综合试验站

成年山羊舍颈夹式围栏研发及应用技术

一、技术背景

随着畜牧业发展的主流趋势，集约化养殖模式具有科学性、有效保护利用自然资源、提高生产效率、合理应用现代技术和产品等优势，逐渐代替了传统放牧为主的养殖模式。食槽边的围栏大多是下半部分完全空出，让山羊自由进食。这样的围栏让山羊进食时表现的杂乱，经常出现争斗的现象，还会使个体之间进食量存在差异，即瘦弱个体会进食更少。要避免个体之间进食时存在的问题，提高饲料的利用率，使整体能够良好生长，减小因进食量而引起的个体差异，因此必须设计新型围栏来满足上列要求。

成年山羊舍颈夹式围栏，包括横栏和颈夹栏。横栏由数根横向设置的栏杆组成，横栏设置在颈夹栏的上方且横栏的底端与颈夹栏的上端连接；颈夹栏设有复数个沿横向排列且由"Y"形空挡构成的采食栏位；横栏和颈夹栏焊接为一片状整体。作为优选，横栏竖向设有 3 格空挡；3 格空挡从上至下的间距分别为 200mm、150mm、150mm。作为优选，颈夹栏的"Y"形空挡用圆钢焊接构成。作为优选，颈夹栏的"Y"形空挡按适于成年母羊设置：高度为 500mm，顶端宽度为 250mm，下部宽度为 70～90mm，折弯处的高度为 300mm。作为优选，颈夹栏的"Y"形空挡按适于成年公羊设置：高度为 500mm，顶端宽度为 333mm，下部宽度为 100～110mm，折弯处的高度为 300mm。作为优选，颈夹栏的"Y"形空挡用 φ12 国标圆钢制作。

本实用新型的有益效果是：结构简单，制作牢固，设置只能容纳一只羊头伸出的"Y"形空挡为颈夹式采食栏位，可使山羊进食时整齐，避免了争抢饲料的情况。

二、技术要点

图 1 是本实用新型成年山羊舍颈夹式围栏实施例的结构示意图。

图中标记：1. 横栏；2. 颈夹栏；3. "Y"形空挡，A. 顶部宽度，B. 高度，C. 下部宽度，D. 折弯处高度。

三、技术应用说明

图 1 是适于成年母羊羊舍的颈夹式围栏，其中位于饲喂槽一面的围栏是由横栏 1 和颈夹栏 2 焊接而成一片状的整体围栏。本颈夹式围栏的尺寸如下：颈夹式围栏的高度为 1 000mm，长度依据实际所需尺寸而定。横栏 1 间隔 1 000mm 设有一根立柱，在两根立柱之间设置四个"Y"形空挡的采食栏位，"Y"形空挡用 φ12 圆钢焊接构成，其上部为一倒置的梯形，顶部最宽，然后逐渐收窄，该空间允许采食时羊头伸出，下部为竖直的窄缝，构成与羊的颈部粗细相适配的颈夹。其中"Y"形空挡的顶部宽度 A 为 250mm，高

度 B 为 500mm，颈夹下部宽度 C 在 70~90mm，折弯处高度 D 为 300mm。颈夹式围栏的上部设有 3 根横栏，横栏间距由下到上分别为 150mm、150mm、200mm。颈夹式围栏设置在羊床地面的上方，在颈夹式围栏的外侧设有饲喂槽，进食时，每个采食栏位只允许一只羊将头从"Y"形空挡伸出到饲喂槽进食。羊床地面与颈夹围栏底部的距离为 200mm，饲喂槽的深度为 100mm。建议用材：颈夹式围栏的外框和立柱采用 DN25 镀锌圆形钢管焊接而成，颈夹栏的"Y"形空挡和其他横向栅栏用 φ12 国标圆钢焊接制成。本实施例适用目前肉用山羊中的成年繁殖母羊和周岁内后备公羊，体重在 35~60kg 范围内的羊只。

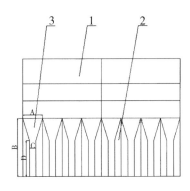

图 1　新型成年山羊舍颈夹式围栏

四、适宜区域

南方肉用山羊养殖区域均适合。

五、注意事项

颈夹栏所适用是肉用山羊，且是成年繁殖母羊和周岁内后备公羊，体重在 35~60kg 范围内的羊只，过小或过大的羊只均不可使用，特别是有畸形角、特大角的羊只不可使用此围栏，防止卡住羊颈部。

六、效益分析

通过使用成年山羊舍颈夹式围栏进行成年山羊的饲养，能够有效地避免个体之间进食时存在的问题，提高饲料的利用率，使整体能够良好生长，减小因进食量而引起的个体差异，从而提高了养殖效益，具有一定的经济效益。

七、技术开发与依托单位

联系人：凌英会
联系地址：安徽省合肥市蜀山区长江西路 130 号
技术依托单位：国家肉羊产业技术体系合肥综合试验站

新产羔羊防逃围栏研发及应用技术

一、技术背景

随着畜牧业发展的主流趋势，集约化养殖模式具有科学性、有效保护利用自然资源、提高生产效率、合理应用现代技术和产品等优势，逐渐代替了传统放牧为主的养殖模式。然而与其他畜禽养殖方式相比，我国集约化、标准化养羊水平最低。饲养的山羊个体小、生长慢，提供产品少效益低。要提高现代羊业生产力水平，离不开建设适合于羊生活和生产的畜舍环境。合理的羊舍建筑关系到科学的饲养管理，羊群健康，预防疾病，降低生产成本等各个方面。目前传统的养羊模式都较为简单落后，在采食过程中存在许多问题，因此，必须有合理设计来改变现状。根据山羊生物特性，适用肉用山羊的繁殖母羊中带羔羊群，产羔羊防逃围栏设计，食槽设在围栏外侧的饲喂过道上，母羊需要伸过围栏上的颈夹空挡才能进食。

产羔羊防逃围栏，包括采食隔栏和食槽，采食隔栏竖直设置且从上到下排列设有复数根横栏，食槽位于采食隔栏的外侧。产羔羊防逃围栏还包括防逃盖栅，防逃盖栅设在采食隔栏外侧且斜向覆盖在食槽上方，防逃盖栅的上端与采食隔栏中部的横栏铰接，防逃盖栅的下端固定在食槽外沿口。采食隔栏下部的横栏间距设为适于产羔羊头部伸入食槽进食的采食空挡，隔栏的最底部设有挡板。作为优选，防逃盖栅设有横向栏杆和竖向栏杆，栏杆的最大间距小于羔羊体形。作为优选，防逃盖栅与采食隔栏成 40°~45° 的夹角。作为优选，采食空挡的高度为 200mm 作为优选，隔栏包括外框、立杆和横杆，外框与立杆为 DN25 镀锌圆形钢管制成，横杆为 φ12 国标圆钢制成。

二、技术要点

图 1A 是本实用新型产羔羊防逃围栏实施例的立体结构示意图。

图 1B 是本实用新型产羔羊防逃围栏实施例的结构示意图。

图中标记：1. 采食隔栏；2. 采食空挡；3. 挡板；4. 防逃盖栅；5. 食槽；6. 地面。

三、技术应用说明

图 1A 是由采食隔栏 1、食槽 5、防逃盖栅 4 以及相应的围栏构成的产羔羊防逃围栏。该种围栏是根据山羊生物特性，适用于目前肉用山羊的繁殖母羊中带羔羊群，可以防止羔羊随意钻到饲喂过道。为便于对食槽添加饲料，将食槽 5 放置在采食隔栏 1 的外侧的饲喂过道上，采食隔栏 1 为矩形，采食隔栏的底部竖直固定于羊床地面，采食隔栏 1 中间设有数根横栏，数根横栏从上到下排列，横栏之间形成若干空挡。采食隔栏与其余相应的围栏

连接围成一个区域，并将带羔母羊和羔羊围在采食隔栏内侧的区域中。

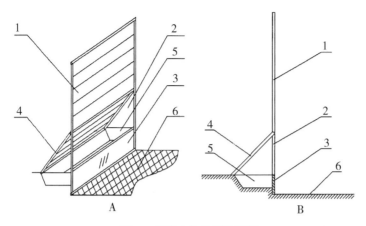

图1 新型产羔羊防逃围栏

在图1B中，在采食隔栏外侧的食槽5的上方，斜向覆盖一块矩形的防逃盖栅4，防逃盖栅4的上端与采食隔栏1中部的横栏铰接，防逃盖栅的下端与食槽外沿口平齐并固定在食槽沿口。为便于母羊的头伸进食槽进食，采食隔栏下部的横栏设有间距为200mm的采食空挡，采食空挡的下方设有挡板3。挡板3将采食空挡下方遮盖严实，防止饲料掉入羊床所在地面6。防逃盖栅4与采食隔栏1成40°~45°的夹角，防逃盖栅设有数根横向栏杆，并且各根横向栏杆之间间隙小于羔羊的体形，可以防止羔羊从防逃盖栅钻出逃走。为便于清扫饲喂槽中食物残渣和被羔羊污染的饲草料，防逃盖栅可以向上掀起。挡板3高度为150~200mm，食槽5的深度为100mm。防逃盖栅4的长度与采集隔栏宽度相适配，宽度为350~360mm，也可以采用多块防逃盖栅横向连接使用，只要防逃盖栅其中的任何间隙小于围栏中羔羊的体形即可。采食隔栏1是由4根外框、若干横杆和立杆制成。其中外框与立杆为DN25镀锌圆形钢管制成，横杆为φ12国标圆钢制成。

四、适宜区域

农区舍饲绵羊、牧区放牧羊、南方肉用山羊养殖区域均适宜。

五、注意事项

此围栏的制作应按照技术要点中要求制作，挡板的重量不宜过轻也不宜过重，防止压住羔羊。

六、效益分析

利用此产羔羊防逃围栏进行带羔母羊和羔羊的饲养，可大幅度地减少羔羊对饲料的污染，减少了饲料的浪费，同时也促进羔羊学习吃饲料，自然地缩短断奶时间。即通过对带羔母羊的饲养，提升一定的经济效益。

七、技术开发与依托单位

联系人：凌英会
联系地址：安徽省合肥市蜀山区长江西路 130 号
技术依托单位：国家肉羊产业技术体系合肥综合试验站

方形可折叠秸秆饲料青贮氨化袋研发及应用技术

一、技术背景

农作物秸秆作为非常规饲料，资源十分丰富。我国年产秸秆约为6亿t，其中安徽省年产秸秆约为4 000万t。对如此之多的农作物秸秆饲料资源，目前将其真正作为饲料的比例很小。而将其中的相当部分"付之一炬"，因而造成资源上浪费、经济上损失，而且环境受到污染。秸秆类饲料资源之所以没有得到大量使用，主要是因为这类饲料的营养价值很低。这类饲料粗纤维含量高（一般为30%~50%），结构坚实，不易被动物消化利用，其体积大，又不便运输、储存等。要使动物有效地利用这类饲料，就必须对其品质进行改良。

据测算，若将全部秸秆的60%~65%开发作为饲料，就可满足我国所有草食动物的粗饲料需要量，从而既节省了粮食性饲料用量，缓解了人、畜争粮的矛盾，又提高了经济效益和生态环保效益。冬春季节缺乏青绿饲料，不少牛羊养殖户直接给牛羊饲喂干草，导致牛羊营养不足，影响生长发育，甚至造成繁殖障碍和发生疾病，导致养殖效益低下。秸秆青贮氨化是秸秆作为饲草料再利用的有效处理方式。通过秸秆青贮氨化能够使秸秆营养价值更高、适口性更强，同时还可以延长农作物秸秆的保存利用时间，使牛羊能够在青绿饲草缺乏的冬季得到青绿饲草补给。在秸秆作物生长的晚期，开展农作物秸秆的青贮工作，保证牛羊在冬春季有足够的适口饲料，提高养殖效益。

青贮是延长农作物秸秆保存利用的重要技术，氨化是提高农作物秸秆含氮量和利用效率的重要技术，一般情况下，青贮氨化在农作物秸秆加工过程中联合应用。农作物秸秆青贮氨化饲料具有几个方面特点：

1. 农作物秸秆原料丰富，各种农作物秸秆（如玉米、小麦、水稻、大豆）都可以用于氨化青贮。

2. 农作物秸秆营养得到有效保留，农作物秸秆进行青贮氨化能保存秸秆中大部分（85%以上）的营养物质，粗蛋白质及胡萝卜素损失量较小（一般青贮料晒干后营养物质损失30%~40%，维生素几乎全部损失），并且经过氨化的农作物秸秆含氮量明显提高，采食青贮氨化过的农作物秸秆的有机质消化率，牛由59%提高到66%，羊由47%提高到60%，粗蛋白含量由3.5%提高到12%。

3. 青贮氨化饲料柔软多汁，气味酸甜芳香，适口性好，适于饲喂牛羊，牛羊喜欢采食，并能促进牛羊消化腺分泌，提高饲料的消化利用效率。

4. 青贮氨化饲料制作方法简便、成本小，不受气候和季节限制，饲草的营养价值可保存很长时间不变，以满足牛、羊冬春季（或全年）对青绿饲料的需要。

5. 青贮氨化饲料可以充分利用当地丰富的农作物资源，特别是利用大量的玉米秸秆青贮饲喂牛羊，大大减少玉米秸秆的浪费，节约精料，1kg 氨化青贮秸秆可以节约精料 0.25kg，因此，既可以节约粮食，又可以解决秸秆焚烧引起的大气污染及安全隐患。

秸秆青贮氨化技术随着牛羊业的发展，越来越显现这项技术的重要性。但是，目前秸秆饲料青贮氨化均采用地窖的形式，地窖有全地下式、半地下式和地上式。地窖青贮氨化存在制作成本高，为避免地下水或雨水对青贮氨化过程的影响从而对青贮窖设计要求较高，并且为防水防漏气，造成制作工艺烦琐等不足。青贮氨化袋具有青贮氨化窖所不能比拟的特点，灵活方便，能够随时随地灵活方便的青贮氨化，不受农作物秸秆数量的限制，青贮氨化过程中能够进行运输和交易。但是，目前没有专门开发用于农作物秸秆青贮氨化的相关产品。

根据生产实践设计发明了秸秆饲料青贮氨化袋（包），该产品避免了传统青贮氨化地窖制作成本高、设计要求高（避免地下水）、制作工艺繁琐（防水防漏气）等问题，具有制作灵活方便、成本低廉、更便于处理过的秸秆饲料运输、贮存、饲喂等优点，非常适合于中小规模养殖场使用，更适合家庭养殖单位。

方形可折叠秸秆饲料青贮氨化袋，包括袋体和撑杆。袋体为柔性材料制成的立方体形状容器，撑杆由两根直杆中间铰接成"X"形状，袋体的相对两侧各与一"X"形的撑杆连接，撑杆打开并扩展袋体成为立方体形状的容器，撑杆收起可将袋体折叠；沿立方体形状袋体的顶面边沿设有可开启和密闭的装卸料缝口，在袋体一面设有抽气口。作为优选，柔性材料为无毒性塑料。作为优选，撑杆为硬塑料或金属材料制成。作为优选，装卸料缝口通过封口拉链将两边袋体连接并密闭。

作为优选，抽气口设有用于关闭抽气口的气阀钮和抽气口盖子。

本实用新型的有益效果是：秸秆饲料青贮氨化袋采用轻质材料制成并可折叠，轻巧耐用且使用效果好，运输或收藏时不占空间。

二、技术要点

图 1 是本实用新型方形可折叠秸秆饲料青贮氨化袋实施例的结构示意图。
图中：1. 袋体；2. 撑杆；3. 销钉；4. 封口拉链；5. 抽气口；6. 气阀钮。

三、技术应用说明

袋体 1 是一个正方体形状的容器，用无毒性的柔性塑料制成。撑杆 2 是用硬塑料或金属材料制成的直杆，在两根直杆的中间用销钉 3 铰接成"X"形状，两根直杆可打开成为"X"形或收拢为"一"字形。

袋体 1 相对的两侧面各与一个"X"形的撑杆 2 连接。撑杆 2 与袋体 1 的连接方式，如撑杆是硬塑料制成，可以用黏胶与塑料袋体连接，或直接高温熔接。如撑杆是金属材料，可先在撑杆上穿有若干塑料小环，塑料小环与袋体粘贴。沿正方体形状袋体的顶面边沿设有可开启和密闭的装卸料缝口，装卸料缝口通过封口拉链 4 将两边袋体连接并密闭。正方体形状袋体的顶面中央还设有抽气口 5。抽气口设有用于关闭抽气口的气阀钮 6 和抽气口盖子。考虑到袋体 1 的底面需要有更好的耐磨性，可采用较厚的柔性塑料制作。

使用方法：

打开"X"形的撑杆2，使袋体1可扩展为一正方体形的容器；打开封口拉链4，把铡短的秸秆饲料装入正方体形的袋体1，氨化时加入氮源；封住封口拉链4，使用真空泵经抽气口5抽去袋体内空气，按气阀钮5关闭抽气口，盖上抽气口盖子。

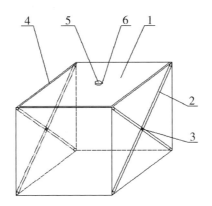

图1　新型方形可折叠秸秆饲料青贮氨化袋

四、适宜区域

广大农区，富含秸秆资源的养羊区域。

五、注意事项

本装置一些设计均为了达到最后真空袋体，所以具体操作过程中应多注意接口是否存在漏气等情况，要及时检查，防止影响实际效果。

六、效益分析

通过使用方形可折叠秸秆饲料青贮氨化袋装置，进行秸秆饲料的青贮，可充分利用秸秆，降低焚烧秸秆带来的环境污染，以及低成本的饲料来源又可增加养殖效益。秸秆饲料青贮氨化袋装置具有良好的环境效益和经济效益。

七、技术开发与依托单位

联系人：凌英会
联系地址：安徽省合肥市蜀山区长江西路130号
技术依托单位：国家肉羊产业技术体系合肥综合试验站

移动式高床围栏研发及应用技术

一、技术背景

随着畜牧业发展的主流趋势，集约化养殖模式具有科学性、有效保护利用自然资源、提高生产效率、合理应用现代技术和产品等优势，逐渐代替了传统放牧为主的养殖模式。然而与其他畜禽养殖方式相比，我国集约化、标准化养羊水平最低。饲养的山羊个体小、生长慢，提供产品少效益低。要提高现代羊业生产力水平，离不开建设适合于羊生活和生产的畜舍。合理的羊舍建筑关系到科学的饲养管理、羊群健康，预防疾病，降低生产成本等各个方面。目前传统的养羊模式都较为简单落后，围栏装置一般都采用固定式的围栏，具有一定局限性。因此，必须有合理的设计改变现状。移动式高床围栏，包括隔栏、地板、滚轮。隔栏的一侧设有插管，隔栏的另一侧设有插钩，隔栏通过插钩插入插管相互连接，隔栏底部设有滚轮；地板为漏粪地板，漏粪地板分为两块，中间通过铰链连接；隔栏沿地板四周围合，地板与隔栏底部连接。作为优选，还包括食槽，食槽设有可挂在隔栏上的挂钩，食槽上部设有"V"形限位夹。作为另一个优选，还包括栏门，栏门设在隔栏上并一侧与隔栏铰接，另一侧以门阀与隔栏连接。作为进一步优选，隔栏在垂直方向上设有6格空间，下面2格的间距为10cm，中间2格的间距为15cm，最上面2格的间距为20cm。更进一步的优选还包括立柱，柱两侧分别设有向上的挑钩和插管，立柱下端设有滚轮；立柱的挑钩与隔栏的插管连接，立柱的插管与隔栏的挂钩连接。

本技术结构简单，装配方便，装配面积可变，安装滚轮后的围栏能灵活饲养管理，也免去传统移舍方法的麻烦，大大节省移舍的劳动成本。清粪时只需将围栏整体移位即可。围栏整体移动时，可以缩小整体围栏宽度，以便从羊舍通道通过。高床设计保证羊舍干燥，清洁，避免感染疾病。

二、技术要点

图1：移动式高床围栏实施例1的隔栏结构示意图。
图2：移动式高床围栏实施例2的立柱结构示意图。
图3：移动式高床围栏实施例1的隔栏连接示意图。
图4：移动式高床围栏实施例2的隔栏与立柱连接示意图。
图5：移动式高床围栏实施例1的整体结构示意图。
图中：1.围栏；2.插管；3.挂钩；4.滚轮；5.立柱；6.挑钩；7.地板；8.限位夹；9.食槽。

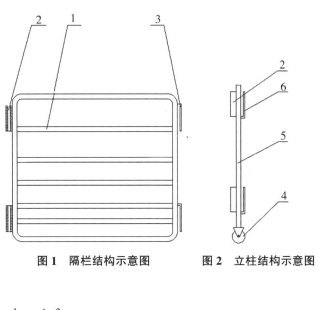

图1 隔栏结构示意图　　图2 立柱结构示意图

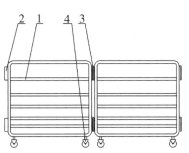

图3 隔栏连接示意图　　图4 隔栏与立柱连接示意图

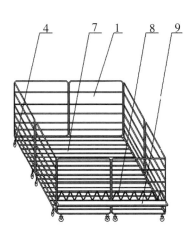

图5 移动式高床围栏整体结构示意图

三、技术应用说明

山羊移动式高床围栏，包括隔栏、地板、滚轮。隔栏 1 的一侧设有插管 2，隔栏的另一侧设有插钩 3。安装时将隔栏 1 通过插钩 3 插入插管 2 相互连接（图 3），即可装配成四周围合的围栏。由于隔栏底部设有滚轮 4，便于装配好的围栏整体移动。在图 5 中，地板 7 为漏粪地板，漏粪地板分为两块，中间通过铰链连接。隔栏 1 沿地板 7 四周围合，地板与隔栏底部连接。食槽 9 设有可挂在隔栏上的挂钩，食槽上部设有 V 形限位夹 8。食槽挂在正面的隔栏外侧。

隔栏上设有栏门。栏门一侧与隔栏铰接，另一侧以门阀与隔栏连接。隔栏在垂直方向上设有 6 格空间，下面 2 格的间距为 10cm，中间 2 格的间距为 15cm，最上面 2 格的间距为 20cm。本设施结构简单，适于装配成面积较小的围栏。

四、适宜区域

农区舍饲绵羊、牧区放牧羊、南方肉用山羊养殖区域均适宜。

五、注意事项

此移动式高床围栏有可组合的特点，因此组合的中间枢纽立柱的材料必须非常牢固，不易变形，同时挑钩和插管更应该牢固。

六、效益分析

通过此移动式高床围栏，降低了建造羊舍的成本，从而促进了养羊业的发展，可使更多的贫困家庭能够低成本地养羊，从而脱贫，具有一定的社会效益和经济效益。

七、技术开发与依托单位

联系人：凌英会
联系地址：安徽省合肥市蜀山区长江西路 130 号
技术依托单位：国家肉羊产业技术体系合肥综合试验站

移动式畜用称重装置

一、技术背景

在畜牧业生产中，牲畜的体重数据是非常最重要的，它能为养殖人员提供数据参考，从而更加科学地指导生产。目前国内牲畜称重主要还是沿用传统的称量方式，一种是用杆秤称量，即将牲畜用绳子捆起来，两个人将牲畜抬起来，之后在杆秤上读取体重数据；另一种是用磅秤称量，即将牲畜捆绑起来后放到磅秤秤台上称重，有时甚至是人直接将牲畜抱起然后称重。这种方式费时费力，测量结果不准确，且在称量过程中容易因牲畜的反抗而对其造成伤害，影响其正常的生长，甚至影响其出售价格。

移动式畜用称重装置，包括电子磅秤，包括前栏、侧栏、栏门、底板、滚轮。前栏和两边的侧栏围合成船形的围栏，其中前栏上部向外倾斜、下部向内收进，侧栏的下部也向内收进；电子磅秤置于围栏下部中央，底板置于电子磅秤上，底板面积小于围栏的下部面积；栏门设在前栏，围栏的四角下部设有滚轮。

二、技术要点

图 1 是本实用新型移动式畜用称重装置实施例的主视图。

图 2 是本实用新型移动式畜用称重装置实施例的右视图。

图中：1. 前栏；2. 电子磅秤；3. 滚轮；4. 侧栏；5. 定位桩；6. 底板；7. 垫块；8. 插栏；9. 拉手。

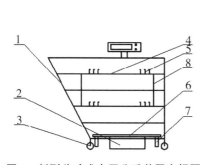

图 1　新型移动式畜用称重装置主视图

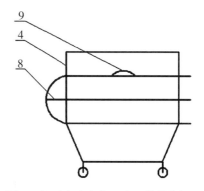

图 2　新型移动式畜用称重装置右视图

三、技术应用说明

围栏根据牲畜的体型设计成船形，前栏 1 的下部向内倾斜像船头形状，两个侧栏 4 的下部向内呈一定角度倾斜，且在两边侧栏上牲畜的进出口处分别设有几组定位桩 5。牲畜进口处开放，位于前栏出口处的栏门也向内呈一定角度倾斜，门的底部装有合页，上部装有卡扣，便于开关。整个船形围栏的底部比顶部面积小，便于底板 6 落在电子磅秤 2 的重心上。插栏 8 整体呈横倒的"山"字形，三根横杆由一个弧形杆连接起来，在围栏的进出口处各设一个，并从侧栏插入，插栏的最上面中部设有拉手 9，便于定位。底板 6 可以是一块木板或钢板，其面积略小于围栏的底部面积，在底板的 4 个角上分别有一块垫块 7，以便在牲畜进出笼子时保持底板 6 的平衡。电子磅秤 2 为市面上的通用型号。为便于移动，在围栏底部的四角设有滚轮 3。操作时，首先将电子磅秤 2 放在底板 6 的下面，让底板 6 的重心落在电子磅秤的秤台上，打开磅秤，去皮归零。接下来，关闭出口处的栏门，让牲畜从进口处进入笼子，根据牲畜的体长移动位于牲畜前后所设插栏 8 的位置，使牲畜处于底板 6 的中央，然后在磅秤显示屏上读出牲畜体重。最后，打开出口处的插栏和栏门，将牲畜赶出围栏，之后关闭前面的栏门，进行下一只牲畜的称重。

四、适宜区域

广大绵羊、山羊养殖区域均适宜。

五、注意事项

此移动式畜用称重装置的特点是可移动，所以装置的材料应该牢固又轻便。使用时注意磅秤的保护，防止羊只的破坏。

六、效益分析

移动式畜用称重装置可简单方便的测量出牲畜的体重，大幅度地减少了生产过程中的工作量和劳动力，以及减少对牲畜的应激伤害，从而降低了养殖成本，提高了养殖效益。

七、技术开发与依托单位

联系人：凌英会
联系地址：安徽省合肥市蜀山区长江西路 130 号
技术依托单位：国家肉羊产业技术体系合肥综合试验站

母羊分娩栏

一、技术背景

母羊产羔前后，需要一个独立、安静、宽敞的待产或带羔哺乳环境。在规模羊场中，待产母羊或带羔母羊比较多，而且这些处于生产特殊时段的母羊及羔羊需要饲养员的精心照料。目前在实际生产中，为解决以上问题，现已采用了一些应对措施。如将待产母羊集中赶至某一圈中，将不同带羔日龄的母子羊赶至相对应的同一日龄阶段的圈舍内，对其特殊照顾。但是，众多待产母羊在一起，不免有拥挤、争斗的现象出现，或者为采食而发生不快，或者每个母羊总不能得到平衡、充足的营养供应。当羔羊刚出生时，羔羊为吃上初乳，需要及时站起来。然而，在多次尝试站立这一过程中，由于羔羊的腿较细，导致其腿总容易卡住在羊床上的漏缝地板中。如果饲养员不能及时发现，羔羊往往会卡死。再者，漏缝地板往往会有贼风钻入，容易引起羔羊拉稀等病症。

对于一部分首次产羔的母羊，往往还不熟悉带羔过程，即母羊母性不强。一旦母羊产羔后，混于羊群中时，母羊不能将羔羊带于身边，最终会将羔羊弄丢，生产人员亦弄不清楚羔羊的母亲是哪一只。对于这样的母子需要单独管理，培养其母子感情，才能顺利完成带羔哺育。

母羊分娩栏由至少一个隔栏区域组成；隔栏区域由至少一道侧面围栏和至少一道正面围栏依墙体围合而成；侧面围栏设有门；隔栏区域内还包括内部隔栏，内部隔栏将隔栏区域分隔成采食区、带羔区、补料区；采食区紧挨正面围栏，并在正面围栏外设有水槽和饲槽；补料区内设有电热灯和补料槽。

二、技术要点

图 1 是本实用新型母羊分娩栏实施例的结构示意图。图中：1. 水槽；2. 门；3. 饲料槽；4. 正面围栏；5. 漏粪地板；6. 侧面围栏；7. 实心地板；8. 墙体；9. 窗户；10. 内部隔栏；11. 补料区；12. 电热灯；13. 补料槽。

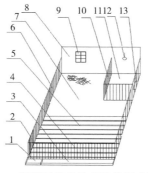

图 1 新型母羊分娩栏结构示意图

三、技术应用说明

母羊分娩栏用围栏分隔成多个用于母羊分娩的隔栏区域。图 1 是其中一个隔栏区域，是由两道侧面围栏 6 和一道正面围栏 4 依墙体 8 围合而成。

在侧面围栏 6 上设有门 2，以方便饲养员定时清理圈内环境，或为羊只提供临时通道。采食区紧挨正面围栏 4，并在正面围栏外设有水槽 1 和饲料槽 3。采食区的地面为设有条缝的漏粪地板 5。漏粪地板的下方设有集粪池，集粪池地面为向集粪出口倾斜的斜坡。母羊的粪便可直接漏入地板下方的集粪池内，以保持圈舍内环境，同时也方便饲养员清理粪便。带羔区的地面为实心地板 7，并设有垫草。这样羔羊在此区域活动时，不会卡住腿，也不会有冷风钻入，同时还可以在该区域垫上干草以保暖。补料区 11 是由内部隔栏 10 围成的，内部隔栏的间距只能让羔羊自由出入，而母羊则不能进出。补料区还设有用于加热保温的电热灯 12 和用于补充特殊营养的补料槽 13，以进一步为羔羊提供优越的成长环境。

在墙体 8 上开设窗户 9，以便通风。在空间较大的饲养棚内可设置多个上述隔栏区域。

四、适宜区域

母羊分娩栏适宜南方的农区、牧区、丘陵地带等各个养殖区域。

五、注意事项

母羊分娩栏是为了给予羔羊和母羊一个更加舒适的环境，所以卫生状况要及时保证良好，同时饲养员也要及时观察羔羊和母羊的状况，防止电热灯出现状况等。

六、效益分析

母羊分娩栏可大幅度地提高羔羊的成活率，从而提高了养殖效率，增加了养殖效益，具有良好的经济效益。

七、技术开发与依托单位

联系人：凌英会
联系地址：安徽省合肥市蜀山区长江西路 130 号
技术依托单位：国家肉羊产业技术体系合肥综合试验站

干热河谷区肉山羊圈舍优化设计技术

一、技术背景

圈舍设计是山羊养殖中重要的技术环节，已成为制约区域规模化、集约化养殖的主要因素。如何建立与完善舍饲养羊工艺模式，满足区域发展及生态建设的双重需求，正受到越来越多养殖户的关注。本设计以云南典型干热河谷区——元谋县为对象，在分析近十年元谋干热河谷气候特征的基础上，对当地肉羊养殖场优化设计进行探讨及评价。结果表明，元谋干热河谷年平均温度21.9℃，年均降水量680.7mm，年均蒸发量3 640.5mm，主要气候特点是日照时间长、干湿季分明、常年高温干燥、盛行东南风、温差变化大、水热矛盾突出，因而干热河谷区羊场优化设计的要点是依河谷走向选择地质稳定、便于生产管理的地段设置坐北朝南向的场区，工艺上注重防暑抗旱，平衡温湿及危害防控；同时，依据干热河谷气候环境特征优化设计的半开放—楼式高床羊舍，能有效降低圈舍温度，平衡舍内温湿度，提高区域饲养管理效率及促进羊只畜饲养方式转变。

二、技术要点

（一）功能区划分

标准化规模畜牧场一般包含四大功能区：管理区、辅助生产区、生产区和隔离区。区内多点气象监测数据显示，元谋干热河谷盛行东南风。场区功能区应在综合考虑地形光照等自然条件的基础上，依盛行风向偏30°~45°角依次设置（图1、图2），以便于场区空气污染及疫病防控等工作的开展。

（二）羊舍主要设施

羊舍主要设施包括羊床、投饲通道、饲槽、颈枷、产羔栏、运动场、粪坑和各种饲养管理设备和设施。

羊床：羊床宽一般为3~3.3m，用4cm×4cm木条铺成，木条间距为羔羊0.9cm，育成羊或成年羊1.2cm，在漏缝木条下设置斜坡及粪沟收集粪尿。为利于清除羊粪，漏缝地板木条与粪沟的垂直距离为120cm为宜。

投饲过道：供人工投饲通道宽1~1.2m，手推车投饲通道宽1.2~1.5m。

粪沟：粪沟的出粪口与运动场内排水系统相分离，实现场内清污分流。

饲槽：与羊楼相配套，成年羊料槽上口宽0.50m、料槽上缘至羊床漏缝地板高0.4~0.5m、槽深0.2~0.25m；育成羊舍料槽上口宽0.2m，漏缝地板至料槽上缘高0.3~0.35m、槽深0.2~0.25m。每只羊所占料槽长度0.2m，并配合使用补饲栏补充精料；羔羊舍料槽上口宽 0.15m，漏缝地板至料槽上缘高 0.2m，槽深 0.1~0.2m。

栅栏：与羊楼相配套，按每只成年基础母羊采食空间 40~60cm 宽度设置饲槽及围栏，以保证饲养的每只羊均有自己的采食位置。育成羊及羔羊设计采用横式宽度可调节栅栏，栏栅高度 1.2m。

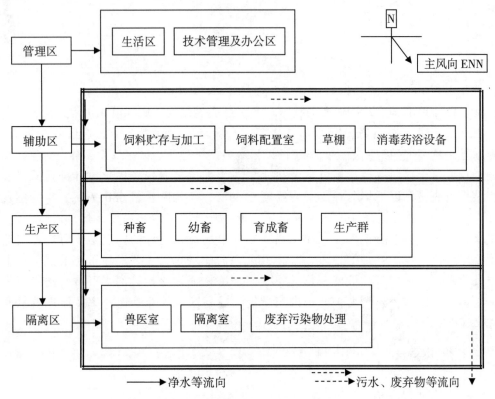

图 1　工艺设计及功能区划示意图

颈枷：对初入场的山羊应在料槽栏栅上设颈枷以固定羊只采食位置。

（三）主体建筑材料

屋面材料：现行的屋面材料主要有石棉瓦、石棉瓦+泡沫、带泡沫夹层的彩钢瓦、单层彩钢瓦、玻纤瓦等。其中带泡沫夹层的彩钢瓦兼具良好的外观形象及保温隔热性能，适宜作为屋面隔热材料，其次是石棉瓦，最后两种保温隔热性能差，不能作为选择的材料。根据经济实力及实用性能，羊舍屋面材料选择石棉瓦或彩钢瓦做防水层，下部采用泡沫夹层板建立隔热层，可同时达到防暑降温及增加保温的效果，利于稳定圈舍温湿度。

框架：用实心红砖水泥柱或钢架筑成圈舍框架结构。

墙体：干热河谷山羊圈舍墙体可用空心砖混凝土构筑。因空心砖筑成墙体后，其中空墙体构成隔热保温层，可进一步增强防暑隔热及增加保温的效果。

通风及保温窗：在半开放式墙体设计的基础上，采用温室大棚膜构建活动式温窗，同时满足圈舍旱季大面积通风及秋冬强烈昼夜温差期间保温需要。

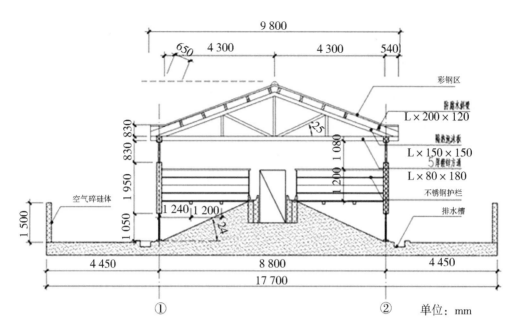

图2　干热河谷肉用山羊养殖场圈舍优化设计模式图

三、技术应用说明

按照以上技术方案，2012—1014 年，在干热河谷气候典型区元谋建设优化后，标准化肉羊养殖圈舍 700m²，能较好地满足肉羊生产需要，并达到以下效果：

改善肉羊养殖条件：圈舍（图3）建成后，养殖场肉羊圈舍小环境条件有了较大改善。优化设计后羊舍平均温度保持在 18.85～23.21℃，相对湿度保持在 53.91%～69.24%，温湿度恒定能力更强，能够为圈舍创造适宜温度及湿度的小环境，更适宜肉山羊生产。另一方面，较优化前，优化设计后由于空间利用更为合理，场内肉山羊单位占有面积由原来的 0.6～0.8m²提高到 1.2～1.6m²，而场区容纳量由原场 180～240 只上升至 384 只（按基础母羊计），为场区提高饲养密度及控制肉羊生产质量创造了条件。

管理、繁育及效益提高：优化改建后，一方面有利于开展良种快繁及品种改良等各项工作，使场区运行效益大大提高，另一方面易于疾病防控的开展。干热河谷夏季炎热，降雨集中，造成羊舍内潮湿泥泞，再加上自然放牧饲草中的钙、磷等营养物质不均衡，常导致羊的蹄部角质疏松，局部组织软化而发生烂蹄、痢疾及急性角膜炎。优化后，对山羊有序进行疫苗接种、定期消毒等管理，使疫病防控取得较好效果。

四、适宜区域

1. 热带、亚热带气候区，特别是长江中上游、怒江、澜沧江流域干热气候较为明显的地区。

2. 其他舍饲养羊，管理技术较为落后，饲草以秸秆等劣质牧草为主的地区。

图3　干热河谷肉用山羊养殖场圈舍优化设计实体图

五、注意事项

1. 圈舍建设的主体材料应满足"经济实力及实用性能并举"的原则，依据实际需要进行选择。

2. 设计工艺上注重防暑抗旱，平衡温湿度及危害防控。

六、效益分析

经济效益：采用本技术在元谋县苴林地区建设标准化肉山羊圈舍 700m²，养殖基础能繁母羊 200 只，直接经济效益见表1。

表1　项目直接经济效益情况表（项目总投资额：5 400万元）

年度	实现产值 （万元）	销售收入 （万元）	销售利税 （万元）	节支总额 （万元）
2011	21.52	21.52	4.58	3.98
2012	33.50	33.50	14.83	6.28
2013	35.20	35.20	15.10	7.75
2014	33.41	33.41	13.49	7.67
累计	123.63	123.63	48.00	25.68

生态效益：本技术配套种草及草地管理技术，直接生态效益明显，技术示范区内总植被覆盖率平均提高 33%～42%，植被覆盖率达到 87%～95%；以牧业发展促进区域山地、坡耕地人工种草，有效带动了区域水土保持综合修复工程的推进，示范区内水土流失严重状况得到明显改观；土壤侵蚀模数消减率达 15.42%～99.41%；有机质含量上升 2.2%～24.1%；土壤蓄水量提高 4.33～81.21 倍。同时，本技术配套种草及草地管理技术的综合实施，实现生产中粪污的合理循环利用，提高技术生产效率的同时实现动物生产零污染，能有效控制长江上游流域动物生产造成面源污染的问题。

七、技术开发与依托单位

联系人：何光熊

联系地址：云南省楚雄彝族自治州元谋县南城街 150 号

技术依托单位：国家现代肉羊产业技术体系昆明综合试验站示范基地

羔羊保育箱研发及应用技术

一、技术背景

羊的现代化、规模化养殖兴起已近 20 年。实践证明，提高羔羊的成活率，是提升养羊企业和养殖户利润的重要途径。一般来说，羔羊出生后体温调节机能不完善，需热多，产热少，保温能力差，最怕寒冷。寒冷对羔羊的直接危害是冻死，同时，受寒又是羔羊被压死、饿死以及感冒、呼吸道疾病和下痢的诱因。因此，做好羔羊保育期的保温工作可大幅提高羔羊成活率，并促进羔羊的早期生长。现有的养殖场一般在羔羊出生后，利用箱子将羔羊与大羊隔开，在箱子里拉电灯当热源为羔羊保温。在养殖场实践中，这种简单箱子隔离法有很多不足之处。比如，箱顶是平的导致大羊常攀爬踩踏箱子，不仅弄脏了箱子，而且时常踩坏箱子，甚至踩伤、踩死羔羊，另外，传统的箱子还有若干弊端，比如漏粪功能不好导致箱内污染使羔羊发生疾病，或者观察视线不好，羔羊在箱内状态不能及时掌握，如果有羔羊死亡也不能及时清理等。

二、技术要点

为解决上述问题，本实用新型设计了一种羔羊保育箱（图 1），目的在于提供一种更方便生产实践使用的且功能更完善的羔羊保育箱。

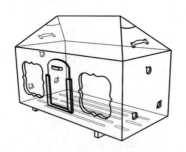

图 1　产品设计图

本设计包括支脚、底板、箱体、箱顶，箱顶为三角屋面式设计，其中一块长梯形面板设计为活动门，底板搭接在箱体下方四个角的定位块上，底板上有数个漏粪槽，底板下的两个支脚一高一矮使箱体稍稍倾斜，箱体正面面板上开有左右两个玻璃观察窗，并设置有进出门，箱体两侧面板上开有数个通风孔。

三、技术应用说明

本产品适用广泛，适合于绵羊、山羊羔羊的保育。可直接放于羊床或地面上，建议靠角落放置。

四、适宜区域

适宜区域不限，北方南方均可，规模化养殖或散户养殖均可。

五、注意事项

1. 及时清理保育箱内残留粪污。
2. 关注保育箱内羊只密度，不可太密。

六、效益分析

通过使用本实用新型的羔羊保育箱，能有效防止大羊攀爬踩踏箱体同时具有通风透气、整个箱体朝一侧倾斜有助于粪尿漏出、羔羊进出方便、清洁方便、观察方便、移动方便等优点，冬季还可设置热源，大大提高工作效率，提高养羊场的羔羊成活率，促进羔羊早期生长。实践表明，与不使用羔羊保育箱羊场相比，羔羊断奶成活率可提高5%～10%。

七、技术开发与依托单位

联系人：邵庆勇
联系地址：云南省昆明市盘龙区金殿青龙山社区云南省畜牧兽医科学院
技术依托单位：国家现代肉羊产业技术体系昆明综合试验站

山羊可控移动式饲喂栏研发及应用技术

一、技术背景

设计和修建理想的畜舍，创造适合家畜生理和生产的环境，已成为现代羊业生产的重要标志之一。合理的羊舍建筑关系到科学地进行饲养管理、保持畜体健康、预防疾病和提高生产力，降低生产成本和延长畜舍建筑的使用寿命等各个方面，特别是规模饲养技术出现之后显得尤为重要。但现有传统的羊舍设计和建筑较为落后，使用的饲喂栏主要为栅栏式，多采用木条或钢条制作。羊只具有的生物学特性（非常灵活的上下嘴唇）使其挑食性很强，在饲喂时总是到处乱跑抢食优质草料，常常导致优秀种羊营养不良、羔羊成活率低、羊只抢食打斗流产和外伤等生产问题；羊喜爱干净，不再采食掉在地面上的草料，导致饲草、饲料浪费严重；因无法实施精细化管理，劳动效率低，经济效益低等问题，已成为严重制约现代羊业发展的瓶颈技术难题之一，急需改进。

二、技术要点

本技术涉及山羊可控移动式饲喂栏（图1）。在规模舍饲情况下，能基本保证对每只羊进行有效地控制性饲养，有效避免因羊群抢食、打斗造成草料浪费、营养不良、受到伤害等问题，可明显提高生产管理效率。

图1　山羊可控移动式饲喂栏

所述的山羊可控移动式饲喂栏，长约2m，宽50cm，高90~100cm，饲喂槽底部离地面高15~25cm，可同时饲养18~20只小羊。每个控位孔呈"倒钥匙孔形"，分为上段、中段和下段。上孔位最宽，当羊只采食时必须通过上孔位才能进入食槽内采食；中孔位较窄，在小羊正常站立时无法自由伸进或伸出饲槽内外，从而保证控位按需饲养，防止在饲喂过程中发生打斗；下段为饲槽，深度为18~25cm。

三、技术应用说明

由于山羊的挑食能力很强，好争斗，在采食时，健壮、好强的羊只总是喜欢奔跑抢食或顶撞其他羊只抢食，并造成大量饲草饲料浪费，甚至引起母羊流产、外伤等严重后果。

本专利设计可以保证羊在正常站立情况下，头部不能直接伸入饲喂栏内采食或将草料从饲喂栏中撒出造成浪费。当羊开始采食时，羊的头部必须抬高到上段孔位才能伸入饲槽内，并下移到料槽内才能自由采食。当下移采食时，因中端矩形孔位较窄，羊的头部无法退出饲喂栏外，除非将头部抬高至上段孔位才能退出饲槽，从而达到固定饲养，自由采食，方便管理，提高效率的目的。

四、适宜区域

该技术适用于规模饲养的养殖户和各类羊场。

五、效益分析

本发明符合山羊的生物学特性，可实现固定、按需和限制性饲养，提高圈舍和运动场利用率 30% 以上；提高饲料利用率 20%～30% 以上；避免因抢食、打斗导致部分羊只营养不良或打斗造成伤害。本技术建设成本低，能明显提高羊舍建筑和羊群生产管理效率。

六、技术开发与依托单位

联系人：徐刚毅
联系地址：四川省雅安市雨城区新康路 46 号八家村电梯公寓

多功能新生羔羊保育箱研发及应用技术

一、技术背景

赤峰市位于内蒙古东南部，北纬 41°17′10″~45°24′15″，东经 116°21′07″~120°58′52″。赤峰属中温带半干旱大陆性季风气候区。冬季漫长而寒冷，春季干旱多大风，夏季短促炎热、雨水集中，秋季短促、气温下降快、霜冻降临早。年平均气温为 0~7℃，最冷月（1月）平均气温为-10℃左右，最热月（7月）平均气温为 20~24℃。极端最高 39℃，最低-34℃。无霜期为 80~100d。

为适应市场趋势，多数牧户选择冬季接羔，冬季无采暖设施的羊舍平均气温-8℃。严重影响羔羊成长，致使部分羔羊冻伤，冻死等，大大降低羔羊成活率和羔羊品质。

二、技术要点

多功能新生羔羊保育箱为一箱体式结构，箱体结构包括箱底、前壁、中壁、侧壁、箱顶。箱体前壁装有门，箱体内有热光源和饲草盒子，箱底直接坐落羊舍内。多功能新生羔羊保育箱体积为 220cm×100cm×170cm，总使用面积为 2.2m²，可容纳 2 只分娩母羊同时生产或存放 12 只羔羊。箱内分两个独立空间，两个空间可同时使用也可单独使用，每个空间内有单独热光源，单独空间使用面积为 1.1m²，空间大，羊只可自由活动。

多功能新生羔羊保育箱具有使用范围广、使用对象多的特点。可用于母羊生产，新生羔羊烘干，羔羊保育，体质弱羊恢复饲养，治疗，手术后愈合等。

三、技术应用说明

将设备安放在羊舍内，后壁紧靠墙壁，连接电源便可投入使用。

保育箱内设有独立开关，需要升温时打开开关即可。

将羊只赶入保育箱内，关闭保育箱门，气温低时打开热光源，定时饲养即可。

四、适宜区域

北方寒冷地区、其他地区寒冷季节。

五、注意事项

1. 使用前检查电源，热光源，箱壁有无损坏。

2. 注意热光源与羊头部距离，必须保持在 45cm 以上。如太近，容易出现烫伤羊只和发生意外等情况。

3. 此设备需要定期维护保养，及时发现问题及时处理，避免意外发生，让此设备作用发挥最大。

六、效益分析

此设备解决了北方寒冷地区冬季新生羔羊冻伤、冻死的现象，新生羔羊的成活率提高了 20%。同时，也提高了新生羔羊生长发育速度，增速提高 15%。此设备还用于母羊生产、体质弱羊恢复饲养、治疗、手术后愈合等，有利于提高母羊和弱羊生产性能，从而提高生产效益。

七、技术开发与依托单位

联系人：李瑞

联系地址：内蒙古赤峰市克什克腾旗浩来呼热苏木

高寒区域保温除湿羊舍建设技术

一、技术背景

高寒区域冬春季节温度较低，需要采用羊舍进行肉羊养殖越冬。但是普通羊舍温湿度矛盾突出，额外补充热量不仅增加成本，还带来了羊舍湿度增加的问题，给高寒区域冬春季节肉羊养殖带来较大难题。在高寒地区过冬羊羔成活率低，更是急需解决的难题，而高寒区域保温除湿羊舍建设技术，可以低成本、高效地解决这一问题。

二、技术要点

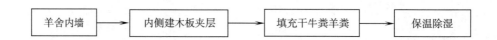

具体实施方式：

（一）主体构建

选择地势高燥、排水良好，向阳的地方建造羊舍外墙。根据养殖规模决定羊舍的面积，平均每只羊要保证 $1\sim2m^2$。

（二）加设夹层

在羊舍内墙用木板建一高同房檐、宽 $10\sim20cm$、上端敞口的夹层（图1），遇门、窗处断开。

图 1　夹层表面

（三）填充

在夹层中填充干牛粪、羊粪，达到羊舍保温除湿的目的。

三、技术应用说明

（一）应用说明

1. 本技术通过夹层填充干牛粪、干羊粪的保温除湿方法，能为肉羊提供良好的越冬环境，而且不需要额外增加热能消耗，投资小。

2. 本技术中各部件的结构、设置位置及其连接方式等都是可以有所变化的，其宗旨就是利用干牛粪、羊粪保持舍内干燥。

（二）应用条件

本技术需要：①木板；②干羊粪、牛粪。

四、适宜区域

该方案建设简单，投资小，在寒冷区域、高寒区域均可推广应用。

五、注意事项

1. 内墙夹层使用宽木板采用篱笆式钉于外墙内层，充分发挥填充物保温除湿的功能。
2. 夹层内填充的羊粪、牛粪要尽可能干燥。

六、效益分析

本技术是一种实用新型的高寒区域保温除湿羊舍，通过利用夹层填充干牛粪、干羊粪的保温除湿方法，能为肉羊提供良好的越冬环境，而且不需要额外增加热能消耗，投资小。这种高寒区域保温除湿羊舍建设简单投资小，可以在寒冷区域、高寒区域广泛推广应用。该技术简单实用、就地取材，减少了家畜粪便造成环境污染，降低了圈舍建设成本。这种高寒区域保温除湿羊舍，已在海拉尔试验站辐射区域的免渡河农场进行推广应用，见效显著。

七、技术开发与依托单位

联系人：张志刚、刘荣、王少华
联系地址：内蒙古呼和浩特市赛罕区乌兰察布路 70 号

陕南白山羊楼式羊舍建造技术

一、技术背景

陕西安康属亚热带大陆性季风气候，气候湿润温和，四季分明，雨量充沛，年平均降水量1 050mm，年平均降雨日数为94天。陕南白山羊是当地的主要品种，饲养量占全省的65%以上，该山羊喜欢攀高、干燥、清洁卫生的生活环境，为了适应山羊的生活习性，减少疫病和寄生虫病的发生和传播，需要给羊创造一个温暖舒适、清洁干燥的环境，充分发挥其潜能。

二、技术要点

圈舍建设基本要求：建设好的羊舍应达到冬暖夏凉、通风透光、补饲便利、羊楼漏粪方便、不会损伤羊蹄、操作便利的效果。

（一）羊舍建设的选址

羊舍应选建在土质坚实、地势高燥、背风向阳、水源充足、无污染的地方，地势要尽量开阔，这样好在圈舍外建运动场。规模养羊场的周围要有足够的放牧草地、饲料地，饲料资源的来源要丰富。饮水要符合人用饮水的卫生标准。如果是小规模的养羊场，圈舍打算建在住户附近，要距住家户有一定的距离，确保住户卫生水平（图1、图2）。

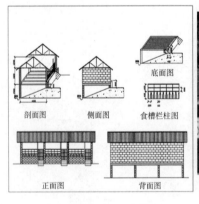

剖面图　　侧面图　　食槽栏柱图　　底面图

正面图　　背面图

图1　楼式羊舍示意图　　　　图2　楼式羊舍实体

（二）羊舍建筑的一般要求

1. 羊舍建设面积依据饲养规模确定，一般情况下，每只羊占地面积为：种公羊1.5~

$2m^2$，种母羊 $0.8 \sim 1m^2$，待哺乳母羊 $1.5 \sim 2m^2$，育肥羊 $0.6 \sim 0.8m^2$，产羔羊不少于 $2m^2$。

2. 运动场的面积不少于羊舍面积的 2 倍。

3. 羊舍四平头的高度不低于 2.8m。

4. 羊舍内羊楼的高度距地面 0.8m。

5. 羊舍门窗：门高 2m，宽 1.2m，有利于草料搬运，窗户大小为高 1m、宽 1.2m，窗户的安装高度是距羊楼 1m，窗户间距 3.5m。

6. 羊床用结实的木条或木棍铺成，木棍或木条的间隙：小羊 $1 \sim 1.5cm$，大羊 $1.5 \sim 2cm$。以便于羊粪球下漏和不伤羊蹄为好。

7. 其他技术指标：羊舍温度：产羔舍冬季不低于 8℃，其他羊舍不低于 0℃，夏季羊舍不超过 30℃。羊舍湿度：相对湿度 50% ~ 70% 为宜。通风换气：冬季每只羊每分钟 $0.6 \sim 0.7m$，夏季每只成年羊每分钟 $1.1 \sim 1.4m$（图3）。

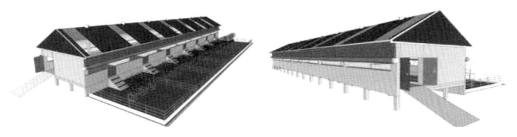

图3 标准化、现代化、规模化的楼式羊舍示意图

（三）羊舍建筑

可因地制宜、就地取材，采用砖混或土木结构。以单列式、人字水为好，建筑起来较为简便。屋顶可盖石瓦、泥制瓦、石棉瓦等。关键是羊楼安装和地面处理。地面处理可以采取三面斜坡、粪尿排出口设在斜坡底部并靠近圈舍的中部，斜坡的坡度以利于羊粪尿滚动为宜，将化粪池（集粪池）单设在羊舍外，确保羊舍内不存积浑浊的空气。

（四）羊舍内的设施

1. 羊床

用硬木条或木棍铺成。

2. 草架

山羊爱清洁，喜欢吃干净的饲草，所以圈内要设草架，最好能够将饲草吊起，其高度以羊能够着为宜（图4）。

3. 饲槽

依圈舍长短制作成升子形，上宽 50cm、高 40~50cm、下宽 30~40cm。

4. 饮水设备

水盆、水管等

5. 羊场主要机械

饲料粉碎机、切草机、喷雾器。

6. 其他设备

青贮窖、药浴设备、堆粪棚等。

图 4　楼式羊舍内设施

三、适宜区域

安康、汉中、商洛地区。

四、注意事项

1. 一定要有良好的排水设施。
2. 一定要有完备的消毒设施。

五、技术开发与依托单位

技术开发与依托单位：陕西省布尔羊良种繁育中心

肉羊高床养殖技术

一、技术要点

随着羊肉餐饮消费量的不断提升，安徽省肉羊适度规模养殖得到迅猛发展，养殖方式也由传统的放牧散养向半放牧半舍饲或全舍饲模式转变。由于肉羊高床养殖有利于管理、疾病防控等，受到广大养殖场（户）的欢迎，但在高床羊舍建设、肉羊饲养管理等方面缺乏指导性规范。针对此现状，特制定本规程，以规范肉羊高床养殖，推动安徽省肉羊产业健康持续发展。

本规程规定了肉羊高床养殖的羊场建设、饲料、饲养与管理、日常管理、疾病防控、用药要求、生产记录等的技术要求及应遵循的规范等。其中肉羊是指：经济用途上主要用于生产羊肉的山羊或绵羊品种（系）的商品羊。高床养殖是指：用一定的材料在离地面50cm以上的距离所搭建的漏缝羊床上养殖肉羊的一种方式。

羊场建设：场址应选择地势高燥，背风向阳、排水良好。距铁路、交通要道、城镇、居民区、学校、医院、其他畜禽养殖场等500m以上。距屠宰场、畜产品加工厂、畜禽交易市场、垃圾及污水处理场、污染严重的厂矿等1 500m以上。羊场环境符合 NY-T 388 畜禽场环境质量标准和 GB/T 18407.3 农产品安全质量 无公害畜禽肉产地环境要求的规定，水质符合 NY 5027—2008 无公害食品 畜禽饮用水水质的规定。羊场应分为饲养区、生活辅助区和隔离区三部分，各区之间有严格的隔离措施，并设有相应的兽医室、隔离舍等辅助设施。建议采用双列式羊舍，羊舍跨度 7~7.5m，檐高不低于 3m，机械清粪羊舍长度小于 40m，各栋羊舍间距不小于 9m。

高床建设：床体基架高度，人工清粪 0.8m 以上，刮粪板类机械 0.5m，宽度 2~3m。羊床建筑材料因地制宜可选用竹片或 4cm×4cm 方木订制或采用塑料、水泥预制漏粪板等，漏粪间距 1.5~2cm。食槽和饮水器食槽采用木板、半圆或梯形白铁皮、PVC 管材、水泥预制等材料。食槽底部离高床距离 20cm，上口宽 30cm，下口宽 20cm，槽深 15~20cm。饮水器采用羊用自动饮水器，每栏一个或以上。栏栅高度，湖羊等绵羊为 1m，山羊 1.2~1.5m。栏栅间距不小于 15cm。栏栅可采用镀锌管、钢筋、毛竹或木板等，每栏间设互通活动门。人工饲喂走道宽度为 1.5m，机械饲喂为 2~2.5m 以上，双扇外开门。通风换气，开放式或半开放式羊舍可采用卷帘。密闭式羊舍窗户占地面积的 1/15，一般宽 1~1.2m，高 0.7~0.9m，窗台距高床高 1~1.2m，屋顶采用自动无动力风扇通风换气。山羊场建议建设运动场，湖羊等绵羊可不建设。运动场地面用砖或水泥混凝土建造，面积是高床面积的 2~3 倍。各运动场间门互通，门宽 1.2m，运动场围墙高 1.2~1.5m。

清粪主要采用人工或机械清粪，机械清粪刮粪机牵引绳采用尼龙绳或麻绳。

喂料应定时定量，每天喂 2 次。不突然改变饲料品种，饲料成分要相对稳定，更换饲料时，要有 7 天的过渡期，逐步过渡。清洁卫生，羊舍每天打扫 1 次，人工清粪每周一次，消毒一周 1 次，保持圈舍的清洁干燥；食槽、水槽半个月清洗、消毒 1 次。注意饮水卫生，保证饮水充足。

根据性别、年龄、大小等分群高床饲养。饲养密度为：育肥羊 $0.5\sim0.8m^2$。育肥对象为断奶羔羊、淘汰种羊和后备羊等。按性别、品种、体重、年龄及个体强弱等分群分圈育肥。

育肥前体内外驱虫、药浴，同时注意观察羊只，挑出病弱羊，分圈饲喂。育肥期 $2\sim3$ 个月，育肥期内增加精饲料饲喂量，后期增加能量饲料添加量。出栏体重，山羊 $9\sim10$ 月龄，绵羊 $8\sim9$ 月龄。病死羊应按病害动物和病害动物产品生物安全处理规程（GB16548—2006）进行处理，不得上市销售。出栏肉羊应健康无病，出栏前兽药使用应符合 NY 5148—2002 无公害食品 肉羊饲养兽药使用准则规定。

二、技术应用说明

按照肉羊高床养殖的羊场建设、饲料、饲养与管理、日常管理、疾病防控、用药要求、生产记录等的技术要求及应遵循的规范。

三、适宜区域

适用于南方高床肉羊养殖的区域。

四、注意事项

南方肉羊养殖的区域的地理环境和饲料资源变化比较大，按照此标准规范进行实际操作时，应该作为一定的参考标准，因地制宜进行育肥羊的高床养殖。

五、效益分析

（一）经济效益

肉羊高床养殖技术规程提高了羔羊的成活率，提高了日增重，增强了肉羊的免疫力，降低了总体的饲养成本，加大了养殖的经济效益。

（二）社会效益

肉羊高床养殖技术规程使肉羊的养殖数量迅速增长，生产性能得到进一步提高，大幅度提高了肉羊生产效率，促进了畜牧业科技进步和畜牧业结构调整，加大了养殖效益，促进了养羊产业的发展，所取得的社会效益十分显著。

（三）生态效益

按照此养殖技术规程进行肉羊养殖，可减少粪污的排放量，降低养殖业对社会生态环境的污染和破坏，具有一定生态效益。

六、技术开发与依托单位

联系人：凌英会
联系地址：安徽省合肥市蜀山区长江西路 130 号
技术依托单位：国家肉羊产业技术体系合肥综合试验站

南方地区可移动式干草架研发及应用技术

一、技术背景

在我国南方地区多为山地，雨热同季、牧草资源丰富，为大力发展肉羊等草食家畜产业奠定了很好的饲草料基础。但是南方地区牧草生长季节不平衡，从而制作干草问题较多，牧草生长期雨水多，晒制干草难度大；南方地区地面容易出现回潮现象，增加了干草储存过程中的发霉、变质；大规模机械化作业难度大。

因此急需一种简单可行的干草设备。

二、技术要点

本产品是一种用于南方地区的可移动式干草架，能将黑麦草等牧草和花生秧、红薯藤等农副产品制作成干草，需要劳动力少，且劳动效率高。

该干草架为框架结构，设有承载层（2 层以上），在承载层上铺设有带塑胶外套的钢丝网，在干草架底部设有前滚轮和后滚轮。

具体制作步骤：

步骤一、横杆和立杆采用的方钢构成该干草架的主体部分，干草架尺寸（长、宽、高）：4m×2m×2.5m。

步骤二、水平支撑杆采用 2.5mm×2.5mm 的方钢将干草架分隔成 5 层，每层之间高度为 50cm。

步骤三、在承载层上铺设带塑胶外套的钢丝网作为承载草料的网子，四周用铁丝与干草架的主体部分固定。

步骤四、在干草架底部装上前滚轮和后滚轮（最好安装干草架底部的四个支点处）（图 1、图 2）。

三、技术说明

1. 前滚轮采用可绕干草架 360° 自由转动的万向轮，便于该干草架的运输和转向；后滚轮采用只能前后滚动的普通轮，方便干草架的固定。

2. 承载层的钢丝网上套有塑胶外套，防止生锈。

四、适宜区域

南方家庭农场或小型养殖场（户），特别是在夏季雨水较多，牧草生长旺盛，空气湿度较高的养殖地区。

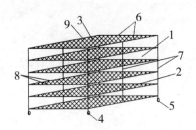

图1 产品结构示意图

注：1. 干草架；2. 承载层；3. 钢丝网；4. 前滚轮；
5. 后滚轮；6. 横杆；7. 竖杆；8. 水平支撑杆；9. 塑胶外套

图2 产品实物照片

五、注意事项

1. 可根据地势条件和养殖户养殖规模的大小调节移动式干草架的大小和高度。

2. 轮子需要两个固定两个活动的，这样才能灵活而迅速地在下雨前及时把预干草收回。

六、效益分析

该干草架每次可承载2 000~2 500kg的鲜草，春季7~10d、夏季5~7d可制作成干草，且储存在干草架上的草料通风好，不会返潮；省时省力：2 000~2 500kg的草料只需一个人就能随意的推动，一个人可以推进或者推出草料棚，应对天气快速变化。适合家庭牧场和小型养殖场（户）使用，可有效调剂南方地区饲草料生产季节不平衡的问题。

七、技术开发与依托单位

联系人：陈浩林

联系地址：贵州省贵阳市龙洞堡老李坡1号

技术依托单位：贵州宏宇畜牧技术发展有限公司

自动投药装置研发及应用技术

一、技术背景

现代畜牧养殖中，动物从出生到以后，需经过多次的免疫投药才能保证其健康生长直至出栏，特别是一些驱虫药物，通常都是采用水饮的方式进行投喂，即将驱虫药物投在水槽中让其自由采食或者人工饲喂。采用水饮投药会产生如下问题：药物沉淀至水槽底部，导致药液浓度不够，无法保证药效；无法判断其饮水量不能确定准确的给药量，导致给药量不合理；药水没有被一次饮用后，剩余的易被污染，不但造成药物浪费，同时动物饮用后产生不良后果。采用人工饲喂则费工、费时，导致生产成本上升。

二、技术要点

本产品是一种结构简单、使用方便的自动投药装置。可有效降低劳动力成本和提高单位时间内给羊喂药的效率，减少传统喂药方式中抓羊对羊只的应激性反应造成肉羊掉膘等现象（图1）。

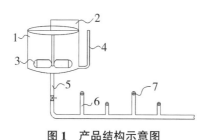

图1　产品结构示意图

三、技术说明

如图1所示，自动投药装置包括水箱1、设于水箱1上的电机2和连接于水箱1的输液管5，水箱内设有螺旋片3、且通过螺旋轴与电机2相连，螺旋片3通过电机2带动旋转可将药物充分溶解，保证药物浓度，水箱1上设有带刻度的计量管4，计量管4可知道水箱1的水量，方便药物投递时浓度计算。

其中，输液管5上设有分液管6，分液管上设有饮用嘴7，分液管6的数量可根据圈舍或圈舍中饲养动物的数量设置。

其中，计量管4是由透明材料制成，方便观测与计算药物浓度。

其中，输液管5设有上阀门（图中未标出）。

四、适宜区域

1. 南方家庭牧场或小型养殖场（户），特别是在春季和夏季肉羊以半舍饲养殖为主的地区。

2. 特别适用于夏季给肉羊投喂解热降暑等一些保健类药物。

五、注意事项

1. 饲喂后要及时清洗装置和设备。

2. 也可供一些特殊需要照顾的肉羊使用。

六、效益分析

与现有技术相比，本产品的技术优点是：

1. 在给动物投药时将需要进行水饮的药物投入水箱，加入适量水以后，通过螺旋片转动搅拌均匀打开阀门即可供给动物，动物的饮用量可根据计量管随时监测；即使动物无法一次饮用，剩余也可以通过螺旋片搅拌均匀保证药物浓度。

2. 本实用新型装置可实现对动物自动投药，无需大量劳动力；而且在饲喂中不会产生浪费现象，不但操作简单，而且能有效降低生产成本。

七、技术开发与依托单位

联系人：陈浩林

联系地址：贵州省贵阳市龙洞堡老李坡 1 号

技术开发与依托单位：贵州宏宇畜牧技术发展有限公司

羊肉产品加工实用技术

冷却羊肉加工技术

一、技术背景

我国是羊肉生产与消费第一大国，2015年产量达440万t，消费达463万t，产量、消费量连续27年超过世界的1/3。但95%以上为鲜、冻胴体和二分体初加工产品，标准化分级分割方法缺失。冷却肉经历了较为充分的解僵成熟过程，质地柔软有弹性，滋味鲜美。冷却羊肉加工技术是集分级、分割、保鲜为一体的技术，通过对羊胴体进行等级划分，保证羊肉加工原料品质一致，生产产品质量稳定、均一，进而保障肉品质量，实现优质优价。通过建立满足我国羊肉消费习惯的羊胴体分割技术，对羊胴体进行精确分割，可以保证羊肉加工原料品质一致性、加工产品种类多样化，实现优质优价，同时又使得羊肉加工产品更加丰富，满足消费者对高品质羊肉的需求。冰温保鲜可使分割羊肉汁液损失率降低50%以上，鲜羊肉货架期延长至45天，解决了羊肉货架期短、卫生条件差、口感风味差等问题。

二、技术要点

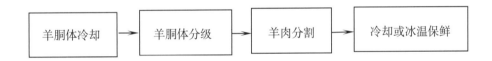

具体实施方式：

（一）胴体冷却排酸

将修割、冲洗后的羊胴体进行"排酸"，排酸温度：0~4℃，排酸时间：24h（图1）。

（二）羊胴体分级

采用近红外无损分级方法，准确性达到95%以上（图2）。

（三）羊肉分割

以冷却胴体羊肉为原料进行分割，冷分割车间温度应在10~12℃，冷却胴体羊肉切块的中心温度应不高于4℃，分割滞留时间不超过0.5h。

（四）保鲜

采用冰温和冷藏保鲜，冰温保鲜温度：-2~0℃，冷藏温度：0~4℃（图3）。

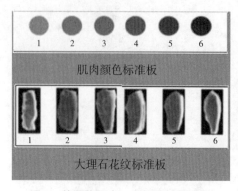

肌肉颜色标准板

大理石花纹标准板

图1　羊胴体肌肉、大理石纹标准板

图2　便携式无损分级装置

图3　冰温保鲜

三、技术应用说明

（一）应用说明

1. 羊胴体原料

加工分割羊肉的羊肉胴体原料应符合《鲜、冻胴体羊肉》（GB/T 9961—2008）、《冷却羊肉》（NY/T 633—2002）、《羔羊肉生产标准规范》（NY1165—2006）的规定。

2. 羊胴体分级

本技术主要参考国内外羊肉分级标准，结合我国羊肉生产加工实际，通过实验数据的采集和分析，建立了羊胴体人工产量分级方程，并根据羊胴体产肉率，将我国羊胴体产量级划分为五个级别，实现优质优价，保证羊肉质量均一、稳定，提高羊肉品质。

3. 羊肉分割

本技术参考国内外羊肉分级分割标准，结合我国羊肉生产加工实际，建立了满足我国羊肉消费习惯的羊胴体分割技术，研建了25种带骨、13种去骨和225种精细分割产品的分割方法，建立可视化的羊胴体分割图谱库，覆盖我国46个主要商品肉羊品种，占总数的 90% 以上。

4. 冰温或冷藏保鲜

冰温保鲜技术和冰温保鲜库，已经实现产业化应用，冰温条件：-2~0℃，冷藏条件：0~4℃。

（二）应用条件

本技术需厂房、设备及配套设施、排酸间、分割车间和冰温保鲜库或冷藏库。分割车间应具有羊胴体吊挂轨道、输送装置、分割输送台、冷藏车、包装输送机、充气包装机、切片机、封口机等配套设备。年产 2 000 t 的生产线需投资约 3 000 万元，流动资产投资 1 500 万元。

四、适宜区域

该技术适用于所有大、中、小型肉羊屠宰加工企业。

五、注意事项

应用该技术需要一定的资金支持，但经济效益明显。

六、效益分析

本技术针对我国羊肉产品良莠不齐、优质不优价的现象，解决了羊胴体产量分级的难题，建立了满足我国羊肉消费习惯的羊胴体分割技术，同时采用冰温保鲜技术使分割肉汁液损失率降低 50% 以上，鲜肉货架期延长至 45 天。以建立日屠宰 2 000 只肉羊的生产线为例，采用羊肉分级分割技术，原料肉利用率可提高 10%，年利润可达 3 000 万元以上，经济效益十分显著。而采用冰温保鲜技术，以日生产 2 t 冰鲜肉为例，基建费用 600 万元，年运行费用 200 万元，年利润率可达 30%，年利润可达 1 200 万元。该技术已经在宁夏、内蒙古、新疆等企业推广应用，是一项成熟的技术，经济效益和社会效益显著。

七、技术开发与依托单位

联系人：张德权

联系地址：北京市海淀区圆明园西路 2 号

技术依托单位：中国农业科学院农产品加工研究所

冷冻羊肉低温高湿变温解冻技术

一、技术背景

我国是肉品生产及消费大国，产销量位居世界第一，我国肉类的主要贮藏和运输方式为冷冻，冻肉约占肉类总产量的50%。近年来牛羊肉进口越来越多，但均以冻品状态进口。在肉制品生产过程中，将原料肉解冻为生产的第一步，但现有的自然解冻、水解冻方法汁液流失严重，解冻后水溶性蛋白流失多，肌肉组织粗糙，蒸煮损失大，尤其是在肉制品工业化生产过程中，解冻造成的损失巨大。

低温高湿变温解冻技术是基于冷冻肉中结合水和自由水的迁移规律，通过控制原料肉的升温速率以及肉表面和中心的温度梯度，使原料肉细胞内外的冻结冰晶缓慢融化的新型解冻技术。特制的解冻库可智能调控库内温度、湿度和风速，通过外加变频静电，保持原料肉表层与中心同步解冻，并自动运行解冻程序，将冷冻肉解冻到-1（±1）℃，解冻汁液损失<3%，保持肉的风味、色泽及口感，抑制原料肉表面微生物的繁殖，保证原料肉在解冻过程中的安全。本技术通过改进解冻工艺，大大降低解冻过程中的损耗，提高解冻产品品质，从而降低企业成本，提高企业的经济效益。

二、技术要点

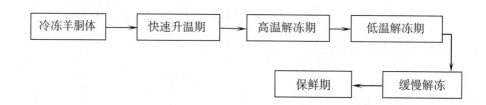

具体实施方式：

（一）快速升温期

快速升温期采用梯度升温的方式，初始温度≤12℃。快速升温期要将解冻环境温度迅速升至18℃，时间不超过2h。

（二）高温解冻期

1. 高温解冻期内羊胴体中心温度与环境温度温差不低于20℃，高温解冻期持续时间≤4h（图1）。

2. 高温解冻期要定期换风，换风时间设置在温度升高或降低时，持续时间≥5min。

（三）低温解冻期

低温解冻期要匀速降温（图2）。

（四）缓慢解冻期

1. 缓慢解冻期温度≤12℃，持续时间≥2h。

2. 解冻完成后羊胴体中心温度≥-0.5℃。

图1　传统解冻间实景图　　　**图2　智能型低温高湿变频解冻库实景图**

（五）保鲜期

保鲜期温度4~6℃，持续时间≥1h。

三、技术应用说明

（一）应用说明

1. 所有升温过程通过引入过热蒸汽实现。在升温过程中解冻库内的湿度≥90%。

2. 高温容易滋生微生物，高温持续时间不宜过长，主要分布在解冻前期，解冻前期羊胴体整体温度偏低，可以更好地控制羊胴体微生物的生长。

3. 保鲜期会更加有利于提高羊胴体品质。羊胴体表面形成的水膜逐渐消失，在风机送风条件下，使羊胴体出库前形成干爽的表面，便于后续的分割，也有助于羊胴体解冻过程中吸附的自由水排出。

4. 解冻时间约12h，达到晚上入库早上出库分割的目的。

（二）应用条件

本技术需建设智能解冻库，解冻库应具有空气控制、温度控制、湿度控制等配套系统。建设日解冻10~20t的智能解冻库，肉样进库平均温度为-18℃，出库平均温度为-1℃，解冻时总蒸汽消耗量约为49.34g/s，解冻时间约为8~12h，解冻汁液流失率<3%，投资80~100万元，企业建库后综合经济效益提高60%以上。

四、适宜区域

适用于各类区域的大、中、小型肉羊屠宰加工企业。

五、注意事项

应用该技术需新建智能化解冻库，或对原有解冻库进行升级改造，需要一定的前期投入。

六、效益分析

本技术能大幅度减少解冻损失，优势明显。新型冷冻解冻技术可使解冻损失从自然解冻的 5%~8% 降至 3% 以下。以日解冻 20t 冷冻羊肉生产规模为例，基建费用约 200 万元，年运行费用 10 万元，年增加值高达 1200 万元，经济效益显著。

七、技术开发与依托单位

联系人：张德权
联系地址：北京市海淀区圆明园西路 2 号
技术依托单位：中国农业科学院农产品加工研究所

调理羊肉工业化加工技术

一、技术背景

随着生活节奏的加快和生活水平的提高，消费需求已由吃饱向吃好、吃健康转变。大多数人不愿意在烹饪上花费太多时间，随着冷藏链、冰箱、微波炉的普及，人们越来越重视肉类食品的方便性、营养性及安全性。调理肉制品不仅满足消费者的饮食需求，而且大大缩短消费者的备餐时间，因此深受消费者青睐。其生产量和消费量与日俱增，已逐渐成为国内城市人群和发达国家消费的重要肉制品品种。

为了满足消费者对调理肉制品的需求，本技术根据羊肉的加工适宜性和消费者对不同加工方式的要求，采用变压腌制—瞬时减菌—高阻隔包装成套调理调质技术体系，创制系列调理羊肉新产品，解决了调理调质不均匀、货架期短的技术难题。本技术适用于不同口味（咸香、香辣、麻辣、五香、孜然、奥尔良等）和不同加工方式（烤、炖、煮、炒、微波等）的产品加工的需求。

二、技术要点

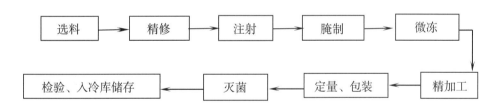

具体实施方式：

（一）选料

要求原料肉为肉色鲜艳、有弹性、无病变的冷鲜羊肉，原料肉种类的选择符合指定的部位要求，辅料要符合国家相关标准的相关要求。

（二）精修

对分割原料羊肉进行精修，剔除碎骨、羊毛、明显淤血、毛发及碎屑等恶性杂质，并对分割羊肉原料进行检验，确保分割羊肉原料的温度 ≤ 7℃。

（三）注射

采用盐水多孔注射机，将可溶性腌料按适当的比例溶于冰水中，之后均匀注射入羊肉内。

（四）滚揉、腌制

将注射好的羊肉放入滚揉机中低速滚揉 40~70min，至滚揉罐内液体全部被吸收（采用低速滚揉可以保持肉的组织结构完好）。随后，采用脉冲变压方式进行腌制（图1）。

（五）微冻

将经过腌制后的半成品放入-23℃冷库进行微冻，要求微冻时间在 30~40min，时间长短视产品后续成型效果而定。

（六）精加工

将微冻好的产品送至精加工车间，按产品设计要求使用切片切丝机或绞肉机等进行产品的精加工，切成块、丁、片、丝等形状，或者放入绞肉馅机内制成馅，要求精加工车间温度为0~7℃。规格符合要求，产品分切均匀，并做好人员、设备、工器具消毒及其他卫生工作（图2）。

图1 脉冲变压腌制　　　　　图2 过热蒸气减菌

（七）定量、包装

对精加工后的半成品进行定量、包装（图3）。为了更好地保证产品形状，可在包装时使用定型托盘进行定型。要求包装车间温度为0~7℃，并做好人员、设备、工器具消毒及其他卫生工作。

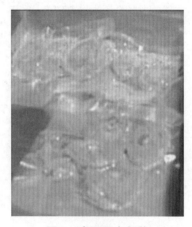

图3 高阻隔内包装

三、技术应用说明

（一）应用说明

调理肉制品加工企业应符合《食品安全国家标准 畜禽屠宰加工卫生规范》（GB 12694—2016）和《食品安全国家标准 食品生产通用卫生规范》（GB 14881—2013）的规定。

（二）应用条件

产品加工车间具有滚揉机、腌制机、灭菌设备，包装机等配套设施，运输需有冷藏车等。

四、适宜区域

适宜于各区域所有羊肉加工生产企业。

五、注意事项

1. 调理肉制品应新鲜，无异味，无杂质。

2. 调理肉制品中的食品添加剂、重金属含量应符合《食品安全国家标准 食品添加剂使用标准》（GB 2760—2014）和《食品安全国家标准 食品中污染物限量》（GB 2762—2012）的规定。

3. 预制类调理羊肉制品细菌总数应不高于 $1×10^6$ cfu/g，预加热类调理肉制品中细菌总数应不高于 $1×10^5$ cfu/g，致病菌不得检出。

六、效益分析

本技术具有调质均匀、调理充分的特点，能够实现工业化生产加工，年产 1 000t 调理羊肉制品的标准化生产线，投资成本约 1 500 万元，利润率可达 30%～35%。

七、技术开发与依托单位

联系人：张德权
联系地址：北京市海淀区圆明园西路 2 号
技术依托单位：中国农业科学院农产品加工研究所

风干羊肉工业化加工技术

一、技术背景

风干羊肉是内蒙古、新疆、青海、西藏、甘肃等地的传统食品，是羊肉制品的重要组成部分。但目前风干羊肉制品加工多采用作坊式生产，工程化、标准化、规范化程度低，生产周期长，能耗高，产品品质不稳定，不均一，杂环胺等危害物含量高，质量安全问题突出，产品次品率达35%~40%，贮藏损失率高达15%~20%，产品利润率不足10%。为解决以上问题，本技术创新和集成了脉冲变压腌制、人工模拟气候风干、油炸或烘烤或蒸煮等风干羊肉工业化加工关键技术和装置（图1至图3），在部分企业成功进行了示范应用，实现了风干羊肉的规模化、标准化、工业化生产，经济效益提高了40%。

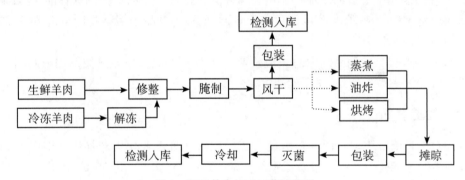

图1 风干羊肉加工工艺流程图

注：实线箭头表示必需工艺，虚线箭头表示可选工艺

二、技术要点

具体实施方式：

（一）原料的选择与处理

羊后腿肉部位大、筋膜含量少，适合切割成大小统一的肉条或肉片，是制作风干羊肉的理想原料。鲜羊肉可直接用于风干肉的生产，冷冻羊肉要解冻后使用。

（二）解冻

按生产要求将冷冻原料肉置于解冻间进行解冻，使冷冻原料肉的中心温度缓慢升到2~4℃，且解冻后的原料肉应保持正常色泽、质构和系水能力，解冻终点温度不得高于4℃。

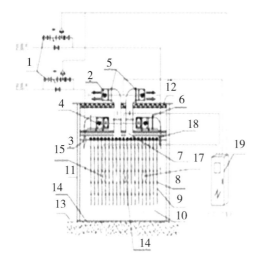

图 2　人工模拟气候风干间设计图　　　　图 3　人工模拟气候风干间生产图

（三）修整切割

按照产品和加工要求对原料肉进行修整，使之成条、片、块、粒等所需形状。保证每批次风干的肉条性状和纤维纹理相同，便于相同时间风干。可以在未完全解冻前进行切割，便于成形，解冻的程度以工人们用刀具便于切割即可。

（四）滚揉和腌制

经修整后的原料肉，要进行腌制，以赋予原料肉风味。在生产过程中可以根据不同地区人们的口味特点，在保证羊肉基础风味的前提下，对腌制的调味料进行种类及数量上的调整，还可以加以创新。根据生产实际选择不同的腌制方式进行腌制，腌制环境温度应在 $0 \sim 4 ℃$，腌制后原料肉中盐分应分布均匀。

（五）质构成型（根据产品类型可选可不选该工艺）

羊肉经绞肉机 0.8cm 孔径绞碎后，加入适量食品黏合剂，搅拌均匀后，在不锈钢盘中均匀铺成 $1.5 \sim 2cm$ 厚的肉饼，在 4℃ 放置 $6 \sim 10h$，解冻到中心温度 -2℃ 后切成不同形状的肉条，摆在风干架车上推进风干间。

（六）风干

风干室地面应保持干燥，无积水。肉条宜通过挂钩挂在悬链上送至风干室风干，肉条应挂直，无滴水，不触地，肉条与肉条距离 10cm 左右为宜。肉块（片、粒）宜置于风干架上送进风干室风干，摆放时应防止粘连和重叠。肉条、整胴体及其他形状的原料肉也可置于风干架上风干。

根据生产实际可选择不同的风干方式。随时检查原料肉的风干程度，风干结束时原料肉应失重 30% 以上，水分含量应低于 60%，且其外表颜色为暗红色，手捏干燥微硬。风干之后不同尺寸的原料肉可进行二次修整，保证形状、大小一致（表 1）。

表1 风干羊肉工业化加工技术应用前后各指标对比情况（3t/d）

比较指标	传统生产	本成果技术	对比
生产周期（d）	> 7	< 2	缩短 2/3
人工（人）	90	30	减少 3 倍
吨产品能耗（吨标煤）	1.30	0.82	降低 37%
产品出成率（%）	49～50	52～54	提高 3%～4%
吨产品生产成本（万元）	9.1～9.2	8.3～8.4	降低 30%
货架期（月）	< 3	> 6	延长 1 倍
吨产品利润（万元）	3.4	4.3	增值 26.5%

（七）熟制

风干后的原料肉可经过蒸煮（或烘烤或油炸）等单一方式进行熟制，或采用几种方式进行联合熟制，也可不经熟制直接包装为成品。

1. 蒸煮

风干好的原料肉整齐的平铺在蒸煮盘中，于蒸煮箱中在 80～85℃下蒸煮 30～50min，使肉的中心温度达到 75℃后维持 3min 以上。

2. 烘烤

风干好的原料肉在 180～220℃烘烤 3～5min，使肉的中心温度达到 75℃并维持 1min 以上。

3. 油炸

经蒸煮或不蒸煮、烘烤或不烘烤的风干羊肉，应在不高于 200℃下油炸 2～5min，使肉的中心温度达到 75℃后维持 30s 以上。也可进行 2 次炸制，第 1 次炸制将油温控制在 130℃左右，第二次炸制将油温控制在 200℃，经过 2 次炸制，可进一步降低产品的水分含量。

（八）摊晾

经蒸煮或烘烤或油炸后的风干羊肉应摊晾至中心温度低于 25℃。

（九）装袋

摊晾后的风干羊肉应尽快装袋、包装、封口，每袋应大小一致、均匀。

（十）杀菌

常温流通的风干羊肉宜采用以下方式进行灭菌处理。

1. 灭菌方式一

灭菌温度为 95℃，灭菌时间 40min 以上。

2. 灭菌方式二

灭菌温度为 121℃，灭菌时间 30min 以上。

（十一）冷却

灭菌后的风干羊肉应迅速用流水冷却或冷风干燥机冷却，30min 内将产品中心温度冷却到 20℃以下，吹干风干羊肉包装表面水滴和杂物。

（十二）检测

生产企业应建立健全检验机构，负责监督、指导本企业风干羊肉生产的卫生操作和产品的质量检验，生产车间、班组应配备质量检验人员，加强生产各环节的质量检验，每批产品须经检验合格，附产品检验合格证，检测记录需留档备查。

（十三）入库

对检测合格的产品进行外包装、入库。

三、技术应用说明

（一）应用说明

通过对风干肉进行技术提升，改善了产品品质，降低了产品危害物含量，缩短了加工周期，实现了常年可控、标准化生产风干肉，肉质均一稳定、香味浓郁、营养健康，能够提高企业的效益，保障消费者的权益，市场前景广阔。

风干生产线能够实现智能调控温湿度和风速，同时可利用自然气候实现风干肉的工程化风干，降低生产能耗和人工成本。风干肉产品颜色稳定、质构紧实、风味浓郁、易嚼留香。

（二）应用条件

本技术需要风干羊肉加工设备，冷冻羊肉解冻间，切片机、滚揉机、人工模拟气候风干间、油炸机或烘烤机器、摊晾间和连续化包装机。

四、适宜区域

该技术适用于羊肉产量较大、普遍消费风干羊肉的内蒙古、新疆、青海、西藏等地区。

五、注意事项

1. 本技术适宜于日产 1t 以上风干羊肉，如果日产量少于 1t，可以减少解冻间、绞肉机、速冻间等设备设施。

2. 如果使用冷冻肉加工风干羊肉，最好配备低温高湿变温解冻间。

六、效益分析

风干均匀度达到 95% 以上，出成率提高 3% 以上，生产周期缩短到 2 天以内，用工降低 3 倍，节能 35%，吨产品成本降低 30% 以上，常温货架期达 12 个月。投资日产 1t 风干羊肉的生产线，基建费用 400 万元，设备费用 330 万元，年产值可达 4 500 万元，利润 900 万元，利润率达 25%~30%。

七、技术开发与依托单位

联系人：张德权
联系地址：北京市海淀区圆明园西路 2 号
技术依托单位：中国农业科学院农产品加工研究所

熏烧烤羊肉制品绿色制造技术

一、技术背景

熏烧烤羊肉制品是内蒙古、新疆、青海、西藏、甘肃、北京、宁夏等地的传统食品，主要包括烤羊腿、烤全羊、烤肉串等。但传统加工方法时间长（2~3h）、危害物含量高（8 000~15 000ng/kg 杂环胺、多环芳烃）、品质不均一（外焦内生）、污染环境（浓烟黑烟）。为了解决以上问题，本技术创新和集成了脉冲变压腌制（图1）、烟熏液绿色熏制、连续化自动烤制、低温灭菌等熏烧烤羊肉制品工业化加工关键技术（图2）和装置，在部分企业成功进行了示范应用，实现了熏烧烤羊肉制品的标准化、工业化绿色制造，经济效益提高了15%以上。

图1 脉冲变压腌制

图2 红外蒸气连续化烤制装置图

二、技术要点

原料→解冻→修整→脉冲变压腌制→烟熏液绿色熏制→包装→低温灭菌→熏羊肉制品。

原料→解冻→修整→脉冲变压腌制→连续化自动烤制→包装→低温灭菌→烤羊肉制品。

具体实施方式：

（一）原料的选择与处理

选择鲜羊肉或是贮存期小于一年的冷冻羊肉。

（二）解冻

按生产要求将冷冻原料肉置于解冻间进行解冻，使冷冻原料肉的中心温度缓慢升到2~4℃，且解冻后的原料肉应保持正常色泽、质构和系水能力；解冻终点温度不得高于4℃。

（三）修整

按照产品和加工要求对原料肉进行修整，使之成块、串、片等所需形状。保证每批次产品的性状和纤维纹理相同，便于相同时间腌制、熏制或烤制。

（四）脉冲变压腌制

采用脉冲变压腌制设备对修整的羊肉进行腌制，真空度为 0.06MPa 以上，正压 0.2MPa，温度 4~7℃，时间 2~8h，脉冲时间为真空 10min，常压 15min，正压 10min。

（五）烟熏液绿色熏制或连续化烤制

根据不同地区对熏制羊肉风味的要求，配制特殊的熏制液，设定熏制液添加量为 0.1%~0.5%，在烟熏蒸煮炉里进行熏制，温度 50~70℃，时间 10~30min；对于烧烤羊肉，采用红外蒸汽设备对其进行连续化烤制，烤制温度为 190~260℃，烤制时间为 20~50min。

（六）包装

熏烧烤羊肉制品经过熟制工艺后，推至预冷间预冷，当中心温度降至 20℃ 以下时，进行真空包装，每袋应大小均一。

（七）低温灭菌

95℃巴氏灭菌 30~60min，或双峰变温高压杀菌技术，即 100℃杀菌 20~40min，之后 121℃杀菌 3~10min。对杀菌后的熏烧烤羊肉制品进行自然冷却，包装后检验入库即可。

表1　烧烤羊肉绿色制造技术应用前后各指标对比情况　　　　　　　　（3t/d）

比较技术和指标	传统生产	本技术	对比
腌制时间（h）	>12	<6	缩短1倍
腌制均匀度（%）	<80	>95	增加20%
人工（人）	60	30	减少1倍
吨产品能耗（吨标煤）	1.50	1.01	降低33%
危害物含量（ng/kg）	5 000~8 000	1 000~3 000	减少1倍以上
烤制均匀度（%）	<70	95~100	增加30%
吨产品生产成本（万元）	6.8~7.0	6.3~6.5	降低30%
次品率（%）	>10	<2	减少5倍
风味品质	蒸煮味重	烤香味浓	显著提高烤香
每吨产品利润（万元）	2.4	3.1	增值30%

三、技术应用说明

（一）应用说明

本技术实现了熏烧烤羊肉制品的工业化、连续化绿色制造，提高了羊肉制品的标准化程度，保持了原有传统风味和品质，减少了加工危害物的形成和污染物排放。

生产线能够实现自动腌制、绿色熏制、连续化烤制，既保留了产品的传统风味，又实现了工业化生产。熏烧烤肉制品形状完整、质地紧实、风味纯正。该成果对传统烤羊肉制品加工工艺进行挖掘，革新了工艺流程，保留了产品的传统风味和质构品质，降低了杂环胺等危害物含量，缩短了加工周期，提高了企业的利润率，满足了消费者的需求，市场前景广阔。

（二）应用条件

本技术需要部分专用加工设备：①脉冲变压腌制设备；②烟熏炉或连续化烤炉；③连续化杀菌装置或高温灭菌锅。

四、适宜区域

该技术适用于羊肉产量较大、普遍消费熏烧烤羊肉制品的内蒙古、新疆、青海、宁夏、北京等区域。

五、注意事项

1. 原料肉要保证标准化批量供应。
2. 冷冻原料肉采用低温高湿变温解冻。

六、效益分析

熏烧烤羊肉制品的工业化生产，腌制均匀度达到 95% 以上，熏制和烤制均匀度达 98% 以上，次品率降低到 2% 以下，吨产品成本降低 20% 以上，人工成本减少 1 倍。投资日生产 3t 熏烧烤羊肉制品的生产线，基建投资 600 万元，设备投资 350 万元，年产值 9 000万元，利润率 15%～20%。

七、技术开发与依托单位

联系人：张德权

联系地址：北京市海淀区圆明园西路 2 号

技术依托单位：中国农业科学院农产品加工研究所

酱卤羊肉定量卤制技术

一、技术背景

酱卤羊肉是内蒙古、新疆、青海、西藏、甘肃、北京、宁夏等地的传统食品，主要包括酱羊肉、卤羊肉、手抓肉等。传统卤制技术加工时间长、卤制不均匀、耗水、耗能、耗辅料、老汤中杂环胺等危害物含量高、工业化技术装备缺乏。为了解决以上问题，本技术开发了酱卤羊肉定量卤制技术，克服了传统卤制工艺的缺陷，通过精确优化原料与香辛料的工艺配比，结合工程化卤制、节能干燥技术，建立了酱卤羊肉定量卤制工程化技术体系，为国内外首创。该技术通过定量腌制、蒸煮、梯度变温减菌工艺，实现无"老汤"定量卤制，不需要卤煮熟制，减少了蛋白质等营养成分的流失，产品营养价值高，原辅材料利用率及出品率高，生产中无废弃卤汤，工艺和操作流程简单，劳动强度低，实现了酱卤羊肉的标准化、规模化、工业化生产。

二、技术要点

原料羊肉选择与修整→定量腌制→一次干燥、蒸煮、二次干燥→冷却→二次调味→包装→二次灭菌→成品。

具体实施方式：

（一）原料肉修整

采用生鲜或解冻原料羊肉，去除表面的淋巴、筋膜等异物，顺肌肉纤维切成宽×厚为5cm×4cm 以上的大块肉条，之后再垂直肌肉纤维方向切成 10cm 左右的肉块，使之成为长×宽×厚约为 10cm×5cm×4cm 的肉块。

（二）调味料配制

定量卤制调味料主要有花椒、大料、葱、姜、大蒜、辣椒、胡椒、筚拨、山奈、小茴香、芹菜、肉桂、月桂、白豆蔻、草豆蔻、肉豆蔻、姜黄、砂仁、甘草、草果、丁香、白芷、陈皮等。定量卤制调味料借鉴老汤的生产工艺，以香辛料制成的汤汁为基础液，加上食盐、酱油、味精、I+G、糖、酒、香辛料、料酒、辣椒等产品熬制而成。

（三）定量腌制

定量滚揉腌制时，将处理好的羊肉放入滚揉机的罐体中，按一定料液比加入步骤 2 所得复合调味料熬制的汤汁，滚揉罐的转速为 12r/min，真空度 0.07MPa 以上，滚揉间温度为 4~7℃，滚揉时间 8h（图 1）。

（四）一次干燥、蒸煮、二次干燥

将真空滚揉后的羊肉码放至盘车，羊肉块之间预留一定的空隙，盘车推入烟熏蒸煮炉中，进行一次干燥、蒸煮和二次干燥。可采用以下工艺：50℃下干燥30min；中心温度达到72℃后维持3min（总时间为30~40min）；50℃下干燥10min（图2）。

（五）冷却、包装和灭菌

定量卤制羊肉制品经过熟制工艺后，推到预冷间预冷，当中心温度降至20℃以下后，进行真空包装。为了使产品的风味更加接近传统酱卤羊肉制品的风味，在包装之前，可以进行二次调味（图3）。

图1　定量腌制　　　　　图2　干燥—蒸煮—干燥　　　　图3　双峰变温减菌

对真空包装的羊肉制品进行杀菌。可采用巴氏杀菌或双峰变温灭菌法。巴氏灭菌法常用于低温羊肉制品的生产，产品在冷链环境（0~4℃）保存一个月左右。双峰变温高压灭菌技术，即对包装后的羊肉制品进行高温高压灭菌，灭菌工艺先采用100℃杀菌30min，之后121℃杀菌10min。对杀菌后的羊肉制品进行自然冷却、检验、入库。

如图4所示，经过定量卤制后，酱卤羊肉的出品率提高6个百分点；蛋白质含量增加7个百分点，吨产品增加效益7 200元。

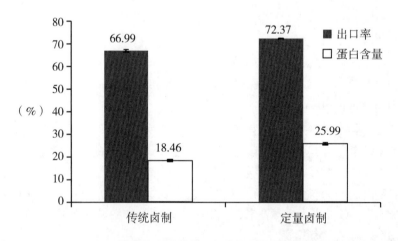

图4　酱卤羊肉定量卤制和传统卤水卤制的效果比较

三、技术应用说明

（一）应用说明

定量卤制技术减少加工过程中的60%以上香辛料添加量，节约了水和能源，提高了酱卤羊肉的出品率，改善了咀嚼性和口感，杂环胺等危害物含量减少30%以上。

本技术集成了成套工业化加工装备，可以实现机械化、连续化生产。

（二）应用条件

本技术需要部分加工设备为：

1. 滚揉机或脉冲变压腌制设备
2. 加压蒸煮锅或是蒸煮炉
3. 高温灭菌锅、真空包装机等

四、适宜区域

该技术适用于羊肉产量较大、普遍消费酱卤羊肉的内蒙古、新疆、宁夏、北京等区域。

五、注意事项

1. 加工原料肉最好要满足标准化批量供应。
2. 冷冻羊肉要采用低温高湿变温解冻。
3. 根据不同地区对酱卤羊肉风味的独特要求，确定专有调味方法。

六、效益分析

日产 5t 的生产线所需投资约为 2 200 万元，流动资产投资 500 万元。厂房要求为通用食品车间标准，需配有蒸汽动力锅炉、高低温冷库。车间布局要求生熟分开。

七、技术开发与依托单位

联系人：张德权

联系地址：北京市海淀区圆明园西路 2 号

技术依托单位：中国农业科学院农产品加工研究所

羊骨素及调味料加工技术

一、技术背景

我国是世界羊肉生产大国，肉羊屠宰产生的羊骨副产物年超过 100 万 t，但我国目前羊骨利用率仅占羊骨产量的 5%，且多集中在骨粉、骨油、骨胶等初级加工产品上，高附加值、深加工的新产品严重缺乏。以畜禽骨为原料，遵循"味料同源"的制造理念加工肉味调味料是现代调味料发展的新趋势，其产品可广泛用于方便面调料包、膨化食品、肉制品、餐饮配料、调味品等多种食品中，使其香气饱满、肉味浓郁。在以猪骨、鸡骨为原料加工肉味调味料的领域已经取得了一些成果，但在羊骨源调味料的工程化加工方面，还存在着大量技术空白，亟待研发和推广应用。

针对上述问题，该技术以羊骨为原料，突破了羊骨素热—压抽提、高效低苦酶解、可控美拉德反应等关键技术，形成了羊骨素调味料工程化加工技术体系，开发了不同形态的羊骨素调味料系列产品，使羊骨的综合利用率提高到 80%、经济效益提高 5 倍以上，延长了羊肉加工产业链，有效解决羊骨副产物利用率低、附加值不高等问题。

二、技术要点

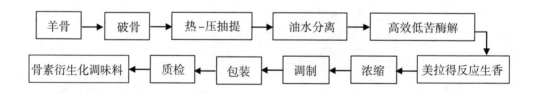

具体实施方式：

（一）破骨、粉碎

按照原料的部位不同合理搭配，投入粉碎机中进行破骨和粉碎。

（二）热—压抽提

将粉碎的原料倒入提炼槽，加入一定量的水，料水比以 1：（1~3）为宜，在高温和适当压强下，进行蛋白质和风味物质萃取 80~90min。

（三）油水分离

将萃取液过滤后静置一段时间使油、水自然分层后，再取下层水相进行离心脱脂，得到骨素原液。

（四）高效低苦酶解

使用特定种类的食品级酶，优化酶解工艺条件和时间，控制蛋白质水解度，达到高效水解和低苦的目的。

（五）美拉德反应生香

加入还原糖，在一定温度和 pH 值条件下进行美拉德反应，增香。

（六）浓缩

在浓缩罐中进行，将温度控制在 50~75℃，一定真空度下进行浓缩。

（七）调和

按配方加入食盐等配料，充分搅拌。

（八）杀菌

液态产品采用巴氏杀菌或超高温瞬时杀菌技术进行杀菌，半固态产品采用 95℃ 恒温 30~45min 方式杀菌。

三、技术应用说明

该技术采用热-压抽提法从羊骨中提取羊骨素，使制备的羊骨素中蛋白质含量 ≥ 40.2%，氨基酸含量 ≥ 26.2%，且氨基酸种类丰富。筛选出风味蛋白酶为羊骨素水解的最佳用酶，水解度可达 22.8%。以羊骨素水解液为基料，添加适量还原糖和氨基酸，经可控美拉德反应可制备香气饱满、肉味浓郁的羊骨素调味料产品。

四、适宜区域

该技术主要应用于以羊骨为原料的肉味调味料工程化加工领域。

五、注意事项

1. 应用该技术需新建骨素调味料加工成套生产线，需要场地和设备投入。
2. 生产车间高度应不低于 6m。

六、效益分析

本技术有效解决羊骨副产物利用率低、附加值不高等问题，为羊副产物高效率利用提供了良好的途径。

本技术使羊骨的综合利用率提高到 80%、经济价值提高 5 倍以上。已在内蒙古、山西建立了 2 条日加工羊骨 2t 的羊骨素调味料加工示范生产线。以年屠宰 200 万只肉羊为例，可建设班产 2t 羊骨素调味料生产线，设备费用约 500 万元，年产值 6 000 万元，年利润 2 000 万元，利润率 20%~25%。

七、技术开发与依托单位

联系人：张德权

联系地址：北京市海淀区圆明园西路2号

技术依托单位：中国农业科学院农产品加工研究所

羊血豆腐工业化加工技术

一、技术背景

禽畜血液中含有丰富的营养物质和多种具有生物活性的物质，包括人体所需的多种氨基酸和微量元素，性平、味咸，具有补血、清热解毒、提高免疫功能的作用。目前国内禽畜血液的利用率很低，主要以血粉饲料的形式加以利用，直接供人食用的产品很少。血豆腐是人类广泛食用的传统民间食品，但我国80%的血豆腐为手工作坊式加工，原料的安全卫生及产品质量无法保证，工业化生产和规模化销售的血豆腐制品极为少见。该技术将新鲜的羊血液，通过抗凝、过滤、脱气、包装、凝固、灭菌、检验等多道工序，实现羊血液的生产线加工，生产出多种味道、颜色和口感的血豆腐制品，口感品质好，营养价值高，是最理想的补血佳品，具有利肠通便等功效。因此，开发羊血豆腐的工业化生产，可取得较高的经济效益和社会效益。

二、技术要点

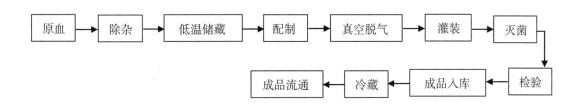

具体实施方式：

（一）采血

经过检疫合格的羊进入屠宰线后进行采血，将全血收集在标有编号的储藏罐内，容器中事先加入抗凝剂，与采集的血液充分融合。

（二）过滤

降温后的血浆必须通过过滤器，将血浆中的凝结血块、杂质等过滤出来。

（三）低温贮藏

定量混合后使新鲜血液快速降温，放入4~10℃冷库备用，冷藏时间3~15h，记明容器中血液与羊的对应编号，肉检确认无病害污染后方可加工。

（四）配制及真空脱气

向血液中加入凝血因子活化剂等配料，搅拌均匀充分融合。将羊血放入脱气罐进行真空脱气，真空脱气机真空度在 0.08~0.09MPa，脱气温度 40℃，时间不少于 10min。

（五）灌装

将血液通过灌装机注入包装盒内，再通过包装机进行封膜，建议使用拉伸膜式包装机。考虑产量和投资成本问题，也可以选择盒式真空包装机。

（六）灭菌

采用高温灭菌锅进行灭菌处理，对容器内的产品进行高温高压灭菌，灭菌锅在工作时，锅内是加压的，因此传递温度的热量大大高于沸水。

三、技术应用说明

建立血豆腐加工生产线，整套生产线主要由搅拌型采集桶、冷藏罐、过滤器、搅拌罐、真空脱气罐、包装机、高温杀菌锅等设备组成。将采集的羊血通过生产线加工后，生产出可供市场销售的盒装羊血豆腐。

四、适宜区域

该技术主要应用于以羊血为原料的血豆腐工业化加工领域。

五、注意事项

1. 血液原料应新鲜、安全，致病菌不得检出。
2. 血豆腐产品需冷藏贮存和运输。

六、效益分析

成品血豆腐每 100g 的市场售价约比 100g 原血成本价高出 12 倍，估算 1t 原血生产成血豆腐的收益约为 1.2 万元。建设每小时生产 1 200 盒血豆腐的自动化生产线，设备投资约 500 万元，可实现销售收入 3 000 万元，利润率 15%~20%。

七、技术开发与依托单位

联系人：张德权
联系地址：北京市海淀区圆明园西路 2 号
技术依托单位：中国农业科学院农产品加工研究所

液化羊油加工技术

一、技术背景

我国每年动物脂肪副产品产量约 2 000 万 t，但深加工利用率不足 20%，造成巨大的资源浪费。动物脂肪中饱和脂肪酸含量占比高，熔点高，常温下为固态。牛羊脂肪中饱和脂肪酸比例占 50% 以上（猪、鸡脂肪中饱和脂肪酸比例为 30%~40%）。羊油脂是肉羊屠宰加工的重要副产物，主要包括网油、板油、尾油等，我国每年羊油脂产量超过 10 万 t，但加工技术缺乏，产品种类单一且档次不高，产业化、标准化程度低。羊油脂具有独特的风味物质，富含脂溶性维生素、共轭亚油酸等营养成分，开发潜力巨大。

基于此，本项目通过对羊油脂粗提、精炼和深加工，形成了一整套完备的羊油脂液化加工技术，研发了液化羊油、羊油脂调和油、固体羊油等产品，显著提高了羊油脂附加值，并使产品形式得到创新。

二、技术要点

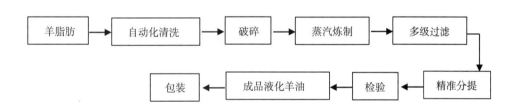

具体实施方式：

（一）修整羊尾

将整块的羊尾进行修整，去除筋膜及肌肉组织，切成 1cm 左右的小块。

（二）蒸汽炼制

将切好的羊尾放入炼制锅中进行高温熬炼，将炼制好的粗油进行多次过滤，去除油渣，粗油待用。

（三）尾油分提与分装

将粗炼尾油进行干法分提（图 1、图 2），通过高速离心分离分提固脂，得到在室温下呈现液态的羊尾油。

图1　液态羊尾油

图2　分提设备

三、技术应用说明

本技术应用广泛，适合于大尾寒羊、蒙寒杂交羊、乌珠穆沁羊、苏尼特羊等羊尾脂肪含量较高的肉羊品种。过程中需冷冻破碎、蒸气炼制、过滤、分提设备。

四、适宜区域

该技术主要应用于以羊脂肪为原料的油脂深加工领域。

五、注意事项

1. 炼制后的油渣可压制成油渣饼，制成动物饲料。
2. 分提固体可用来制作起酥油。
3. 成品油应放置在避光、干燥的地方。

六、效益分析

以羊尾脂为例，企业收购时羊尾脂是以整羊形式收入，价格15~20元/kg，但分割后的羊尾脂市场销售价格仅为8~10元/kg，每千克羊尾脂从收购到销售损失7~10元。而加工成液化油后，每千克售价可达50元。建设日生产30t液化羊油生产线，基建投资约1 000万元，设备费用600万元，年产值可达1亿元，利润率25%~30%。

七、技术开发与依托单位

联系人：张德权
联系地址：北京市海淀区圆明园西路2号
技术依托单位：中国农业科学院农产品加工研究所

两段式新型羊排烤制工艺技术

一、技术背景

羊肉的营养成分非常丰富，易被消化吸收利用。烤全羊、烤羊腿、烤羊排等烤制品味道鲜美，深受人们喜爱，但其烤制加工工艺绝大多数停留在传统的简单初加工水平上，未能实现工业化生产水平。

烤制羊排加工工艺影响烤制羊排品质，烘烤温度对加工肉制品的安全性及可口性有重要作用，烤制温度及烤制时间直接影响最后成品的质量，高温可以促使颜色、气味的产生，缩短加热时间，但是却降低嫩度及多汁性，低温可以增加肉质受热均一性，提高其嫩度，但却达不到很好的烤制品色泽、气味特质。有学者研究过长时低温后高温的加工工艺，但工艺参数不一，不便于工业生产借鉴。因此开发新型羊排烤制工艺技术具有重要意义。

二、技术要点

（一）工艺流程

工艺流程如下所示：

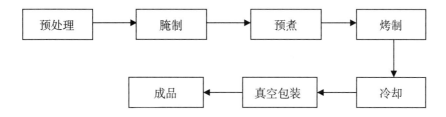

（二）操作要点

1. 预处理

原料选取冻结生鲜法式小切羊排，使用前原料在流动冷水中解冻 30min，去除肌膜，将羊排分割成等厚度大小，厚度约为 2.5cm，具体如图 1 所示。

2. 腌制

依次按比例加入精盐 15g、胡椒粉 5g、芝麻 50g、小茴香 3g、孜然 5g、花椒粉 5g、面粉 15g、味精少许、辣椒少许。揉搓拌匀，腌制 2h 以上。

3. 预煮

按比例加入胡椒粉 3g，酱油 100g，料酒 100g，味精 5g，孜然 2g，花椒 5g，椒盐 15g，将羊排放入进行煮制3min，取出，自然冷却。

4. 烤制

采用低温与高温两段烤制工艺对羊排进行烤制，初始阶段采用120℃低温烤制，当转折点中心温度达到68℃后，转为220℃高温烤制，中心温度达到75℃时，认为加热完全。

5. 冷却

烤制完成，首先采用喷淋进行预冷，然后产品放入冷藏室进行冷却至中心温度为4℃。

6. 真空包装

对产品采用铝铂真空包装，立即对其表面进行加热处理。

7. 贮存

低温贮存（2~4℃）。

产品如图1和图2所示。

图1　生鲜法式小切羊排　　　　图2　两段式新型羊排烤制产品

三、技术应用说明

（一）应用说明

使用者需根据生产规模，烤箱大小、功率等确定烤制时间。

（二）应用条件

本技术需要部分小型机械和耗材：烤箱。

四、适宜区域

该技术适用于羊排生产加工企业。

五、注意事项

羊排厚度大小差异不宜过大。

六、效益分析

几种烤制品如烤全羊、烤羊腿、烤羊排虽然味道鲜美，但目前仅限于作坊式生产，生产规模小，未能实现工业化生产，其中主要原因是无法获得预测达到烤制终点时间的方法。烤制羊排加工工艺影响烤制羊排的品质，烘烤温度对加工肉制品的安全性及可口性起很重要的作用，烤制温度及烤制时间直接影响了最后成品的质量，高温可以促使颜色、气味的产生，缩短加热时间，低温可以增加肉质受热均一性，增加其嫩度及多汁性，两种工艺均为现在使用工艺。本技术基于两段烤制工艺的需要，选择低温段烤制温度 120℃ 及高温段烤制温度 220℃ 为加热条件，充分把握烤制时间，便于工业化生产。

七、技术开发与依托单位

联系人：郭慧媛

联系地址：北京市海淀区清华东路 17 号

技术依托单位：中国农业大学

该技术已获得授权专利保护。

特色带皮山羊肉加工技术

一、技术背景

（一）技术研发的目的意义

山羊是我国传统肉用羊，与绵羊相比，其肉质紧实、耐煮，风味浓郁，深受消费者欢迎，年存栏量及羊肉产量逐年增加。羊皮是山羊屠宰加工的重要副产物，我国年产山羊皮约3 000万张。然而近年来随着羊皮价格的走低，使之从土特产变成了废弃物，50%~60%的低等羊皮（草刺皮）被作为垃圾处理，造成了资源浪费和环境污染。

为解决上述问题，丰富羊皮利用途径，切实为生产者实现增收，减少环境压力，团队研发了特色带皮山羊肉加工技术，本技术通过带皮山羊肉的加工技术的研究，提高了山羊的带皮胴体产出率，增加了山羊屠宰加工的经济附加值。

（二）主要内容

1. 静养

检疫合格的羊只待宰圈静养12~24h，宰前12h禁食、3h禁水。

2. 宰杀方式

割断颈部动静脉，倒挂沥血，不少于3min。

3. 剪毛去角

为了提高热水浸烫效果，可以在刺杀前修剪体表过厚的羊毛，剪毛时注意不要划破羊皮。采用脱毛机褪毛时需去除羊角。

4. 浸烫

将屠体于热水中充分浸烫，夏季水温为66℃左右，冬季水温为68℃左右，浸烫时间为2~3min。

5. 褪毛

采用脱毛机或人工方法快速去除屠体表面羊毛。收集脱下的羊毛，晾晒后集中保存。

6. 整理

用喷灯烧去羊胴体表面残毛及老皮屑等。反复冲洗、刮除烧焦的残毛及外皮，清除伤瘢、脓包等不能食用和影响外观品相的部分。

7. 屠体处理

去头蹄，开膛，取红白内脏，冲洗胸腹腔。对红白内脏进行同步检验。

8. 胴体排酸

胴体预冷，排酸不低于48h。

9. 分割

按部位将胴体进行分割，计重、真空包装。

10. 产品贮藏

冷鲜产品在 0~4℃ 条件下贮存，冷冻产品于 -30℃ 速冻后转入 -18℃ 冷库贮存。

（三）解决的主要问题

1. 本技术对屠体浸烫脱毛技术参数进行了筛选和优化，确定了最佳浸烫温度和时间等技术参数。

2. 通过本技术的应用能够提高肉用山羊带皮胴体产出率，提高肉用山羊的综合利用技术水平，能够给屠宰加工企业创造更高的经济效益。

二、技术要点

三、技术应用说明

适用于肉用山羊带皮羊肉的生产加工，根据生产规模建议配备漂烫温控设备、脱毛机械等。

四、适宜区域

适宜于农区、牧区、南方肉用山羊的屠宰加工。

五、注意事项

1. 漂烫时注意控制温度，胴体浸烫均匀。

2. 加工过程中注意控制车间环境卫生状况，以免造成产品微生物污染和质量下降。

3. 通过本技术加工销售的冷鲜产品货架期不宜超过 7 天。

六、效益分析

通过本技术的实施能够提高肉用山羊带皮胴体产出率，脱下的羊毛经过处理也可作为毛纺原料，拓展了羊皮的综合利用渠道，在羊皮价格低迷的市场行情下，能有效提高屠宰加工企业的经济效益。羊皮具有补虚、祛瘀、消肿的功效，带皮羊肉产品既能够满足传统炖煮羊肉烹调方式的需求，又能起到健康保健的作用，其产品销售前景乐观。带皮羊肉的生产在一定程度上减轻了羊板皮的销售压力，规避了市场风险，同时也减少了废弃羊皮处理对环境造成的污染。

七、技术开发与依托单位

联系人：柳尧波

联系地址：山东省济南市工业北路 202 号

技术依托单位：山东省农业科学院农产品研究所

发酵羊骨粉咀嚼片研发及应用技术

一、技术背景

内蒙古是全国五大牧区之一，养羊业是内蒙古的特色产业之一。2015 年以来羊肉产量保持在全国前列，羊肉副产品也随之大量增加。据统计，2015 年以来内蒙古每年约有 10 万 t 羊骨产生，但羊骨因其直接食用价值不高所以一直没有得到充分利用，若不开发利用随意处理或废弃掉则严重损失了可利用资源，若处理不当对环境也会造成严重的污染。

骨粉中钙、磷的含量约为 19% 和 9%，钙和磷的比例接近于 2 : 1，是人体吸收钙磷的最佳比例。因此，钙磷比接近 2 : 1 的羊骨是一种优良的钙源。

羊骨中的蛋白质多以胶原蛋白为主，占总蛋白含量的 70%~80%，并且含有人体需要的 19 种氨基酸。羊骨中胶原蛋白的常见类型为I型、II型、III型、V型、XI型。其中最主要的类型为：I型胶原蛋白（普遍存在于骨组织中）、II型胶原蛋白（主要存在于透明软骨中）和XI型胶原蛋白（少量存在于透明软骨中）。基于羊骨中所含胶原蛋白如此丰富，可将羊骨作为胶原蛋白的生产原料。骨细胞中胶原蛋白是羟基磷灰石的黏合剂，它就像骨骼中一张充满小洞的网，牢牢地将钙质截留在网中，而且在胶原蛋白和羟基磷灰石及磷酸氢钙构成的网状结构上还吸附着 Ca^{2+}、Mg^{2+}、Na^+、Cl^-、HCO_3^-、F^- 及柠檬酸根等离子。

如何有效利用先进高效的生物工程技术开发研究羊骨这一丰富的资源，挖掘其潜在的经济价值是有广泛前景与实际意义的研究课题。

动物骨骼的开发较晚，20 世纪 80 年代才受到重视。但现已逐渐形成一种独特的新食源。羊骨相对于牛、骆驼等大动物比较其骨组织结构较为疏松，骨密度较低的特点，因此，相对于牛骨等大动物骨骼羊骨的加工更加容易。

采用合适的酶可以将骨粉中的蛋白质进行分解，破坏致密的骨粉结构，使得骨粉的粒径变小。酶解可使骨钙充分分离出来，并且促进可溶性氨基酸钙的生成，提高钙的利用率。

利用乳酸菌等微生物的作用降解骨粉中的黏多糖和蛋白质，能够使部分钙从结合态游离出来，变成游离态的钙。该法兼有酶解、酸解、生物转化的共同作用，是一种新型的且有效的方法。

二、技术要点

羊骨→酶解→灭酶→发酵→烘干→调味脱腥→压片→成品。

具体实施要点：

（一）酶解

脱脂羊骨粉于烧杯中，加入蒸馏水，制成骨粉浓度为 10% 的骨粉浸泡液，调节 pH 值后加入所用蛋白酶（木瓜蛋白酶，中性蛋白酶均可）；

一般工艺条件：酶解温度均为60℃，酶解时间均为6h，酶解pH值均为6，酶添加量均为13g/kg，恒温搅拌器上搅拌，进行充分酶解。待酶解后，将酶解液置于90℃水浴箱中灭酶20min。

（二）发酵

将酶解后的羊骨粉浸泡液加入一定量的葡萄糖、调节pH值，再进行灭菌处理，然后以4%的接种量将发酵剂（保加利亚乳杆菌与嗜热链球菌以2：1配比作为菌种），接种于经酶解后的羊骨粉浸泡溶液中，进行发酵，发酵时间为24~30h。

（三）脱腥调味

发酵羊骨粉带有一定的腥膻味，对气味敏感的人群不易接受这些味道，可以在骨粉中添加天然香辛料（中药材）改善风味（表1）。

表1 调味参考配方（骨粉量为准）

组分	水平（%）			
	甘草	鱼腥草	绿茶	当归
1	1	1	1	1
2	1	2	2	2
3	2	1	2	3
4	3	2	1	3

（四）压片

对发酵后的骨粉干燥后进行粉碎，粉碎过后过200目的筛子，得到微粉。然后用压片机压片（图1中制备的样片为2g/片）。制片剂需要一些辅助材料才能成片，主要辅助材料有填充剂、润滑剂和黏合剂。

辅料参考配方：预焦化淀粉10%、硬脂酸镁0.8%、聚乙烯吡咯烷酮无水乙醇溶液5%、微晶纤维素5%和微粉硅胶1%。

图1 发酵羊骨粉咀嚼片（本产品还处于实验阶段）

三、技术应用说明

（一）应用说明及条件

该技术可以在当地羊肉屠宰加工企业或生物制品企业的带动下推广使用。

（二）需要部分设施设备

冷藏库；加工车间；羊骨粉碎机；压片机；搅拌机；塑料容器。

四、注意事项

1. 借鉴参考本技术时特别注意，所有辅料及添加剂，切记一定要严格按照国家食品药品管理部门制定的安全使用的剂量添加。

2. 该技术尚属于实验阶段，样品仅属于实验样品，未经过动物实验和毒理实验验证。

五、效益分析

本技术如果推广成功可以很好地解决养羊业和羊屠宰加工业的副产品、废弃物羊骨的利用，减少屠宰加工业和餐饮业废弃物，降低肉制品加工企业及餐饮企业因副产品废料而造成的环境污染。利用酶解技术和乳酸菌发酵技术制成的骨粉咀嚼片含有丰富的胶原蛋白、胶原蛋白肽及游离钙，使本有可能废弃的骨骼制成高附加值的，有一定功能性的食品，其经济价值值得期待。

六、适宜区域

适合于养羊数量比较多的牧区和农区。

七、技术开发与依托单位

联系人：格日勒图
联系地址：内蒙古呼和浩特市赛罕区昭乌达路 306 号
技术依托单位：内蒙古农业大学

肉羊养殖综合配套技术集成

高寒牧区藏羊提质增效综合配套技术

一、技术背景

青海省是中国重要的畜牧业生产基地，全国五大牧区之一。畜牧业是青海省国民经济的重要支柱之一，畜牧业产值在全省占有相当大的比重，是牧区广大少数民族赖以生存和发展的主要经济基础。青海省拥有丰富的动物遗传资源，在全省现有的主要畜种中，藏羊1 463多万只，约占全省羊只总数的81%，遍布于全省各地。藏羊是我国三大原始绵羊品种之一，是在高寒、缺氧的生态环境中经长期自然和人工选育形成的地方优势畜种，对恶劣的气候环境和粗放的饲养管理条件有良好的适应能力，在青海省养羊生产中占有主导地位。

藏羊生产水平和品种生产性能的提高直接与牧区广大少数民族群众生产生活息息相关，关乎着牧民群众生产、生活水平的提高，直接影响牧区广大少数民族群众致富奔小康的进程，也是能否实现各民族共同繁荣发展目标的关键。但在高寒牧区藏羊的养殖生产过程中仍存在如下问题：一是羊群混群放牧，养殖方式落后，新技术应用受到很大限制，同时也造成后代血统混乱、系谱不清的现象，严重制约藏羊整体生产性能的进一步提高；二是依靠扩大养殖数量来增加收入，造成超载过牧，单纯的传统方式已不能满足发展的需要；三是在混群放牧条件下，品种的鉴定选育系统化程度低，藏羊生产潜能没有发挥；四是饲草料利用率水平低，饲料应用混乱，特别是冷季补饲，育肥技术优化程度低，导致饲草料资源利用不足或者浪费；五是繁殖还基本停留在传统的自然交配，母羊繁殖率低，优良种公羊的遗传潜力没有得到应有的发挥；六是传染病、寄生虫病及营养代谢病造成的慢性消耗制约了生产效益的提高。因此，在当前我省羊产业正处在由传统养羊业向现代养羊业转变的关键时期，加快发展现代羊产业必须依靠综合配套技术的集成示范，创新技术，研究解决我省藏羊产业发展中存在的关键性技术问题。

二、技术要点

高寒牧区藏羊提质增效综合配套技术是在合理组群管理的基础上，针对不同的生产羊群进行综合配套技术的投入，包括藏羊同期发情（图1）、电刺激采精（图2）、人工授精（图3）、人工控制本交（图4）、藏羊成年母羊关键繁育期养殖（图5）、羔羊早期断奶直线育肥（图6）、藏羊选留鉴定（图7）、培育（图8）、疫病防控等技术。

图 1　同期发情处理

图 2　电刺激采精

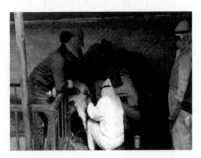

图 3　人工授精

图 4　种羊鉴定

图 5　同期产羔

图 6　早期断奶

图 7　公羔选留

图 8　公羔培育

三、技术应用说明

（一）藏羊合理组群管理技术

根据生产目的，对集中管理的种羊场、示范场及养殖联户的羊群进行整群，将繁殖母羊、后备母羊、种公羊、后备公羊、非生产羊进行分群，单独组群，登记建立羊群基础档案。根据生产实际，每群繁殖母羊、后备母羊 150～200 只，种公羊、后备公羊 50～100 只，非生产羊 200～250 只，专人管理，在专用草场放牧。通过藏羊的分群管理，解决了藏羊羊群不分年龄、不分公母、不分等级混群放牧的问题。

（二）藏羊同期发情、电刺激采精、人工授精技术

高寒牧区如何提高藏羊种公羊的利用率和推广藏羊人工授精技术是实现高原生态畜牧业发展中的难题。而利用同期发情、电刺激采精、人工授精技术，可合理安排母羊适时配种产羔，实现羔羊的同期出栏；不仅充分发挥了优良种公羊的种用价值，而且大大降低了实施藏羊人工授精的难度。

1. 藏羊母羊同期发情技术

（1）氯前列醇（PG）诱导高原型藏羊同期发情技术：选择健康、体质状况良好、中等以上膘情的藏羊繁殖母羊，利用 2 次肌肉注射氯前列醇（PG），诱导繁殖母羊同期发情，每次注射剂量为 0.5ml/（只·次），2 次用药时间间隔为 7 天。在注射时，一定要核准羊耳号，保定好羊只，保证注射剂量准确，并做好记录。

（2）高寒牧区藏羊 CIDR+PMSG 同期发情技术：将处理前的第一天设定为 0 天，于第 0 天上午将 CIDR 栓（黄体酮栓）放入特制的放置器内，将母羊外阴部擦净，将放置器缓缓推入母羊阴道内顶出黄体酮栓，然后退出放置器，完成放栓，黄体酮栓尼龙绳露出阴部 5～10cm 为宜。于第 12 天撤栓，用手扯动尼龙绳，取出黄体酮栓，同时用 50ml 生理盐水冲洗母羊阴道。在取栓的同时，肌肉注射 PMSG［注射用血促性素（孕马血清）］500IU/只，12～72h（每天早晚）内观察并记录母羊发情情况。

2. 藏羊种公羊电刺激采精技术

发情母羊经试情选出后，立即对藏羊种公羊进行电刺激采精，采出的精液经镜检合格后方可使用。电刺激采精是利用电刺激采精仪进行脉冲电流刺激采取公羊的精液，解决了藏羊公羊调教难的问题，防止了疾病的传播。电刺激采精包括器械的消毒、采精仪的调试、精液采集、精液品质检测、精液的稀释保存等步骤。

（1）器械的消毒：采精、输精及与精液接触的所有器械都要消毒，并保持清洁、干燥，存放在清洁的柜内或烘干箱中备用。集精瓶、输精器、玻璃棒和存放稀释液及生理盐水的玻璃器皿洗净后进行 30min 的蒸气消毒，使用前用生理盐水冲洗数次。金属制品如开膛器、镊子、盘子等，用 2% 的碳酸氢钠溶液清洗，再用清水冲洗数次，擦干后用 75% 的酒精消毒或进行酒精灯火焰消毒。

（2）采精仪的调试及电刺激采精：打开电刺激采精仪，当开关 ON 打开时，绿色的"POWER"指示灯会亮。一人将电刺激棒涂上凡士林插入公羊肛门 10cm，电刺激棒的两根铜电极朝下对准公羊的前列腺，采集仪的转换档调至 2 或 3 档，可变动的功率控制档在 10s 内从 0 转换到 10，刺激 15s，然后转换到 0，一人将集精杯对准公羊的阴茎收集精液；

如果没有采出精液，休息 20s 左右进行第二次刺激，采出精液后送至处理室，盖好盖，并记录公羊号。

（3）精液品质检查：将采集的精液放于操作台上，首先进行外观检查，如为正常的乳白色精液，可进一步在显微镜下进行镜检，观察精子活率和精子密度。当精液为乳白色，无味或略带腥味，精子活力在 0.6 以上，密度在中等以上（每毫升精液的精子数在 20 亿以上），畸形精子率不超过 20%，该羊精液判为优质精液。

（4）精液的稀释：精液稀释的目的是扩大精液量，增加每次采精的可配母羊数，提高种公羊的利用率，还可供给精子营养，增强精子活力，有利于精液的保存、运输和输精。在用鲜精进行配种时，可采用注射用生理盐水或经过过滤消毒的 0.9% 氯化钠溶液作稀释液。此种稀释液简单易行，是目前生产实践中最为常用的稀释液。但用这种稀释液稀释时，稀释的倍数不宜太高，一般以两倍以下为宜，稀释后的精液应在短时间内使用。

3. 藏羊人工授精技术

输精前，输精人员应穿工作服，用肥皂水洗手擦干，用 75% 酒精消毒后，再用生理盐水冲洗。把洗涤好的开腟器、输精枪、镊子用纱布包好，一起用高压锅蒸汽消毒。对发情母羊进行鉴定及健康检查后，才能输精，母羊输精前应对外阴部进行清洗，以 1/3 000 新洁尔灭溶液或酒精棉球进行擦拭消毒，待干燥后再用生理盐水棉球擦拭。

用生理盐水湿润后的开腟器插入阴道深部触及子宫颈后，稍向后拉，以使子宫颈处于正常位置之后轻轻转动开腟器 90°，打开开腟器，开张度在不影响观察子宫的情况下开张的愈小愈好（2cm），否则易引起母羊努责，不仅不易找到子宫颈，而且不利于深部输精。输精枪应慢慢插入子宫颈内 0.5~1.0cm 处，插入到位后应缩小开腟器开张度，并向外拉出 1/3，然后将精液缓缓注入。输精完毕后，让羊保持原姿势片刻，放开母羊，原地站立 5~10min，再将羊赶走。母羊 1 个情期应输精 2 次，发现发情时输精 1 次，间隔 8~10h 应进行第 2 次输精。输精量：原精液为 0.05~0.1ml，稀释后精液应为 0.1~0.2ml。

（三）藏羊人工控制本交技术

选择健康、中等以上膘情的优秀繁殖母羊进行单独组群，并记录每只母羊的耳标号，利用 2 次肌肉注射氯前列醇注射液（PG）诱导法进行同期发情，并放到指定的栏圈或专门的牧场，让其与指定的优秀种公羊进行交配，并记录公羊耳标号。公母羊比例一般为 1∶（30~50），可根据实际生产情况灵活安排。调整后的母羊群，选择草质优良的天然草场放牧，每天保持 8~10h 的放牧时间，每天饮水 3~4 次。选定的种公羊要体格壮、性欲高、配种能力强、遗传性稳定的优秀个体，配种前 30~40 天单独饲养，配种前 3~5 天进行试情选择，合格者列入配种公羊计划。根据每只公羊的特点和血统关系，做好选配计划。公羊配种期间，要适量加喂优质的蛋白质饲料，改善管理，增加运动量，使其具备旺盛的精力。

人工控制本交是将公、母羊分群隔离饲养，母羊发情时用指定公羊配种，克服了自然交配的许多缺点，这样不仅可以提高公羊的利用率，而且也可有目的地进行选种选配，提高后代品质，同时确保了养殖档案记录的准确性。

（四）成年母羊繁育期的饲养管理技术

成年母羊担负着妊娠、泌乳等各项繁殖任务，应常年保持良好的饲养管理条件，母羊的饲养管理重点在妊娠期和哺乳期，其中妊娠后期和哺乳前期尤为重要。

1. 妊娠前期的饲养管理

妊娠前期是母羊妊娠后的前3个月。怀孕前期母羊对粗饲料消化能力较强，主要以天然放牧为主，以维持正常的新陈代谢为基础，对瘦弱的母羊，要适当增加营养，归牧后补饲母羊精料100g，以达到复膘。

2. 妊娠后期的饲养管理

妊娠后期胎儿的增生明显加快，母羊自身也需贮备大量的养分，为产后泌乳做准备。除以放牧为主外，应加强补饲。产前8周，补饲母羊精料400～600g，青干草1～1.5kg，并注意补饲胡萝卜、食盐。而在产前1周要适当减少精料用量，补饲母羊精料200～300g，以免胎儿体重过大而造成难产，同时多喂一些多汁饲料。

产前1个月，应把母羊从群中分隔开，单独放一圈，以便更好地管理。产前一周左右，在夜间应将母羊放于待产圈中饲养和护理。

3. 哺乳期的管理

哺乳期（产后2个月），母乳是羔羊重要的营养来源，尤其是出生后15～20d，几乎是唯一的营养来源。在哺乳期除自由采食外，母羊每天补饲母羊精料200～300g，优质干草1kg，胡萝卜0.5kg。

4. 注意事项

加强日常饲养管理，并做到防拥挤，防跳沟，防惊群，防滑倒，日常活动要以"慢、稳"为主，不能吃霉变饲料和冷冻饲料。

（五）藏羊羔羊早期断奶、直线育肥出栏技术

1. 早期断奶前的准备

制作羔羊隔离补乳栏：用直径1cm的钢筋或2cm的空腹钢管制作每片高1.5m，长2m的框架，中间25mm加焊形成栅栏，多片组合成羔羊圈用铁丝固定在羊棚或运动场。中间的空隙只能羔羊出入。

购置代乳品：购置由中国农业科学院饲料研究所研制的"精准"牌代乳品。

圈舍消毒：对羊舍的墙面、地面用2%～3%的烧碱和生石灰水喷洒消毒。

放置补饲槽：在制作好的栅栏圈内根据羔羊的数量放置补饲槽。

2. 羔羊的选择

将10～15d内产羔的母羊和羔羊单独组群，白天羔羊跟随母羊放牧。

3. 饲养管理

白天羔羊跟随母羊放牧，归牧后将母羊和羔羊圈入设置隔离栏的羊棚或运动场，羔羊自由出入隔离栏内，母羊无法进入。放牧前和放牧回来后补饲代乳品。

4. 代乳品的调制

代乳品用35℃左右的温开水搅拌、手捏成团，松开呈松散的小颗粒状，少量撒在补乳槽中自由舔食。

5. 补饲方法

羔羊出生10～15d，在跟随母羊放牧的同时，早晚补饲少量代乳品；羔羊出生15～30d，用上述方法补饲，每只羔羊100g，补饲少量青干草和少量羔羊精补料；羔羊出生30～60d，用上述方法补饲每只羔羊100～150g，补饲青干草0.25～0.5kg和羔羊精补料

100~200g。

6. 适时断奶

羔羊出生 60 天，与母羊分离，单独组群，彻底断奶。

7. 直线育肥

断奶后，羔羊以 100~150 只单独组群，全舍饲 120d，补饲青干草和羔羊精补料 200~300g，每天上下午供足够的饮水两次，

8. 适时出栏

全舍饲 120d 后全部出栏。

9. 注意事项

补饲后及时观察，防治母羊挤进羔羊栏抢食代乳品；代乳品必须用 35℃ 左右的温开水搅拌，不能直接补饲干粉，以防止呛肺。

（六）藏羊良种选育提高技术

根据藏羊不同类型（即欧拉型藏羊和高原型藏羊）确定选育目标，以常规选育技术为主，根据藏羊个体表型性状，对项目区藏羊育种核心群和一般选育群进行绵羊个体鉴定，淘汰劣质公羊，选留优良种公羊和后备种公羊。

1. 高原型藏羊选择标准及方法

以《青海藏羊》标准进行选育，以体格较大，体躯呈长方形，被毛多为毛辫装，辫穗长过腹线为标准，公羊具有一对粗大扁平呈螺旋状向上向外伸展的角，母羊角较小，个别的无角。符合品种标准的特级、一级、二级种公羊留作种用，其余公羊全部淘汰。后备种公羊选择按初生、6 月龄、1 岁三个阶段的表型性状（体重、体尺、体型外貌）来选择。

（1）初生公羔的选择：每年从冬羔中选择优秀公羔。一般从选育核心群中一级公母羊所产公羔中，体躯毛色纯白，体质健壮，善活动的公羔进行登记、打号。

（2）6 月龄公羔的选择：每年 6—7 月对选留的公羔逐只鉴定，选留符合特一级标准的公羔，体质结实，结构匀称。

（3）1 岁后备种羊的选择：每年 7 月结合剪毛时机，选择体重 36kg 以上，体高 63cm 以上，体质健壮，雄性特征突出，睾丸大小适中的特级、一级 1.5 岁公羊作为后备种公羊，等外级的淘汰出售或去势。母羊以最低生产标准 32kg 以上，全身白色、体质结实、匀称作为后备母羊。

2. 欧拉型藏羊公羊选择标准与方法

依据《河南县欧拉羊鉴定标准》（修订稿），以突出个体大而壮实，背腰平直，后驱较丰满，肉用体型较好，被毛粗短，头颈及四肢为褐色为标准，公羊颈下缘毛较长，部分体躯前胸着生褐色胸毛，有一对粗大扁平呈螺旋状向上向外伸展的角，母羊角较小，个别的无角。符合品种标准的特级、一级、二级种公羊留作种用，其余公羊全部淘汰。后备种公羊选择按初生、6 月龄、1.5 岁三个阶段的表型性状（体重、体尺、体型外貌）来选择。

（1）公羔的选择：每年从冬羔中选择优秀公羔。一般从选育核心群中一级公母羊所产公羔中，选择初生重在 4.4kg 以上，体躯主要部位毛色纯白，体质健壮，善活动的公羔进行登记、打号。

（2）6月龄公羔的选择：每年6—7月对选留的公羔逐只鉴定，选留符合特一级标准的公羔，要求体重34kg以上，体高65cm以上，体质结实，结构匀称。

（3）1.5岁后备种公羊的选择：每年7月结合剪毛时机，选择体重50kg以上，体高70cm以上，体质健壮，雄性特征突出，睾丸大小适中的特级、一级1.5岁公羊作为后备种公羊，等外级的淘汰出售或去势。母羊以最低生产标准40kg以上，符合欧拉羊体型外貌、体质结实、匀称作为后备母羊。

3. 种羊培育技术与方法

产羔记录→早期断奶公羔补饲→集中培育→选留→单独组群培育→推广。

（七）藏羊分群管理下的疫病防控技术

1. 主要传染病的防治技术

按国家免疫程序进行口蹄疫苗、羊痘苗、羊梭菌病苗、羊口疮苗、小反刍兽疫苗等进行夏秋两次免疫注射。每年春秋两季对藏羊内寄生虫驱虫。

2. 羔羊腹泻病防治技术

利用青海省畜牧兽医科学院研制生产的"畜痢灵"进行羔羊腹泻防治。对刚出生的羔羊用"畜痢灵"进行预防，每只5ml口服，每天一次，预防3天，此外对已腹泻的配合"消维康"进行治疗。

3. 羊线虫病寄生阶段幼虫防治技术

驱虫对象主要包括羊消化道线虫病和肺线虫病等。采用1%埃普利诺菌素注射剂，每1ml含埃普利诺菌素10mg，按照0.2mg/kg剂量给药，消化道线虫转阴率和减少率分别达到95.0%和97.74%；肺线虫幼虫转阴率、减少率分别为90.%和90.33%。应在冬季线虫寄生阶段幼虫感染高峰期进行驱虫，视各地情况，可适当调整防治时间。实行整群防治，高密度驱虫。羊线虫病综合防治包括外界环境除虫、预防感染、提高机体抵抗力等措施，其中对绦虫蚴病应常年采取综合防治措施；圈舍粪便定期清除，驱虫后粪便进行无害化处理，圈舍灭虫处理。

4. 羊体外寄生虫病防治技术

防治对象包括螨病、鼻蝇蛆病和蜱、虱、蝇、蚤等节肢动物寄生虫病。在剪毛后7～10天药浴或药淋，羊鼻蝇蛆应在第1期幼虫期进行一次药物烟雾或杀虫；羊螨病按DB63/T374规定执行，利用埃谱利诺菌素注射剂0.2mg/kg剂量对绵羊颚虱的驱虫率达到高效。对新引进的羊，应隔离观察，确定无螨寄生，并进行预防处理后再混入健康羊群。圈舍要保持通风、干燥、采光好，定期清扫，对羊舍及用具做到定期消毒，可用0.5%敌百虫水溶液喷洒墙壁、地面及用具，或用80℃以上的20%热石灰水洗刷墙壁和柱栏，消灭环境中的螨。对羊只可采取定期检疫，并随时注意观察羊只情况，对治疗后的病羊应置于消毒过的畜舍饲养。

（八）畜产品质量检测技术

主要包括藏羊系列精料补充料的检测和羔羊肉品质的检测。在精料补充料的检测中，除了饲料的常规营养成分分析外，主要对药物残留以及重金属进行检测，检测方法按照相关标准执行。在羔羊肉品质的检测中，除了常规的营养成分外，对药物残留和重金属以及肉的风味进行检测，检测方法按照相关标准执行。

四、适宜区域

藏羊产区的牧场和养殖大户。

五、注意事项

加强日常饲养管理，重视藏羊分群管理经营下的相关配套技术的应用。应制订详细的实施方案，严格按照相关流程进行，以进一步保障相关配套技术的应用，确保工作的连续性。同时，应加强相关配套技术的指导和培训。

六、效益分析

通过高寒牧区藏羊提质增效综合配套技术的实施，缩短了世代间隔，提高了繁殖效率，达到了高效生产、加速优良种羊繁育的效果。并通过羔羊早期断奶、直线育肥出栏以及淘汰母羊育肥出栏，不仅充分发挥了藏羊的生产能力，提高了牧民的经济效益；而且对加快畜群周转、提高母畜比例、减少存栏羊、减轻草场压力、保护草地生态环境具有显著的生态效益。

七、技术开发与依托单位

联系人：余忠祥
联系地址：青海省西宁市城北区纬二路 1 号

舍饲肉羊高效繁育技术集成

羔羊出生到断奶的饲养管理技术

一、技术背景

多羔羊在全舍饲状态下靠自然生产损失较大，一般生产两只羔后多数会生产无力，需要助产和照顾羔羊；初生羔羊特别是杂交羔羊初生重一般偏大，后续营养供应和饲养管理均与放牧羊不同，很多养户不得要领，造成"生得多、死的多"的现象，特别是在北方冬季损失惨重。按照此流程管理，显著提高羔羊成活率。

二、技术要点

（一）接产出生阶段（0~6日龄）

1. 接产前准备

（1）消毒：提前半个月做好待产圈舍彻底消毒，消毒用四步消毒法：①彻底清扫干净待产圈舍，粪便堆积发酵42d以上；②用5%~10%的热氢氧化钠溶液（80℃以上）对地面、劳动用具等喷洒消毒，入舍门口加火碱消毒垫；③用3%来苏儿消毒液喷雾消毒；④用汽油喷灯在1.4m以下墙面、地面、饲槽、劳动用具等处0.3s外焰过火消毒。

（2）垫草：加厚垫草（寒冷地区垫草要不低于35cm，特别是风大的地区），垫草最好用干净的铡短的稻草，发霉的垫草羊误食会造成拉稀甚至于死亡，过长的垫草会羁绊羔羊，稻壳或者玉米秸秆等吸水性差不作为首选。

（3）隔栏：按照产羔数的25%以上准备单个隔栏产圈，隔栏为长1.5m、宽1.2m、高1m的不大于1cm²的密网格型，粗网格易刮掉羊耳标，隔栏一侧为门，门有活栓，底部应有45cm高的铁皮防护，防止羔羊被邻舍母性好的母羊闻嗅错认。弱羔、多羔、难产羔、病羔以及保姆性不强或者奶水不足的母羊一律单圈饲养。注意圈舍内铁丝、铁钉等易致伤尖锐物要弄平，防止扎伤羊。

（4）分群：提前1周把待产母羊分群，高产群（2~4羔）需要10~15只一群，低产母羊30~45只一群。准备好必备的药品、接产器具以及人员分工，要选择有经验的、责任心强的技工接产和护理。

2. 接产

（1）待产观察：接产的时候要尽量避免干扰，强光、声响、人员走动以及羊群过密均不利于羊正常分娩，最好有暗光和监控系统，仔细观察，母羊离群独立、外阴红肿、肷窝下陷、奶头涨竖、侧卧呻吟、伸腿努责即为临产。

（2）正产接产：母羊正常分娩处要有人及时在趴卧处铺垫干净的装饲料丝袋等，正常分娩的羔羊是前臂抱头而出，待羔羊头出来后，接产技工要带长臂手套、口罩等个人防护，要用消毒过的干净的小毛巾（每只羔羊一个）掏净羔羊口腔内的黏液，擦净鼻子内、耳朵内和脸上的黏液，待母羊自然娩出后用5%的碘酊消毒羔羊脐带，胎液抹在母羊口鼻处和羔羊头、尾、脊背处，然后将胎衣和接产用的袋子、小毛巾、一次性接产手套等全部于2m以上深埋柴油焚烧或者无害化处理，千万不可用一个铺垫袋子接产很多母羊，不仅容易造成交叉感染，而且由于胎液气味不同造成母羊和羔羊的嗅觉气味混乱而不亲。

（3）难产助产：有难产的依据实际情况采取正确方法助产（图1），一般来讲胎水破了半个小时还没有产羔，需要助产，弱羔、胎位不正、羔羊过大、胎液不足等诸多原因会导致难产，需要采取相应措施处理。助产出来的羔羊一定要倒提起来拍打两侧胸部，使尽可能多的胎水流出来，防止异物性肺炎，同时母羊注射氯前列烯醇和产后康。死羔的、单羔而且奶水好保姆性强的母羊的胎液要用塑封袋存留备用，寄养时在羔羊头部、背部、尾部和脐带处涂抹该胎液和寄母腋下蜡状物促其认羔。

图1 难产助产示意图

（4）预防用药：在羔羊吃奶前一定要用1%的温高锰酸钾溶液（35℃左右）清洗母羊的乳房和外阴，羔羊干后称重，同时羔羊灌服油剂长效土霉素1ml（得过羔羊痢疾的地区每天1次，连续3d），挤出几滴初乳涂抹在乳头周围诱其尽早食乳，确保在出生半小时内吃上初乳，弱羔、双羔中的母羔先吃足。

（5）产后母羊管理：母羊饮足加有少量麸皮和红糖，足量的电解多维、黄芪多糖和益生菌的温水（25~35℃），饲喂柔软易消化的饲草，增加碱微舔块。从每天100g精料，6日内逐渐增加到每天500g。切忌突然加料，特别是产羔多的羊，繁殖系统任务繁重而消化机能减弱，容易造成实质性胃扩张而消瘦回奶，甚至死亡。

（6）鉴定记录：进行羔羊初生鉴定，鉴定后留作繁殖用的羊留作补群后备羊，不留繁殖用的羔羊做好直线育肥准备。详细做好各项记录并观察。

3. 管理

（1）预防用药：羔羊3日龄时注射亚硒酸钠VE针和补铁补血针，防止白肌病，同时增强羔羊体质。

（2）挂耳标：给羔羊系好耳标牌挂在脖子上。羔羊出生后耳朵较薄，早打耳标容易造成羔羊耳朵下垂影响听力，把耳标牌用橡皮筋串好系牢，过松易丢失，过紧易勒着羔羊。

（3）清扫消毒：羔羊6日龄时要彻底清扫圈舍，防止羔羊误食地面杂物而在月龄左右于胃内形成毛球。带羊喷洒百毒杀溶液消毒，以防止断尾时感染。

（二）断尾、上标、诱食阶段（7~10日龄）

1. 断尾

（1）断尾日龄：一般在4~15日龄，初生重超过5kg的单羔公羔4日龄宜断尾，多羔、弱羔应推迟到15日龄断尾，整齐度较好的羔羊7~10日龄断尾。

（2）断尾天气要求：应在晴天的早上进行，阴雨天断尾容易感染。

（3）品种要求：短脂尾羊（蒙古羊、哈萨克羊、阿勒泰羊、巴音布鲁克羊、滩羊、小尾寒羊、湖羊等）不宜断尾，细尾羊以及与其杂交羊可以断尾。

（4）断尾部位：杂交羊宜在第四尾椎处断尾；其余进口纯种羊（细尾羊）在第2~4尾椎处断尾。母羔羊最好在第4尾椎处断尾，公羔羊在第二尾椎处断尾。

（5）断尾方法：用5%碘酊消毒断尾处，用75%的酒精脱碘后，用断尾专用胶圈套牢尾椎关节处，注意要把外表皮肤向尾根部撸起，这样尾巴断掉后尾部皮肤完整包裹患处防止感染。断尾后一定要确保羔羊吃上奶，多羔、弱羔、保姆性不强的还要单圈饲养7天左右。

2. 打耳标

断尾的同时把羔羊耳标打上，避开耳部大血管消毒，耳标用3%新洁尔灭溶液浸泡消毒半小时以上，在靠近头部一侧2/5处打耳标（靠内侧影响听力，靠外侧造成耳部下垂），耳标标号面向上，建议用条形耳标以减少刮掉的危险，打好耳标后顺手把耳标捋顺与耳朵平行（图2）。

图2 为羔羊打耳标

3. 消毒换垫草

断尾上耳标当天进行圈舍消毒，继续单圈饲养的圈舍垫草要更换成新垫草。

4. 诱食

一般7日龄后羔羊有觅食行为，此间羊舍地面要保持干净，防止羔羊误食地面杂物而在一月龄左右时形成毛球症。7日龄后设置补饲间，补饲间和母羊圈舍用隔栏隔开，隔栏下端焊制成50cm高、10cm宽的小竖栏，这样羔羊能够自由出入而大羊进不去。补饲栏内设补饲槽，每只羔羊槽位不少于15cm，羔羊补饲间最好能直接连通外运动场，便于分群时羔羊获得足够的运动和光照。槽内最好放置 4~10cm 的干果树叶、柳树叶等以备羔羊玩食，效果优于开食料，用奶汁诱引羔羊到槽前，同时放置糖蜜舔块，母羊槽内饲草也要柔软易消化，否则羔羊吞食粗劣饲草伤胃，造成终生性小僵羊。

5. 观察

此时要观察羔羊哺乳情况和母羊乳房情况，防止由于断尾应激反应羔羊吃奶而母羊得乳房炎，以羔羊多酣睡母羊用嘴拱或蹄子扒羔羊促其吃奶为好。

（三）开食补饲阶段（11~21 日龄）

1. 预饲期

11 日龄开始投喂羔羊开口料和胡萝卜细丝，与干树叶交替饲喂，草料上撒少许羔羊代乳品诱食。

2. 正式补料期

16~18 日龄候开始饲喂，每天 4 次，每次 1h，清扫干净，逐渐增量，盐槽备足干净的炒盐（促进开食去火作用），给足清洁饮水（温度 15~25 ℃）。

3. 消毒

断尾后 7~10d 尾部自然脱落，及时捡走销毁断尾和胶圈（进口断尾胶圈消毒后能利用 2 次），观察有外伤的及时用双氧水消毒处理，用大毒杀消毒液喷洒带羊消毒。

4. 观察

此阶段应该是羔羊主动追奶吃阶段，防止羔羊偷奶。仔细观察尾部脱落后有无感染，及时处理。

（四）增料节奶阶段（22~30 日龄）

1. 增料节奶

增喂优质青贮，由 100g 起逐渐增加，同时添加益生菌。以后每羊每天添加 3~5g 小苏打。颗粒料量最终添加至 200~250g，同时逐渐混合母羊饲草混合饲喂。逐渐增加羔羊单独饲喂时间，减少羔羊吃奶时间。

2. 驱虫防疫

雨量多的地区，要用 1% 球毕特（地克珠利颗粒）驱除球虫，按照每千克体重 1mg 一次性口服。对于没有在围产期注射羊四联苗的母羊所产的羔羊可以在 25 日龄后进行第一次羊四联苗注射。

3. 观察

此阶段是羔羊追奶、个别母羊逃奶，以羔羊狂追母羊讨奶为主。观察增加青贮后羔羊的消化情况，适当调整青贮的饲喂量。

（五）离乳准备阶段（31~42 日龄）

1. 减料换料

母羊由每天 0.6kg 精料逐渐减料到每天 0.4kg，增加 1% 含硒矿物质添加剂，增加富含粗纤维饲草，增喂富硒舔块，为下一个发情期准备。

2. 缩短母子共栏时间

羔羊每天吃奶 2 次，每次母子共栏时间逐渐缩短至 1h，使羔羊逐渐适应独立生活。

3. 观察

此阶段为母羊逃奶阶段，注意观察奶水过多的母羊需要单独管理减料减草。

（六）离奶阶段（43～60 日龄）

1. 缩短离奶时间

每天改为一次吃奶，每次逐渐缩短至 1h。在饲草上添加精准羔羊奶粉每羊每天 100g。

2. 驱虫防疫

断奶一周前皮下注射伊维菌素驱虫每千克体重 0.02ml，同时注射羊四联苗（25 日龄后注射此疫苗的不必注射）。

3. 离奶添加药物

断奶时增加黄芪多糖和电解多维饮水，羔羊精料里添加 1%去火健胃散。

4. 离奶

采取一次性断奶，羔羊留在原舍，母羊远离，最好听不到叫声。注意防止母羊乳房炎，可以断食一日，减少饮水，个别奶水过多的母羊，要采取不定时、不定量挤出奶水以促进回奶。

三、技术应用说明

接产羔需要选择精心的饲养人员，最好有稳定的技术团队；母子栏、补料槽和专用饲料等需要事先准备好。

四、适合区域

全舍饲农区。

五、效益分析

现场管理中很多羔羊痢疾、弱羔、断尾不当或者毛球症等诸多疾病，均是饲养管理不当所致，综上所述操作，可提高羔羊育成率 10 个百分点以上，每只可繁母羊可多获益 200 元以上。

六、技术开发与依托单位

联系人：张贺春、李淑秋、马金友
联系地址：辽宁省朝阳县柳城镇锦朝高速南出口 500 米
技术依托单位：辽宁省朝阳市朝牧种畜场

围产期母羊饲养管理技术

一、技术背景

俗话说："编筐编篓，重在收口"。母羊围产期是肉羊生产中的重中之重，相当于种植业的"收秋"。此环节涉及时间长、任务重、劳动强度大，事关羔羊的成活率和育成率，所以母羊围产期的管理在整个生产工艺中占有极重要的地位，制定母羊围产期饲养管理流程有助于提高生产效率和效果，为我国工厂化养羊提供良好的发展模式。

二、技术要点

（一）母羊产前半个月的饲养管理。

1. 防疫

在母羊产前半个月到一个月时注射羊四联苗（或者三联四防苗），提高母羊体内的抗体水平，使初生羔羊获得母源抗体，有效预防羔羊痢疾等；同时注射亚硒酸钠 VE 针和右旋糖酐铁注射液，防疫用药时用围栏抓捕母羊，这个阶段抓捕方法不当容易造成流产。

2. 运动

围产期的母羊每天要有 2~4km 的运动量，最好是带有坡度的主动运动，以减少难产。饲养员在晚上 9：00 和早上 4：00 分别将羊轻轻哄起一次（注意不能惊吓母羊），特别是多胎和泌乳能力强的母羊更需如此管理。以免趴卧时间过长造成母羊压迫性乳房炎、产道或者直肠脱出，促进母羊早排宿粪，减少腹内压。

3. 饲喂

每天饲喂次数可由 2 次改为早中晚 3 次饲喂。饲草料的质要提升、量要减少。可根据羊膘情适当增加精料量和提高蛋白质比例，精料量可达体重的 7%～10%，根据实际情况可补喂促进产乳的专用颗粒料。饲料中每天每羊添加 3~5g 小苏打以防止酸中毒。粗饲草中提高豆科草的比例，减少添加量，达到减量不减营养的目的。给予充足清洁饮水，饮水中添加电解多维，增加碱维舔块。以临产前母羊乳房根部微红、奶汁黄稠为好。这个阶段饲料尽量少添加或者不添加向日葵饼和香油饼，防止乳房炎和初乳稀薄造成羔羊排不出胎粪。

4. 观察

在饲喂时和母羊安静地反刍时进行观察并记录。个别羊只外阴外流白色黏液过多的易提前 3~5 天早产。右侧卧反刍休息的母羊多数是食量较大，羔羊初生重较大；左侧卧反刍休息的母羊多数是怀羔多，或者羊水较多。仔细观察可发现胎羔在母体内踢动，踢动剧烈并看见羔羊踢动后母羊迅速站立起的，易因胎位不正难产；刨地很久才趴卧或者趴卧后马上站起不安的母羊易难产，需要增加运动量。

（二）母羊产羔时的饲养管理。

1. 产前准备

（1）转圈：母羊在临产前三天一定要转入产羔舍（要求产羔舍彻底消毒、保暖通风、有干净软垫草、单栏）（图1）。

（2）准备好相关消毒、消炎及保健药品、器械、长胶手套、称重电子秤以及相关记录簿等。

（3）安排值班，专职人员接产：母羊产羔在天气变冷变阴、大雨大雪大风天气或凌晨2：00—4：00时产羔居多，这个时间段要安排精心、有责任心、会管理懂技术的人员接产。

（4）依据配种记录，仔细观察，准备接产。看好母羊耳号或背号，不清晰的及时查找补号，以便记录翔实，系谱档案清晰。

图1 母羊围产期饲养

2. 接产

接产人员要注意观察和消毒，及时处理紧急情况并做好记录。

（1）难产的处理：对于超过预产期2天以上的要采取手术或者注射催产药；胎水破后半个小时仍然产不出来的多是胎位不正或者羔羊过大、母羊产道狭窄等，及时助产；产羔反应时有时无，时而趴卧伸腿努责后又较长时间没有产羔反应的多是羔羊较弱，需要手伸到子宫内助产拉出；胎水很少的助产时要在产道涂消毒后的石蜡油；胎水不破的助产有难度，要有耐心地将食指和中指在产道内做环状扩张逐渐深入，待到子宫颈口时，将堵在子宫颈口的胎水膜撕破，约半分钟后子宫颈口即可完全开张，产道扩张，即可产出；对于母羊腹肌收缩无力的尽早助产。助产时待产母羊一般采取右侧卧、略下坡位，用新洁尔灭溶液等消毒母羊外阴部和乳房（注意不要用刺激性气味的消毒液）。助产时注意尽量将羔羊转位为正产，两前肢抱头、前肢腕关节抵后下颚的姿势向斜后方拉出，拉出时不可用力过猛，要顺着母羊伸缩用力。待羔羊头和胸前部出来后即刻停止（全部拉出易造成母羊产道脱出和子宫脱出），立即用消毒过的干净手绢擦净羔羊口内、鼻孔周边的黏液，待母羊自然娩出。羔羊吸入胎水或假死的要马上拉出，倒提后腿，拍打后背促进胎水排出，待羔羊大声咩叫后再停止，擦净黏液。第一只羔羊产出后，用左手在羊乳房前5cm左右向产道方向轻轻抵摸，感觉到有硬而且光滑的羔体即可准备再接产。若无则尽快让母羊舔羔，可采取在羔羊身上洒麸皮或把胎液涂在羔羊身上的办法促其舔食，增强母子亲和（图2）。

（2）饮水：母羊产羔后及时饮用温水（水温15～30℃），水中加入少量的食盐和麸

图 2　母羊难产

皮，饮水中加入电解多维。饮水不足的母羊容易吃胎衣或者咬食羔羊脐带、尾巴。

3. 母羊产后饲养管理

（1）产后污物及时清理，疑似有病菌的要彻底消毒场地，隔离病羊。

（2）母羊产后 0.5~2h 娩出胎衣，及时清理胎衣。超过 2h 则为胎衣不下，及时进行药物处理。

（3）弱羔、多羔和奶水不足、保姆性不强的一定要将母子单栏管理。

（4）储备初乳：规模化全舍饲养羊繁殖类疾病相对增多，羔羊出生后 7 日内食量较小，所以及时把多余的初乳收集好储备起来，以备后用。最简单的方法是用消毒过的矿泉水瓶收集多余的母羊初乳，封严盖子后放入冰柜里冷冻。需要时把瓶子拿出，置于 50~60℃ 的水中，当奶温达到 40℃ 时喂饲羔羊。用此初乳喂补奶的羔羊，可大大提高补奶羔羊的成活率和育成率。

4. 母羊产后喂饲

（1）母羊产后要喂饲容易消化的饲草和少量的精料，至羔羊出生 7 日后逐渐恢复到产前喂饲水平。切忌给产羔多的母羊突然补料，容易造成消化不良。

（2）母羊产后要饮足水，多羔母羊一天饮水量可达 15kg。

（3）母羊产后一个月泌乳能力逐渐下降，需要减少精料，增加粗饲草，至羔羊断乳时每天仅给予 100~150g 全价精料，准备进行下一个周期生产。

三、技术应用说明

不同品种、不同年龄和不同生产方式的母羊在围产期中的表现，会有一定的差异。

四、适宜区域

本流程适宜北方农区大部分舍饲肉羊生产单位。

五、注意事项

由于地域和季节的不同，母羊的围产期管理在操作上要根据实际情况不同加以调整。

六、效益分析

围产期母羊管理是提高母羊利用率和羔羊成活率的关键，特别是在舍饲条件下，减少母羊的死淘率，降低母羊难产、瘫痪等现象，提高羔羊成活率，上述配套技术至关重要。

七、技术开发与依托单位

联系人：王国春、张贺春、于波

联系地址：辽宁省朝阳县柳城镇锦朝高速南出口 500 米

技术依托单位：辽宁省朝阳市朝牧种畜场

肉羊高效繁育集成技术

一、技术背景

近年来，随着农业经济战略性结构调整尤其是畜牧业内部结构调整的不断加快，草食畜牧业特别是肉羊产业得到了持续发展。但是，由于各个单项技术没有组装配套，使得专业化、商品化的肉羊生产仍未形成规模，区域和资源优势没有得到充分发挥，迫切需要组装集成技术。通过优化种羊胚胎移植程序，利用加大营养差异的营养调控技术加强种公羊和供受体母羊饲养管理和生殖保健，在大面积开展肉羊种公羊与小尾寒羊杂交改良中使用内窥镜输精技术及羔羊直线肥育技术，配套集成技术，缩短世代间隔，加快品种改良，提高肉羊生产水平，使肉羊养殖向标准化养殖、规模化饲养、集约化生产和产业化经营的方向发展，进一步提高养羊的经济效益、社会效益。

二、技术要点

（一）优化种羊胚胎移植程序

确定种羊的最佳超排剂量、季节和手术移植方法，从而优化了胚胎移植的全过程，使胚胎移植成功率大幅度提高，形成了一套适合种羊生产的新技术。

1. 采用科学的超排和输精技术

（1）全舍饲状态下，种羊最佳超排剂量、最佳超排季节的确定：根据在供体羊发情的适当时间，施以外源性激素，提高血液中的促性腺激素的浓度，使卵巢中比自然情况下有较多的卵泡发育并排卵的技术原理，确定正确的输精时间、方法、剂量、次数。超数排卵是极其复杂的生理过程，受很多因素影响，超排季节、超排剂量、药物批次对超排效果的影响都很大，不同品种的羊只，对药物等因素的反应也不相同，所以选择种羊适宜的药物、剂量和时机是实现高效生产的关键。一边工作一边试验研究，用国产的 FSH（宁波激素制品厂生产）代替进口的 FSH，对不同年龄的种羊最佳超排剂量进行了科学试验（见试验报告），总结出了种羊最佳超排剂量。即初产羊总剂量为 130IU，以 23IU、22IU、20IU 逐日递减为最好，平均每只供体羊采胚 9.7 枚，可用胚 9.1 枚；经产壮龄母羊 FSH 总剂量为 150IU，以 27IU、25IU、23IU 逐日递减为最好，平均每只供体羊采胚 11.5 枚，可用胚 11 枚；经产老龄种羊 FSH 总剂量为 170IU，以 31IU、28IU、26IU 逐日递减为最好，平均每只供体羊采胚 10.5 枚，可用胚 9.8 枚。所以确定种羊 FSH 最佳超排剂量，初产羊总量为 130IU，以 23IU 为首次量逐日递减；经产壮龄羊总量为 150IU，以 27IU 为首次量逐日递减；老龄经产羊总量为 170IU，以 31IU 为首次量逐日递减。通过 2008 年 FSH 一个批次用量范围，确定了种羊的基础用量，在以后的胚胎移植过程中，因供体羊超排次数、频率、间隔时间、气候条件、季节、营养状况均能影响供体羊的超排效果，所以在胚胎移植过程中，对每一批羊、每一个批次的 FSH 都做小批次试验测试，以调节 FSH 用量。

在确定种羊最佳超排剂量之后又对种羊最佳超排季节做了科学试验。由于绵羊属于短日照发情动物，又由于秋季胡萝卜、紫花苜蓿等青饲料充足，气候温度适宜，从理论上讲秋季超排效果最理想。为此把种羊不同月份超排效果进行了对比研究，总结出了种羊最佳超排季节是10—12月，平均采集胚胎11枚，受胎率、胚胎可用率最高。1—2月供、受体羊处于枯草期，羊只在秋季贮存在体内的营养消耗了很多，影响了超排和受胎；8月过于炎热羊只还没有从上一个繁殖周期恢复过来，体内营养还不能为超数排卵提供充足的营养保障，所以无论采胚数、可用胚胎数还是受胎率都是几个月里最差的；9月羊只刚从炎热的夏季过来，体况有了很大的改善，尤其是供体母羊，所以受胎率有了很大的提高，但是种公羊由于在夏季受到的炎热的刺激，睾丸功能还没有完全恢复，产生的精液活力还没有达到最好，所以卵子受精率还较低；10—12月效果最好，天气凉爽，温度适宜，青绿多汁饲料充足，供、受体羊均达到了最佳的体况，超排取得了较好的效果，所以确定最佳超排时间是10—12月。

通过实践证明，胚胎移植的生理环境是依赖于羊只的营养供给水平和方式，以及适宜的气温，因此人为的改变饲养水平和环境就可以实现全年四季生产。

（2）选择适宜的FSH：FSH一般从加拿大、澳大利亚、法国、美国进口的效果较好，但价格较高，应用国产的FSH（宁波生物激素制品厂生产）代替进口的FSH取得了与进口FSH相近的试验效果，因此选择国产的FSH（宁波生物激素制品厂生产）。

（3）确定正确的授精方法、时间、剂量、次数：供体羊超数排卵后需有足量的、足够活力的精子到达子宫角和输卵管，在输精方法上严格按羊的人工授精操作规程进行人工授精；在输精时间上改12h内2次输精为12h内3次输精，增加精卵结合机会；在输精剂量上，增加精液量1~2倍，保证输入足够的有效精子数。

2. 确定最佳的胚胎采集手术方案

手术目的是获取胚胎，增加供体羊利用次数，防止手术并发症。为此确定了最佳的胚胎采集手术方案，即采取子宫角远端冲胚法，进行了科学试验（见试验报告）并取得良好效果。使供体羊手术利用次数最多达7次。受体羊术后感染率降低，鲜胚移植成功率平均达65%，最高达到了87%，在严格执行手术原则基础上，主要采取了如下几方面技术措施：

（1）术中严格注意无菌操作，减少组织损伤、出血，特别是对子宫角、输卵管、卵巢和韧带、肠系膜、腹膜的破坏。手术台前低后高倾斜20°~30°，随腹压轻轻拉出子宫角、输卵管和卵巢。

（2）最大限度地减少子宫角、输卵管、卵巢暴露时间，术中始终以配有林可霉素的39℃的生理盐水喷雾保持子宫角和卵巢的湿润。

（3）改输卵管冲胚法为子宫角远端输卵管冲胚法，防止输卵管阻塞的发生。

（4）供体羊由腹前腹腔及腹腔内器官涂敷消毒石蜡油改为包括子宫、卵巢要用含有林可霉素的生理盐水清洗干净，并灌注100~200ml温生理盐水（温度接近体温），可有效防止粘连。

（5）增强术中和术后的抗感染措施。在术前做好羊只的剪毛消毒，术中强化无菌操作技术，术后肌注抗菌素；同时加强术后护理，保持圈舍干燥卫生，防止术部感染。

应用此种胚胎采集手术方案，第一降低了输卵管阻塞发生率。传统输卵管冲胚法，冲胚胎时针头要经过子宫角输卵管结合部，而子宫角远端冲胚法针尖透入部位距输卵管结合部 3~4cm，针尖到达子宫与输卵管的结合部，防止了针尖对较细嫩的输卵管内膜的破坏，从而减少了输卵管阻塞的发生。第二提高了胚胎的回收率。改进后的方法可以避免由于注射 PG 引起的胚胎运行过快，胚胎过早进入子宫所造成的胚胎丢失，使受胎率提高到 67%，比改进前提高 12 个百分点。

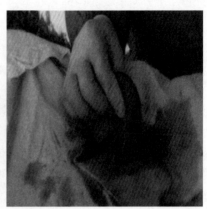

图 1　人工授精操作

3. 适时移植

胚胎移植前做好一切手术准备工作，根据供体羊胚胎的发育情况和受体羊的发情时间确定适宜的移植时间和移植部位。与供体羊进行同期发情的受体羊，用试情公羊确定稳栏后，不配种，记录好发情时间、羊号，从羊群中挑出单独饲养。受体羊在术前 24h 停草停料，手术前 12h 停水，并于手术前在术部剃毛，做好术前准备。移植分为输卵管移植和子宫角移植两种。由输卵管获得的胚胎，应由输卵管伞部移入输卵管中；经子宫角获得的胚胎，应当移植到子宫角前 1/3 处，受体羊在移胚前应确定卵巢上有无发育良好的黄体。移胚后，要检查移胚管，看胚胎是否植入。无论是输卵管移胚还是子宫角移胚，受体羊离开手术台前都应注射 20mg 黄体酮，160 万单位青霉素，以保胎和防止感染。

4. 供体羊多次采胚专门化生产技术

传统的胚胎移植技术，对供体羊每年只处理一次，也就是说每年只能生产胚胎一次，这样还不能达到高效生产的目的。我们的不同之处就是，通过对供体羊的营养和环境调控，可以实现供体羊一年多次采胚，和未孕受体羊的重复利用，实现全年专业生产。每只夏洛莱母羊一年最多可以处理利用 4 次，平均生产胚胎 40 枚以上。未孕的受体重复利用，其成功率仍达 50% 以上，重复三次总利用率达 90% 以上。这个创新的主要依据是：通过多年的生产实践，掌握了供体羊的营养和环境需要特点，即在生产时期全面满足供体羊的营养需求，并使营养水平处于上升阶段；在环境调控方面，当气温由温暖转为凉爽时为佳。只要满足了这两个生产条件就可以实现供体羊常年生产的技术要求。

（二）利用环境控制和营养调控技术加强种公羊和供、受体母羊饲养管理和生殖保健

实践证明，单纯的就胚胎移植本身还不能达到高效生产的目的。该项目的独到之处是通过环境控制和营养调控技术，加强种公羊和供、受体母羊的饲养管理和生殖保健

从而大幅度提高胚胎移植的成功率。夏洛莱种公羊和供、受体母羊的饲养管理采用均衡营养、创造适宜的环境和科学的生殖保健相结合的办法，同时进行适当运动，使夏洛莱种公羊和供、受体母羊具备良好的体况，为种公羊采精和供、受体母羊胚胎移植做好准备。

1. 通过种公羊营养及环境调控措施达到高频采精

（1）种公羊营养调控措施：①种公羊采用科学的饲草料配方进行饲喂。其配方是：玉米60%、豆粕28%、麸皮8%、食盐1%、磷酸氢钙1%、含硒微量元素1%、适量添加维生素A、维生素D、维生素E，上述精料混匀每天0.5~1.2kg逐渐增加；饲草尽量多样化，青贮饲料3kg/（只·d），紫花苜蓿干草1kg或鲜紫花苜蓿2kg，各种秧叶混合草粉1kg，胡萝卜0.5kg，上述饲草饲料根据实际采食量酌量加减。另外每只公羊每天喂给鸡蛋2枚。②种公羊配种前1个月，实行生殖保健。一是用中药生精汤调理性欲、提高公羊精液品质。方剂组成是：首乌、川断、枸杞子、党参各50g，菟丝子、五味子、花粉、麦冬、覆盆子、桑葚子、车前子（另包）各40g，熟地、当归、仙灵脾各45g，黄芪60g，知母、黄柏各30g，以上各药粉可供10只种羊3天用量。试验证明种公羊配种前加服中药对调理性欲，提高精液品质效果显著（见试验报告）。二是对性欲低下的公羊每头每天肌注丙酸睾丸素25mg，连续7~10d。隔日肌注绒毛膜促性腺素1 000单位，共3次，促排3号25mg。

（2）种公羊环境控制措施：种公羊舍在高温期要采用吊扇和地面洒水等措施降温，舍内温度保持在30℃以下，外界温度超过33℃时，每天用冷水淋浴羊体一次。羊舍外运动场要搭建遮阳棚，并及时供给清凉饮水，饮水中可加少量维生素C、薄荷等。在寒冷季节要注意保温，防止睾丸冻伤。种公羊每天运动不少于8km，驱赶运动要尽量匀速，运动时间4~6h，运动时间确定在早晚凉爽时。

（3）通过以上措施使种公羊采精量和采精次数达到原来的1.5倍。

2. 供体母羊营养及环境调控措施

（1）供体母羊营养调控措施：供体母羊必须在胚胎移植开始前2个月让羔羊断奶，增加营养，即在超排前1~1.5个月进行短期优饲，在原有日粮供应基础上，每天精料增至0.60~0.75kg，有条件的添加鲜紫花苜蓿1.5kg，胡萝卜0.75kg，同时在超排前10天肌注维生素A、维生素D、维生素E注射液2.5ml（中国农业科学院北京畜牧兽医研究所生产）。在营养供应方式上，特别强调要全面满足供体羊的营养并使之处于上升阶段，这是提高成功率的一个重要措施。

（2）供体母羊环境控制措施：①选好供体母羊，保持舍内干燥、通风、凉爽，防止供体母羊热应激。酷暑对母羊的繁殖机能有很大影响，必须采取相应的措施达到防暑降温的目的，以缩短胚胎移植前的调整期，增加供体羊的可用胚数，提高受体羊的受胎率，所以我们对此采取了如下措施：一是在舍内加强通风，必要时增加吊扇和换气扇；二是减少群体数量；三是适度减少能量饲料的用量；四是在饲料中加入防暑降温抗应激的药物，每吨精料中加入维生素C 0.5kg，薄荷2kg；五是羊舍外用遮阳网，并保持充足饮水供应；六是运动时间限制在早晚温度较低的时候。②供体母羊运动：在全舍饲状态下，由于羊群体大，运动面积有限，羊的运动是难点工作，我们采取自然转圈运动法，由一名饲养人员居运动场中间，用鞭子驱赶羊只，按同一方向转圈运动，每天按固定时间运动，一周内可形成条件反射。

3. 受体母羊营养及环境调控措施

受体母羊的环境控制和营养调控与供体母羊相似，但营养水平应比供体母羊低一些。强调的是在移植期间务必使营养供应水平处于上升阶段，反之即使营养水平再高也不会达到理想效果。术后注射黄体酮和青霉素，加服保胎中药添加剂，混于精料内服，每天一剂，连用5天。处方：黄芩10g、炒白术10g、布洛芬1片。本方具有清热、健脾、减少炎性物质的产生和保胎作用。

（三）开展肉羊种公羊（如夏洛莱羊）与小尾寒羊和本地绵羊杂交改良及羔羊肥育技术

1. 夏洛莱公羊与小尾寒羊和寒羊串子杂交改良技术

（1）确定最佳的杂交组合生产模式：夏洛莱羊是世界著名的专门化肉用品种，具有早期生长发育快、出肉率高、肉质好、耐粗饲、饲料报酬高的特点，是世界公认的杂交父本。小尾寒羊是世界四大高繁殖率品种羊之一，具有繁殖率高、适应性强的优点。两者杂交既可以吸收种羊的高产肉性能，又可以提高后代的繁殖率，达到了优质高产的目的。寒羊串子有一定的饲养量，具有适应性强、耐粗饲的特点。因此，根据辽宁省肉羊的生产实际情况，结合国内外杂交试验成果，确定了以优秀夏洛莱公羊为父本，以小尾寒羊以及寒羊串子为母本的杂交改良模式，并开展了杂交试验。试验结果表明夏洛莱羊与小尾寒羊及寒羊串子杂交所产生的一代杂种羊其日增重、胴体重、屠宰率等产肉性能均优于其他肉用品种的杂交组合，杂交优势明显。

（2）应用人工授精新技术：应用人工授精新技术大幅度增加了交配母羊的数量，引进鲜精大倍稀释技术，可将精液稀释5~10倍，每次采精可改配20~50只羊，大大提高种公羊的利用率。该项目我们采用了鲜精高倍稀释人工授精技术，每只公羊年可配2 000只母羊，情期受胎率70%以上，解决了杂交父本种源不足的问题。

2. 羔羊育肥技术

（1）选羊。

①品种：根据增重速度、料肉比综合来看，肉羊杂交后代羊为首选。在50~60日的育肥期内，同等饲养管理条件下的杂交羊日增重400~450g。

②月龄及体重、性别：杂交羊以3~5月龄27~40kg为宜；小尾寒羊以4~6月龄22~30kg为宜。每一出栏销售批次的羊体重相差不超过5kg。过小的羔羊应激反应大，容易患病；过大的羊增重速度慢，效益低。同等条件下，每天公羊增重速度要比母羊快50~100g。

③健康状况：必须是健壮的羔羊，僵羊、病羊看似便宜，育肥会亏本。

④地域、季节：羊只来自于非疫区，运输距离越近越好，应激反应小。育肥季节尽量避开严寒酷暑的季节。

⑤引羊数量：一次性入栏的羊数量要够一个出栏销售批次。数量过多或者过少都会造成销售时外运成本升高，影响效益。

（2）运输、消毒、防疫、驱虫。

①运输：运输羊要用专用的带护栏的车，一般2天能到达的最好用趴卧式的围栏车，不要过于拥挤；超过两日才能到达的最好用站立式的围栏车，途中少量饮饲。注意运输前

不要喂饲过饱，到达目的地后，饮水中加入少量的食盐、麸皮和维生素C。

②消毒：羊入场前要彻底清扫羊舍等，用热火碱水（4%~10%）或者百毒杀等消毒，包括饲养管理用具及水料槽等，要认真、彻底。

③防疫：防疫要根据羊的来源地不同而有针对性地防疫，一般注射的疫苗有羊口蹄疫疫苗、羊痘疫苗、羊四联苗，羊入场后即依次间隔3~5天按要求注射。

④驱虫：驱虫和防疫可以同时进行，以减少抓羊次数。常规先用血虫净按要求剂量深部肌肉注射；再用丙硫苯米唑按10mg/kg体重早空腹灌服，间隔5天再重复一次；最后用伊维菌素注射液按剂量驱体内外寄生虫。

⑤个别应激反应大、食欲差的羊：用健胃类的药物简单治疗即可。不愈者及时淘汰。

（3）饲养管理。

①剪毛：羊运到场的一周的时间内（越快越好），集中人员进行剪毛。剪毛可以增进食欲，增强皮下血液循环，促进钙质吸收，改善皮张质量而增加价值，剪毛不分季节，必须进行。

②分群和领槽：按品种、公母、体重进行分群，每群30~40只为宜。羊只对于新环境不适应，尽早让其适应新的饲草料，特别是由放牧转向舍饲的羊，连续几天不上槽不但会导致体重下降，严重的还可造成衰竭死亡。在第一阶段饲喂要耐心、精心，添加柔软的饲草和领槽料（见饲料配方1）。

③饲喂方法：每天早晚（上午6：00—7：00、下午6：00—7：00）各喂一次，喂饲量相等，饲草料搅拌均匀，闷制20min至1h使其变软为好，湿度为一抓成团一松就散为宜，自由饮水和啖盐，保持饮水清洁。按育肥的时间采取不同的方法喂饲。

育肥前期：羊进场1~10日，由每天饲喂饲草100g和饲料400g逐渐增加到饲喂饲草（表1、表2）400g和饲料（表3、表4）500g。饲喂量以1h吃净为宜。

表1　饲草配方1

原料名称	配比（%）
紫花苜蓿草粉	10
玉米纤维蛋白	30
地瓜秧粉	30
花生秧粉	15
干酒糟	10
葡萄皮（葡萄酒下脚料）	5

注：草粉长度2~5mm，过细则不利于胃肠蠕动，过粗则适口性差而造成浪费

表2　饲草配方2

原料名称	配比（%）
紫花苜蓿草粉	10
玉米纤维蛋白	20

（续表）

原料名称	配比（%）
地瓜秧粉	25
花生秧粉	15
干酒糟	20
葡萄皮（葡萄酒下脚料）	5
干玉米秸粉	5

注：草粉长度 2~5mm，过细则不利于胃肠蠕动，过粗则适口性差而造成浪费

表 3　饲料配方 1

原料名称	配比（%）
碎玉米	50
豆粕	5
黑豆（炒熟）	10
葵花粕（炒熟）	6
小麦麸	15
小苏打	1
食盐	3
肉羊专用预混料	10

注：混合均匀

表 4　饲料配方 2

原料名称	配比（%）
碎玉米	60.0
豆粕	5.0
黑豆（炒熟）	8.0
葵花粕	5.0
小麦麸	8.0
小苏打	1.5
食盐	2.5
肉羊专用预混料	10.0

注：混合均匀

饲料配方3

原料名称	配比（%）
碎玉米	63
豆粕	5
黑豆（炒熟）	10
小麦麸	8
小苏打	1.5
食盐	2.5
肉羊专用预混料	10

注：混合均匀

饲草配方3

原料名称	配比（%）
紫花苜蓿草粉	10
玉米纤维蛋白	20
地瓜秧粉	35
花生秧粉	10
干酒糟	15
葡萄皮（葡萄酒下脚料）	5
干玉米秸粉	5

注：草粉长度2~5mm，过细则不利于胃肠蠕动，过粗则适口性差而造成浪费

④运动与饲养密度：尽量限制育肥羊运动以减少能量消耗，饲养密度以每只羊0.6m²为宜。冬季略少些以保暖，夏季略多些以降温。

⑤温度、通风及垫圈：育肥羊适宜的温度以15~28℃为宜，可饲养的温度为5~33℃，过高或过低则影响育肥效果导致没有效益；育肥羊舍最好有天窗，或者有地窗，保持全天候通风，由于饲养密度大，所以通风是至关重要的；育肥羊舍最好采用垫圈的方式，每天清扫一次也没有垫圈的效果好。育肥羊的饲养密度大，造成羊舍内氨气严重超标，羊的尿液渗入地下不能清扫出去；而垫干土既可保持羊舍干燥清洁，减少氨气挥发，又能增加肥量（比不垫圈生产羊粪0.2m³多一倍）和肥效。

⑥观察：细心观察羊饮水采食和反刍等，根据实际情况适当调整饲养管理和饲料配方。从羊粪便上看，一般在育肥前期、增料期和育肥后期有部分软粪为正常，其余则以干粪成型为正常；粪中含有未消化的饲料颗粒则须减少料量和该颗粒的比例、增加碎度等。

（4）销售：销售时机要根据市场行情和羊只育肥情况综合考虑。

①季节性：羊只增重效果最好的季节在春秋两季，在辽宁，7月初到8月中旬和12月中旬到翌年1月末这3个月不适合养育肥羊；而销售的价格最高期在端午节、中秋节和春节，在这三个节日的前60日左右适量增加饲养量，每只可比正常时效益的50~70元增

加 30 元。

②羊的肥度：屠宰率超过 45%，外形上看要以尾根圆隆、脊背增宽、前胸丰满为佳。规模化育肥时要将达到上述标准的羊及时挑出，及时销售，多喂则入不敷出，减少效益。

③羊只的大小：育肥羊要求羊胴体不超过 20kg，所以羊的个体要控制在 45kg 左右；有的厂家做屠宰精细分割，如做颈排和蝴蝶排等以 65kg 为宜。最好与屠宰加工厂家签订订单，以订单为准。

三、技术应用说明

胚胎移植需要有 50 只以上的价值高的纯种羊，还需要整套的胚胎移植设备设施，在简易的实验室内即可操作；育肥羊需要一定的规模才能实现效益，所以也需要一定的资金支撑。

四、适合区域

辽宁地区、内蒙古和东北部分较温暖地区。

五、注意事项

胚胎移植技术需要由大型种羊场为主导来做。

六、效益分析

本技术系统系解决了大型种羊场纯种扩繁、杂交改良和育肥的实用技术，并组装配套，扩大自繁自育养殖户，接长产业链条，胚胎移植快速扩繁种羊，杂交羊多产肉，育肥羊早出栏，快速提高养羊效益。

七、技术开发与依托单位

联系人：张贺春、李淑秋、马金友
联系地址：辽宁省朝阳县柳城镇锦朝高速南出口 500 米
技术依托单位：辽宁省朝阳市朝牧种畜场

鲁西黑头羊新品种培育技术集成

鲁西黑头羊选育技术

一、技术背景

（一）技术研发的目的意义

养羊业是山东省畜牧业的重要组成部分。多年来，山东省肉羊存栏量、出栏量及羊肉产量等多项指标都位居全国前列，是全国肉羊养殖、羊肉生产大省。经过多年发展，山东省肉羊生产取得了很大成绩，在羊肉产量和个体产肉能力等方面都得到了明显提高，但在肉羊规模化、产业化、标准化生产中仍存在许多不足和制约因素。主要表现在缺乏专门化肉羊品种，由于山东省地方绵羊品种普遍存在生长速度慢、产肉性能低、肉品质差等缺点，与引进肉羊品种开展经济杂交，杂种优势利用率小，生产水平低，利用分子育种技术与常规育种技术相结合手段，采用核心场与扩繁场及生产群相结合的方式，逐步建立三级繁育体系，培育出具有自主知识产权的专门肉羊品种，建立科学的肉羊良种繁育体系，提升山东省肉羊育种的自主创新能力，开发出优质高档羊肉生产配套技术，从源头上提高产业竞争力，引导肉羊产业科学发展，促进山东省肉羊产业转型升级。

实施本项目对于提高山东省肉羊生产水平，加快肉羊产业化步伐，增强羊肉产品在国内外市场竞争力，促进国民经济的发展，调整食物结构，调整农村产业结构，增加农牧民收入都具有十分重要的经济、社会、生态意义。

（二）主要内容

制定鲁西黑头肉羊选育标准，经过系统选育和攻关，培育出适合山东省西部地区生态条件的多胎高产、生长发育快、综合生产性能较好的鲁西黑头肉羊新品种。研究开发优质高档羊肉生产配套技术，制订鲁西黑头肉羊新品种与营养需要标准，制定标准化生产技术规程和优质育肥生产技术规程。

（三）解决哪些主要问题

1. 培育出外貌特征一致、遗传性能稳定、体躯高大、生长速度快、产肉性能好、繁殖率高、适应性强、适合我国北方农区气候条件和舍饲圈养条件的专门化肉用绵羊新种质——鲁西黑头羊。新品种既具有高产多胎，又具有生长发育快、产肉性能好的特性，总体可以达到国际先进水平。

2. 有利于培育现代肉羊企业。项目采用联合育种的方式开展新品种培育，从实施良种工程项目开始，连续多年一直注重与种业企业紧密结合，培育新品种与培育育种企业同步进行，新品种获得国家审定后，育种企业可以同时建成为种羊原种场，占据育繁的塔尖位置，有利于向现代种业企业迈进。

3. 可以明显提升山东省肉羊产业竞争力。培育的绵羊新品种由于具有高产多胎、生长繁育快等特点，相对于现有的国内品种和国外品种，每只母羊每年的产肉量或产羔羊活重量明显提高，规模场户饲养的经济效益也得到提高，有利于发展我省或我国优质肥羔生产，有利于调动农民发展肉羊的积极性，有利于促进山东由养羊大省向养羊强省转变。

二、技术要点

（一）技术路线

以杂种优势理论为指导，开展配合力测定，筛选优秀杂交组合并组建育种群。采用常规育种技术与分子标记相结合的方式开展育种工作。技术路线如下所示。

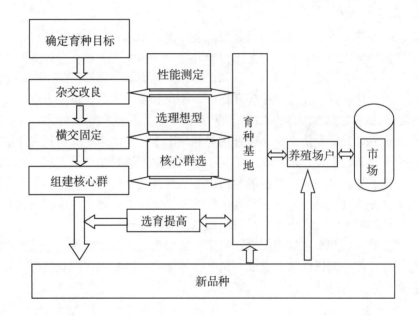

（二）新品种培育方案

1. 筛选杂交组合

按标准选黑头杜泊羊、萨福克、陶赛特优秀公羊为父本，在育种基地选优秀小尾寒羊为母本开展杂交，从中选择优秀杂交组合用于杂交育种和种质创新材料。

2. 开展级进杂交

通过杂交组合筛选试验（图1），选择最优秀的公羊作父本，小尾寒羊作母本开展级进杂交，在杂种后代中选择符合育种目标要求的 F_1、F_2、F_3 代种公、母羊组建育种群，开展横交选育与扩繁工作。测定产羔数、后代生长发育、体型外貌等，根据母羊繁殖性能、体型外貌及 *FecB* 基因携带情况进行选种。采用同质与异质选配相结合的方式进行配种。

3. 横交固定

一是选优去劣,凡是不符合育种目标要求的个体,必须严格淘汰。二是同质选配,采用同质选配,重点考虑横交后代的质量和数量,不考虑横交代数和世代是否相同,以期获得相似的后代。三是建立新品系,对于选育建立起来的理想群体,随之进行自群繁育,扩大种群数量。在考虑提高肉用性能的同时,优先考虑产羔率。

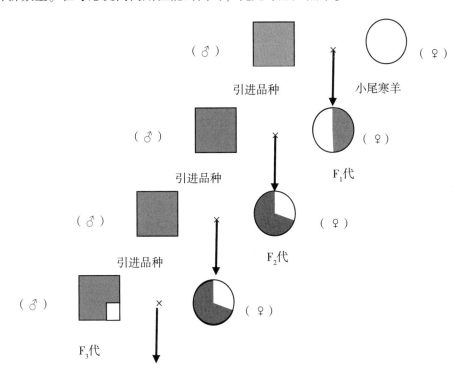

横交固定, *FecB* 基因 检测,选育提高

图1 杂交、横交模式示意图

4. 选育提高

坚持每个世代保留6个以上公羊血统,并重复上个世代的配种、测定和选留工作。在选育过程中,采取个体选育与同胞测定相结合的方法。

(1)选择原则:各世代多留精选,尽可能扩大测试群体。主选性状为产羔数、3月龄和6月龄体重;辅选性状为肉用体型、外貌特征和体长、胸围等体尺指标。

(2)选种方法:采用常规育种技术和 *FecB* 分子标记辅助选择技术相结合的选择方法,同时兼顾外貌评分进行选留。

具体选择程序如下:

第一次选择:在羔羊断奶时进行。主要依据断奶体重,同窝羔数,断奶成活率以及生长速度,结合系谱鉴定进行选择。

第二次选择:在6月龄时进行。主要依据6月龄体重、生长速度、肉质品质、结合体型外貌特征和系谱鉴定进行选择，同时开展多胎基因检测，以便进行早期选种。

第三次选择：在 12 月龄时进行。主要依据发情配种、怀孕、生殖器官发育、公羊精液品质等情况，结合 12 月龄体重、体尺、体型外貌特征和系谱鉴定进行选择。

第四次选择：在 18 月龄时进行。母羊主要根据产（活）羔数、泌乳力、羔羊断奶重、断奶成活率，同时考虑母羊的受配性、母性以及体型外貌等情况进行选择；公羊主要依据性欲、精液品质、与配母羊的受胎率进行选择。

5. 营养水平

参考 NRC 标准（1985），结合鲁西地区饲料条件，拟定不同生长和生产阶段的日粮配方，各世代均在同一饲养条件下测定。

6. 肥育性能测定

选择断奶羔羊进行肥育试验，测定增重、料重比、屠宰率及肉质等。

7. 发情处理

春秋发情季节，大群以自然发情为主。其他季节实施同期发情处理。处理方法是利用 CTR 放栓，12 天后取栓，用青、链霉素各 160 万单位加 100ml 生理盐水稀释后冲洗阴道，同时注射 500IU 的孕马血清。

8. 配种

采用自然交配（本交）与人工授精结合的方法，以自然交配为主。

9. 数据采集

采用统一的技术资料记录表格和卡片，专人负责，认真填写，妥善保管，保证技术资料的同一性和完整性。试验研究结束后及时整理总结资料，撰写试验研究报告。

（三）配套技术措施

1. 集成运用调控技术

主要包括种羊 *FecB* 基因检测技术、选种选配技术、同期发情技术、人工授精技术、羔羊早期断奶培育技术、全混合日粮（TMR）饲喂技术、健康养殖技术、羔羊肥育技术（图 2）。

2. 制定饲养管理技术规程

根据国内外现代养羊技术成果，制定羔羊断奶 1 周岁（12 月龄）公、母羊不同生长发育阶段以及成年母羊（孕期、哺乳期）等不同生产阶段饲养管理技术规程，实施规范化管理及操作，严格按饲养管理技术规程做好日常管理工作。

3. 制定疫病防治技术规程

按照"预防为主，防治结合"的原则，组装集成"主要传染病和主要寄生虫病免疫程序及防控技术"、完善兽医防检体系，保障羊群健康和生产水平的发挥。

三、技术应用说明

（一）如何应用

鲁西黑头羊新品种的培育成功，改变了山东乃至北方农区肉用绵羊品种长期依赖进口的局面，鲁西黑头羊既可作父本对低产品种进行杂交改良，又可纯繁进行商品生产，推广应用前景广阔。

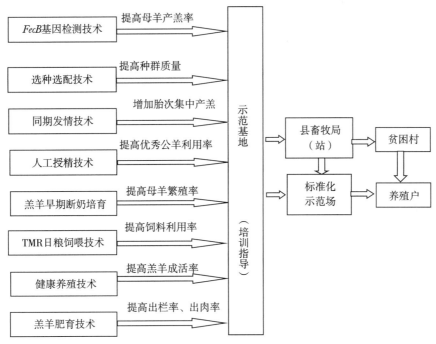

图 2　育种群调控技术方案

（二）应用的载体条件（饲草料、畜种、新增投入、设施设备）

1. 饲料

鲁西黑头羊常用粗饲料有苜蓿、羊草、青干草、豆秸、花生秧、甘薯秧、青贮玉米秸等；精饲料有玉米、小麦、高粱、豆粕、花生粕、棉籽粕、麸皮、米糠等；矿物质及添加剂有食盐、多种维生素、多种微量元素、利尿酶抑制剂等。日粮配方的制定参照美国绵羊营养需要标准（NRC，1985），并做适当调整。

2. 圈舍

羊舍应具备隔热、防寒、采光、保暖、通风、排湿、防疫、防火等功能。羊舍建设可采用单列式和双列式，为开放式或封闭式。建筑面积：种公羊 $3 \sim 5m^2$/只，成年母羊 $1.5 \sim 2m^2$/只，育成（育肥）羊 $0.8 \sim 1m^2$/只，羔羊 $0.4 \sim 0.5m^2$/只。种羊舍运动场面积为羊舍面积的 $2 \sim 3$ 倍。

饲槽每只羊槽位 $25 \sim 30cm$，饮水槽每只羊占位 $10cm$。

3. 饲养管理

饲养方式以舍饲圈养为主。

（1）合理分群：按品种、性别、年龄、生产阶段等将羊只分为种公羊群、生产母羊群（又分为配种母羊、怀孕母羊和哺乳母羊），后备公羊群、后备母羊群等，进行分群管理。

（2）根据当地饲草料资源，按不同生产阶段营养需要合理配制日粮，并保持日粮相对稳定，改变饲料类型需要有 $7 \sim 10$ 天的过渡期。

（3）合理加工精、粗饲料，严禁使用发霉变质的精粗饲料原料。

（4）建立合理的饲养制度，每天按时、定量、定质地进行饲喂，形成良好的饲养制度。

（5）饮水：水槽必须保持清洁卫生，自由饮水。

（6）佩戴耳标：应在羔羊断奶前佩戴耳标。

（7）羊群鉴定：种羊场及自繁自育场应做好羊群鉴定工作。

（8）修蹄：舍饲种羊每隔 3~4 个月修蹄一次。修蹄应选在阴雨天后蹄部角质较软时进行。

（9）药浴：应在每年剪毛后进行两次，每次间隔 10 天左右，杀灭体表寄生虫。药浴要选择天气晴朗无风时进行。药浴前要让羊只充分饮水。

4. 种公羊的饲养管理

种公羊可分为非配种期和配种期两个饲养管理阶段。

（1）非配种期应集中饲养：每天补饲配合精料 0.5~0.6kg（精料配方：玉米 64%，麸皮 15.5%、豆粕 15.0%、氢钙 1.5%、预混料 1.0%、食盐 3.0%），青贮 2.5~3kg，优质青绿干草 1.5kg，胡萝卜等多汁饲料 0.5kg。每天喂料 2~3 次，保持适当运动。

（2）配种开始前 1.5 个月，成年公羊开始采精，每天 1 次，一个月后减少采精次数，隔天 1 次，配种前一个星期停止采精。

（3）配种前 1.5 个月改为配种期日粮，每天配合精料 1~1.5kg（精料配方：玉米 64%，麸皮 17.75%、豆粕 15%、氢钙 0.75%、预混料 1.0%、食盐 1.5%），青贮 2.5~3kg，优质青绿干草 2kg，胡萝卜等多汁饲料 1kg。日喂料 2~3 次。

（4）处于配种高峰期的种公羊，每天可增喂鸡蛋 1~2 个。

（5）配种期间，加强种公羊运动，每天运动时间不少于 2h，运动距离不少于 2km。

（6）配种结束后，逐步减少精料过渡到非配种期饲养水平。

5. 母羊的饲养管理

成年母羊分别按空怀期、妊娠前期、妊娠后期、哺乳期营养标准饲养。母羊严禁使用冰冻饲料和冰冻饮水。

（1）空怀母羊：配种前 2~3 周开始加强饲养，每天精料 0.3~0.4kg，青贮 2~2.5kg，优质青干草 1kg。

（2）配种：配种季节每天早、晚两次试情，每次试情时间 2h，为防止偷配，试情公羊要系好试情布或进行输精管结扎；配种要严格遵守人工授精操作规程，每天早、晚两次；使用鲜精配种，精子活力要达到 0.8 以上。

（3）怀孕前期（3 个月）：逐步提高日粮标准，每天精料 0.5~0.6kg，青贮 2~2.5kg，干草 1kg。

（4）怀孕后期（2 个月）：每天精料 0.7~0.8kg，青贮 2~2.5kg，干草 1.5kg。在这一阶段不宜进行防疫注射，出入圈时避免拥挤，不喂霜草、霉烂变质饲料，不饮污水和冰水。防止惊吓、驱赶造成流产。

（5）接羔：产房要在产前一个星期进行消毒，铺上干净的垫草。温度保持在 10℃ 左右。将临产前母羊尾根、外阴部、肛门等处用温水洗净，用 1%~2% 来苏尔溶液消毒。羔羊出生后，立即用消毒过的纱布抹净口腔、耳鼻内的黏膜，并让母羊舔净羔羊身上的黏液。若羔羊不能自断脐带，在距脐窝 5~8cm 处人工剪断，再用 5% 碘酊消毒。对假死羔羊需进行急救：可一手提起羔羊后肢，一手拍打羔羊背、胸部，数分钟后便可苏醒。羊水破后 30min，胎儿仍不能顺利产出，要及时进行人工助产。

（6）产后母羊护理：母羊产后 1h 左右，饮温水或温红糖麸皮水 1~1.5L，重新换上干净褥草，以便母羊哺乳羔羊和休息。母羊胎衣排出后立即取走，若产羔后 6h 胎衣还不下时，需进行治疗。母羊产羔后消化机能减弱，腹压突然降低，体质虚弱，应先喂优质青绿（干）草，待 3~4 天后再逐渐增喂精料和多汁饲料。经常检查乳房，如果发现奶孔闭塞、乳房炎、乳汁异常等情况，及时予以处理和治疗。

（7）哺乳期：哺乳期 2~3 个月。母羊产后 30 日龄内，母仔同圈饲养，30 日龄后母仔分开饲养，定时哺乳。哺乳前期，每天精料 0.7~0.8kg（精料配方：玉米 54%，麸皮 11.8%、豆粕 31.0%、氢钙 1.2%、预混料 1.0%、食盐 1.0%），青贮 2.5~3kg，优质干草 1.5kg，胡萝卜等多汁饲料 1.5kg。哺乳后期，减少精料饲喂量，每天精料 0.5~0.6kg，青贮 2.5~3kg，优质干草 1.5kg，胡萝卜等多汁饲料 1.5kg。经常检查乳房和泌乳情况，及时调整喂量。2 个月后，逐渐减少精料给量。羔羊断乳时，提前几天减少母羊多汁饲料补喂量，以防乳房炎。

6. 羔羊的饲养管理

（1）羔羊出生后一周，产房温度要保持在 15℃左右。羔羊出生后 2h 时吃到初乳，在第一次吃初乳前进行称重，佩戴耳标，填写产羔记录表。对失去母羊和无奶母羊的羔羊，可用保姆羊代养或人工哺乳代乳品。

（2）断尾。羔羊出生后 3 天，打耳号或耳标，出生后 7 天，采取结扎（用细绳或橡皮筋在羔羊 3~4 尾椎间扎紧，阻断血液循环，经 10~15 天尾巴自行脱落）或烧烙法进行断尾。

（3）补料。初生羔羊 10~15 日龄开始饲喂优质牧草和开食料。开食料以全价颗粒料为好，配方为：玉米 46%、麸皮 5%、花生秧粉 20%、豆粕 24.4%、食盐 0.8%、磷酸氢钙 1.5%、氯化铵 0.3%、小苏打 1%、预混料 1%。每天喂 4~6 次，喂量以吃完不剩料为原则。

（4）人工哺乳温度以 38~39℃为宜，在整个喂奶期要保持定时、定量、定质、定温。

（5）加强运动、多晒太阳，天气好时让羔羊在舍外活动场或院内自由活动，天冷时让羔羊在中午到舍外活动，但注意天气变化，防止感冒发病。

（6）羔羊 2~3 月龄断奶。种羊要进行羔羊断奶鉴定，填写断奶记录表等。

7. 后备羊的饲养管理

（1）羔羊断奶后转入育成羊管理阶段，要根据性别和体重变化，适时调整日粮配方，给予足够的营养，使其尽快达到配种体重。育成母羊 6 月龄体重 40kg 以上，达到成年体重的 70%，8 月龄开始配种。后备公羊 6 月龄体重 50kg 以上。

（2）育成母羊精料日饲喂量为 0.25~0.5kg（表 1）；公羊的精料定额多于母羊。粗饲料以优质干草、青贮料为宜。可根据精粗饲料质量及羊的膘情调整精、粗饲料喂量。

表 1　后备羊日粮配方　　　　　　　　　　［单位：kg/（只·d）］

序号	体重（kg）	混合精料	青贮玉米秸	青绿干草	多汁料
1	30	0.2~0.3	1~1.5	0.3	0.2
2	40	0.3~0.4	1.5~2.0	0.5	0.3

（续表）

序号	体重（kg）	混合精料	青贮玉米秸	青绿干草	多汁料
3	50	0.4~0.5	2.0~2.5	0.6	0.4
4	60	0.5~0.6	2.5~3.0	0.8	0.6
5	70	0.6~0.8	2.5~3.0	1.0	0.8

8. 消毒、驱虫、防疫

（1）消毒：羊舍用生石灰消毒，每半月一次；消毒液喷雾消毒，每月一次。产房及病羊隔离室消毒，每周一次。

（2）驱虫：阿维菌素注射液，皮下注射，每千克体重 0.02ml。每年春秋两季各驱虫 1 次。也可用丙硫苯咪唑与虫克星交替使用。

（3）防疫

①山羊痘疫苗：羊尾根内侧皮内注射，不分大小羊只，每只 0.5ml。每年 5 月、10 月份各防疫 1 次。

②羊三联四防疫苗：皮下或肌内注射，不论年龄大小，每只 5.0ml。每年 5 月、10 月各防疫 1 次。

③山羊传染性胸膜肺炎疫苗：皮下或肌内注射，羔羊 2ml/只，青年羊、成年羊 4ml/只。每年 5 月、10 月各防疫 1 次。

④口蹄疫苗：颈部肌内注射，每只 1ml。每年春秋两季各防疫 1 次。

⑤小反刍兽疫弱毒疫苗：皮下注射 1ml/只，2 月龄以上的羊，每 3 年 1 次。

9. 羔羊育肥

（1）羊舍及设施：羊舍夏挡阳光，冬避风雪，舍内通风干燥，清洁卫生。羊舍面积 $0.8~1m^2$/只，槽位 20~25cm/只，自由饮水。进羊前及每周用 10% 漂白粉或 3%~5% 的来苏水消毒 1 次。

（2）选羊：3~4 月龄断奶羔羊，体重 20~25kg，发育匀称，中上等膘情。体躯呈桶形，胸宽深，后躯呈 "n" 字形。四肢健壮，被毛光亮，精神饱满，上下颌吻合好。

（3）免疫、驱虫

①休整。新入舍羊要安静休息 8h，当日只给饮水和少量干草。

②分群。第二天早晨逐只称重，根据体重大小分群，每群 20~30 只。

③驱虫。苯硫咪唑每千克体重 15~20mg（口服），或阿维菌素 0.25mg/kg，皮下注射。

④免疫。羊快疫、猝狙、肠毒血症三联苗，肌注 5ml/只。羊痘疫苗尾根部皮下刺种。口蹄疫苗，颈部肌内注射 1ml/只。小反刍兽疫弱毒疫苗，皮下注射 1ml/只。

（4）育肥期管理

育肥前期（1~30d），饲喂全混合颗粒料日粮，日投料 1~1.5kg，日喂 3 次，自由采食、自由饮水。日粮配方：玉米 43%，小麦麸 7%，大豆粕 17.5%，甘薯秧粉 15%，花生秧粉 15%，氢钙 1%，添加剂 1%，食盐 0.5%。每 100kg 添加维生素 A 0.4g、维生素 D_3 0.04g、维生素 E 0.3g。

育肥后期（30~60d），日投料 1.5~2kg，日喂 3 次，自由采食，自由饮水。日粮配方：玉米 32%，小麦麸 6%，大豆粕 9.5%，甘薯秧粉 25%，花生秧粉 25%，氢钙 1.0%，添加剂 1%，食盐 0.5%。每 100kg 添加维生素 A0.4g、维生素 $D_3$0.04g、维生素 E3g。

（5）出栏：按此规程进行饲养管理，育肥全期平均日增重可达到 250g 以上，混合饲料报酬在 5~5.5：1（保证粗饲料质量）。每只羊净增重 15kg，平均体重达到 35~40kg，肥羔此时（5~6 月龄）出栏，羔羊屠宰率 52%，胴体重 17.5~20kg。

四、适宜区域

长江以北农区、牧区及农牧结合区。

五、注意事项

少数母羊发情症状不明显，存在隐性发情现象，配种期注意做好试情工作。

六、效益分析

鲁西黑头羊生长发育快，产肉性能突出、肉质好，繁殖率高，皮质优良，是生产优质羔羊肉和优质皮革的理想品种，具有耐粗饲、抗病、适合农区舍饲圈养，适于我国北方农区气候条件和饲养管理条件、宜于舍饲规模化生产等特点，既可作父本对低产品种进行杂交改良，又可纯繁进行商品生产。试验研究结果表明，饲养一只种母羊比小尾寒羊可增收 500~1 000 元，以中等营养水平日粮育肥 3 月龄断奶羔羊，公羔平均日增重 317±34g，母羔平均日增重 236±27g；平均屠宰率（56.63%）比小尾寒羊提高 8.28 个百分点（$P<0.05$），胴体净肉率比小尾寒羊提高 4.40 个百分点（$P<0.05$），在屠宰体重相同条件下，每只鲁西黑头羊比小尾寒羊多产净肉 4.18kg，扣除饲料成本，育肥鲁西黑头羊每只平均收入比小尾寒羊增加 255.06 元，经济效益显著。

鲁西黑头羊品种培育期间，向社会推广良种羊 6.76 万多只，每只比小尾寒羊多收入 500 元，增收 3 880 万元，生产优质商品肉羊 108 万只，增加经济效益 1.08 亿元以上，累计增收 1.468 亿元。鲁西黑头羊新品种推广，对推动我国肉羊产业科技进步、发展农村经济、增加农民收入，具有重要的应用价值。

七、技术开发与依托单位

联系人：王金文、崔绪奎

联系地址：济南市历城区桑园路 8 号

技术开发与依托单位：山东省农业科学院畜牧兽医研究所

布尔羊杂交利用综合技术集成

布尔种公羊饲养管理技术

一、技术背景

布尔山羊是目前世界上肉用性能最突出的山羊品种，具有初生重大、生长快、体格大、产肉多、肉质好、适应性强等非常优良的特性，被视为是最理想的类型。种公羊的好坏对提高羊群品质、生产性能和繁殖育种及整个品种的杂交改良起决定性的作用。但品质优良的公羊，饲养不好也不能很好地发挥其种用价值。俗话说："公羊好，好一坡，母羊好，好一窝"。所以对种公羊必须精心饲养管理，保持良好的种用体况：体质结实，四肢健壮，膘情适中，精力充沛，性欲旺盛和有良好的精液品质。因此，只有加强种公羊的科学化饲养管理，才能保证和提高种羊的利用率，最终使养殖户受益。

二、技术要点

（一）布尔种公羊的饲养

1. 饲喂原则

以青干草、青草为主，根据公羊膘情，配种任务，适量增加精饲料。

2. 饲料更换

当饲料发生变更时，新旧饲料喂养须经5~7d的过渡期，防止饲料突变引起公羊消化不良，继发其他疾病。

3. 饲喂顺序

先喂青干草、青草，后喂精饲料。

4. 日粮搭配

尤其是蛋白质、矿物质和维生素对保证种公羊精液品质有重要的作用，精饲料配方：玉米51%，麸皮15%，黑豆（炒）20%，胡麻饼8%，含硒微量元素添加剂2%，盐2%，磷酸氢钙2%。

5. 饲料喂量（每天每只公羊）

非配种期：青干草1~1.5kg，青草3~5kg，精饲料0.5kg。

配种期：青干草0.5kg，青草3~5kg，精饲料1~1.5kg，胡萝卜0.5~1kg，鸡蛋2个。

6. 饲喂次数

每天饲喂 3 次，每次饲喂全天饲料量的 1/3。

7. 饮水

每天保持有足够的清洁饮水，防止饮水曝晒及污染。

（二）布尔种公羊的管理

1. 单圈饲养

布尔种公羊要单独圈养和补饲，保持公羊舍安静。

2. 适当运动

坚持每天运动 1.5~2h。

3. 梳刷体表

定期梳刷羊体，刷掉污泥及粪土，检查羊体有无寄生虫和皮肤病。

4. 定期药浴

定期进行药浴。

5. 定期称重

每月称重 1 次，根据公羊体况，决定饲料增减，维持中等膘情。

6. 修蹄

每半年修蹄 1 次（或根据蹄子变形情况进行），防止蹄病。

7. 驱虫

每年春秋季各驱虫 1 次。

8. 配种前 20 天饲喂配种期饲料。

9. 精液品质检查

配种前 20 天采精训练并检查精液品质，无检查条件的农户请当地畜牧兽医技术人员协助。

10. 合理使用

配种期要灵活掌握配种频率，每次配种后公羊休息 2~3h，每天配种 3~5 只，防止过渡配种，影响公羊使用年限及受胎率。

11. 配种结束，种公羊（图1）运动时间延长 4~5h，15 天后，逐步过渡到非配种期饲料喂养。

图1 布尔种公羊

三、适宜区域

陕西及山羊饲养区。

四、注意事项

1. 单圈饲养，防止相互爬跨、顶撞，从而保持充沛的精力、旺盛的性欲。
2. 合理利用，防止过渡配种。
3. 适当运动，维持中等膘情，保证精液品质。

五、技术开发与依托单位

技术开发与依托单位：陕西省布尔羊良种繁育中心

布奶杂交代母羊饲养管理技术

一、技术背景

布尔山羊是目前世界上肉用性能最优秀的山羊品种，具有初生重大、生长快、体格大、产肉多、肉质好、适应性强等特性。近年来，我们利用布尔山羊与关中奶山羊进行杂交，生产的布奶杂交代肉羊，表现出良好的肉用生产性能，取得了良好的经济效益，但是良好的品种一定要有良好的饲养管理才能充分发挥其生产性能，因此需要总结一套好的饲养管理技术。

二、技术要点

（一）饲养技术

1. 饲养原则

（1）饲料以青干草、青草为主，根据母羊膘情，是否怀孕等生理状况，酌情增减精饲料。

（2）饲料更换：当饲料构成发生变更时，新旧饲料喂养须经 5~7 天的过渡期。

（3）不能喂发霉、腐败、霜冻的饲草饲料。

（4）饲草饲料内不得混有塑料袋、木屑、羽毛等杂质。

（5）饮水要清洁，无污染、无冰冻。

（6）哺乳母羊多喂胡萝卜、青贮等多汁饲料。

2. 精饲料配方

玉米 65%，麸皮 18%，油渣 5%，豆子（炒）5%，盐 2%，生长素 2%，磷酸氢钙 3%。

3. 饲喂方法

（1）饲喂顺序：先喂青干草、青草，再喂精饲料。

（2）饲料喂量：

①空怀母羊：体重 40kg 的母羊，每天饲喂优质青干草 1.4kg，精饲料 0.1~0.2kg 或青草 4~5kg，精饲料 0.1~0.2kg，个体较大的母羊适当增加饲草饲料的喂量。配种前 20 天，精饲料喂量增加到 0.2~0.3kg。

②怀孕母羊：体重 40kg 的怀孕母羊，每天饲喂优质青干草 1.8~2.0kg，精饲料 0.3~0.5kg 或青草 3~5kg，精饲料 0.3~0.5kg。

③哺乳母羊：哺乳初期，容易消化的优质青干草 2~3kg 或青草 5~7kg，多汁饲料 1.5~2.5kg；产双羔母羊每天补饲精饲料 0.4~0.6kg；产三羔母羊每天补饲混合精料 0.5~0.7kg，苜蓿草粉 0.5~1kg。断奶前 10 天，要逐渐减少多汁饲料和精饲料的喂量，断奶前 2 天，取消精饲料。

4. 保持水槽有充足、清洁的饮水，让母羊自由饮用。

（二）管理技术

1. 建立母羊档案

对母羊逐个打耳号，并造册登记（包括母羊的来源、系谱、出生时间、初生重、体尺测定结果、繁殖胎次等）。

2. 驱虫

春秋两季用丙硫咪唑对母羊各驱虫一次，用量为 $10 \sim 15 \mathrm{mg/kg}$，晚上最后一次饲喂时逐羊投喂，第二天早晨清理羊舍粪便并检查驱虫效果。

3. 注意观察母羊的行动，及时识别发情母羊，选择优秀种公羊适时配种。

4. 怀孕母羊要注意保胎，防惊吓，防碰撞，防打斗。

5. 准确把握每只母羊的预产期，加强临产母羊的管理，发现临产征兆，立即转入产房，专人看护，及时接生。

6. 产房进羊前 2 天消毒，并注意保温，防贼风。

7. 每天定时检查母羊的哺乳情况，对弱羔要人工哺乳。

8. 断奶后要注意检查母羊乳房，适时挤奶，防止乳房炎发生。

9. 防疫

配种前 1 个月或产前 2 个月接种羔羊痢疾疫苗。

10. 修蹄

每半年修蹄 1 次，修至蹄底略带红色即可。

三、适宜区域

陕西省及山羊养殖区。

四、注意事项

1. 按照不同阶段（空怀期、妊娠期、哺乳期）进行科学饲喂及管理。

2. 适时配种。

3. 防止流产。

五、技术开发与依托单位

技术开发与依托单位：陕西省布尔羊良种繁育中心

布奶杂交代羔羊饲养管理技术

一、技术背景

羔羊的饲养管理在养羊业中举足轻重，直接影响到养殖户的经济效益，因此必须实行科学管理。通过走访 25 个养殖场和 6 户散养农户，对羔羊的饲养管理和羔羊成活率进行了详细的调查，羔羊成活率在 95% 以上的饲养场有 16 个，占 64%；85%~95% 的饲养场有 5 个，占 20%；80% 以下的饲养场有 3 个，占 12%；弱胎和死胎占 4% 以上，散养的农户羔羊成活率 95% 以上，散养农户主要采取半放牧半舍饲的办法养殖。

二、技术要点

（一）羔羊的饲养

1. 饲喂原则

对哺乳羔羊应精心细致，以提高羔羊成活率并培育出体质健壮、发育良好的羔羊为目的。

2. 羔羊精饲料配方

玉米 62%，麸皮 18%，豆子 10%，油渣 5%，含硒生长素 2%，盐 1%，磷酸氢钙 2%。

3. 饲喂量、次数

（1）羔羊出生后 2h 开始喂奶，2 周龄前随母羊吃奶，每昼夜不能少于 6 次。缺奶羔羊要人工喂奶，做到定时、定量、定温。

（2）羔羊 10 日龄开始训练吃草，20 日龄训练采食精粗饲料，1 月龄以后每天除随母羊放牧外，每只喂精料 20~50g、食盐 1~2g、骨粉 3~5g，青干草自由采食。

（二）羔羊的饲养管理

1. 羔羊出生后 2h 开始喂奶，2 周龄前随母羊吃奶，每昼夜不能少于 6 次。

2. 羔羊 10 日龄开始训练吃草，20 日龄训练采食精粗饲料，1 月龄以后每天每只喂精料 20~50g、食盐 1~2g、骨粉 3~5g，青干草自由采食。

3. 产后 1 周内的羔羊要勤观察其食欲、粪便及精神状态，发现异常，及时请兽医处理。

4. 缺奶羔羊要人工喂奶，做到定时、定量、定温。

5. 做好羔羊保温工作，防止恶劣天气引发羔羊疾病。

6. 要勤换垫草，保持圈舍清洁、干燥。

7. 做好消毒工作，羔羊舍每周用 2% 烧碱对地面、墙消毒一次，水槽、料槽每天清洗一次，防止饲料、饮水污染。

8. 3 月龄断奶，断奶前 7~10d 逐渐减少喂奶次数，直到断奶。

9. 羔羊出生后 7d 打身号（母亲耳标号）。

总之，羔羊培育要做到"三早"（早喂初乳、早期开饲、早断乳）、"三查"（查食欲、查精神、查粪便），保证提高成活率，减少发病死亡率。

三、适宜区域

该技术适用陕西及山羊饲养区。

四、注意事项

1. 对弱羔、孤羔应采取人工哺乳，所用牛（羊）奶必须加温消毒，做到定温、定时、定量喂奶。

2. 产后 1 周内的羔羊最易发生羔羊痢疾，应十分注意哺乳、饮水和圈舍卫生，细心观察羔羊食欲、粪便及精神状态，发现异常，及时请兽医处理。

3. 羔羊抵抗力弱，体温调节能力差，要注意保温，常换垫草，防潮湿，防雨淋。保持栏舍清洁干燥，注意脐带消毒，防止污染。

五、技术开发与依托单位

技术开发与依托单位：陕西省布尔羊良种繁育中心

布奶杂交代肉羊育肥技术

一、技术背景

肉羊育肥对象包括羔羊、羯羊、淘汰羊三种，其中育肥效果较好、利润较高的是羔羊、羯羊，以羯羊育肥出售较为普遍，其次是新生羔羊断奶后实施育肥处理，经 2~3 月培育后出售给其他羊场饲养，最后才是淘汰羊育肥。布奶杂交代羔羊和成年羊的育肥方式方法有一定的区别，因此采用的是分段式育肥方法。实践中舍饲育肥受自然条件影响最小，一年四季均可以进行肉羊生产。

二、技术要点

圈舍消毒→组群→防疫→驱虫→健胃→育肥初期→育肥后期→出栏

三、具体实施方式

（一）进羊前的准备工作

1. 圈舍消毒

进羊前一周，对羊舍内的羊粪、灰尘彻底清理一次，并用 5% 的来苏尔喷洒，密闭消毒半小时。饲槽用 1.5%~2% 的氢氧化钠溶液消毒，使用前用清水冲洗干净。

2. 饲草、饲料准备

根据育肥羊规模的大小，按每只羊每天消耗精料 0.5~1kg、青干草 2~3kg 的标准备足饲草饲料。

3. 器械准备

100kg 台秤、饮水器、药浴设备、注射器、喷雾器等。

（二）育肥羊的挑选

选择健康无病、3 月龄以上已断奶、已割骟的公羔或已摘除卵巢的母羔。

（三）育肥前管理

1. 分群

根据羊只的大小、强弱进行分群，使育肥羊的个体大小基本一致，每群 30~40 只为宜。

2. 药浴

选择晴朗无风的天气，用 1% 的敌百虫药液对育肥羊全群药浴一次。

3. 驱虫

用丙硫咪唑对全群羊只驱虫，用量为每千克体重 15mg，晚上最后一次饲喂时逐羊投药，第二天早晨清理羊舍粪便，并检查驱虫效果。

4. 防疫

注射羊痘疫苗、羊四联、口蹄疫疫苗。

5. 健胃

育肥前用大黄苏打片对羊只健胃一次，用量为每只羊 2~3 片。

6. 称重

早晨饲喂前空腹称重，逐羊编号登记造册，以备考核育肥效果。

（四）预饲期

1. 预饲过渡期

羔羊进入肥育圈后，要有个预饲过渡期。第一步（1~3d）只喂干草，让羔羊适应新环境；之后逐步加入第二步日粮，从第 7 天开始进入第二步；喂到第 10 天，进入第三步，到第 15 天正式进入肥育期。

2. 预饲期第二步（7~10d）

日粮参考配方：玉米粒 25%、干草 64%、糖蜜 5%、油饼 5%、食盐 1%、抗生素 50mg；精粗饲料比为 36∶64。

3. 预饲期第三步（10~14d）

日粮参考配方：玉米粒 39%、干草 50%、糖蜜 5%、油饼 5%、食盐 1%、抗生素 35mg；精粗饲料比为 50∶50。

4. 预饲期饲养管理要点

（1）投喂饲料一天两次。饲槽长度平均每只羔羊为 25~30cm。投料量以能在 30~45min 内吃尽为准，量不够要添加，量过多要清扫。

（2）变换日粮配方及加大饲喂量都应在 2~3d 内完成，切忌变换太快。

（3）根据羔羊表现，及时调整饲料种类和饲喂方案。

（五）正式育肥期

1. 粗饲料型日粮育肥

（1）日粮组成：

中等能量：玉米粒 0.91kg，干草 0.61kg，黄豆饼 23g，抗生素 40mg；玉米用整粒籽实，干草用以豆科牧草为主的优质干草，蛋白质含量应不低于 14%；精粗料比为 60∶40。

低能量：玉米粒 0.82kg，干草 0.72kg，抗生素 30mg；精粗料比为 53∶47。

（2）按照渐加慢换原则，逐步达到肥育日粮的全喂量。

（3）将日粮均分成两份，早、晚各喂一份。

（4）每次给料时，先喂精料，后喂干草。喂料要称重，不能靠估计。

（5）饲槽长度按羔羊数来定，平均每只羔羊 30cm 左右。

（6）将配合饲料制成颗粒，用于羔羊育肥，日增重可提高 25%，亦可减少饲料的抛撒浪费。

（7）每天打扫饲槽，保持清洁。注意饲料卫生，不污染，不变质，不喂湿、霉饲料。

（8）干草如叶少茎梗多，喂时应比规定给量多 10%~20%，保证羔羊可以获得标准水平的养分和能量。

（9）育肥期间饮水不要间断，夏防晒、冬防冻，冬天不宜饮雪水和冰水。日饮水量

1~1.5kg，并注意饮水卫生。

（10）保持环境安静，避免惊扰，减少运动量。

2. 青贮饲料型日粮育肥

（1）日粮组成：碎玉米粒 27.0%、青贮玉米 67.5%、黄豆饼 5.0%、石灰石 0.5%、维生素 A_1 100 国际单位、维生素 D_1 100 国际单位、抗菌素 11mg；精粗料比为 33：67。此日粮不适用于肥育初期和短期强度肥育羔羊，只可用于肥育期超过 80d 的体小羔羊。

（2）羔羊先喂 10~14d 预饲期日粮，再转用青贮饲料型育肥日粮。

（3）在开始使用本日粮时，应适当控制喂量，逐日增加，10~14d 内达到全量。每天进食量不低于 2.3kg。石灰石粉不能少。

（4）严格配比操作，混合必须均匀。饲料要称量，不能估计。

（5）每天清扫饲槽，保持圈舍干燥清洁，不喂霉烂变质饲料，饮水清洁。

（六）育肥期限

根据羔羊体重，合理确定育肥期长短。一般在羔羊断奶后育肥 3~5 个月（6~8 月龄大）、体重 40~45kg 时出栏上市。

四、适宜区域

该技术适用于陕西及山羊饲养区域。

五、注意事项

1. 有计划地安排母羊配种、产羔时间，最好每年 9—10 月配种，第二年 2—3 月集中产羔，做好羔羊培育，统一安排断奶进行肥育。

2. 羔羊断奶、离开母羊，转移到新的环境和新的饲料条件下，势必产生较大的应激反应。转出之前，应先集中，暂停给水给草，空腹一夜，第二天早晨称重后运出。装车运输速度要快，尽量减少耽搁。

3. 羔羊进入育肥圈 2~3 周是关键时期，死亡损失最大。进入育肥圈之后，应减少惊扰，保持安静，给羔羊充分休息。

4. 按照羔羊体格大小分组，按组配合日粮。体格大的大龄羔羊优先给以精料型日粮，进行短期强度育肥，提前上市。体小羔羊的日粮中可以增大粗饲料比例，这一类羔羊育肥期需要的时间较长，先长体格再育肥。

5. 根据育肥方案，选择合适的饲养标准和日粮，制订饲草饲料的供应计划。能量饲料应以就地生产、就地取材为原则，对整个育肥期的饲草饲料总用量要有充分安排，不得轻易中途变换饲料。

6. 做好育肥圈舍消毒和肉羊进圈前的驱虫、去势、去角工作，特别注意肠毒血症和尿结石的预防。防止肠毒血症，主要注射三联菌苗。防止尿结石，避免日粮中钙磷比例失调。

六、技术开发与依托单位

技术开发与依托单位：陕西省布尔羊良种繁育中心

布奶杂交代育成羊饲养管理技术

一、技术背景

育成羊通常俗话叫做幼年羊，是 2 齿羊仔，主要是春产羔羊，即从 8 月中旬断奶一直到翌年 11 月中下旬冬季配种的公羊和母羊，这段时期是羊只的育成期，也就是 4~5 个月到 17~18 个月的羊。我国很多农户对育成羊的饲养重视不够，认为其不配种、不怀羔、不泌乳、没负担。因此，在冬、春季节不加补饲或补饲不够，部分饲养场把母羊吃剩下的草料喂给育成羊，随意饲喂，使育成羊出现不同程度的发育受阻。育成期冬羔比春羔发育的好，原因是冬羔出生早，当年"靠青草生长"的时间长，体内有较多的营养储备。所以，春产羔羊每年 11 月至翌年 3 月时，一定要重视饲养管理，备好草料，加强补饲，充足饮水，早补精料，在杜绝浪费的情况下多添饲草。

二、技术要点

（一）育成羊的饲养

1. 饲喂原则

充分利用青粗饲料，适当饲喂精饲料，加强培育和管理，确保 8 月龄体重达到 42kg 以上。

2. 育成羊精饲料配方

玉米 62%，麸皮 18%，炒豆子 10%，油渣 5%，含硒生长素 2%，盐 1%，磷酸氢钙 2%。

3. 饲料喂量

对刚断奶的 4 月龄羔羊每天饲喂优质青干草 1.6~1.8kg 或青草 3~4kg，精饲料 0.2~0.3kg。随着羔羊月龄增长，增加青草、青干草及精饲料的用量，饲草按体重的 8%~10% 投喂，精饲料按体重的 0.5%~1% 投喂。

4. 饲喂次数

断奶初期，每天饲喂 4~5 次，做到少喂勤添；断奶一月后，每天饲喂 3~4 次，早、晚投喂精饲料。保持水槽饮水清洁，供羊只自由饮用。

（二）育成羊的管理

1. 育成公、母羊应合理分群，每月对育成羊测定一次体尺体重，检查羊只发育情况。

2. 日粮以青、精饲料为主，对刚断奶的羔羊至少补饲 1 个月的混合精料，用量 0.35kg/（只·d）。

3. 在育成过程中及时淘汰不宜作种用的羊只，割骟后集中育肥。

4. 断奶 1 月后接种五号病、羊四联疫苗。注意驱虫，用丙硫咪唑 10~15mg/kg 逐羊投喂。

5. 严格掌握初配年龄，母羊 8 月龄后体重达到 42kg 以上方可配种；公羊在 1~1.5 岁时开始采精配种。

三、适宜区域

该技术适用于陕西及山羊饲养区域。

四、注意事项

1. 育成羊以放牧为主、舍饲为辅，加强补饲、培育和管理，促进体格发育，使其在性成熟时达到规定的体重要求。

2. 应加强运动，防止营养过剩。

五、技术开发与依托单位

技术开发与依托单位：陕西省布尔羊良种繁育中心

布奶杂交代育肥羊饲养管理技术

一、技术背景

育肥羊的饲养技术是当代畜牧业的重要组成部分，而科学的饲养管理是提高畜牧业经济效益的关键。近年来，随着人们生活水平的提高，羊肉已成为餐桌上受人青睐的食品，扩大的消费群体牵动了养羊业向商品化、集约化发展。市场需求量的增加直接促进了羊养殖产业的发展，育肥羊的饲养已成为当前一条发家致富的途径。

二、技术要点

（一）育肥羊的饲养

1. 饲养方式

育肥羊采用舍饲喂养，尽量减少运动量，提高增重率。

2. 育肥羊的饲养

（1）饲养原则：以青粗饲料为主，逐渐加大精饲料饲喂量；精饲料磨碎成 0.4~0.6cm 的粒度，秸秆及禾本科干草加工成 1~2cm 的短节；严禁饲喂霉烂变质、冰冻、污染、有毒饲料，及时清理饲料中的异物（如铁钉、鸡毛、布片、塑料制品等）；保证羊只有充足的饮水，切忌污染、暴晒。

（2）喂料顺序：先喂干草，再喂青草、精料，最后喂多汁饲料，饲喂方法是少给勤添，分次饲喂，每天喂料 3~4 次。

（3）饲料饲草的更换：更换饲料必须有过渡期，前 3d 替换 1/3，第 4~6d 替换 2/3，第 7 天逐步换完，一般在一周内更换成新饲料。

（4）育肥阶段划分：入舍至第 10d 为第一阶段，即适应期；第 10~55d 为第二阶段，即育肥初期；第 55~90d 为第三阶段，即强度育肥期。

（5）饲料调配：

第一阶段：玉米 25%，干草 63%，胡麻饼 5%，盐 1%，麸皮 5%，生长素 1%。

第二阶段：玉米 38%，干草 50%，麸皮 5%，胡麻饼 5%，盐 1%，生长素 1%。

第三阶段：玉米 63%，干草 30%，胡麻饼 2%，豆子 3%，盐 1%，生长素 1%。

干草以豆料牧草为主（如苜蓿草粉，槐叶），蛋白质含量 14% 以上。

（6）饲料喂量：青干草自由采食，精饲料日喂量为第一阶段 0.10~0.15kg，第二阶段 0.25~0.4kg，第三阶段 0.5~0.75kg。

（二）育肥期管理

1. 选择 3 月龄断奶羔羊，按性别、大小、强弱分群制定育肥进度和强度。

2. 肥育前全面驱虫、药浴，按程序进行免疫。

3. 按照饲养标准、草场放牧强度，合理确定补饲量。精饲料应营养全面，钙磷比例合适。每天的精料补饲量分早、中、晚 3 次补给。舍饲育肥羔羊用全价配合料肥育时，应制成颗粒饲料饲喂。

4. 调换饲料种类、改变日粮时应在 2~3 天内逐渐完成，切忌变换过快。不喂湿、霉、变质饲料。

5. 保证育肥羊每天饮足清洁的水，圈舍应每天打扫，保持清洁干净、通风、干燥。

6. 注意适时出栏上市。当年羔羊当年育肥，体重达到 40~43kg 时出栏上市。

三、适宜区域

该技术适用于陕西及山羊饲养区域。

四、注意事项

1. 定期称重

按每群 3~5 只抽样，每 10 天称重一次。

2. 定期清洗消毒

饲槽要每天清洗一次，防止饲料污染；圈舍要坚持每天清扫，每半月用 20% 石灰乳消毒一次，保持圈舍清洁、干燥、通风。

3. 保持圈舍安静，避免对羊只的惊扰，减少羊群的应激反应。

4. 适时出栏

当年羔羊体重达到 40kg 以上时，即可上市出售。

五、技术开发与依托单位

技术开发与依托单位：陕西省布尔羊良种繁育中心

麟游肉山羊养殖核心技术

一、技术背景

麟游属渭北旱原丘陵沟壑区，人少地多，荒山草坡广阔，养羊历史悠久，长期以来积累了丰富的经验。通过我们收集整理，总结提炼出的"麟游肉羊养殖核心技术"。该技术是指每个农户饲养40只适繁母羊，当年繁殖、育肥出栏肉羊40只以上，每户年收入4万元以上，实现当年产羔、当年育肥、当年出栏、当年见利。

二、技术要点

麟游肉山羊养殖核心技术推广可概括为"三改三高六有"及"一喂二分三补四防和三早一快"。

（一）"三改三高六有"技术

1. "三改"技术

即改良品种、改变饲养方式、改造羊舍。

（1）改良品种：布尔山羊（♂）×当地奶山羊（♀）生产杂种一代。就是利用世界最好的肉山羊品种（布尔山羊）作为终端父本杂交改良本地奶山羊，充分利用杂交改良后代出生体重大、生长快（杂交一代比当地山羊增重高出30%左右）、肉质鲜嫩、耐粗饲、抗逆性强的特性进行商品肉羊生产（图1）。

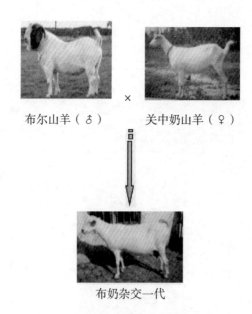

布尔山羊（♂）　　　×　　　关中奶山羊（♀）

布奶杂交一代

图1　肉山羊最佳杂交改良模式示意图

（2）改造羊舍：传统的羊舍多以窑洞、简易房舍为主，通风性差，圈舍潮湿，羊只容易生病，不利于肉羊生产。"麟游肉羊养殖模式"要求修建砖木结构的标准化羊舍，增强羊舍通风防潮功能，改善羊只生存环境（图2）。

（3）改变饲养方式：改放牧为半牧半舍饲，改不补饲为适当补饲优质青干草和混合精料，集中育肥（图3）。

2. "三高"技术

即高受配率、高受胎率、高产仔成活率。

（1）推广人工授精技术（高受配率）：通过建立县乡村三级人工授精网络，最大限度地发挥布尔山羊良种的作用，对交通不便的村组补贴投放良种布尔公羊，采用人工授精与本交相结合的方式，使布尔山羊良种覆盖面达到100%，提高了母羊的受配率（图4）。

（2）母羊适度保膘技术（高受胎率）：对适繁母羊在配种前一个月，适量补饲玉米等精饲料，改善母羊膘情，促进母羊卵细胞发育，提高母羊受胎率。

（3）羔羊保温育成技术（高产仔成活率）：生产实践中，产羔多集中在冬末春初，外界气温较低，羔羊易发生感冒、肺炎、白痢等疾病，易引起羔羊死亡。通过产房火炉加热、育羔房建造火墙加热等方法，使育羔房温度达到20℃以上，羔羊的疾病减少，成活率明显上升。

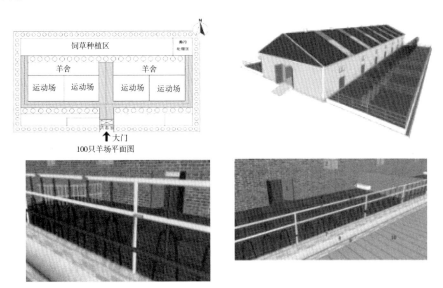

图2　长方形双列式羊舍及内部结构

3. "六有"技术

羊舍改造要达到六有标准，即：要有羊床、羊栏、羊槽、药浴池、青贮窖和运动场。

有羊床：羊舍架设木制羊床，使羊只与粪尿分离。

有羊栏：羊舍建羊栏隔离，防止羊只入槽。

有羊槽：羊栏下方外侧安置羊槽。

有药浴池：羊群配置地下式或铁制药浴池，定期对羊群药浴。

有青贮窖：根据羊群大小，修建地下式青贮窖或购置青贮袋。

图3　放牧+补饲

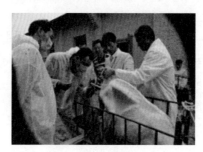

图4　人工授精技术

有运动场：按每只羊1.5~2m²修建运动场。

（二）"一喂二分三补四防"技术

一喂：育肥羊要舍饲喂养。

二分：要大小分群，公母分群。

三补：要补优质青干草，补混合或配合精料、补含硒微量元素。

四防：搞好防疫防传染病，搞好驱虫防体内寄生虫病，搞好药浴防体外寄生虫病，搞好消毒防普通病。

（三）"三早一快"技术

该技术是指早配种、早断奶、早补饲、快速育肥。"麟游肉羊养殖模式"强调实行科学养羊，合理安排肉羊的生产计划，即每年8—9月配种，次年1—2月产羔，4—5月断奶，8—9月育肥，10—11月出栏（10月龄体重达到40kg以上），即通过实施应用早配种、早断奶、早补饲、快速育肥技术，可实现当年产羔、当年育肥，当年出栏、当年见利。

三、适宜区域

陕西关中地区。

四、注意事项

1. 羊舍设计改造要增强羊舍通风防潮功能，冬季保暖性能好，以改善羊只生存环境为原则。

2. 羊只集中育肥要适当补饲优质青干草和混合精料，坚决杜绝给羊只饲喂霉变饲草饲料。

3. 制订合理的肉羊生产计划，抓好羊只防疫驱虫及适时配种、适时断奶等工作。

五、技术开发与依托单位

技术开发与依托单位：陕西省布尔羊良种繁育中心

布奶杂交代肉羊驱虫及防疫技术

一、技术背景

山羊体质强壮，一般不易得病。但是，山羊是各种寄生虫病的易感动物，发病面广，损失严重。一旦感染传染病或寄生虫病后，往往病情已很严重，治疗效果也不太理想。所以，山羊尽管发病少、抗病力强，但平时仍坚持防重于治、预防为主的方针。

技术要点：

1. 保持食槽、水草干净卫生，运动场、羊圈的粪便每天清扫，保持圈舍干燥、清洁。

2. 每月对圈舍、运动场彻底消毒一次，选用2%氢氧化钠或20%石灰乳喷洒消毒，百毒杀（按说明）等。

3. 在5—10月选择晴暖无风的天气，用1%敌百虫药浴对羊只进行药浴，每隔1~2月进行一次，药浴间隔时间以外界气温、羊只健康状态灵活调整。

4. 坚持春秋两季进行驱虫，药物选用丙硫咪唑，用量为10~15mg/kg，晚上最后一次饲喂后逐羊投喂；伊维菌素皮下注射，用量0.02ml/kg，两种药相互交叉使用。第二天早晨及时清理羊舍粪便，检查驱虫效果。并对圈舍消毒。

5. 制订羊群的免疫计划。

布奶杂交羊免疫程序如表1所示。

表1　布奶杂交羊免疫程序

日龄		疫苗种类	注射方式	时间
羔羊	15 日龄	羊梭菌病三联四防苗	皮下注射或肌肉注射	6 个月
		山羊传染性胸膜肺炎灭活苗	皮下注射	1 年
	60 日龄	山羊痘活疫苗	尾根皮内	1 年
		牛 O 型口蹄疫灭活苗	肌肉注射	半年
	90 日龄	羊链球菌灭火苗	皮下注射	6 个月
		2 号炭疽芽胞苗	皮下注射	山羊 6 个月
	150 日龄	布鲁氏病活疫苗	饮水或肌肉注射	6 个月
	180 日龄	羊梭菌病三联四防灭活苗	皮下注射或肌肉注射	6 个月
	240 日龄	牛 O 型口蹄疫灭活苗	肌肉注射	6 个月
成年羊	每年 3 月	山羊痘活疫苗	尾根皮内	1 年
		布鲁氏病活疫苗	饮水或肌肉注射	3 年
		山羊传染性胸膜炎灭活苗	皮下注射	1 年
		牛 O 型口蹄疫灭活苗	肌肉注射	6 个月
		2 号炭疽芽胞苗	皮下注射	6 个月
		羊梭菌三联四防苗	皮下注射或肌肉注射	6 个月
	每年 9 月	牛 O 型口蹄疫灭活苗	肌肉注射	6 个月
		2 号炭疽芽胞苗	皮下注射	6 个月
		羊梭菌三联四防苗	皮下注射或肌肉注射	6 个月
		羊链球菌灭活苗	皮下注射	6 个月

二、适宜区域

陕西及其他山羊养殖区。

三、注意事项

驱虫防疫时，必须是健康羊只，对有病的羊只在治疗健康后再驱虫防疫。驱虫防疫时，严格按药品说明量使用，不能随意增加药品用量。对怀孕羊应该在怀孕前一个月对其驱虫防疫。羊驱虫后要注意羊粪及时清理，堆积发酵，以防止病源扩散，引起二次感染。

四、技术开发与依托单位

技术开发与依托单位：陕西省布尔羊良种繁育中心

简州大耳羊养殖综合配套技术集成

减少山羊羔断奶应激反应促进生长的饲喂技术

一、技术背景

中国山羊的存栏数、羊肉总产量居世界之首，但产品仍然供不应求。由于山羊羔 2 月龄断奶后出现严重的断奶应激反应，以及由此造成的羔羊早期生长发育迟缓、或发育不良、或停止生长，或负增长，以及疾病发生率、死亡率高等严重生产技术问题，已成为严重制约肉羊产业发展的技术难题之一，急需改进。

二、技术要点

本技术涉及减少山羊羔断奶应激反应促进生长的 TMR 饲料配方及饲喂技术，具有适口性好，营养成分全面均衡，配制和使用方便的优点，可较大限度地减少羔羊"断奶应激反应"的时间和强度。

先按饲喂日粮配方称取各种饲料原料，将精料、粗料和饲料添加剂（占日粮的 2%）分别采用饲料加工设备进行粉碎和混合，使用时按不同精粗比（第一、第二阶段为 6∶4，第三阶段为 5∶5）称量并混合均匀，加入饲料干重约 20% 的清洁饮用水拌湿后喂养。混合精料为玉米、豆粕、小麦麸、玉米和酵母粉等，粗料为大豆秸或豆科牧草和青干草等，饲料添加剂主要为矿物质元素等，在全舍饲情况下每天饲喂 3 次。饲喂过程中应尽量避免骤然改变饲料日粮原料或配方，每次饲喂以 1h 内采食至食槽中仅有少量残食（5%～10%）为宜，避免投食过多或过少。

具体实施方式：

减少山羊羔断奶应激反应（图 1）促进生长的饲养技术，以 60 日龄断奶为例，共分 3 个饲养阶段：第一阶段为 51～60 日龄，第二阶段为 61～65 日龄，第三阶段为 66～90 日龄。所述第一阶段诱食混合饲料配方原料为：玉米、豆粕、小麦麸、菜籽饼、酵母粉、大豆秸（或花生秸等）、青干草（豆科）、食盐、饲料添加剂和代乳品等；所述第二阶段混合饲料日粮配方原料与第一阶段相同，但适当减少代乳品喂量；所述第三阶段混合饲料日粮配方原料与第一阶段相同，但无代乳品。在全舍饲情况下每天饲喂 3 次。

三、技术应用说明

（一）51~60 日龄

可采用白天母仔分离诱导饲喂配方 TMR 饲料，夜间放回母羊圈舍中的方式进行饲喂。目的是通过诱饲，使羔羊提前适应断奶后的饲料日粮，以减少骤然断奶后的应激反应。

图1 减少山羊羔断奶应激反应促进生长饲喂技术

（二）61~65 日龄

为了减少羔羊从食奶为主转变为食草料为主出现的"断奶应激反应"，设计并实施了一个过渡期（断奶后5天）饲养，即在断奶（诱饲）后继续采用高蛋白质饲料日粮进行饲喂，以减少由于饲料突然改变而引起出现拒食，尽量减少羔羊的"断奶应激反应"。

（三）61~90 日龄

仍以提供混合精料和干草料为主，适当给以少量鲜草料。因为在早期断奶期间，羔羊的肠胃发育很不完善，肠胃容积较小、消化功能弱，吸收的营养物质明显不足，根本无法满足羔羊快速生长的需要。此期内如果因断奶突然改变饲料日粮配方，大量饲喂青草料，将使羔羊的进食量或干物质进食量明显不足，延长并加重"断奶应激反应"的时间和强度，从而导致营养不良、疾病频发，生长发育严重受阻。

四、适宜区域

该技术适用于规模养羊的养殖户和各类羊场。

五、效益分析

本技术可有效地减少山羊羔断奶后出现的断奶应激反应以及由此造成的早期生长发育迟缓、停止生长或负增长，以及疾病发生率、死亡率高等重大生产技术难题，达到减少羔羊的断奶应激反应，降低疾病发生率，提高羔羊成活率，促进生长发育，提高健康水平。此饲料储存期较长，使用方便，便于机械化操作，降低成本，容易推广。有利于机械化、规模化、标准化饲养。

六、技术开发与依托单位

联系人：徐刚毅

联系地址：四川省雅安市雨城区新康路 46 号八家村电梯公寓

促进青年山羊生长发育饲喂技术

一、技术背景

长期以来，由于我国山羊养殖的科学技术研究相对滞后，许多规模养殖羊场长期采用的饲料配方单一，饲养方法不当，导致许多青年羊营养不良，生长缓慢瘦弱；或日粮的营养不均衡，导致青年羊发情迟缓、性周期紊乱或不发情；或营养过剩，导致性周期紊乱，屡配不孕；有的羊场长期饲喂青草料，饲料种类变化频繁、随意；或连续多日饲喂下雨天饲草，结果导致大批羊只腹泻甚至死亡。这些问题使得羊群疾病频发，劳动效率低，经济效益低等，已成为严重制约现代羊业发展的技术难题之一，急需改进。

二、技术要点

本技术涉及促进青年山羊生长发育的 TMR 饲料配方及饲喂技术，具有适口性好，营养成分全面均衡，配制和使用方便，适用于规模舍饲（图1）。

图1　青年山羊生长发育饲喂技术示意图

先按饲喂日粮配方称取各种饲料原料，将精料、粗料和饲料添加剂（占日粮的2%）分别采用饲料加工设备进行粉碎和混合，使用时按不同精粗比（约为4∶6）称量并混合均匀，加入饲料干重约20%的清洁饮用水拌湿后喂养。混合精料为玉米、豆粕、小麦麸、玉米和酵母粉等，粗料为干豆科牧草、鲜青草、青贮玉米等，饲料添加剂主要为矿物质元素添加剂等。饲喂过程中应尽量避免骤然改变饲料日粮原料或配方，每次饲喂以1小时内采食至食槽中仅有少量残食（5%~10%）为宜，避免投食过多或过少。

具体实施方式：

所述饲喂技术以91~210日龄后备青年羊为例，分为两个时间段，第一阶段为91~120日龄，第二阶段为121~150日龄或以上日龄。混合日粮配方原料为：玉米、豆粕、小麦麸、菜籽饼、酵母粉、大豆秸（或花生秸等）、青干草（豆科）、青贮玉米、鲜青草、食盐、饲料添加剂等。

先按饲喂日粮配方称取各种饲料原料，将精料、粗料和饲料添加剂（占日粮的2%）分别采用饲料加工设备进行粉碎和混合，使用时按不同精粗比（4∶6）称量并混合均匀，加入饲料干重约20%的清洁饮用水拌湿后喂养。饲喂过程中根据青年羊的采食和生长情况，及时增加饲喂量，在全舍饲情况下可每天饲喂2次，每次饲喂以1h内采食至食槽中基本无残食（5%左右）为宜，防止投食过多或过少。

三、技术应用说明

青年山羊处于快速生长发育阶段，并直接影响到羊的初情期和初配年龄，因此，所需饲料日粮的种类应多样，营养全面均衡，还应添加必要的矿物质添加剂等。饲喂过程中，应根据羊的生长发育情况，适当增加日采食量或干物质进食量，避免饲喂含水量过多的鲜青草，尤其是种用青年羊。

四、适宜区域

该技术适用于规模养羊的养殖户和各类羊场。

五、效益分析

本发明技术配制日粮的适口性好，饲草料资源利用率高，既能满足青年山羊更快生长发育需要，又避免了饲草料浪费，能避免换季或连续雨水天气因饲草变化而引起的腹泻、死亡、采食量下降等损失。在饲喂日粮中添加有利于分解饲料中的营养物质、促进山羊胃肠吸收的各类营养物质，促进生长发育和繁殖，降低疾病发生率。储存期较长，使用方便，便于机械化操作，标准化饲养，容易推广。

六、技术开发与依托单位

联系人：徐刚毅
联系地址：四川省雅安市雨城区新康路46号八家村电梯公寓

促进母山羊生产后恢复的饲喂技术

一、技术背景

近年来，由于国力增强和人民生活水平的提高，肉羊产业呈现快速稳定发展势头。但在长期的养羊实践过程中，由于对科学养羊的理论认识不足，日粮配制不科学，饲养管理技术缺乏，导致母羊产前、产后营养不良，体弱多病，母羊产羔间隔时间过长，泌乳量不足导致羔羊生长发育严重受阻，已严重影响到羊的繁殖效率和养羊经济效益。

二、技术要点

本技术涉及促进母山羊产后恢复的 TMR 饲料配方及饲喂技术，饲喂日粮具有适口性好、营养成分全面均衡、配制和使用方便的优点，适用于规模化舍饲。

特别是在母羊产前和产后的两个月内应根据母羊的采食和消化特点，适当增加饲喂 1 次（以干草料为主），其他时间日喂 2 次。在饲养过程中，可根据妊娠、产羔母羊情况，将产前和产后母羊的饲养分成 3 个或 4 个阶段，通过调整精料和粗料的配比（分别按 5∶5、4.5∶5.5、4.0∶6.0、3.5∶7.5），注意在妊娠后期适当增加干物质进食量和营养。在母羊产后约 20 天应驱内、外寄生虫，在梅雨季节结束时再驱虫一次。

先按饲喂日粮配方称取各种饲料原料，将精料、粗料和饲料添加剂（占日粮的 2%）分别采用饲料加工设备进行粉碎和混合，使用时按不同精粗比称量并混合均匀，加入饲料干重约 20% 的清洁饮用水拌湿后喂养。饲喂过程中应尽量避免骤然改变饲料日粮原料或配方，每次饲喂以一小时内采食至食槽中仅有少量残食（5%~10%）为宜，避免投食过多或过少。混合精料为玉米、豆粕、小麦麸、菜籽饼和酵母粉等，粗料为干草料（豆科牧草、禾本科牧草等）、鲜青草等，饲料添加剂主要为矿物质元素添加剂等。

三、技术应用说明

1. 母羊的妊娠期平均约为 150d，而胎儿体重的 70%~80% 是在妊娠后期约 40 天内完成增重的，因而在妊娠期最后一个多月时间里，母羊的进食量和消化特点会因腹中重量和容积的改变而发生很大改变。在饲养管理方面，饲喂饲草料的容积不宜太大（在日粮中适当增加精料和优质干草料比例），每天可增加饲喂一次（以优质干草料为主）。

2. 青年母羊的初配年龄一般为 8~10 月龄，而体成熟的年龄为 2 岁以上，也就是说，当青年母羊初产时还尚未达到体成熟，因而在产后的饲养管理中除了需要满足产后体况的恢复、哺育羔羊以外，还必须满足自身体格和各种组织器官的进一步生长发育。

3. 在分娩后，母羊非常疲惫，加之由于妊娠和哺育羔羊，自身的营养消耗明显透支，腹中空虚饥饿感强烈，容易发生喂食或进食不当，极易导致发生胃肠道消化疾病，从而严重影响到母羊的体况恢复和再次发情配种（图 1）。

图1 母山羊生产后恢复饲喂技术示意图

四、适宜区域

该技术适用于规模饲养的养殖户和各类羊场。

五、效益分析

本发明技术配制日粮的适口性好，营养全面均衡，饲草料资源利用率高，特别是针对初产母羊产后体况恢复和身体进一步生长发育、经产母羊产后恢复体况、增重和缩短产羔间隔的需要，科学、合理地配制和实施饲养管理，可有效地减少母羊因妊娠、产羔和哺育羔羊导致体重损失较多、易发生疾病，产羔间隔时间过长等问题，避免因换季或连续雨水天气导致饲草品质不良或营养不均衡而引起采食量下降、营养不良、腹泻、死亡等损失，促进母羊恢复体况、增重和提早发情配种，提高羊群的繁殖效率，推动规模化、标准化养殖。

六、技术开发与依托单位

联系人：徐刚毅

联系地址：四川省雅安市雨城区新康路46号八家村电梯公寓

山羊抗运输应激反应的处理技术

一、技术背景

在引种过程中，由于长途运输、气候环境、饲养管理和日粮等发生一系列变化，常引起"引种应激反应"，轻则导致羊的采食量下降，体况减弱，重则导致体重明显减少，抵抗力减弱，同时诱发传染性疾病暴发，甚至出现大量死亡的现象。调查表明，一些地区由引种诱发的羊只发生疾病，死亡率高达40%～80%或以上，已造成严重的经济损失，严重影响到羊的产业化发展。

二、技术要点

（一）处理方法一

1. 在引种后3～5d以饲喂干草料为主，在饮水中可加入藿香正气水（10ml/只），注意补喂混合精料的原料和配方与引种前的变化不要太大，补喂量也不宜太多；

2. 在饮水中，加入电解多维营养补充料（含多种维生素、赖氨酸、乳酸菌素、食盐和葡萄糖等），连续5d，每天饲喂2次。

3. 饲养方式和方法应从原产地逐步过渡到本场的常规方式和方法，避免骤然改变加重应激反应的时间和强度。

（二）处理方法二

1. 在种羊启运前20天免疫注射传胸疫苗或羊痘疫苗（间隔3天）；启运前不能喂太多！车况要好，箱底有垫草，应通风（但不能直接吹着羊只），不能太拥挤，不要高速急转弯，途中应行检查，晚上运输应避高温，并以最短的时间一直运到羊场内。

2. 在起运前连续2天和到达目的地后连续3天饮水+泰乐菌素+电解多维+葡萄糖+藿香正气水（瓶/只）。

3. 到达后第1天，喂青干草（有的羊没有吃过青干草可能拒食，可喂些鲜青草，但不可太多），可在饮水中加入少量麦麸，但不可喂太多；第2天，喂青干草+部分鲜青草+精料（100g左右）；第3天，喂少量青干草+鲜青草+精料（150～200g），以后数天同量饲喂。每天注意观察羊的状况：采食、排粪、饮水、口和眼疾病等。

三、技术应用说明

特别是在引进种羊的生产管理过程中，"运输应激反应"的持续时间和危害程度视引种产地的环境状况、种羊健康状况、引种季节和引种前后的抗应激反应处理方法而不同。具体可通过加强引种前处理、改善运输条件、加强引种后抗应激处理，添加抗应激反应补充物，以最大限度地减少引种因运输反应的时间和强度，对于发展养羊生产具有非常重要的意义（图1）。

图1　山羊运输示意图

四、适宜区域

该技术适用于规模饲养的养殖户和各类羊场。

五、效益分析

在山羊养殖过程中，应尽量减少"引种应激反应"的时间和强度，避免诱发传染性疾病和羊只死亡，以免造成严重的经济损失，影响羊的产业化发展。

六、技术开发与依托单位

联系人：徐刚毅

联系地址：四川省雅安市雨城区新康路46号八家村电梯公寓

贵州山羊杂交利用及综合配套技术集成

岩溶山区肉羊养殖饲草料全年均衡供应技术

一、技术背景

贵州"八山一水一分田",属亚热带湿润季风气候,年平均气温在14~16℃、年降水量850~1 400mm,雨热同期,阴天多,十分适合植物茎叶生长,饲用植物资源有1 800余种,优良牧草260多种。2006年贵州省国土资源厅二调显示贵州草地2 402万亩,灌木林(灌丛草地)3 424.2万亩,疏林地(疏林草地)655.2万亩,合计6 481.5万亩。贵州人工草地累计保留面积710万亩。但是牧草营养价值的季节性差异很大,"全年放牧,基本不补饲或冬春补饲少量的玉米"的传统养殖方式不仅不能满足现代肉羊生产的需求,过度放牧还会造成草地退化、甚至石漠化。饲草料的全年均衡供应技术不仅具有经济效益,而且具有生态效益和社会效益。

二、技术要点

在晚春、夏秋、早冬季节,以放牧为主,充分利用天然的灌丛、牧草资源及人工放牧草地;同时开展天然草地改良,在山地的等高线条播或补播优质牧草(如白山叶、鸭茅等)、栽培本地的灌丛(白刺花、大叶胡枝子等),提高天然草地的优质牧草比重和有效利用时间。

开展人工草地建设,水肥条件较好的土地栽培甜高粱、皇竹草、黑麦草、紫花苜蓿等刈割利用,在水肥条件较差的坡耕地建植多年生黑麦草、鸭茅、白三叶混播的草地放牧利用[禾本科:豆科为(3~4):1]。春季天然草地牧草粗蛋白水平较高,但牧草生物量小,可适当补饲苞谷等能量饲料;夏季牧草生长快,但蛋白质水平有所下降,放牧可以吃饱,基本可以满足肉羊生产需求;秋季及早冬季节,牧草结籽,羊可以采食到能量高的籽实,但是牧草纤维化、木质化严重,蛋白质水平也较低,需求酌情补饲能量、蛋白质饲料。在晚冬和早春以舍饲为主,青贮玉米或冬闲田种草(一年生黑麦草、光叶紫花苕等)是主要青饲料来源,适当补饲一些粗饲料,再补充少量精料(图1至图6)。

图1　大叶胡枝子扦插育苗（龙里示范县）

图2　白刺花改良天然草地（晴隆示范县）

图3　夏秋季节天然草地放牧

图4　夏秋人工草地放牧

图5　冬闲田土种草

图6　冬春补饲精料

三、技术说明

1. 天然草地改良灌丛、牧草的选择

选择适宜当地气候、生态条件的灌丛、牧草品种。

2. 人工种草的原则

禾本科、豆科搭配，保证营养价值较为合理；兼顾产量和品质，掌握好牧草的刈割利用时间；人工草地的施肥等管护措施是持续利用的保证。

3. 青贮制作的设施、设备

秸秆粉碎机械；青贮窖（池）、青贮桶等设备；制作打包青贮，需要专门打包机械。

四、适宜区域

岩溶地区。

五、注意事项

1. 夏季雨水较多，对正常的放牧干扰很大，应关注天气预报，调整出牧、收牧时间，尽量保证有效放牧时间。

2. 划区轮牧

人工草地可以采用围栏分区，分区轮牧；天然草地可以分远近、分方向、分区域进行轮牧。

3. 补饲的饲料要多样化

不能满足于有什么补什么，补饲的饲料种类要多样化，长的饲草、秸秆铡短。

六、效益分析

通过饲草料全年均衡供应技术的应用，肉羊出栏周期可以缩短 2~4 个月；有效提高天然草地的利用率，遏制草地石漠化。

七、技术开发与依托单位

联系人：毛凤显
联系地址：贵州省贵阳市龙洞堡老李坡 1 号
技术依托单位：贵州宏宇畜牧技术发展有限公司

岩溶地区低海拔地区皇竹草人工种植技术

一、技术背景

岩溶地区以山地、丘陵为主，土层薄且瘠薄，生态脆弱，天然草地虽然生物多样性丰富，但是优势种多为耐酸、耐瘠薄的高禾草及灌丛，营养价值季节性差异很大，特别是气温较高时，生长很快，营养价值下降。另外，紫茎泽兰的入侵也抑制了其他牧草的生长。所以，单纯依靠天然草地放牧不能满足现代肉羊生产的需求。利用广大的陡坡耕地、退耕地、撂荒地种植高产的人工优质牧草是产业结构调整的抓手。

二、技术要点

皇竹草原产于哥伦比亚，是象草和狼尾草杂交培育的高产优质禾本科狼尾草属多年生牧草。耐酸性、生长期短、分蘖多、再生能力强、叶片宽大、植株高大、生物产量高、营养价值较高、干物质粗蛋白含量为 18.6%。利用扦插育苗进行繁殖，然后大田移栽；选择土层较厚的地方，挖窝穴，深 30cm，窝穴中施放牛粪或复合肥，移入扦插苗覆土，浇透水；株高 0.8~1.2m 时刈割，留茬 15~20cm，并追尿素一次，第一次刈割前后除杂草一次。鲜草可以直接饲喂肉羊或者制作青贮、青干草（图1至图4）。

图1 种植

图2 刈割

图3 鲜喂

图4 青贮

三、技术说明

在低海拔区皇竹草年生长期可达 300 多天，3 月上旬出苗，11 天分蘖，18 天拔节，株高可达 4m，12 月中旬停止生长；

皇竹草当气温达 12~15℃ 时植株开始生长，20℃ 时生长加快，25~35℃ 时生长最适，低于 10℃ 时生长受抑，低于 5℃ 时生长停止。

当冬季气温在 0℃ 以上时植株地上部分可安全越冬，但茎秆上部的芽胞被冻坏；当气温低于 -2~3℃ 时芽胞则被冻死，但地下根茎可安全越冬。

不同海拔高度皇竹草茎叶生长量不同。随海拔升高，皇竹草刈割次数、生长速度、单株茎叶鲜重与干重及单位面积年产量均降低。

刈割利用高度 0.8~1.2m，太高，纤维素含量较高、饲用价值、适口性下降。

四、适宜区域

岩溶地区低海拔区域。

五、注意事项

皇竹草应该与豆科牧草饲喂，才能满足肉羊生长、发育的需求。

六、效益分析

皇竹草叶软汁多、口感好，是肉羊养殖的优质饲料；皇竹草具有发达的根系，可有效涵养水土，防止水土流失；皇竹草属四碳植物，有较强的光合作用。对净化空气，吸收空气中的有毒气体具有较强作用。

七、技术开发与依托单位

联系人：毛凤显

联系地址：贵州省贵阳市龙洞堡老李坡 1 号

技术依托单位：贵州宏宇畜牧技术发展有限公司、晴隆县草地畜牧业开发有限责任公司

岩溶地区绵羊全舍饲育肥技术

一、技术背景

湖羊原产我国太湖一带，因对南方气候适应性好，产羔率高、耐粗饲，受到很多地方养殖户的青睐。但是，湖羊骨骼纤细，四肢瘦长，爬坡能力差，更适合舍饲。岩溶地区山地、丘陵为主，养羊以放牧为主，舍饲技术十分缺乏。

二、技术要点

2.5~4月龄湖羊驱虫、健胃，基础日粮组成：中药渣（图1）30%（以六味地黄丸、枇杷止咳糖浆药渣为主），酒糟（图2）30%，青草（图3）39%，磷酸氢钙、食盐1%，饲喂量3kg/d，再添加0.25~0.3kg配合精料/（只·d），5~7月龄育肥平均日增重可以达到125g（图4）。

图1　中药渣

图2　酒糟等部分配合料

图3　青草

图4　育肥羊称重

三、技术说明

有丰富、廉价的粗饲料及农副产品；

有饲草料加工机械；

舍饲日粮分 2~3 次饲喂；

青草铡短饲喂；

精料如果是自配，可与粗饲料拌匀，一起饲喂。

四、适宜区域

岩溶地区。

五、注意事项

在南方市场普遍喜食山羊肉，绵羊肉市场需求小，且售价较低，宜因地制宜饲养。

绵羊在入夏之前，剪毛。

潮湿地区，及时开窗通风对降低羊舍内湿度很重要。

六、效益分析

5~6 月龄、6~7 月龄和 7~8 月龄试验组的平均日增重分别为（0.157±0.029）kg、（0.129±0.048）kg 和（0.095±0.025）kg，对照组的相应日增重分别为（0.072±0.021）kg、（0.102±0.019）kg 和（0.051±0.026）kg，前者均显著高于后者，说明补饲配合精料，育肥效果十分明显。

七、技术开发与依托单位

联系人：毛凤显

联系地址：贵州省贵阳市龙洞堡老李坡 1 号

技术依托单位：贵州宏宇畜牧技术发展有限公司

岩溶地区家庭牧场羊寄生虫防控技术

一、技术背景

岩溶地区雨热同季降雨充沛，湿度较大，寄生虫为害较为严重。经调查，侵袭羊的吸虫有肝片吸虫、前后盘吸虫、双腔吸虫，绦虫有莫尼茨绦虫、曲子宫绦虫、棘球蚴、多头蚴（脑孢虫），线虫主要有羊肺线虫、食道口线虫、捻转血矛线虫，原虫主要有弓形体、焦虫、球虫，羊体表寄生虫有螨、蜱、虱、羊狂蝇等，且多种寄生虫混合感染较为普遍。

二、驱虫药使用技术要点

丙硫苯咪唑或硝氯酚在每年的春秋两季可驱肝片吸虫等体内寄生虫。驱肝片吸虫、多头带绦虫多头蚴（脑孢虫）、肺线虫用丙硫苯咪唑 10~15mg/kg 体重一次口服，或驱肝片吸虫、前后盘吸虫用硝氯酚片 3~5mg/kg 体重，一次口服；或者用 5%氯氰碘柳胺钠注射液与阿苯达唑片配合使用，驱多种吸虫、线虫和节肢动物的幼虫。

驱羊螨、蜱、虱等体表寄生虫用杀螨净或杀灭灵对羊群保持一年 2~3 次的药浴。对患螨病较为严重的羊只，可用阿维菌素按 0.25~0.3mg/kg 体重皮下注射；或者按 0.02ml/kg 体重注射伊维菌素。对附红细胞体、泰勒焦虫可用三氮脒（血虫净）按剂量 3.3mg/kg 体重肌内注射，配合安乃近 0.2ml/kg 体重稀释成溶液，深部肌内注射，每天 1 次，连用 3d；第 4d 用复方磺胺间甲氧嘧啶钠注射液剂量为 0.1ml/kg 体重，肌内注射，每天 1 次，连用 3d。粪便检测，球虫感染严重时，使用地克珠利口服液驱虫（图 1）。

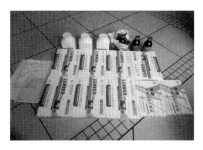

图 1　驱虫药

三、驱虫药使用技术说明

1. 5%氯氰碘柳胺钠注射液。每千克体重注射 0.2ml。

2. 阿苯达唑片（0.5g/片）。每 10kg 体重口服 1.5 片。

3. 伊维菌素注射液。每千克体重注射 0.02ml。

4. 地克珠利口服液。每 100ml 对水 250~500kg。根据羊每天的饮水量计算用药量，连续使用 3d。

5. 三氮脒（血虫净）。按 3.3mg/kg 体重肌内注射。

6. 使用药物分别驱除体内和体表寄生虫时建议间隔一周（5~7d）以上。为防治寄生虫耐药性发生，可采取联合用药、交替用药等方式用药。

四、适宜区域

岩溶地区。

五、注意事项

公羊每季度驱虫 1 次；母羊配种前驱虫；羔羊分圈前驱虫；引入羊先驱虫后合群；"牧羊"犬每季度也驱虫 1 次；保持畜舍和运动场的清洁卫生；粪便堆积进行生物热处理。

六、效益分析

岩溶地区寄生虫防控对肉羊保持健康的体况和正常的生产性能至关重要，可以避免不必要的损失。

七、技术开发与依托单位

联系人：毛凤显
联系地址：贵州省贵阳市龙洞堡老李坡 1 号
技术依托单位：贵州宏宇畜牧技术发展有限公司

贵州山羊杂交利用及综合配套技术

一、技术背景

贵州是我国唯一没有平原支撑的省份，具有典型的喀斯特地形地貌，发展山地生态畜牧业，特别是草食家畜具有得天独厚的优势。贵州地方羊品种主要有贵州白山羊、贵州黑山羊、黔北麻羊和威宁绵羊等。其中，贵州黑山羊数量最多，主产于西部毕节、六盘水市、黔西南州、黔南州和安顺市。具有耐粗饲、适应性强和抗病性强等特点，肉质因脂肪含量低，维生素含量高，蛋白质丰富而细嫩鲜美，胆固醇含量远远低于其他禽肉，日益受到消费者的青睐。但是，贵州黑山羊与波尔山羊、南江黄羊、努比亚羊比较，个体相对偏小，繁殖率、屠宰率偏低，养殖比较效益不高。产区大部分养殖户规模在 100 只以下，没有形成集约化生产，远远不能满足市场的需要。为此，人们引进个体大、发育快、产肉性能好的波尔山羊、南江黄羊和努比亚羊进行杂交改良，以期得到适宜贵州本地生产，并在短期内通过育肥提高出栏率。

二、技术要点

（一）选择优秀的杂交组合

波尔山羊（图 1）与本地羊杂交羊出生重最大，哺乳期生长最快；后期发育，努比亚羊与本地羊杂交（图 2、图 3）效果好。贵州使用的努比亚羊，多为四川、云南引入，并非纯血的努比亚羊，黄色、黑色等颜色兼有，杂交效果没有预期的好。

图 1 波杂羔羊

图 2 奴杂羔羊

图 3 南杂羔羊

（二）修建高床羊圈

贵州山区养羊，羊圈的建设非常重要，雾大地面潮湿寒冷，传统的平床式羊圈容易感冒和得腐蹄病，贵州山区适宜修建漏缝式地板高床羊圈，最好是因地制宜建在背风向阳，通风透气好的斜坡处依坡而建，既节省材料，又可减少疾病的发生。羊床距地面 150cm 以上，在斜坡底部修建排尿管道，做到干湿分离，便于人清除和收集粪便，斜坡与地面夹角要大于 45°。

（三）选择适宜的饲养方式，季节性强化育肥

改变传统的养羊户以放牧为主饲养方式，放牧+补饲，每天放牧在 4～6h，每天收牧后补饲 250g 精料。定期驱虫药浴。

特别是在 8—11 月，是进行"放牧+补饲"短期育肥的适宜时期，育肥后及时出栏，可缩短生产周期，加快羊群周转，减少草场压力，降低生产成本，增加农民收入，提高山羊的出栏率和经济效益。

三、技术说明

具体如表 1 所示。

表 1　试验补饲精料配方和营养水平

饲料原料	所占比例（%）
玉米	58.5
麸皮	7.0
菜籽粕	3.5
豆粕	26.5
酵母	1.5
石粉	1.0
食盐	1.0
预混料	1.0
主要营养成分	所占比例（%）
DE（MJ/kg）	15.13
粗蛋白（%）	19.63
Ca（%）	0.65
P（%）	0.32

四、适宜区域

贵州全省。

五、注意事项

粗饲料尽量多样化；

人工种草、冬闲田土种草、制作青贮，缓解冬春季节青饲料的不足；

经常观察，定期测定补饲效果，调整补饲的精料量；

冬季缺草季节，压缩羊群规模，缓解饲草料不足的压力。

六、效益分析

初生重：波杂（2.3±0.2）kg、努杂（2.1±0.2）kg、南杂（1.9±0.3）kg、本地羊（1.8±0.2）kg。2月龄断奶体重：波杂（11.37±1.92）kg、努杂（9.88±2.83）kg、南杂（9.08±2.10）kg、本地对照（8.70±1.88）kg，哺乳期日增重分别为0.151kg、0.130kg、0.120kg、0.115kg（表2）。

表2　不同杂交组合增重

不同杂交组合	始重（kg）	末重（kg）	平均日增重（g）	饲料转化率
本地黑山羊	12.22±2.67	18.43±3.91	69.72±0.72	4.30：1
南本杂羊	12.43±1.86	19.53±1.65	78.91±0.89	3.80：1
努本杂羊	14.37±4.14	22.10±3.06	86.24±1.38	3.48：1
波本杂羊	13.18±3.20	20.62±2.84	85.22±6.55	3.52：1

不同杂交组合放牧补饲育肥90d（8—11月），增重效果如表3所示。

表3　不同杂交组合放牧补饲育肥90天增重效果

不同杂交组合	宰前活重（kg）	胴体重（kg）	屠宰率（%）	净肉率（%）	骨肉比	眼肌面积（cm²）
本地黑山羊	19.47±3.02	8.02±1.44	40.32±1.69	33.15±0.73	1：3.65	10.52±3.33
南本杂羊	20.35±1.53	8.51±3.17	41.23±0.93	32.55±1.46	1：3.76	10.73±1.31
努本杂羊	22.83±3.43	10.72±2.64	46.53±1.18	37.07±2.92	1：4.34	11.57±2.51
波本杂羊	21.64±2.70	9.32±2.46	44.70±0.52	35.19±0.46	1：4.14	10.97±1.09

七、技术开发与依托单位

联系人：朱冠群

联系地址：贵州省贵阳市龙洞堡老李坡1号

技术依托单位：贵州宏宇畜牧技术发展有限公司

肉羊产业经济典型
模式与案例分析

第一部分　肉羊产业典型模式与案例分析

一、产业联盟合作，规模经营共赢——关于内蒙古草原金峰畜牧集团有限公司的调查

内蒙古草原金峰畜牧集团有限公司位于赤峰市克什克腾旗，是一家以种羊培育、生产、推广、销售为核心业务，经营肉羊、羊毛、饲料生产，有机羊肉开发、屠宰、产品深加工及营销的大型羊业集团，是内蒙古自治区农牧业产业化重点龙头企业、国家扶贫龙头企业、内蒙古自治区重点种畜场、国家肉储备活畜储备基地与国家现代肉羊产业技术体系试验站。

（一）公司发展历程与概况

内蒙古草原金峰畜牧集团有限公司（以下简称金峰公司）成立于 2005 年，其前身是1993 年组建的中澳合资内蒙古畜牧有限公司，而中澳合资公司原是由 1958 年建立的国营赤峰市好鲁库种羊场转制而来的。

金峰公司属国有控股企业，注册资本 5 150 万元。公司下辖金峰种羊场和克什克腾旗胚胎移植中心两个自治区级重点种羊场。拥有草牧场 60 万亩，其中天然打草场 12 万亩，饲草料地 5 000 亩。种羊主要品种有德国肉用美利奴和澳洲美利奴羊、萨福克、道赛特、乌珠穆沁羊以及新培育成功的新中国成立以来第一个草原肉羊新品种——昭乌达肉羊等。核心群种羊 1 万只，育种协作户饲养纯种羊 4 万只，年可生产种羊 5 000 只、肥羔 2 万只、优质细毛 200t、优质饲草 1.5 万 t。另外，以金峰公司为龙头、以个体养羊户和养殖企业为基础联合组建了"金峰公司养羊联合体"（简称"羊联体"），发展会员 7 600 个，养殖草原型肉羊 35 万只。截至 2011 年末，企业总资产 6 612.34 万元，其中土地、草场价值2 217.64 万元；2012 年主营业务收入 2 615 万元，净利润 472 万元（表1）。

表 1　2010—2012 年金峰公司羊产业收入一览表　　　（只、万元）

年度	种公羊		种母羊		肉羊		羊毛		草牧场		收入合计	利润
	数量	金额	数量	金额	数量	金额	数量	金额	数量	金额		
2010 年	2 200	440	4 800	576	2 200	154	80	224	—	220	1 614	290
2011 年	2 670	587	5 110	767	2 660	213	100	300	—	270	2 137	396
2012 年	3 100	682	6 500	975	3 100	248	110	330	—	380	2 615	472

（二）公司经营创新的主要经验

1. 推行草畜双承包，夯实微观产业组织基础，促进可持续发展

由于草原畜牧业的特性，畜牧生产组织内部劳动质量难以计量、劳动监督困难，决定

了纵向一体化的企业规模不可能很大。1993 年，在中澳合资内蒙古畜牧有限公司组建初期，外方聘请的经理实行的是工厂化的管理，员工按月发工资，工作量由经理统一安排，工资与工作绩效不挂钩，缺乏有效的激励机制，形成一个"大锅饭"。而当时公司以外已经普遍实行牲畜承包到户制度，所以合资公司连年亏损，到 1998 年实际已经资不抵债。1999 年，李瑞出任总经理之后对企业内部管理进行了改革。其中重要的一项是实行大包干，把种羊承包到户，饲养成本和收益都归牧户，公司回收羊羔，激发了员工的生产积极性，从而确保了羔羊的体重和质量。公司与员工关系的市场化，以及实行以销定产，使得公司两年就扭亏为盈。到 2004 年，当时公司所在乡的广大草场还没有分到户使用，为了防止养牧大户挤占公司草场，公司又进一步把所有草场有偿承包到户，企业与员工牧户的关系进一步市场化。草原划分到户，不仅降低了监管成本，草场承包费还能弥补企业生产种羊的饲草料费用。公司实际上在当地率先探索并实践了草畜双承包制度，到 2008 年，当地草场才普遍分到户使用。推行草畜双承包降低了原来企业内部的管理成本，由于家庭承包经营所提供的隐形激励机制，以及在决策和行动上的灵活性，极大地调动了牧民的生产积极性，夯实了产业发展的微观组织基础。产业的发展从而也为企业的发展壮大提供了条件。公司草原承包到户，以及伴随草地流转所带来的土地整合效应，使公司范围内牧户的经营规模普遍比附近牧户大。根据对 63 户牧户的问卷调查，当地人均草原面积 205 亩，而公司育种协作户人均草原面积达 920 亩，每户平均少则几千亩，多则上万亩，不仅形成了规模经营，增加了养牧收入，还减轻了人均草原面积小导致的草原超载过牧，促进了经济、社会、生态可持续发展。

2. 创办养羊联合体，建立利益联结带动牧民，规模经营共赢

金峰公司与牧户建立利益联结，创办了"金峰公司养羊联合体"，形成了公司加农户的产业化发展模式。具体运作方式是养殖户采购金峰种羊后即与公司签订相关技术服务合同和产品回收合同，公司为养殖户建立档案，实行跟踪管理，在一个生产周期结束时，金峰公司组织技术人员深入养殖户进行产品鉴定、回收。金峰公司把完全使用公司提供的种公羊和种母羊的牧户定为 A 级会员户，把使用公司种公羊对自家母羊进行改良的牧户定为 B 级会员户，目前已发展 A 级会员户 1 060 户，B 级会员户 6 100 户。羊联体联结企业和农牧户的作用体现在：企业为广大农牧民提供质优价廉、适销对路的良种，带动牧民接入市场，并提供品种、饲料、资金、技术等全方位的保障和服务，牧民养羊不犯愁。公司以种羊价格回购牧民养的羊，每斤比以肉羊出售的价格高出 1 元钱，既带动增收，也促进牧民多养精养，推动了规模化养殖和科学管理。2011 年，金峰公司提供特级配种公羊、人工授精母羊 2 万只，带动克什克腾旗改良绵羊近 30 万只。根据对 63 户牧户的问卷调查，牧民把羊卖给公司，羔羊平均每只 811 元，比卖给羊贩子或自己到市场出售平均每只高 46 元，大羊平均每只 1 002 元，高出 183 元。而牧户与公司合作养羊，一方面为金峰公司开辟了种羊、饲料销售市场，另一方面相比公司自己生产，牧户为公司垫付了生产资金，公司不仅节约了成本，还可以根据市场情况灵活扩大或收缩经营规模，把市场风险降到最低，并且在市场形势好的情况下，草原金峰这种公司加农户的模式是多赢的。2012 年，金峰公司在政府的支持下投资建设了区域性活畜及农畜产品交易市场，设计肉羊年交易量 40 万只，肉羊市场将进一步打开。

3. 领办养羊合作社，引导牧民组织化与企业稳定合作、良性竞争

家庭承包经营生产分散、产业化组织程度低，企业与众多分散的农牧户打交道交易成本高，而且易出现产业链利益分配不均、农民利益受损等问题。为了进一步稳定与牧民的合作关系，降低交易成本，金峰公司在羊联体之下领办了昭乌达肉羊合作社。合作社2007年10月成立，注册资本1 352.4万元，在册社员160个，金峰公司与另一家羊企是其单位社员。在养殖过程中，企业、合作社为农牧户提供技术服务，并以种羊租赁、饲草料供应等形式为有需要的牧户垫付一部分生产资金，产品则由合作社统一回收。2012年，仅从合作社销售的种羊就达5 000余只，相比牧民销售肉羊，育成羊每只增值100元，羔羊每只增值80元，合计带动牧民养羊增值42万余元。由于合作社与企业在种羊销售上分享订单，互济余缺，企业单独销售种羊带动牧民增收的部分还没有计入。合作社将回收的羔羊，大部分又转包给短期难以扩大畜群的牧户育成，增加的重量给予每斤8元的报酬，从而帮助牧民快速积累生产资本。牧民通过合作社饲养、销售种羊，养的越多赚得越多，刺激了社员及非社员扩大养殖规模、发展规模经营，目前共带动农牧民1 000多户。此外，昭乌达肉羊合作社还发挥了部分股份制的作用。社员在合作社都有从几千到数万不等的股份，合作社扣除公积金之后的利润按股分红，社员每年能得到股本20%左右的分红。根据我们的问卷调查，社员对合作社满意及非常满意的占78%，不满意及很不满意的仅占6%。两个成员企业除了与合作社分享订单，还把一部分自有贷款无偿借给合作社使用，解决了合作社发展中的流动资金困难以及融资瓶颈问题。合作社与企业在种羊销售上也存在竞争，适度的竞争保证了羊联体在供种价格上的竞争力，促进了生产效率的提高，从而有利于合作共赢的持续。

4. 组织产业创新联盟，合作推动技术创新，扩大效益空间

技术创新是草原畜牧业发展的内生动力，也是企业效益的来源。向现代草原畜牧业转型需从畜牧良种化、饲养科学化、生产组织化和经营产业化几个方面发展。金峰公司参与了新中国成立以来内蒙古第一个草原型肉羊品种——昭乌达肉羊的选育，该品种于2012年通过农业部审定验收。公司借助羊联体模式进行推广，带动牧民养殖良种肉羊35万余只，并注册了专有的昭乌达有机羊肉品牌，2012年生产销售有机羊肉110t，市场价格85元/kg，实现销售收入逾1 000万元。目前公司已在克什克腾旗设有专门店，在呼和浩特、通辽、大连建有直营店，并与农夫网合作开辟网店，引入电子商务模式进行营销。公司还研发了多项技术专利，比如"机械化剪毛、羊毛分级配套技术"，是国内最早完全实行机械剪毛的企业，羊毛当期拍卖价格平均比当地市场价格高2 000~3 000元/t，2012年销售羊毛300t，销售收入逾1 000万元。2010年，金峰公司牵头联合华中农业大学等国内高校、中国农业科学院饲料所等科研院所和部分企业共20家单位，成立了"肉羊产业技术创新战略联盟"。联盟以龙头企业为基础，以市场为导向，以科研机构为支撑，有效整合资金、技术、智力和社会资源，着力构建肉羊产业技术创新链。拟继续在羊的高频繁殖、分子育种、生殖保健、超早期断奶和强化育肥、羊产品精深加工、冷鲜储运、质量安全控制、主要传染病综合防控、粪便无害化处理利用、饲草料加工配比、标准化羊舍建造与环境调控以及有机羊规范化生产模式等核心技术环节取得突破，扩大企业效益空间，进而促进肉羊产业科技贡献率和综合生产能力提升。

5. 争取政策支持，积极融入并引领产业转型升级

金峰公司的发展离不开政府产业及相关政策的支持。自公司成立以来，一直积极参与融入政府引导的产业规划和转型升级进程，包括国家现代肉羊产业技术体系、农业部农业综合开发种源基地建设、科技部星火计划和科技推广示范财政专项等，2010—2012 年就争取项目资金 950 万元。在享受政府扶持政策带来好处的同时，公司也主动承担起企业的社会责任。1997 年原国营好鲁库种羊场与浩来呼热乡合并、转制撤销之后，作为中方在中澳合资企业的高层管理人员，李瑞一度在该乡重要岗位任职，肩负起对口的产业化、种畜改良和扶贫等工作任务，并得到了政府和社会的广泛认可，2008 年他当选为旗人大代表并被选为常委会委员。公司成为内蒙古自治区农牧业产业化重点龙头企业、内蒙古自治区重点种畜场、国家肉储备活畜储备基地、国家扶贫龙头企业、国家现代肉羊产业技术体系试验站等。公司另几位管理层人员曾有在基层政府任职的类似经历，为企业积累了宝贵的社会资本，对企业处理好与当地政府的关系、有效动员农牧民合作起到了重要作用，是其他企业无法模仿和复制的软实力。

（三）公司未来展望

我国草原畜牧业正处在向现代畜牧业转型的关键时期，草原肉羊生产日益受资源环境约束，依靠天然草场放牧养畜已经基本饱和。随着工业化、城镇化的发展，草原资源和环境承受的压力会更大。为实现草原牧区可持续发展，国家确定了草原保护建设工作"生产生态有机结合、生态优先"的基本方针，牧区各地积极推行禁牧草畜平衡制度。在这种背景下，草原肉羊产业要发展必须转变生产方式，走生产、生活、生态和谐的质量效益型发展道路。金峰公司也有针对性地已经进行或者正在筹划转型布局。

1. 加强科技自主创新，走有机、安全、特色羊肉品牌道路

在公司现有的 4 个专门化肉羊品种中，生产基础最强的是昭乌达肉羊。昭乌达肉羊具有体大、生长发育快、屠宰率高、适应性强等优点，但繁殖率不够高是该品种的缺点。近 2~3 年，公司借助肉羊产业技术体系及肉羊产业创新战略联盟的科技创新平台，在昭乌达肉羊的高频繁殖、羔羊早期断乳、母羊两年三产等关键技术方面进行攻关，使该品种更具产业化、商业化的特点，进一步扩大其养殖效益空间。并在营销过程中突出昭乌达肉羊草原放牧质量安全属性，主打有机羊肉品牌，抢占国内高端羊肉市场，以实现产品增值。如果这条质量效益型发展道路走通，既能增加企业利润，还能带动牧民养羊增收，也会减轻草原超载过牧压力，最终实现草原肉羊产业以及牧区社会、生态的可持续发展。

2. 培育联合新型经营主体，建立标准化规模养殖模式，推进适度规模经营和标准化生产

加快培育家庭牧场、合作社等新型经营主体，是提升产业经营管理水平、推广先进适用技术、改善饲养条件，从而促进天然放牧向舍饲、半舍饲转变的可能路径。通过复制扩张"羊联体"，公司力争在未来 5 年内发展会员 1 万户，总户数达到 1.7 万户，把辐射范围从克什克腾旗扩展到赤峰、锡林郭勒盟等肉羊主产区，引导带动农牧民转变生产方式。并投资建设 10 个标准化规模养殖场，创建草原肉羊标准化生态养殖新模式，建立肉羊产业技术标准和质量管理体系，示范推进标准化生产和适度规模经营。规划达产后，企业将增加出栏公羊 5 000 只，达到 1.1 万只，增加出栏母羊 2 万只，达到 4 万只，增加有机羊出栏 2.5 万只，达到 3.5 万只。

3. 建设万吨饲料加工厂，改造有机羊屠宰生产线，实现全产业链增值

公司将投资 1 500 万元建设万吨级饲料加工厂。除此以外，还将把公司业务从产业链的前端延伸到中后端，投资 1 500 万元改造有机羊屠宰生产线，进行产品精深加工，研发时尚健康的高端产品，从而实现全产业链增值。

二、科技培育简州大耳羊，标准引领产业一体化——关于四川省简阳大哥大牧业有限公司的调查

四川省简阳大哥大牧业有限公司是一家集简州大耳羊种羊繁育、商品羊养殖、饲料生产、屠宰加工和销售为一体的四川省农业产业化经营重点龙头企业。大哥大公司目前占地 400 余亩，总资产达 4 亿元，公司旗下子公司（场）包括简州大耳羊原种场 1 个、扩繁场 5 个、四川美羚牧业有限公司、四川澳士达牧业发展有限公司、简阳市龙凤饲料添加剂厂等 9 家分公司。公司现养殖简州大耳羊核心群种羊 1.2 万只，联养大耳羊 4.5 万只，年经营销售种羊 4 万余只，商品羊 6 万余只，生产各种畜禽饲料 1 万余吨，年产值超过 2.3 亿元。

大哥大公司作为国家级肉用山羊新品种"简州大耳羊"第一参与培育单位和原种场、国家畜禽标准化示范场、国家科技支撑计划"南方山羊产业链项目"牵头单位、四川省山羊产业工程技术工程单位、国家星火计划重大项目牵头单位、四川省科技特派团工作站驻点单位、国家山羊现代产业链关键技术集成研究与产业化示范场，对简州大耳羊的培育和当地山羊产业发展做出了重要贡献。

大哥大公司现有高级技术职称 36 人，聘有国内知名专家、教授 20 余人。公司邀请了西南民族大学、四川农业大学、四川省畜牧兽医研究院和成都大学对简州大耳羊新品种培育、饲养管理、疫病防治、羊舍设计等技术研究与示范进行了系统研究，获得鉴定成果 7 项、科技进步奖 3 项，开发新产品 20 余项，制定行业标准 10 项、地方标准 15 项，形成发明专利成果 8 项。

（一）简阳大哥大牧业有限公司的发展历程

1993 年 5 月，公司董事长龚华斌组建了自己的第一家工厂——简阳市龙凤饲料添加剂厂。先后解决 200 多名农民工就业，平均年产值 8 000 万元，其产品在行业里颇有名气。2003 年 10 月，龚华斌看准大耳羊的发展前景，成立了四川省简阳大哥大牧业有限公司。2004 年 12 月，简阳大耳羊①通过了四川省畜牧食品局的命名，公司坛罐种羊场被定为简阳大耳羊原种场。2008 年 1 月，大哥大牧业公司主持承担了国家科技项目课题"抗寒保畜恢复简阳大耳羊生产的技术示范"，拉开了公司依靠科技发展简阳大耳羊生产，走产学研发展道路的序幕。在随后的几个月里，简阳市陈八养羊专业合作社、简阳市保安养羊专业合作社、简阳市烂田养羊专业合作社、简阳市付夕坪养羊专业合作社先后被建立起来，这标志着四川省大耳羊科技园区正式建成。2010 年 5 月，大哥大牧业公司成功收购了四川澳士达牧业发展有限公司，至此，大哥大牧业公司在羊产业形成了从种羊繁育到羊肉精深加工完整的产业链条。四川澳士达牧业发展有限公司是大哥大牧业下属的分公司，该公

---

① 在 2012 年国家认定为简州大耳羊之前，四川省畜牧食品局命名为简阳大耳羊。

司专业从事简阳大耳羊商品羊的精深加工，公司拥有全自动化屠宰车间、产品精加工车间、商品羊集中库、冷冻库和成品库等。2011年5月，大哥大牧业完成了质量管理体系（ISO9000）和危害分析和关键控制点管理体系（HACCP）认证，并获得了"四川省省级农业产业化经营重点龙头企业"称号。

2012年1月，公司牵头，联合西南民族大学、四川农业大学、四川省畜牧科学研究院及成都大学成功申报了国家星火计划重大项目"四川肉用山羊现代产业链关键技术集成与产业化示范"。2012年6月，公司通过了四川省科技厅"四川省山羊产业工程技术研究中心"的认定，巩固了公司在科技战线羊产业领域的领军地位。在大哥大牧业公司的牵头组织下，于2012年8月，简州大耳羊新品种培育技术工作完成了屠宰、肉品质测定及技术工作报告的起草，通过了四川省畜牧食品局的审核，并上报到农业部。经现场审定会，国家畜禽遗传资源委员会审定并公示后，2013年2月7日农业部正式审定简州大耳羊为国家新品种。

（二）简阳大哥大牧业有限公司的发展基本经验

1. 适应市场需求，找准主攻方向

简阳羊肉汤有着悠久的历史，成为简阳对外宣传的一张叫得响的名片。2005年中央电视台以《一锅汤熬掉50万只羊》为题，对简阳羊肉汤进行专题报道后，简阳羊肉汤名声大振、享誉全国。通过九届简阳羊肉美食文化节的成功举办，简阳羊肉汤更是蜚声海内外，大有"冲出中国，走向世界"的气势。被列为资阳市第二批非物质文化遗产的简阳羊肉汤，之所以汤鲜味美，主要得益于简阳山羊品种的不断改良和羊肉汤制作工艺的不断创新。简阳羊肉汤的主要原料是简州大耳羊，独特的品种优势和绿色的成长环境，铸就了其特有的细嫩肉质，因此获得了全国绿色食品称号，并在四川"天府十宝"评选中斩获魁首。2011年，简阳羊肉被国家质量监督检验检疫总局认定为地理标志保护产品，这更彰显了简阳羊肉汤产地和品牌的独特性。简阳市民对羊肉消费的喜好和叫得响的简阳羊肉汤品牌是简州大耳羊育成和大哥大牧业公司发展壮大的市场经济基础。

2. 产学研相结合，科学培育大耳羊

简州大耳羊新品种培育工作历经了60余年，包括三个阶段，即引种杂交形成杂种群体阶段、级进杂交选育阶段、横交固定及世代选育形成新品种阶段。1993年大哥大牧业公司就开始着手培育简州大耳羊。在新品种选育过程中，公司先后得到四川省科技厅、四川省畜牧食品局、四川省财政厅、资阳市人民政府、简阳市人民政府及相关部门的大力支持，使简州大耳羊新品种培育工作沿着既定的育种方向和目标，有计划地持续系统进行。采用杂交育种和群体继代选育方法，进行开放核心群选育，将传统的动物育种技术与现代繁殖育种技术相结合。在前期杂交改良形成育种群的基础上，通过育种群及繁育体系建设、优秀种公羊选择与培育、生产性能的系统测定、配套饲养技术研发集成等研究工作的实施，经过4个世代的连续选育，成功培育出体型外貌基本一致、生长速度快、肉质好、繁殖性能高、体格大、遗传性能稳定、抗逆性强、耐粗饲、适应我国南方亚热带气候条件和饲养管理条件的大型肉用山羊新品种——简州大耳羊。简州大耳羊的品种优势主要体现在以下5个方面：第一，长势快，在常规舍饲饲养条件下，6月龄公羊体重30kg左右，母羊为24kg左右，周岁平均体重公羊为48kg，母羊为35kg，初生到周岁公、母羊平均日增重分别为120.91g和86.96g；第二，个体大，育肥阉公羊最大可长200kg；第三，产子

率高，初产母羊平均产羔率为153%，经产母羊为242%，表明简州大耳羊具有多胎、多羔、常年发情产羔，羔羊初生重较大，繁殖性能好的优良特性，优于国内其他山羊品种；第四，肉质好，简州大耳羊羔羊肉肉质优良，胆固醇含量低，且富含人体所必需的各种氨基酸和脂肪酸，是高档肉类产品；第五，适应性强，对几种常见山羊疾病发生情况调查结果表明，在相同自然条件下，简州大耳羊的易发病比其他山羊种类少，说明简州大耳羊具有较强的抗病力和适应性。

3. 标准化饲养，典型化示范

大哥大牧业公司大耳羊原种场作为标准化示范羊场具有以下7个特点：第一，选址与布局科学，羊场地址位于"石三"路畔，地理位置优越，交通便利，三面环水，一面围墙，与外界隔离情况良好，生产区、办公区、生活区、牧草种植区布局合理；第二，圈舍设计科学合理，采取高床羊舍设计，通风排气、保暖防暑性能良好，符合大耳羊生理特性；第三，合理分群，羊场圈舍包括：公羊舍、产仔舍、哺乳舍、空怀母羊舍、后备种羊舍及隔离舍，能方便进行饲养管理；第四，生态环境良好，羊场集羊舍和牧草基地于一体，实行"循环种养"模式，推广粪尿分离排泄技术，羊粪通过堆积发酵，生产固体生物有机肥，用于果树和花卉施肥；羊尿、污水等全部经过沼气池处理，推广沼气利用技术，将沼液用于灌溉羊场内牧草和林木，通过园区内循环实现了对外零排放；第五，防疫体系健全，羊场成立了兽医技术部，专门负责羊场的防疫工作，种羊及商品羊完全按标准程序免疫接种疫苗；第六，档案记录完善，羊场的生产经营活动完全按标准要求执行并记录在册，羔羊一出生就建立系谱，保证了羊只的可追溯性；第七，监控体系健全，羊场安装了摄像监控器，便于对每栋羊舍的实时监控，减少外来参观人员进入，有利于疫病防控。

4. 建立三级繁育体系，构建联养合作机制

大哥大牧业公司建立了简州大耳羊的"育种场—繁殖场—扩繁户"三级繁育体系，通过"高校+科研院所+推广单位+企业"的产学研结合模式，组建了"四川省肉用山羊产业战略联盟"，建立了肉用山羊产业"四川省科技特派团工作站""四川省山羊产业工程技术研究中心"和"四川省企业技术中心"。为了扩大简州大耳羊的种群数量，大哥大牧业公司发挥龙头企业示范作用，通过组建陈八、武庙、烂田、付夕坪、五里5个大耳羊专业养殖合作社，带动境内2 000余户农户养殖大耳羊。为了打消农户顾虑，增强大耳羊养殖信心与心理预期，公司通过合作社对农户实行"五统一、一保证、建圈补贴"的管理方式，即统一培训、统一提供种羊、统一防疫、统一补饲供应、统一管理，保证回收后代羊，指导合作社农户修建标准化羊舍并提供6 000元的羊舍补贴款（分次支付）。同时以合作社为主体建立简州大耳羊健康养殖基地，实行"公司+合作社+基地+农户"的联养合作机制，通过种母羊寄养、传递式寄养、股份制共养等模式，建立大耳羊养殖紧密联合体。通过将公司的种羊寄养给农户，再以保护价格回收（2~3月龄羊，20~30kg）的方式调动了农户的养殖热情，增加了产量。随车派驻技术人员为农户提供15天技术服务，技术人员24h保持开机并教会农户饲养管理、疾病控制和繁育处理，15天内大耳羊死亡，公司全收并赔偿农户，15天至3年死亡的公司承担50%责任，免费为大耳羊接种口蹄疫、三联苗等优惠打消了养羊户顾虑，保护价格则进一步坚定了农户长期养殖大耳羊的决心和信心。

5. 延伸产业链，提升品牌价值

简阳羊肉虽然深受市民的喜好，但基本是以羊肉汤的形式通过餐馆或家庭以非标准化

的形式消费，产品传播的半径受限。为了使简阳羊肉的屠宰与加工走向现代化，大哥大牧业公司收购了澳士达公司，进而建立澳士达牧业发展有限公司，该公司拥有按照欧盟标准设计的山羊屠宰、分割、排酸、冷藏设备，一条屠宰生产线为德国伴斯公司生产，三条分割线为韩国好考客公司生产，年生产加工山羊可达150万只。澳士达牧业发展有限公司通过了 ISO9001、ISO22000 体系认证以及 HACCP 认证，应用国际上最新型保鲜技术和排酸技术，生产的简阳羊肉，肉质全部来自大哥大公司自己培育的简州大耳羊，完全符合"'简阳羊肉'质量技术要求"和绿色产品认证。使用地理标志之后以"香尬尬"牌为代表的相关产品产值得到大幅度提升。

拥有了简州大耳羊新品种的大哥大牧业公司正雄心勃勃，为了实现跨越式发展，大哥大公司依托自身实力融资发展以待上市。通过向上海申银万国证券有限公司出售30%股份获得1.2亿元融资进而发展。目前，简州大耳羊育种群存栏6.3万只，其中能繁母羊3.3万只，配种种公羊500余只，特一级羊比例达70%以上。简州大耳羊不仅示范推广到四川省内近20个县市州和云南、贵州、重庆等省（市），而且还被国际小母牛组织选中，将有60只简州大耳羊远走尼泊尔。

三、山羊产业链延伸与企业文化塑造——关于四川正东农牧集团有限公司的调查

四川简阳，古简州，是成都东门户，素有"蜀都东来第一州"的美誉。境内河川纵横，水土丰美，有龙垭遗址、牛鞞古渡，自古就是四川粮经作物的重要产地，是全国山羊、瘦肉型生猪等农牧商品基地。既孕育了"海底捞"这样著名的餐饮品牌，又产出名列"天府十宝"之首的"简阳羊肉汤"，2011年"简阳羊肉"获誉中国地理标志保护产品。简阳以其优越的地理条件、良好的产业基础、独特的战略位置，造就了蓬勃发展的简阳农牧产业，同时也造就出优秀的大型民营农牧企业——四川正东农牧集团有限公司。

（一）正东农牧集团有限公司概况

初到正东农牧集团位于简阳丹景山的生态养殖场，眼前但见层峦叠翠、茂林修竹，羊群自由采食休憩，恍惚间还以为是到了某处名山景区。正东集团董事长王志全介绍说，这还只是生态养殖场的一个部分。正东集团筹建于1997年秋，与简阳山羊、生猪等产业一起发展壮大，并以之为依托逐步发展成为一家集猪羊育种育肥、畜牧饲料生产、粮经作物种植、农牧产品进出口、生物科技研发、生态休闲旅游为一体的大型农牧民营企业。旗下注册有简州大耳羊、瑞珠绿色饲料、三立环保菌剂、鑫博牧业、丹景生态、中法猪业、润土科研等多家经营实体。基础设施健全，科技力量雄厚，拥有可控基地3万余亩，生产经营场地10万平方米，知识产权、专利成果20余项，可销售产品、商品100多种。同时，公司还通过了"AA+授信""绿色""有机""CQC认证"等多项国家级、省级认证，是国家级山羊标准化以及现代畜牧科技示范园区。"十二五"期间，正东集团致力于实现有机肉羊、有机肉猪产业溯源。从1997年秋至1998年春企业全身心投入从羊肉汤到种羊养殖产业每一个环节的调查研究，建起了山羊产业化基地、园区。随后以市场为导向，科技为支撑，羊业为基础，草业为突破，进而又逐步衍生出了饲料产业、生猪产业、生物产业、生态产业。

（二）正东农牧集团有限公司发展历程

四川正东农牧集团的前身是一个以标件模具加工为主的企业，在西部大开发的大好机遇下，经过充分的调查研究，认识到畜牧业的巨大发展潜力，相信尽管畜牧产业化投资大、见效慢，但只要不懈努力，就一定能成为企业经济新的增长点，取得良好的社会经济效益。正东农牧集团的成长既依托于简阳山羊等农牧产业的发展，又对简阳山羊产业的发展做出了不可磨灭的贡献。20 世纪末，正东农牧集团是第一家与政府合作开展大耳羊品种选育工作的民营企业。1997 年，正东建成丹景乡龙神埂羊场，组建简州大耳羊零世代核心群，开展选育提高工作。1998 年，正东农牧集团向简阳市政府提交了《简阳市产业化开发优质山羊项目可行性报告》，经过政府组织论证，启动了《实施山羊产业化创简阳大耳羊品牌项目》，带动一大批养殖企业和专业户参与进来，最终按照正东的设想完成了简州大耳羊地方品种鉴定，并于 2012 年向农业部申请了简州大耳羊国家级品种命名。正东人把自己的汗水融进了简州大耳羊的血液，其培育的纯黑色简州大耳羊新品系的多项关键指标也达到了国际先进水平。

正东农牧集团在实施山羊产业化的过程中，在以创简州大耳羊品种为高起点的同时，积极开展波尔山羊改良本地羊及纯种努比亚羊的扩繁。正东拥有国家级标准化种羊示范基地，常年存栏简州大耳羊、努比亚种羊、波尔山羊 6 000 只，年产种羔羊 15 000 只。通过"联养、寄养、股份制共养、托养双赢"等多种模式，集团带动农户养羊，可控有机肉羊羊源达到 10 万只，通过了中国质量认证中心 CQC 有机转换产品认证。在提供种羊、父母代杂交羊的同时，正东集团还与川农大合作，开发并推广保存期达 15～20h 的细管精液，解决了推广及农户联养中牵羊到场实配不便的问题，保证了种羊鲜精液的充分利用。

为解决山羊产业化项目中的饲草饲料，正东农牧集团用"公司+基地+农户"的经营方式，带动农户利用退耕土地和荒山荒坡大量种植皇竹草、黑麦草等优良牧草，建设以皇竹草为主体的草业产业化项目，在保持水土、建立绿色屏障、生产山羊优质饲料等方面发挥了重要作用。正东抓住农业结构调整的契机，站在推动草食畜牧业发展的高度经营企业，把事业融入现代畜牧业发展的大潮中，勇立产业经济发展的潮头，成为农业经济蓝海的弄潮儿。

在山羊产业蓬勃发展的同时，正东并没有就此裹足不前，2002 年四川省计委进一步明确了支持正东集团发展山区经济产业化示范项目，从山羊产业延伸发展饲料产业、生态产业、生猪产业、生物产业，拉开了正东集团大发展的序幕。2003—2008 年，正东集团先后组建简州大耳羊繁育有限公司、简阳丹景山生态园林有限公司、四川鑫博牧业有限公司、星际生物有限公司，形成了以山羊、生猪、饲料为主导产业，以生态、生物为特色的综合性农牧集团，年创产值 10 亿元。

公司不断开创新型饲料，利用农作物秸秆加工生产生物性牛羊兔专用饲料，年产能力达到 5 万余吨。通过了中国质量认证中心 CQC 饲料产品认证，并获得了中国绿色食品发展中心"绿色饲料"的荣誉。生态园林产业拥有丹景山花卉、苗木基地 2 700 余亩，种植各种生态、经济林木 60 多种，并有丰富的自然、人文景观，已经成为简阳新的旅游景点，形成了集养殖种植、旅游观光、度假养老为一体的生态园区。生物产业集食用菌和有机菌肥生产于一体，培育并种植了多个食用菌品种，研发生产了饲料专用生物菌剂、垫料专用菌剂以及有机菌肥等系列品种，获得圈养牲畜微生态环保菌剂及其应用专利。

为实现企业的腾飞，正东集团与多家金融机构合作，连续多年被评为 AA+信誉企业。2008 年又联合当地农业企业成立"简阳广联投资担保有限公司"，王志全董事长被公选为公司法人代表。通过健全的制度建设和完善的经营管理，有效解决了农业企业的现金周转和资金融通问题，一定程度上化解了资金链断裂风险，缓解了农业企业贷款难，为简阳农牧产业的稳健发展提供了资金保障。

（三）公司发展理念

1. 科技当先，节能减排

正东集团秉承科技是第一生产力的信念，与四川农业大学、西南大学、四川省畜科院等八所科研院校结成紧密型项目合作战略伙伴，依靠其庞大的科研团队，率先在全国研发出了山羊、生猪规模化养殖节能无排放生产技术。该技术不仅从根本上解决了环境污染的问题，而且使各种资源的利用达到了最大化，在山羊、生猪养殖业方面探索出了一条适合我国南方丘陵地区畜牧养殖的新路子，先后获得 5 项国家专利、3 项科研成果奖。正东被国家标准化委员会连续多年认定为"山羊国家级标准示范区"、四川省科技厅"简阳大耳羊舍饲高效育肥关键技术研究成果鉴定企业"，多年来获得了"集约养殖用高架式垫料发酵山羊圈舍""后备母猪饲养用的零排放圈舍"等 20 余项知识产权和专利成果。

2. 企业文化，社会责任

所谓三流的企业看老板，二流的企业看制度，一流的企业看文化。走进正东，随处可见企业文化和制度建设的痕迹："诚信做人，智慧执事""产业溯源，健康安全""企业发展思路，十二五规划""企业管理大全""企业培训手册""员工手册""岗位制度管理手册""生产实用技术全书"等等，应有尽有，不一而足。王志全董事长津津乐道地给我们谈起他的经营管理经：坚持现代畜牧业的八项企业标准，即投资风险可控、四季温度可控、疾病防疫可控、粪污治理可控、生产成本可控、生产指标可控、产品质量可控以及效益保障可控；立足品种是基础、防疫是关键、管理是效益，贯彻净化是最好的防疫、防疫是最好的效益；坚持种养结合、节能减排，实现产业循环化、事业社会化；突出优质、安全、高效，走品质铸品牌、管理创效益的现代企业发展之路。"正东"这个名字也深有义趣，"正"取自佛教八重经：正观、正思、正语、正行、正坐、正求、正心和正省，寓意用正确的方法做正确的事。"东"代表旭日、生机、活力和希望，暗含企业志在做行业的标杆。

正东集团还主动承担龙头企业责任，积极参与社会公益活动。山羊产业形成三级良繁新机制：以简阳信义羊场为原种场，以简阳大林等六个羊场为二级扩繁场，带动简阳及周边养羊小区十二个，引领 3 万多农户走上了致富之路，形成了一级原种场保种，二级扩繁场扩繁，三级养殖小区育肥的现代畜牧产业发展格局。正东集团每年捐 10 万元用于资助贫困学生，通过工会向弱势人群捐赠慰问品、慰问金，"5.12"大地震中，正东集团向灾区人民捐款捐物达 30 万元。正东集团以高度的社会责任感和企业使命感为己任，践行"兴一方产业、富一方百姓、治一方水土、安一方生灵"的承诺，把经济效益、环保和社会效益有机结合，努力实现事业的社会化，弘扬"圆满身边一切事，成就身边一切人"的企业文化。

（四）公司展望

时在仲春，阳和方起。正东农牧集团没有停止追求的步伐，投资续建"咩咩"快餐有机羊肉旗舰店、丹景正东国际生态产业园、施家正东山羊产业示范园、雁江正东鑫博牧业示范园、简城正东畜牧食品加工区、简城正东总部经济实验区、石盘正东工业加工服务区、务川正东生态羊业示范区等产业化基地。践行"从育种到餐桌、从田间到市场"的安全健康可溯源产业发展战略，以现代畜牧引领现代农业，通过节能减排实现产业循环、达到环环增效，带领农民稳定增收。集团公司董事长、总经理王志全先生对正东的未来充满信心，为人们勾绘了一幅壮丽的蓝图：在政府政策的支持下，通过集团公司上下艰苦、扎实的工作，把企业的发展进一步融入新农村建设、融入乡村旅游基地建设、融入城乡统筹，"十二五"期间力争实现年产出50万只有机肉羊、100万头活体肉猪、30万t绿色饲料、5万t有机肥、5万t绿色菌菇、3 000t环保菌剂，年创产值50亿元，创建有机肉羊中国名牌、资阳生猪世界名牌。

四、规模化标准化生产，产业化品牌化经营——关于内蒙古巴彦淖尔市肉羊全产业链发展的调查

巴彦淖尔，意为"富饶的湖泊"，是全国地级市中规模最大、常年育肥、四季均衡出栏的肉羊生产加工基地，被内蒙古自治区列为肉羊产业重点发展区域之一。2011年，巴彦淖尔市牧业年度肉羊存栏833万只，占牲畜存栏91.3%；能繁母羊520万只；出栏量830万只，比2000年增长了354.2%；羊肉产量16.5万t，比2000年增长了529.7%。2011年屠宰加工530万只，城乡居民自食150万只，外调活羊150万只。巴彦淖尔市农牧民畜牧业收入中70%以上来自养羊业。

近年来巴彦淖尔市把肉羊产业确定为全市畜牧业主攻产业，抓住"增量、扩草、提质、强防、精养"五个关键环节，从加强肉羊养殖基地建设，推进肉羊品种改良，培育巴美肉羊品种入手，引进企业建基地，延伸产业链条，塑造品牌形象，全力推进肉羊产业化进程，实现了肉羊产业的规模化标准化生产、产业化品牌化经营。

（一）巴彦淖尔市肉羊全产业链发展的基本特征

1. 肉羊生产规模化标准化

巴彦淖尔市通过政策扶持和项目拉动，重点培育养殖大户、专业小区和公司化养殖场，引领肉羊生产向规模化、标准化方向发展。2012年8月，全市累计建成年出栏500只以上的肉羊规模养殖场3 214个，肉羊养殖比例达到62%。其中年出栏500~1 000只肉羊的规模育肥户2 579户；年出栏1 000~5 000只肉羊的规模育肥场（户）620户，年出栏1万只以上肉羊的规模育肥场（户）10户，年出栏10万只肉羊的规模育肥场5户。巴彦淖尔市养羊业正由传统家庭生产向规模养殖发展。

2. 优良肉羊品种主导化

巴彦淖尔市自主培育成功的巴美肉羊，为当地肉羊产业发展提供了种源保证，优化了品种结构，对于打造具有比较优势和核心竞争力的肉羊产业，以及打造绿色肉羊品牌奠定了坚实的基础。该市通过稳定发展繁育基地，广泛开展经济杂交以及规模育肥技术的同步推广，巴美肉羊个体生产性能逐年提高，平均胴体重达19.5kg，出栏率达到128%，以加快周转、提高效益为特征的效益畜牧业逐步形成。全市按照"边选育、边巩固、边利用、边提高"的原则，采取"建育种园区、抓大户、发展育种户"的办法，核心群重点抓巩固和提质，繁育群和生产群重点抓增加户数和扩张数量。2012年巴彦淖尔市已经建成巴

美肉羊育种园区 2 处、核心场 15 处、纯繁户 210 处，巴美肉羊种羊存栏 37 720 只，其中能繁母羊 13 990 万只，年提供优质种羊 1.2 万只。目前种羊已销往鄂尔多斯市、乌兰察布市、宁夏、陕西、山西等地。

3. 肉羊屠宰加工集群化

巴彦淖尔市已形成以临河为中心的肉羊育肥、屠宰加工、羊皮及副产品加工、冷藏储存等较为齐全的产业集群和比较完整的产业链条。现有肉羊加工企业 47 家，年屠宰分割加工能力 1 000 万只，2011 年实际加工 530 万只。加工企业主要集中在临河，共 27 家，占全市 57%，屠宰加工量占全市的 70% 以上。年屠宰加工 20 万只以上的企业有小肥羊、草原宏宝、草原鑫河、美羊羊、蒙凯路、新草原食品 6 家企业。巴彦淖尔羊肉产品除满足当地市场外，还远销京、津、沪、东南沿海地区、港、澳及中东地区和周边的呼、包、银川等大中城市，清真产品出口东南亚及阿拉伯国家，外销羊肉产品占总量 70% 以上。2010 年供上海世博会羊肉产品 2 500 多吨，2011 年供深圳世界大学生运动会羊肉产品 1 500 多吨。

4. 肉羊饲料起步工业化

巴彦淖尔市在其他饲草资源基本稳定生产的基础上，通过小麦、玉米、向日葵三大主要农作物种植结构的变动基本形成了种养结合、农牧结合、为养而种的态势。目前巴彦淖尔市共有持证饲料生产企业 40 家（包括饲料添加剂和添加剂预混合饲料生产企业 4 家，动物源性饲料生产企业 2 家），其中时产 10t 以上的 8 家，时产 5~10t 的 10 家，时产 1~5t 的 22 家，如满负荷生产，目前全市饲料企业生产能力可满足 3 000 万只羊的饲料需求。2011 年全市饲料的总产量为 48.4 万 t，销售收入为 13.68 亿元，其中，羊饲料产量为 25 万 t，约占总产量的 51%。目前，全市有 5 家饲料加工厂已延伸到肉羊养殖行业，共养殖种公羊 3 000 多只，基础母羊 1 万余只，育肥羊 2.8 万多只。另有 3 家规模化养殖场已具备饲料生产条件，正在申请取得"饲料生产企业审查资格证"。

5. 羊肉产品品牌化

巴彦淖尔市的羊肉产品不仅基本实现了品牌化，而且企业自有品牌与地理标志等区域品牌相结合。2011 年农业部国家农畜产品质量检测中心多次对巴彦淖尔市不同季节、不同产地的羊肉抽检 118 批次，进行了"瘦肉精"等违禁药品和兽药残留检测，检测结果全部符合国家标准。经过多次反复的抽样检测结果表明，巴彦淖尔市畜产品质量安全放心，安全监管工作经受住了农业部和自治区的考验，为打造质量安全可靠、绿色的巴彦淖尔羊肉品牌提供了有力的技术保障，也为提升巴彦淖尔市畜产品在全国的知名度创造了条件。

（二）巴彦淖尔肉羊全产业链发展的基本经验

1. 培育肉羊新品种，从种源、推广、质监多角度加强"种子工程"建设

适合标准化规模饲养的优质肉羊品种是肉羊产业标准化规模化发展的基础。然而，长期以来巴彦淖尔市绵羊品种主要有细杂羊、苏尼特羊、小尾寒羊及其他杂种，由于品种杂乱，经济杂交生产水平低，缺乏产业化发展的主要品种，难以形成品牌效应。从 1960 年开始，在广大畜牧科技人员和农牧民的不懈努力和精心培育下，经过对蒙古羊的杂交改良、引入德国肉用美利奴羊经过杂交、横交固定和选育提高三个阶段，最终培育而成的体型外貌一致、遗传性能稳定的肉毛兼用新品种——巴美肉羊。2007 年，巴美肉羊通过国

家畜禽资源委员会审定验收，成为我国第一个具有自主知识产权的肉羊杂交育成品种。巴美肉羊适应巴彦淖尔市农牧区自然环境条件和生产方式，具有适合舍饲圈养、耐粗饲、抗逆性强、适应性好、羔羊育肥增重快、性成熟早等特点，为巴彦淖尔肉羊产业标准化规模化发展提供了种源基础。

种畜的数量和质量对肉羊产业扩大再生产、肉羊生产性能与品质具有决定意义。为保证种畜的质量与数量，巴彦淖尔市在种源基地建设、良种推广和种畜质量检测方面采取了一系列措施。在种源基地建设上，按照"边选育、边巩固、边利用、边提高"的原则，采取"建育种园区、抓大户、发展育种户"的办法，核心群重点是巩固、提质，繁育群和生产群重点是增加户数，扩充数量。在良种推广体系建设上，按照"旗县区有家畜改良站，镇有畜牧服务中心，村（社）有人工授精站（点），户有纯繁户"四级体系建设要求，全面开展羊"四有"标准化配种站点的建设，绵羊人工授精站（点）达到693处，每年完成人工授精100多万只。在种畜质量监测体系建设上，规范种畜经营市场，对生产经营种畜禽的单位、个人严查实管，严禁乱引种，严把质量关。羊人工授精站实行属地管理，推行配种员、种畜鉴定员定期培训、考核，持证上岗制度，使种畜禽生产、经营、交易步入了规范化管理轨道。

2. 注重生产技术研发推广，促进肉羊产业技术进步

肉羊生产技术进步包括繁育、饲养、饲草料生产加工、育肥、羊舍建设和羊病防治等方面的技术进步。肉羊生产技术进步有利于降低肉羊生产成本，缩短生产周期，提高肉羊生产效率与产品品质，是促进肉羊产业发展的主要动力。然而技术研发高研发成本低复制成本使得技术进步往往供给不足，但是在巴彦淖尔市，政府、企业、种羊场、合作社以及其他生产主体普遍具有很强的技术研发意识，技术研发在实践中比重也较大，这为当地肉羊产业快速发展提供了源源不断的动力。

位于乌拉特中旗的巴美肉羊育种园区成立了祥园、大众顺等巴美肉羊育种专业合作社，并且专门成立了科研技术推广组。科研技术内容包括巴美肉羊羊肉生产标准研究、巴美肉羊饲养标准应用推广、高频繁殖技术应用推广、肉羊科学饲养配套技术示范推广和饲草料种植技术示范推广等。研究人员包括畜牧师、农技推广研究员、高校教师、企业人员等各个方面的人才。2009年在乌拉特中旗乌加河镇宏丰村建立了现代农业产业技术体系示范基地，主要示范研究巴美肉羊高繁新品系选育、效益分析评价和营养调控技术及饲养标准。此外，企业内部也积极进行技术研发，并在实践中广泛尝试。如位于五原县的巴美肉羊养殖开发有限公司便开发出适合不同肉羊不同时期饲喂的饲料品种，将自动化控制的生产流水线应用于饲料生产，制定了饲喂标准，开发了饲料喂养机等，在实践中显著地提高了原料利用效率、肉羊生产效率和劳动生产率，降低了浪费，标准化程度显著提高。

在技术推广方面，巴彦淖尔市各级畜牧部门，坚持"服务到位、指导到户、点面结合"的原则，实行包村、包组挂牌服务。在科技服务中要求科技人员掌握并推广"七个硬件"（即种羊、基础母羊、种植、青贮窖、贮草房、饲草料加工机具、标准化棚圈）、"六项技术"（即畜种改良、饲草料配合饲喂、秸秆青贮、棚圈建设、模式化饲养、疫病防治）。特别是为改变传统粗放的经营生产方式，加快牲畜营养工程，进一步提高舍饲精养水平，各地加大为养而种步伐。全市种植优质饲用玉米面积325万亩，加上24万亩的紫花苜蓿，近1/3的耕地实现为养而种。市政府连续10年在全市范围内集中开展以秋季

青贮为主的秸秆加工转化大会战，全市农作物秸秆及附料加工转化率达到90%以上，青贮养畜普及率达到70%以上。

3. 创新组织管理，在合作中实现共赢

组织管理创新，可以表现为企业内部的专业化和企业之间的劳动分工范围的扩大，也可以表现为机械利用方面的跨企业联合，是一种软技术的创新，有利于降低生产和交易成本。在巴彦淖尔市肉羊产业发展中，不仅存在着小农户、规模育肥户、经纪人、饲料企业、屠宰加工企业等传统主体，而且养殖合作社、养殖企业、饲料企业＋养殖、屠宰加工＋养殖、全产业链等新型利益联盟也广泛存在，并呈现日益增加的趋势。其中，合作社提高了养羊户组织化水平，放大了能人的作用，共用饲料加工机械，与企业谈判谈判能力增强；养殖企业发展标准化规模饲养，促进肉羊生产分工和专业化，提供品质一致肉羊；屠宰加工企业通过建立养殖基地或者契约方式与农户建立密切合作关系，以保证羊源数量与质量的稳定，企业也可以为养殖户提供一定的资金担保。在生产主体内部，有的合作社制定了专门的管理制度和防疫制度，对加入条件、饲养标准、信息登记、消毒、防疫、封锁隔离和无害化处理等都进行具体规定，促进了肉羊的规范化生产；有的企业为解决雇工信息不对称带来偷懒等问题，建设标准化圈舍，将每个圈舍的肉羊通过承包给一户农民，或者雇一户农民两口人来照顾护理肉羊，采取计件工资等激励方式，以此降低监督费用。通过组织内部以及组织之间合作方式的创新，降低信息不对称带来的交易成本，有利于肉羊生产成本的降低和肉羊产品质量的提升。

4. 合理规划管理相关产业，矫正市场失灵

政府对于相关产业的规划管理有利于充分发挥当地资源优势，避免在发展中恶性竞争带来资源浪费、设备闲置，以及产业链接不合理等问题。同时对市场不能很好解决的失灵问题进行干预，有助于实现社会效益和微观效益的平衡。考虑到乌拉特草原本身承载能力有限，要保持生态环境，为实现草畜平衡，"十二五"规划控制在100万只，而现在有120万~150万只，人口要从4.9万人减到1万人。要实现草畜平衡，未来要减少牧区肉羊养殖，因此肉羊养殖的中心必须要转移到农区和半农半牧区。巴彦淖尔市依托河套地区具有丰富的粮食、农副产品、秸秆资源这一得天独厚的优势，把发展肉羊产业作为调整农业产业结构、增加农牧民收入、推动农区畜牧业发展的重中之重。根据全市资源条件，巴彦淖尔市将肉羊产业发展的轴心放在畜种和饲草料资源相对集中和丰富的农区，并按照优势畜种向优势区域集中的原则，重点形成"两带"：一是在临河、杭后以及五原部分地区为主，重点推广巴美种公羊，以多胎繁殖性能的纯种或杂一、杂二代寒羊为母本，开展经济杂交，大力发展集中育肥，建立优质肉羊商品生产带。二是以东部沿阴山前的乌中旗、乌前旗、五原县部分地区为主，在重点培育、扩繁巴美肉羊的基础上，利用巴美肉羊改良杂交当地细杂母羊，建立肉、毛、繁兼优的肉羊生产带。同时在磴口县、乌后旗、农垦局因地制宜发展肉羊规模繁育和集中育肥。在饲料企业和屠宰加工企业管理方面，关掉一些质量差数量小的企业，并对企业规模大小有一定限制，以降低闲置浪费，加强质量监管。目前巴彦淖尔市大大小小的饲料企业40家，鱼龙混杂，饲料质量难以监管，计划年产量低于1.5万t的饲料生产不再批了，努力提高饲料企业生产效率和产品质量。

市场在公共物品的提供和具有外部性的活动中不能很好地发挥作用，需要政府的介入干预。巴彦淖尔市整合各类涉牧资金向畜牧业倾斜，特别在基础设施建设方面，对养殖规

模大、示范带动性强的养殖场建到哪儿，油路修到哪儿，绿化到哪儿。在五原县现代畜牧业示范基地的建设中，县政府为巴美肉羊养殖开发有限公司肉羊养殖规模的扩大提供了场地和基础建设保障，基地内"三通一平"（即通路、通电、通水和场地平整）及绿化工程均由政府投资建设。该公司建设沼气和有机肥生产线，用羊粪发酵沼气，生产有机肥，解决了粪污污染，增加了收益，各级财政也通过沼气、废弃物处理等项目给公司补贴了近900万元，以弥补其处理成本。

5. 申请地理标志，提高产品附加值

巴美肉羊适合于农区舍饲，乌拉特肉羊是巴彦淖尔乌拉特地区具有地方特色的草原肉羊。巴彦淖尔市通过树立区域品牌，发挥品牌效应以提高产品知名度和竞争力，实现产品增值。"河套巴美肉羊"2010年通过了国家农业部农产品地理标志登记专家评审委员会评审。乌拉特中旗成立了养羊协会，从2008年开始进行乌拉特羊肉的品质测定和分析，找出其独特品质，也于2010年9月成功申办了乌拉特羊肉地理标志证明商标，并整合现有资源，组织广大牧民进行规模化、科学化、标准化饲养，打造特色品牌，发展特色产业，提高产品附加值。

6. 积极争取项目，推进标准化规模养殖

目前，临河区、五原县、杭锦后旗、乌拉特前旗、乌拉特中旗5个旗县（区）都已争取到中央财政支持现代肉羊产业项目资金，共计投入项目资金1.3亿元。随着肉羊产业深入推进，巴彦淖尔市不断增大资金扶持力度。2011年巴彦淖尔市政府出台了《关于加快推进畜禽标准化规模养殖的意见》，提出市财政每年预算安排500万元，专项支持标准化规模养殖业发展，主要用于棚圈建设、种畜调剂、巴美肉羊饲料、肉羊研发的补贴和规模大、标准高、示范带动能力强的养殖场以奖代补。同时各旗县区（农垦局）也落实专项资金支持畜禽标准化规模养殖。如临河区财政安排300万元用于能繁母羊存栏30只至200只以上不同规模农户、巴美肉羊双羔户及南非美利奴羊胚胎移植户的补贴；乌拉特前旗对肉羊集中联片建设100座以上棚圈，每座棚圈补贴5 000~10 000元或每平方米补贴50元；五原县每新建1个达到建设标准的肉羊养殖小区（养殖场）补贴10万元，肉羊达标养殖户补贴6 000元；乌拉特中旗从2009年至今整合有关涉农涉牧部门的项目近2 000万元，集中投资到现代肉羊项目建设中；杭锦后旗协调银信部门对规模养殖场、大户发放畜牧专项贷款3 000万元。

巴彦淖尔市坚持"三进三退"原则，即退出散养、退出庭院、退出村庄，进入小区、进入规模、进入市场循环的战略，加快分散养殖向规模化、专业化养殖转变。一是按照"统一规划，合理布局，规模适度，相对集中，人畜分离"的原则，充分考虑水源、交通、防疫、污染等因素，扶持肉羊规模养殖场和专业村镇。二是对现有规模养殖场、专业村、专业镇整合改造，优化提升，不断提高组织化、标准化生产水平。三是鼓励龙头企业参与专业化、规模化肉羊基地建设。在肉羊基地建设推进上，各地采取典型引路，以点带面，整体推进的办法，加大政策引导和资金扶持力度，积极扶持规模养殖典型示范场（户）、示范村建设。此外，在土地流转方面，巴彦淖尔市通过组织管理、仲裁服务新农村建设项目、宅基地置换、创新流转方式、农村培训、农业保险等促进土地、草牧场有序规范流转。截至2011年年底，巴彦淖尔市以转包、转让、互换、出租、入股等流转方式为主，流转面积达到151.45万亩，占耕地面积1 055万亩的14.4%；草牧场流转面积711

万亩，占草牧场面积7 916.42万亩的9%。土地流转面积中签订书面流转合同的占52.1%，草牧场流转中签订合同的占90%以上，促进了肉羊规模经营的发展。

（三）巴彦淖尔市肉羊产业发展的未来

1. 需要进一步发挥巴美肉羊品牌价值和增值空间

虽然巴美肉羊品质与生产性能都好于当地普遍的小尾寒羊，但是由于现在肉羊难以完全以质论价，不能实现明显的优质优价，尽管一些屠宰加工企业对于巴美肉羊的支付价格比其他高0.1~0.2元，但这也只是杯水车薪。由于种公羊价格比育肥羔羊价格高不了多少，而种公羊需要饲养将近一年，育肥羔羊只需要5~6个月，考虑到饲养成本，卖育肥羔羊的效益要远好于卖种公羊，因此使得种公羊供给不足，严重影响肉羊种群的扩大。小尾寒羊平均每胎2羔，而巴美肉羊平均每胎1羔，若二者的育肥羔羊以同样价格出售，尽管巴美肉羊饲养周期可以比小尾寒羊少一个月，但是其节约的饲料成本远远弥补不了繁殖率低带来的低效益。因此，巴彦淖尔市未来需要大力宣传推广巴美肉羊的独特之处，通过巴美肉羊产品的精深加工提高产品附加值，并提高巴美肉羊的品牌价值。此外，乌拉特中旗2010年申办乌拉特羊肉地理标志证明商标，已有3年的时间，现已达到开发利用时间的1/3，未来需探索乌拉特羊肉地理标志证明商标及产品的开发使用，使其真正发挥作用。

2. 需要进一步加大资金扶持力度，优化补贴方式

巴彦淖尔市肉羊养殖基础设施都比较薄弱，而且肉羊养殖成本较大，所需周转资金较多，资金缺乏已成为制约养羊业发展的"瓶颈"。与此同时，巴彦淖尔市以农牧业为主，政府财政力量有限，因此在对肉羊产业扶持中会力不从心。虽然近几年中央及该市每年投入一定资金扶持肉羊产业，但投资规模有限，不能满足该市肉羊产业快速发展的需要，并且投向主要集中在了项目旗县的肉羊育肥基础设施建设上，重视规模较大的企业和养殖场户，对于占绝大多数比例的小规模养羊户的支持很少；补贴方式上重视生产设施设备的补贴，而缺乏针对生产设施运营方面的补贴，产生购置设备或者建设棚圈闲置浪费的现象。规模化肉羊饲养一年1只母羊加3只羔羊的饲养周转资金需2 200元，园区内用有一套棚圈的农户，饲养50只繁殖母羊，出栏150只羔羊需周转资金11万元。养殖户资金需要大，但是贷款却比较难，即使农户联保能贷到款也全部为短期贷款，无法适应养殖周转需求。因此，未来巴彦淖尔市需要进一步争取中央财政项目的支持，并扩大自身对肉羊产业的投入，尤其要重视优化补贴方式，提高投入资金的利用效率，同时在帮助农户解决资金困难时需要创新方式与途径。

3. 需要进一步整合肉羊生产资源，提升产业竞争力

虽然巴彦淖尔市肉羊产业发展在全国范围内也属于先进水平，在种羊繁育、饲料加工、肉羊饲养和屠宰加工方面都有一定的发展，但仍然存在一些问题。一是繁育滞后，羔羊生产量少，总量不足；二是肉羊屠宰加工企业生产能力过剩，羊源缺口大，许多企业开工生产能力不足一半，有的处于半停产状态，造成资源浪费，肉羊产品精深加工不足，附加值低，肉羊的皮革、胚胎、血液、小肠等副产品深加工领域几乎空白；三是饲草料的科学利用仍有很大的提升空间，巴彦淖尔市年饲草料生产总量在355亿kg左右，而实际利用率仅为50%左右，饲料企业羊饲料生产品种相对单一，某些养羊户给肉羊喂精料过多，肉羊养殖成本高、效益低，食品安全隐患大；四是肉羊饲养者的棚圈闲置与不足同在，实行适度规模经营与扩大规模经营的任务并行。因此，未来巴彦淖尔市需要进一步整合肉羊生产资源，降低资源浪费，提高资源利用效率，协调产业链接，提升产业整体竞争力。

4. 需要进一步加强技术教育培训，提高组织管理水平

转变生产经营方式，实行标准化规模化肉羊饲养，一个园区、一个规模养殖场其实相当于一个企业，需要相关科学管理的技能，对于先进的自动化控制的生产更需要有专门知识技能的专业人员来操作。而目前从事肉羊生产的人员大多为受教育程度少、年龄偏大的农牧民，就连现在养殖企业、合作社、养殖基地管理人员都缺乏科学管理的知识和经验，更别提祖祖辈辈用传统方式饲养肉羊的普通农牧民了，这些严重制约着肉羊生产性能和效益的提高。养羊户虽然教育水平不高，但是学习新的饲料搭配、饲养技术以及疫病防疫技术的意愿很强。因此，巴彦淖尔市在未来要针对农牧民的需求，进一步加强实用技术教育培训，促进肉羊生产往科学饲养管理方向发展。此外，在现有养羊户中，主要肉羊饲养者年龄偏大，50 岁及以上的就占到 1/3，劳动力老龄化现象严重，而由于养羊工作环境差、工作多、疫病风险大，年轻人很少愿意继续从事该行业，肉羊产业发展未来的接班人问题凸显。

（四）巴彦淖尔市肉羊全产业链发展的启示

巴彦淖尔市肉羊全产业链发展是在当地丰富的饲草料资源和一定的产业发展基础上，政府、企业、农牧户积极参与，在科研、技术创新、组织管理、项目、基础设施等方面充分合作发展的成果。因此，巴彦淖尔市肉羊全产业链发展的实践至少在以下几个方面对我们有所启示：第一，发挥产业优势，实现农牧结合。巴彦淖尔市肉羊产业发展的基础是种植业，正是当地以灌溉为主的高效种植业，为肉羊产业发展壮大提供了充足的饲草料资源，并且随着肉羊产业的发展，当地的种植业也出现为了畜牧业而调整种植结构的现象，养羊业的发展也为种植业提供了优质的有机肥。第二，整合产业资源，提高产业竞争力。巴彦淖尔市从饲料、育种、养殖、屠宰加工全产业链角度着手，通过产业资源整合，不仅扩大了整个肉羊产业的规模，而且通过规模化、标准化、集群化、品牌化和产业化经营，产前、产中、产后相互促进、共同提高，提高整个肉羊产业的竞争力。第三，微观主体构建是基础，政府支持与调控是保证。农牧户是肉羊产业发展的基础，合作社有助于提高养羊户规模化、标准化和组织化的程度，公司化龙头企业在饲料加工、良种繁育、屠宰加工等领域发挥了引领作用，他们在不同领域具有不同的优势，他们的分工、合作与联合有助于更加有效地生产出符合社会和消费者需要的产品。肉羊产业作为农业中的弱势产业，其发展壮大离不开各级政府在发展规划、科学技术研发推广、人员培训、疫病防控、质量安全等方面的支持与尽职尽责。第四，重视科技创新。在肉羊产业发展中，巴彦淖尔市充分发挥科学技术的作用，无论从基础科研工作，还是技术应用，以及组织管理技术方面，无处不体现着创新精神。

五、龙头做强，基地做大，品牌做响，产业链延长——来自"中国萨福克之乡"新疆玛纳斯县的调查

"玛纳斯"系蒙古语，意为河边的巡逻者。新疆昌吉回族自治州玛纳斯县地处天山北麓中心地带、准噶尔盆地南缘，东距新疆首府乌鲁木齐市 130km，享有"天山金凤凰、碧玉玛纳斯"的美誉，拥有"中国碧玉之都、国家湿地公园、国家森林公园、国际葡萄

酒庄"四张名片。全县总面积 1.1 万 km^2，辖 14 个乡镇场站、5 个驻县团场，总人口 28 万人。

(一) 玛纳斯县肉羊产业发展现状与优势

1. 肉羊产业发展现状

肉羊产业是玛纳斯县农业和农村工作的头号工程，2012 年在县委、县政府的坚强领导下，在各乡镇、各部门的鼎力支持和畜牧系统全体干部和职工的勤奋努力下，肉羊产业取得了较大发展。2012 年，全县新建良繁场 15 个，良繁场总数达到 23 个，通过州级达标验收 14 个；新建高标准羊舍 192 栋，改扩建羊舍 32 栋；购进良繁生产母羊 2.4 万只，良繁生产母羊总数达到 4 万只。引进萨福克纯种公羊 217 只、萨福克良种公羊 420 只，新建肉羊人工授精点 21 个，完成肉羊经济杂交 8.2 万只，实施胚胎移植 2 460 枚。示范推广小麦套种苏丹草、小麦复播青贮玉米 0.1 万 hm^2，开创了在不增加土地面积的情况下，增加优质饲草生产、提高土地单产效益的途径。购进 13 台青贮玉米收割机、30 台秸秆捆拾打包机、10 台 (套) 大型牧草粉碎机和 20 台 TMR 搅拌机，以制种玉米为主的农作物秸秆和农副产品资源得到充分利用。建成多种组织形式的肉羊专业养殖合作社 23 个，提高了肉羊产业的组织化程度。争取到国家财政支持肉羊标准化养殖小区建设、肉羊保险、贷款贴息等项目 21 个，项目累计资金 1 255 万元，县乡政府积极协调农村信用社、农业银行解决信贷资金 6 000 万元，农牧民自筹资金 2.1 亿元。建成了专业化肉羊拍卖交易市场，启动了年出栏 20 万只肉羊的标准化育肥周转场建设。2012 年，全县牲畜饲养量达到 163.7 万头 (只)，年出栏牲畜 108.7 万头 (只)，其中出栏肉羊 65 万只。以肉羊为主体的现代畜牧业产值达到 21.3 亿元，在大农业中的比重达到 40.5%，为农民增收提供了 1 256 元的支撑，肉羊产业已经成为推动玛纳斯县的主导产业，也是农牧民增收最快、增幅最大的产业。企业注册了"中玛萨福克羊"商标，"玛纳斯萨福克羊"被农业部认证为农产品地理标志。2013 年玛纳斯县成功举办了"第十届中国羊业发展大会"。

2. 肉羊产业发展的优势

(1) 饲草料资源优势：玛纳斯县拥有可利用草地面积 54.58 万 hm^2，按利用季节划分为夏牧场、冬牧场和春秋牧场。年鲜草贮藏量 75.98 万 t，可利用鲜草贮藏量 32.26 万 t。全县拥有可耕地 7.33 万 hm^2，播种面积 5.33 万 hm^2，其中种植以饲料玉米、青贮玉米和苜蓿为主的饲草料地 1.33 万 hm^2，年产玉米、棉花等作物秸秆 33.35 万 t。县内农产品加工企业年生产棉籽壳 2.16 万 t、番茄酱渣 0.75 万 t、棉籽粕 2.1 万 t、葵粕 0.2 万 t、小麦麸 1.5 万 t、次粉 1 万 t。近几年大力发展农区人工饲草基地建设，每年优质饲草料种植面积达到 0.67 万 hm^2 以上，走上了以牧促农、农牧结合共同发展的道路。辽阔的草原和丰富的农作物秸秆、农副产品资源，为玛纳斯县肉羊产业发展奠定了良好的基础。

(2) 品种资源优势：1989 年，新疆农牧厅从澳大利亚引进萨福克和无角道赛特良好品种母羊 271 只，在玛纳斯县建立了纯种繁育场，实施了国家"八五"科技攻关项目"进口肉羊品种纯繁和杂交利用研究"，对引进种羊进行风土驯化和杂交利用，取得了明显杂交优势和显著的经济效益。经过 20 多年的发展，种羊规模不断扩大，并积累了丰富的肉羊饲养管理和疾病防治经验。2004 年种羊场实行股份制改革，建立新澳畜牧有限责任公司，引进企业化管理，种羊饲养规模和生产效益逐年增长，已向全国各地累计提供种羊 5 100 只。2011 年成功引进亚中集团投入 3 000 多万元重组新澳公司，新建圈舍 5 栋，购进种羊2 000多只，纯种母羊存栏3 549只。已经建成新疆最大的萨福克种羊繁育基地，成为玛纳斯县乃至昌吉州的萨福克核心种羊场。目前，全县肉羊二级扩繁场20个，存栏肉羊杂种母羊4万只，培育纯种优良、适应性强的高代杂种肉用公羊1.2万只，为全方位、全覆盖推广肉羊经济杂交，全面扩大肉羊生产规模提供了种源保证。

（3）政策支持优势：新疆维吾尔自治区党委、政府从维护新疆稳定和保障民生的战略高度，提出了"新增1 000万只出栏肉羊综合生产能力建设规划"，玛纳斯县被列入规划的重点县（市）。玛纳斯县委、县政府积极把握国家、自治区产业发展政策，立足本地资源和县域经济优势，提出了"龙头做强、基地做大、品牌做响、产业链延长"的发展战略和"一万只纯繁核心、十万只扩繁基地、百万只杂交肉羊"的总目标。对此该县制定了对标准化养殖小区、二级扩繁场、肉羊杂交等的补贴政策，县财政每年拿出不少于1 000万元支持肉羊产业发展。坚持将肉羊产业作为现代农牧业发展和农牧民持续大幅度增收的战略性支柱产业，作为率先实现农牧业现代化的主攻方向。制定了《玛纳斯县百万肉羊产业发展规划》，规划到"十二五"末，萨福克纯繁核心场存栏纯种生产母羊1万只，建设萨福克良繁场50个，存栏生产母羊10万只，在全县推广肉羊经济杂交，年出栏杂交肉羊100万只，养羊业产值达到18亿元，农牧民人均养羊业收入6 000元；建立与世界接轨的国际化现代肉羊拍卖交易市场，建设以肉羊屠宰加工生产和羊肉储备为核心内容的现代化肉羊产业工业园，实现市场营销收入18亿元，工业增加值5亿元；建立集种羊繁育、商品肉羊生产与屠宰加工销售于一体的现代化肉羊产业经营模式，全面推进肉羊产业升级和综合开发，强力拉动物流运输、餐饮旅游等二三产业的发展。此外，以穆斯林文化、草原文化、雪域文化开发清真羊肉产品，打响萨福克品牌，打造萨福克之乡。

（二）玛纳斯县促进肉羊产业发展的基本经验

1. 高位推动，科学谋划促转型

玛纳斯县委、县人民政府高度重视肉羊产业发展，主要领导亲自参与调研，召开推进会，把肉羊产业发展摆在农业农村经济工作首位。一是成立了领导小组，从政策引导和人财物配套各个方面全方位推进，层层分解任务，完善考核、督察、激励机制。二是高起点，制定了《玛纳斯县百万肉羊产业发展规划》，从生产体系、良繁基地、饲草料基地、市场体系等方面，科学谋划肉羊产业发展规划。三是推行政府、企业、金融、合作社、农民、保险"六位一体联动"扶持机制，县财政每年划拨1 000万元专项资金，补贴企业、合作社、农户引进种羊和良繁生产母羊，落实肉羊贴息贷款和肉羊保险，带动社会资金投入肉羊产业4.3亿元，形成多方参与、齐抓共促的产业发展合力。四是加强技术支持，建立了由8名高级专业技术人员组建的专家顾问组，加强技术服务网络覆盖，健全县、乡、村三级160多人的技术服务体系，编制《玛纳斯县肉羊产业发展技术服务手册》和《良繁场建设7条标准》，下发到每户养殖户手中，有效提高了标准化规范化养殖水平。

2. 龙头做强，示范引领推发展

坚持把培育龙头企业作为肉羊产业发展的重中之重，通过扶持龙头、培育品种，有力地推动了肉羊产业的快速发展。一是扶持龙头企业发展，采取政策引导、资金扶持、科技帮扶等措施，引进亚中集团落户玛纳斯，注资3 000多万元，对原新澳畜牧公司进行重组，同时兼并昌吉天川超细型细毛种羊场和德丰鲜胚移植中心，新建沙尔乔克种羊基地和20万育肥周转场，培育了产、供、销一体的肉羊养殖龙头企业，龙头的综合实力和辐射带动能力显著增强。二是培育优良品种，于 1989 年从国外引进纯种萨福克肉用种羊，经过 24 年的本土驯化和纯种繁育，建成全疆最大的肉用种羊基地。同时，先后引进萨福克原种羊 771 只，原种胚胎 1 万枚，自行生产移植鲜胚 1 万枚，使公司的优质种源基数翻了一番，建成了全国最大的萨福克肉羊种源基地，抢占了产业制高点。目前，全县萨福克肉羊核心群数量达到了 3 000 余只，年生产纯种萨福克种羊 1 200 余只，累计向疆内和全国 23 个省市提供萨福克种羊 6 000 余只。

3. 基地做大，强化主体上规模

把基地建设作为肉羊产业发展的基础来抓，坚持全党动员、全社会参与、全面推进的思路，大力推行政府引导、企业带动、合作社组织、农民主体的现代畜牧业发展模式，分解目标，细化责任，充分发挥合作社和农民的主体作用，形成乡乡有目标、村村有任务、户户齐参与的发展格局。一是加快一级纯繁体系建设，依托新澳公司，大力推行"公司+合作社+农户"的利益联结机制，引导企业从单纯销售种羊向转让技术、售后服务、疫病防疫等综合经营转型，实行"五统一"管理，即统一品种、统一配种、统一饲养、统一防疫、统一收购，实现公司与农户的互惠共赢，推进肉羊产业组织化发展、公司化运作、规模化经营。采取"借腹怀胎"的方式，高价回收农户、良繁场的萨福克羔羊，扩大核心种群。到 2013 年中，萨福克品种覆盖率达到 68.5%，年培育萨福克良种公羊 2.4 万只，经济有效地解决了当前新疆乃至全国萨福克种羊数量少、价格高的现实问题。二是加快二级良繁体系建设，高标准建设养殖小区，实施规模化、集约化养殖，落实每个新建肉羊养殖小区补助 10 万元的扶持政策，在牧民定居点配套建设养殖小区，已建成良繁场 23 个，在建良繁场 15 个，成立合作社 30 家，从业农牧户 4 860 户 2.7 万人。三是加快三级杂交利用体系建设，按照政府引导、企业带动、合作社组织、农民主体的发展思路，大力实施整村整乡推进工程，落实购买纯种公羊每只补助 3 000 元、良繁母羊每只补助 100 元的政策，建成万只肉羊生产区 4 个，5 000 只肉羊生产区 21 个，实现整村推进 15 个，全县肉羊存栏达 35 万只，存栏生产母羊达到 5.6 万只。

4. 品牌做响，宣传推介扩市场

玛纳斯县坚持"国际种羊中国化，本土羊群良种化"的发展理念，以生长快、产肉率高、肉质鲜美的萨福克羊为主打品牌，在中央 7 套及疆内电视台、电台等主流媒体，采取专家介绍、效益对比、市场分析等形式，加强萨福克肉羊宣传推介，落实非萨福克不引、不养、不配、不补的"四不"措施，强化市场和群众对萨福克认可度，萨福克品牌的影响力日益扩大，已成为玛纳斯县肉羊产业发展的主要品种。在政府层面，成立了"萨福克羊业协会"，成功申报了"中国萨福克之乡"称号，完成了"中玛萨福克羊"商标注册，成功通过"玛纳斯萨福克羊"农产品地理标志产品评审，为萨福克肉羊产业品牌化发展奠定了坚实基础。在企业层面，充分调动龙头企业的积极性，在打响全国最大肉羊种源基地品牌的基础上，引导新澳公司转变经营模式，从单纯销售种公羊产品向转让技术、售后服务、疾病防控等综合经营模式转型。

5. 产业延伸，提质增效促共赢

以打造全产业链示范工程为目标，坚持用工业化思维推进肉羊产业化发展。一是按照"围绕畜牧业调优种植业"的要求，加快饲草料基地建设，大力推广小麦套种苏丹草、小麦复播青贮玉米，狠抓饲草料综合利用。支持和鼓励牧民加快草原资源流转，建立草畜联营合作社，实现了草原生态保护和资源利用、牧民增收的互利共赢。2013 年，全县共落实饲草料面积 15 万亩，成立 7 家草畜联营合作社。二是建立萨福克羊专业拍卖交易市场，该市场具有四个特点：①功能完善。市场划分为牛羊拍卖区、展示区、饲草料交易储备区、动物防疫检疫区等区域，拍卖场 1 200m²，建有 118 个圈，设置草料储备库 2 000m²，青贮池 1 100m³，建有 120t 地磅 1 个，电子信息交易系统 1 套。②辐射面广。市场交易日趋活跃，辐射带动乌鲁木齐、昌吉、石河子、呼图壁、沙湾等周边 10 余个县市活畜交易，逐步成为北疆牛羊进入首府乌鲁木齐等周边大城市的中转场和集散地。③信息量大。市场设置肉羊交易信息发布栏，打造网络信息交易平台，广泛收集牛羊活畜、肉皮毛、饲草料等市场信息，定期发布，为市场、公司、合作社、农户之间提供了优质的中介服务。④交易创新。在开展公平买卖的基础上，市场设置了牛羊拍卖专区，对一些优质牛羊实施现场拍卖、公开竞买的交易方式，进一步活跃了市场交易氛围。同时，运用电子信息平台，提供牛羊拍卖交易，扩大了交易范围，提升了交易效率和频率。该交易市场年交易量达 8 万头只，交易额达 1 亿多元。三是依托亚中集团等龙头企业，加大招商引资力度，逐步建立肉羊生产、屠宰、分割包装、冷链物流、熟食加工于一体的产业发展体系，形成更为完整的肉羊产业链。承接天山北坡经济带和"乌昌石"城市群中部的辐射带动，以旅游餐饮服务为突破口，大力发展萨福克羊肉文化，打造萨福克羊肉火锅、烧烤、冷鲜肉等特色饮食，提高产业增值效益，着力构建政府增税、企业增效、农牧民增收的共赢新格局。

（三）玛纳斯县百万只肉羊产业的发展构想

1. 肉羊产业发展的总体思路

玛纳斯县在百万只肉羊产业发展规划中提出，按照"龙头做强、基地做大、品牌做响、产业链延长"的思路，加快实现"一万只纯繁核心群、十万只扩繁基地、百万只杂交肉羊"的目标。一是大力实施"龙头带动"工程，加快一级核心种群建设，继续按照"四不"（非萨福克不引、不养、不配、不补）原则，壮大萨福克种源基地规模，打造全国最大萨福克种源基地。二是大力实施"肉羊整村整乡推进"工程，加快肉羊三级繁育体系建设，进一步扩大二级良繁、三级杂交的生产规模，力争在"十二五"末实现"一十百"战略目标。三是实施"结构调优"工程，围绕畜牧业调整种植业结构，建设优质饲草料基地，提高农民收益。四是实施肉羊"全产业链"示范工程，实施差异化发展战略，逐步完善肉羊生产、屠宰、分割包装、冷链物流、熟食加工于一体的产业体系，为促进全县经济社会快速发展，实现农牧民持续大幅度增收提供有力支撑。

2. 肉羊产业发展的重点

（1）实施龙头带动工程，抓好换种增肉：把换种增肉作为加快萨福克肉羊发展的重中之重，加快"一级纯繁、二级扩繁、三级杂交利用"的肉羊繁育体系建设。萨福克肉羊与其他肉羊相比，具有早熟、体大、肉质好、繁殖率高、肌肉发育良好、增肉率高等特点，是理想的生产优质肉杂羔父系品种，是世界公认的用于终端杂交的优良父本品种。土种羊使用高代杂种进一步换种后，可以在原有基础上净增 30%~40% 的肉量，每只羊就可增加 300~500 元的收入。从料肉比之间的关系来看，同样的草料，土种羊每产 1kg 肉需 7kg 草料，而萨福克肉羊每产 1kg 肉仅需 5.5kg 的草料，同等条件下大大减少了饲草料用量。因此，把换种增肉作为加快萨福克肉羊发展的重中之重，对节本增效增收具有重要的意义。

（2）实施肉羊整村整乡推进工程，实现规模化经营、标准化生产：在肉羊合作社的培育上，县乡政府及相关部门要把分散的一家一户的养殖纳入统一规划、统一管理、统一技术措施、统一销售等合作经营轨道。本着相对集中连片，易于形成规模、形成优势、形成市场，既便于科技的推广应用，又有利于组织和管理生产的原则，选择发展基础好、积极性高的村，以典型引路的方法，通过"抓大户、连小户、建基地、上规模"，对萨福克羊种羊繁育和经济杂交实施整村推进。并在补充基础母羊数量、人工授精站建设、配备种公羊、完善基础设施等方面给予政策倾斜和资金补助，形成规模化养殖、集约化经营、标准化生产的新格局。在龙头企业的培育上，加大对现有相关龙头企业的扶持力度和招商引资力度，争取使区内外更多的大型龙头企业参与到肉羊产业的发展当中，积极建立和发展各种肉羊产品市场、经营公司和中介组织，实现小生产与大市场的接轨，在规模化经营、标准化生产的基础上，进一步延伸产业链，走向产业化经营。

（3）实施结构调优工程，围绕畜牧业调整种植业结构，加快建立饲草料基地：建设百万只肉羊生产基地，建立饲草料供给体系是关键。玛纳斯县应该把优质饲草料基地建设作为种植业结构调整的重要方面，纳入全县种植业调整计划，大力推广种植优质高产牧草和青贮玉米、小麦套种苏丹草，扩大饲草和饲用玉米种植面积，降低舍饲成本。狠抓饲草料的综合利用，推广秸秆加工转化技术、营养调制技术，力争实现青贮和农作物秸秆饲料统一制作、集中配送的产业化服务模式。要通过配置饲草加工机械、兴建青贮池等措施，逐步实现各类农作物秸秆和农副产品的全面加工转化，力争把秸秆转化利用率提高到75%以上。牧区要引导牧民将草原生态保护补助奖励资金集中投向草料地建设和饲草料生产，通过禁牧、休牧和改良草场及结合治沙、退牧还草项目等，进一步提高产草量。

（4）实施肉羊技术服务体系建设工程，提升肉羊产业发展水平：按照"优质、安全、高效、生态"的要求，以县畜牧兽医局为中心，以肉羊技术服务队为依托，建立起全县畜牧技术推广与社会化服务体系。要建立肉羊产业信息网站，为肉羊生产、加工及销售提供全方位信息、技术服务，大力推广萨福克羊品种换代，改善产品品质，进一步提高肉、毛、皮等产品的生产水平和经济效益。加快复合秸秆饲料加工及饲喂技术、羔羊育肥技术、重大疫病和常见疾病的综合防治、人工授精等综合配套技术的普及推广，促进肉羊产业尽快升级换代。结合"阳光培训工程"和"科技特派员行动计划"的实施，加大培训力度，提高农牧民的养殖技能。鼓励和引导科技人员与肉羊合作社结对，深入生产第一线特别是规模化养殖小区，开展标准化规模养殖、疾病防治、高频繁殖、强度育肥、饲草料加工调制等技术培训，进一步提高养殖户的科学养殖水平。

（5）实施全产业链示范工程，推进品牌化发展战略：在满足本县自身对羊肉市场需求的同时，加快开拓肉羊产业发展市场，加快打造肉羊生产、屠宰、分割包装、冷链物流、熟食加工、饮食文化于一体的产业发展体系。强化品牌意识，积极引导龙头企业实施品牌发展战略，打响火锅专用萨福克羊肉、萨福克冷鲜肉、萨福克火腿肠等系列品牌，使玛纳斯萨福克羊肉走上千家万户的餐桌，走上品牌化的发展道路，完成肉羊产业从规模效应向品牌效应的华丽转身。通过企业自有品牌和地理标志品牌的结合，实施差异化发展战略，大做萨福克饮食文化文章，拓宽产业发展渠道，形成肉羊产业发展新局面。

六、禁牧退牧规模化舍饲，标准品牌产业化经营——关于宁夏盐池滩羊产业可持续发展的调查

"世界的滩羊在中国，中国的滩羊在宁夏，宁夏的滩羊在盐池"。盐池滩羊，名"羊"四海，香飘万里，滩羊成为盐池的象征。而 2002 年之前，由于长期沿袭原始粗放的经营方式，加之恶劣自然条件的影响，造成草原超载过牧，大面积退化沙化，只能承载 34 万只羊的草原上却游牧着百万只羊，农牧民握着羊鞭子过着穷日子。2002 年 11 月盐池率先实施封山禁牧，发展舍饲养殖。千百年的自由放牧，一朝改为舍饲圈养，拉开了盐池畜牧生产重大变革的序幕。经过 10 余年的努力，盐池滩羊产业进入了新的发展阶段，步入了草畜协调发展、人与自然和谐相处的可持续发展道路。

（一）盐池滩羊产业可持续发展的基本表现

1. 盐池生态环境明显改善

盐池县位于宁夏东部，地处毛乌素沙漠南缘，属鄂尔多斯台地向黄土高原过渡地带。全县总土地面积 8 661.3km²，有天然草原 835.4 万亩，其中可利用草原面积 714.7 万亩；耕地 134 万亩，其中灌溉耕地仅占 20 万亩，盐池县是典型的靠天吃饭的地方。盐池县为滩羊传统生产区，草原面积大（户均承包草原面积 204 亩），自然条件适合滩羊养殖，宁夏回族自治区将其作为滩羊主产区之一。草地生态畜牧业是盐池的传统产业，在经济中占有极其重要的地位。盐池县委、县政府十分重视草原保护与建设工作，2002—2008 年完成草原围栏 488.4 万亩，草原补播改良 90.6 万亩，承包到户或联户的草原面积达 550 万亩。生态环境改善明显，盐池县天然草场产草量由围栏封育禁牧前的 48kg/亩提高到 2009 年的 142kg/亩，草原植被覆盖度从 30% 提高到了 65%，载畜能力由每 31 亩一个羊单位增加到每 20 亩一个羊单位，沙尘天气明显减少，尤其是以盐池为主要风沙源的沙尘天气几乎绝迹，初步实现了区域草原生态系统的良性循环，为盐池滩羊产业发展奠定了良好的基础。

2. 滩羊规模养殖有了一定发展

截至 2012 年 10 月底，盐池县羊只饲养量达到 187.8 万只，其中，规模养殖园区 190 个，入园养殖户 825 户，羊只已经饲养量达到 65.4 万只，占总饲养量的 34.4%；散养户 7 404 户，羊只饲养量 121.3 万只，占总饲养量的 65.6%。羊只存栏 92.3 万只，以散养户为主。羊只出栏 95.5 万只，其中养殖园区育肥出栏 57.2 万只，已达总出栏数的 59.9%；散养户 38.3 万只，仅占总出栏数的 40.1%。全县羊只育肥品种以滩羊为主，另有山羊、滩寒杂交后代和内蒙细毛羊等。滩羊存栏 61.8 万只，占总存栏数的 67.1%；小尾寒羊、内蒙细毛羊及杂交后代存栏 13.5 万只，占总存栏数的 14.6%；山羊存栏 16.9 万只，占总存栏数的 18.3%。全县滩羊基础母羊存栏量为 60.6 万只，其中规模养殖园区存栏滩羊基础母羊 8.2 万只，占滩羊基础母羊存栏的 13.5%；散养户存栏滩羊基础母羊为 52.4 万只，占基础母羊存栏的 86.5%。此外，全县成立滩羊养殖专业合作社 71 家，入社会员 1 617 户，占全县养殖户数的 19.6%。

3. 滩羊产品加工业初具规模

2012 年盐池全年羊肉产量约为 1.73 万 t，生产二毛皮 38 万张。目前，全县建成滩羊产品加工生产企业 7 家，其中羊肉加工企业 3 家，滩羊毛加工企业 1 家，滩羊二毛皮加工

企业 3 家。余聪、鑫海两家滩羊肉加工企业设计年生产能力 40 万只 7 000t，目前两家企业年屠宰加工羊只 5 万只，生产各类分割羊肉产品 875t，但只占设计生产能力的 12.5%，加工羊肉占全县羊肉总产量的 5%。3 家滩羊二毛皮加工企业设计年生产能力为 40 万张，目前 3 家企业年加工生产二毛皮 15 万张，也只占设计生产能力的 37.5%，加工量占全县二毛皮产量的 39.5%，加工潜力巨大。

4. 滩羊产品品牌效应逐步显现

2003 年盐池县被命名为"中国滩羊之乡"；2005 年 6 月成功注册了"盐池滩羊"原产地证明商标，商标注册以来，"盐池滩羊"商标知名度不断增加；2008 年 9 月荣获宁夏回族自治区著名商标；2010 年 1 月"盐池滩羊"荣获中国驰名商标，盐池滩羊肉产品具有了适应市场经济竞争的"金牌名片"。目前，"盐池滩羊肉""盐池二毛皮"被农业部登记为地理标志农产品，有 3 家滩羊肉产品企业获清真食品认证。分别注册了"宁鑫""余丰昌""花马池""恒纳""吉沄""盐州雪"等共三类产品 5 个系列 6 个企业商标。区内外开设"盐池滩羊肉"专卖店 56 家，盐池滩羊肉远销北京、上海、天津、山东、浙江、河北、陕西、甘肃等十几个省市，产品走进了"华润万家""新华百货"等大型连锁超市，"盐池滩羊"品牌效应正在逐步显现。

5. 基础设施建设基本满足需求

生产基础设施方面，2002 年以来盐池县通过各类项目大力扶持棚舍等基础设施建设，全县棚舍建设基本能够满足生产需求。盐池县累计建设标准化羊舍 18 353 座，其中，散养户 7 433 座，户均 1 座；190 个规模养殖园区及规模养殖场 10 920 座。拥有各类饲草料加工机械 14 588 台，户均 1.77 台。以规模养殖园区和规模养殖场为主，累计建成永久式青贮池 9 万 m^3。市场基础设施方面，全县已建成宗源和惠安堡镇 2 个畜产品定点批发市场、7 个乡镇活畜交易市场。活羊交易场地、屠宰加工交易大厅建设完善，配套设备齐全，能够满足羊只交易屠宰需要。全县以宗源、民生、西街菜市场以及各乡镇农贸市场等开设羊肉销售店铺近 50 家，从事以羊只贩运、屠宰和皮毛销售等行业的经纪人 120 余人，基本满足市场流通需求。

6. 技术支撑体系基本形成

近年来，盐池县政府依托滩羊舍饲高效养殖技术推广、滩羊良种补贴等项目，广泛开展滩羊选育、基础母羊两年三产、羔羊早期断奶、全流程无污染饲喂技术、饲草料加工配合等技术推广，技术培训入户率达到 90% 以上，技术应用率达到 80% 以上。盐池县县一级有完善的草原工作站、滩羊肉产品质量监督检验站、畜牧技术推广服务中心、动物疾病控制中心、动物卫生防疫监督所等专职机构，拥有畜牧兽医专业技术人员 171 名。乡镇一级有畜牧兽医站、草原站，村村有防疫员，并依托龙头企业和经纪人组建了滩羊养殖业合作组织，下派了一批业务能力和事业心强的科技特派员，进驻重点养殖园区和企业，围绕滩羊产业创业服务。盐池县县、乡镇两级服务机构与科技特派员组成了盐池县滩羊产业技术支撑体系。

(二) 盐池滩羊产业可持续发展的基本经验

1. 合理规划产业，发展优势品种

宁夏在贯彻落实《宁夏回族自治区优势特色农产品区域布局及发展规划》的基础上，将盐池、灵武、红寺堡区、同心、海原及中宁等干旱带作为滩羊主产区。盐池县是滩羊传

统生产区，草原面积大，各种自然条件适合滩羊养殖，也是滩羊的核心生产区，位于"盐—灵—同—海"滩羊产业带上。盐池县政府也对盐池滩羊产业发展进行了具体规划，统筹了旱作区与黄灌区滩羊生产方向，实行旱作区以繁育为主，黄灌区以育肥为主的发展模式，大力推行农作物秸秆科学加工处理技术。

盐池滩羊的形成已有 200 多年的历史，滩羊是我国特有的、唯一的白色裘皮绵羊品种，以所产二毛裘皮轻暖美观著称。滩羊的二毛皮素有"轻裘"美称，板薄如厚纸，不仅坚韧柔软，而且非常轻便，毛质细润、洁白如雪、光泽如玉，毛穗自然成绺，纹似波浪，弯曲有九道之多，有"九道弯"之称。滩羊因其特殊的生长环境，羊肉色泽鲜红，其肉质细嫩，脂肪少而分布均匀，胆固醇含量低，无膻味，营养丰富，具有特殊风味，属于优质羊肉。近几年，宁夏进一步加大滩羊保种开发力度，建立了宁夏中部干旱带滩羊核心产区。盐池县以行政村为单位建立滩羊选育核心群，逐步形成开放式的滩羊选育体系，建成由技术人员选、群众育的滩羊选育机制，提高滩羊的综合生产性能，促进滩羊这个地方优势品种的发展。

2. 注重草原生态保护，促进滩羊可持续发展

草是草原羊发展的基础，只有可持续的草原才能支撑盐池滩羊发展的可持续发展，为此宁夏回族自治区和盐池县政府采取了一系列措施帮助盐池县草原生态恢复。1983 年的土壤普查数据显示，盐池县沙化面积近 540 万亩，占总面积的 41.5%，其中严重沙化面积达 200 万亩，全县有 75% 的人口和耕地处在沙区，生态十分恶劣。2002 年 8 月，宁夏回族自治区党委、政府在盐池县召开宁夏中部干旱带生态建设工作会议，决定宁夏在全国率先实行全面禁牧封育。2002 年 11 月，盐池县率先在全区实行草原禁牧封育，羊群全部撤离草原进行舍饲圈养。2003 年起盐池县实施了"退牧还草"工程。2003—2007 年退牧还草工程国家共投入资金 1.59 亿元，其中草原围栏建设资金 6 201.8 万元，退化草场补播改良资金 1 129 万元，饲料粮现金补助 7 205 万元，饲料粮结余资金 1 378 万元。

在具体实践中，盐池县制定实施了切实可行的政策。通过印发公开信等方式引导群众树立长期禁牧的思想，开通了禁牧"110"举报电话，建立了县、乡、村、组四级禁牧网络；坚持"预防为主、防消结合"的原则，狠抓县、乡、村三级草原防火组织建设，县、乡制定了草原防火预案；通过说服教育、设卡堵截、遣散劝返等方式制止、打击了乱采滥挖甘草、搂发菜等不法行为；成立了以政府分管县长为组长的生态建设外部环境协调领导小组，妥善处理草原地界纠纷问题；把草原建设、管护和利用有机结合起来，组织群众打贮野草、种植牧草、加工柠条，发展草畜产业。经过 10 余年的努力，盐池县草原生态建设卓有成效，生态环境得到了明显改善，2013 年 5 月，遥感卫星影像图显示盐池的 3 条沙带消失不见了，全部被绿草覆盖；草原承包到户并实施围栏禁牧封育后，群众自我管护、自我建设的意识明显增强。

3. 转变饲养观念与方式，提高饲养经济效益

伴随着盐池县草地生态畜牧业生产方式发生重大变革，草原围栏封育禁牧后，农牧民养殖观念发生了重大转变，"以羊为主"的畜牧业由传统的自由放牧饲养方式转变为舍饲精养。农民"以种促养，以养增收"的经济意识明显增强，出栏周转加快。滩羊总体产羔率大幅度提高，产羔率达到 144%，基本实现了两年三产，养殖效益较围栏封育禁牧前只均提高了 81 元。为养而种的观念逐渐形成，种植紫花苜蓿等人工牧草，为滩羊养殖提

供饲料，不再只依赖于天然草原牧草。同时，农牧民开始重视羊群结构优化，淘汰老弱病残羊，减少公羊饲养数，及时出栏裘皮羔羊，提高繁殖母羊比例等，使羊群比例结构日趋合理。在日常生产中，饲养管理精细化程度提高，羊只体况良好，适时配种，羊只繁殖成活率提高，重视饲料营养搭配，分群饲养，饲养逐渐走向科学化。

4. 开展相关科技研究，促进滩羊生产标准化

宁夏回族自治区通过对外合作，滩羊基础性研究工作取得了初步进展。初步完成滩羊多胎性研究、滩羊泌乳规律及提高泌乳性能综合配套技术研究、不同季节 35 日龄断奶滩羊发情规律及诱导发情技术研究、滩羊羔羊对蛋白质与能力需求量研究、羔羊补饲与滩羊复合营养性舔砖和饲料产品的研发，提出了产品配方、产品加工工艺的技术参数等。宁夏回族自治区盐池滩羊的基础性研究成果为盐池县滩羊产业的发展奠定了基础。

此外，盐池县也积极进行相关科学研究，已建成宁夏朔牧滩羊产业技术研发中心，并以此为平台，与宁夏回族自治区畜牧站、宁夏农业科学院、宁夏大学、西北农业大学、北京畜牧兽医研究所等区内外科研院所联合，开展较深层次的生物遗传研究和产业新技术研发。通过试验研究已制定和正在制定《滩羊清真饲养生产技术规范》《滩羊肉风味物质研究》《盐池滩羊肉快速测定技术》等 11 项技术规范、操作规程和地方标准，并开展了"滩羊多羔基因""滩羊性激素水平变化"等课题研究，为当地滩羊产业的标准化提供了科技支撑。

5. 加强品牌建设与管理，提高产品知名度

盐池县政府在滩羊产业发展中极其重视盐池滩羊及其产品的品牌建设和管理。2003年盐池县被命名为"中国滩羊之乡"；2005 年 6 月成功注册了"盐池滩羊"原产地证明商标；"盐池滩羊"2008 年荣获宁夏回族自治区著名商标，2010 年荣获"中国驰名商标"；举办了中国·宁夏·盐池滩羊节；目前，"盐池滩羊肉""盐池二毛皮"已被农业部登记为地理标志农产品，并在实践中完善标志的管理与监督。通过这一系列的品牌建设，宣传了滩羊文化，打响了特色品牌，提升了"盐池滩羊"品牌知名度和美誉度。盐池县通过实施"盐池滩羊"品牌带动战略，有效促进了滩羊养殖的提质增效和规模扩张，使羊只饲养量较商标注册前翻了 1 倍，羊肉价格增长了 3 倍，"盐池滩羊"商标图案绿色"小羊头"身价倍增。滩羊肉产品远销北京、天津等十几个省、市、自治区。例如，鑫海清真食品有限公司便是品牌效应的受益者，其实行"全流程、无污染"的食品安全过程监控系统（RFID），符合伊斯兰国家饮食习俗的加工，第 16 届广州亚组委工作人员与盐池县鑫海公司签订了 176t 的供货合同。

6. 制定一系列政策扶持滩羊产业发展

2009 年，盐池县出台《关于加快盐池县滩羊产业发展的扶持意见》，全县上下强力推进滩羊"一号"产业，突出滩羊产业化发展，以商标保护和运营为重点，大力实施滩羊"保种、提质、扩量、增效"战略措施。强化品牌运营，落实园区建设，规范市场秩序，加强科技服务，健全完善"企业+基地+农户+品牌+标准化"的发展模式，带动了农民饲养滩羊的积极性。通过政策引导、技术支撑、资金扶持，着力壮大优势特色产业基地规模，引导生产经营方式向市场化、集约化方向转变，2010 年全县新建规模养殖园区 25个，培育养殖示范村 10 个，新增多年生优质牧草 10 万亩，滩羊饲养量达 210 万只。

（三）盐池滩羊产业发展的未来

1. 发挥品牌优势，进一步提高滩羊比较效益

盐池滩羊体格小、产羔率低的品种特性决定了该品种作为产肉用途存在很大的制约。在目前滩羊肉优质优价体系尚未形成的情况下，随着舍饲养殖生产成本不断上升，滩羊养殖比较效益低的矛盾较为突出。饲养一只滩羊基础母羊年产羔 1.5 只，饲养一只小尾寒羊年可产羔 2~4 只，纯收入相差 300 元左右。近年来，尽管盐池政府通过出台扶持政策、争取项目补贴、招商引资等措施大力引导群众发展滩羊养殖，但个别养殖户仍旧自发购进小尾寒羊进行杂交生产。同时，滩羊基础母羊存栏增量缓慢，纯种滩羊架子羊来源短缺，育肥羊需要外购，使得品种较杂，影响了盐池滩羊产品的品质，增加了"盐池滩羊"品牌的保护难度。尽管"盐池滩羊肉"已享誉全国乃至中东一些阿拉伯国家，但目前滩羊肉精深加工产品还没有，产品仍然停留在初级产品的加工上。盐池县屠宰出栏羊只 85%以上以胴体的形式通过小商小贩和零售商铺出售，附加效益低。未来盐池县需要进一步发挥盐池滩羊优秀品种的优势，通过进一步精深加工，产品分等定级，实现优质优价，以弥补滩羊产羔率低带来的比较收益劣势，真正提高滩羊的养殖效益。

2. 改善技术水平，进一步提高柠条和天然草场利用率

随着盐池滩羊饲养量逐年增加，饲草料缺口也逐年增大，但是盐池县内柠条和天然草场资源利用率极低，浪费严重。盐池县累计补播改良退化草场 125 万亩，平均亩产干草 168kg，可产干草 21 万 t。但是由于天然牧草种类多样、生长成熟季节不同、地上生物枝条高矮不同、生长地理条件不利于收储等原因，养殖户打储利用天然牧草很少，造成天然牧草的极大浪费。盐池县柠条栽植面积 260 万亩，每年应平茬利用 50 万亩，每亩平均可产柠条枝叶 500kg，可产柠条饲草 25 万 t。然而，在柠条的加工利用方面，由于柠条枝条木质素含量较高，而且枝条上生长了坚硬的小刺，收割费时费力，收割加工成本过高，造成饲料价格太高等，导致柠条利用率很低。目前，柠条利用率仅占可平茬利用面积的 2%，造成了极大的浪费。未来盐池县需要通过改善柠条与天然牧草收割、加工技术，提高柠条和天然草场的利用效率。

3. 加强制度建设，进一步完善品牌监管体系

"盐池滩羊"商标知名度越来越高，市场监管难度也越来越大。滩羊产品生产来源的广泛性以及县内育肥羊只品种复杂，使品牌管理和保护成为一项复杂而艰巨的工作。由于缺乏便捷有效的滩羊肉快速定性检测技术和设备、监管执法经费缺乏、监管手段不完善、部门联合执法不到位、生产者经营者品牌意识不强等原因，造成"盐池滩羊"品牌监管滞后，市场上出现以次充好、以假冒真的商标侵权现象，这非常不利于盐池滩羊品牌的进一步发展。因此，在未来盐池滩羊品牌发展的过程中，盐池县需要加强盐池滩羊管理制度建设，完善监管体系，保证滩羊产品的品质和品牌商标的合理使用。

4. 组织农民培训，进一步提高滩羊经营产业化水平

虽然盐池县滩羊产业已经有了一定的发展，并且随着由放牧转向舍饲，农牧民饲养观念与方式也有了一定的转变，但是农户分散经营比重较大，散养户占养羊总户数的 90%。一方面，散养户生产组织化程度较低，一家一户零散的粗放经营与市场化运作的矛盾明显；另一方面，散养户的科技意识仍然比较淡薄，饲养管理方式粗放、集约化水平低，"一把草、一把料"的饲养模式仍然较为普遍，饲草料配合、程序化免疫、羔羊早期断奶

等综合技术应用率不高,与"一优三高"(优良品种、高新技术、高端市场和高效益)的现代畜牧业发展要求不相适应。未来盐池县需要通过组建合作社、农民培训、技术推广等途径提高农民组织化程度,普及科学管理方式,推广科学饲养技术,进而提高盐池滩羊生产经营产业化水平。

（四）盐池滩羊产业可持续发展的启示

近十几年来,盐池县在恶劣的草原生态环境基础上,通过国家、自治区项目和县政府采取禁牧、退牧还草等的一系列措施,在草原生态保护恢复方面取得了突出的成果。并在此基础上,通过品牌带动战略,集中发展当地优势品种,转变饲养方式,提高经济效益,采取一系列措施大力扶持盐池滩羊产业发展,最终取得了骄人的成绩。盐池滩羊产业可持续发展有以下几点启示:

1. 人草畜协调发展,盐池滩羊可持续

牧区肉羊产业可持续发展关键在人、基础在草,因此必须处理好人草畜的关系。盐池县以盐池滩羊长期发展为目标,以草原生态恢复来保证盐池滩羊的可持续发展。但若简单地实施禁牧、退牧还草政策会增加农牧民的养羊成本、减少养羊收入;若放任大家自由放牧会产生"公地悲剧",造成草原生态不断退化,最终对于每个人都没有好处。盐池县通过保护草原生态以实现其长期利益,同时采取一系列措施提高盐池滩羊产业发展的经济效益,在改善草原生态环境的同时增加或不减少农牧民的收入,使盐池滩羊产业走上了可持续发展的道路。

2. 禁牧舍饲问题多,各项政策要配套

草原禁牧与退牧还草等项目在实践中会遇到很多问题,火灾、地界纠纷、偷牧等,盐池县在实践中针对这些问题采取了一系列措施,通过宣传思想、制订防火预案、草原围栏、退化草场补播、提供完善服务、严格监督惩罚等方式,保证禁牧等工程落到实处。舍饲会带来饲养方式改变、饲草料配置要求提高、生产成本增加、疾病防控难度增加等问题,因此需要采取一系列政策扶持措施和相关产业的组织与发展,解决肉羊舍饲过程中所遇到的新问题。

3. 品牌建设提价值,提高收入促发展

农产品品牌化是农业市场化过程中的必然要求。羊肉的品牌建设可以带来增值、产业集聚等一系列效应,是提升肉羊产业竞争力的重要出路。盐池县通过注册"盐池滩羊"原产地证明商标,申请地理标志农产品,举办中国·宁夏·盐池滩羊节等方式,提高了盐池滩羊品牌知名度,提升了滩羊产品的价值。

七、压畜增效生态养殖,机制创新持续发展——关于内蒙古四子王旗杜蒙杂交肉羊产业发展的调查

四子王旗位于内蒙古自治区中北部,是自治区33个纯牧业旗县之一,也是全区19个少数民族边境旗县（市）之一,属于国家级贫困旗,边境线长104km。全旗总面积25 513 km²,行政区划为4个苏木、5个镇、2个乡、1个牧场。全旗总人口21.4万人,境内居住着蒙、汉、回、满等11个民族,少数民族人口2万人,其中蒙古族人口1.8万人,占总人口数的8.4%。全旗拥有天然草场3 214万亩,牲畜饲养量250万头（只）,其中85%为羊,年出栏100多万只。

长期以来，广大牧民以靠天养畜自然放牧为主，而"草畜双承包责任制"实行以后，畜牧业得到空前大发展。牲畜头数增多，超载过牧导致天然草场的沙化退化，草原生态环境逐年恶化。四子王旗多灾并发，旱灾、风灾、雪灾、虫灾、鼠害频繁发生，危害程度不断加剧，本已脆弱的草原畜牧业更是雪上加霜，逐渐形成了"草原人口增加→牲畜数量增加→草场过牧→草原生态环境日趋恶化→草原灾害不断、程度加重→抗灾能力明显减弱→越牧越穷"的恶性循环格局，历史延续下来的粗放经营的草原畜牧业已经走到了尽头。针对草原畜牧业发展的这种困境，内蒙古四子王旗旗委政府努力探索保护草原生态和牧民稳定增收的草原畜牧业持续发展之路，经过 10 来年的实践，终于探索出了一套杜蒙杂交肉羊生态养殖模式。

（一）杜蒙杂交肉羊生态养殖模式的基本内涵

从 2004 年开始，四子王旗为了解决牧区草原严重超载过牧问题，经过多次探索最后确定了黑头杜泊羊作父本、蒙古羊作母本的最佳品种优势组合，进行杂交改良生产商品杂交肥羔。并在 2007 年年初步确立生态型肉羊养殖模式，并在 14 家养殖户中试验推广取得良好效果。2008—2011 年在以前小范围试验的基础上，将推广范围扩大到 3 个苏木 16 个嘎查 811 个牧户，杂交改良肉羊规模达到 13.6 万只。杜蒙杂交肉羊生态养殖模式突破了"肉羊季节发情、繁殖率低下、生长速度慢、羊肉品质低、瘦肉率低、牧区肉羊舍饲、羔羊早期断乳、百日龄内出栏"等技术难点，确立了以安全（抗灾能力强）、生态（合理利用草场、确保草原生态恢复）、优质（瘦肉率高、肉品质优良）、高效（产肉性能高、生产周期短、饲料报酬率高、价格高）为基本特征的可持续养殖模式。

杜蒙杂交肉羊生态养殖模式可以高度地概括为"改变了一种观念，实施了五种经营方式，应用了六项关键技术，实现了四个目标"。

"改变了一种观念"，是指改变了传统畜牧业的低投入低产出的数量型养羊观念，转变为高投入高产出的质量型效益养羊观念。

"实施了五种经营方式"，一是生态管理方式，即在严格的以草定畜的草畜平衡条件下，以草定畜，40 亩草原/羊单位；二是品种改良方式，即以当地的蒙古羊为母本，利用粗毛型黑头杜泊羊为父本进行杂交改良生产杂交羔羊；三是饲养管理方式，即母羊冬季放牧补饲 3 个月，在怀孕后期和哺乳期进行 3 个月舍饲，夏秋季节放牧 6 个月；四是缩短生产周期方式，即羔羊 45 天至 2 个月内早期断乳，断乳后集中育肥，实现羔羊不上草原放牧直接育肥出栏（3~4 个月龄出栏）；五是提高繁殖率方式，即母羊 7~8 个月配一次种，实现两年三产或一年一产，双羔率达到 30%。

"应用了六项关键技术"，一是品种优势组合杂交技术；二是牧区肉羊舍饲及补饲技术；三是肉羊大规模同期发情及人工授精配种技术；四是羔羊早期断乳技术；五是母羊两年三产技术或提高双羔率技术；六是羔羊快速强度育肥技术。

"实现了四个目标"，是指实现了安全、生态、优质、高效四个目标。

"安全"是指摆脱了靠天养畜的被动局面，将被动抗灾变为主动防灾，通过压缩养殖规模集中财力物力保母畜，丰年获丰利，灾年不减收，将养羊业风险降低到最低程度。

"生态"是指科学利用天然草场，保护了草原生态环境。压缩养殖数量后，草场载畜量降低了，每个羊单位使用草场不得低于 30 亩，天然草原得到较好的生息繁衍机会，草场植被得到有效恢复，产草量增加，同时也降低了养羊的成本，形成良性循环的格局。

"优质"是指杜蒙杂交肉羊达到三项提高：羊肉的瘦肉率提高了，羊肉品质提高了，羊皮质量提高了。

"高效"是指达到了"一快两短四高"："一快"是羔羊生长速度加快了，羔羊5月龄内日增重由过去的150g提高到350g，最高可达450g；"两短"是：一短为肉羊的繁殖生产周期缩短了，由过去的12个月缩短到7~8个月并可实现两年三产；二短为羔羊出栏期缩短了，由过去的7~9个月缩短到现在的3~4个月；"四高"是：一高是繁殖率提高了，双羔率由过去的13%提高到30%，并可实现两年三产；二高是羔羊饲料报酬率提高27%；三高是产肉率提高了，屠宰率提高5%，5月龄羔羊只均胴体重由过去的13kg提高到22.5~25kg；四高是由于杜蒙羊肉品质好，比一般羊肉价格要高。

杜蒙杂交肉羊生态养殖模式与传统饲养土种羊方式相比，每只羔羊增收（按2010年市场价计算）300元以上，最高可达440元。应用这种模式，常年放牧羊群规模压缩2/3后，可保持或超过原有养殖规模的纯效益。牲畜数量减少使草原生态环境得到有效保护和持续利用，达到了生态和经济效益双赢的目标。

（二）杜蒙杂交肉羊生态养殖模式形成的基本经验

1. 政府全力支持创新模式的发展

四子王旗旗委政府采取各部门积极配合落实各项任务，建立行政技术责任制和督促检查制度，为杜蒙肉羊杂交改良工作提供了强有力的组织保障。集中人力、财力、物力、技术等生产要素全面向杜蒙杂交肉羊改良工作倾斜，营造了工作有人抓、事业有钱办、物资有保障的良好氛围，极大地调动了干部、科技人员、企业、牧民群众的积极性和创造性，共同投身到杜蒙杂交肉羊产业的发展上。

2. 龙头企业带动杜蒙杂交肉羊良种繁育

在杜蒙杂交肉羊生态养殖模式的发展过程中，内蒙古赛诺草原羊业有限公司起到了十分重要的带动作用，该公司主要经营业务包括种羊繁育、肉羊育肥、羊肉销售，同时对外开展技术服务与咨询。种羊品种以纯种黑头杜泊羊、优良蒙古羊为主，其中黑头杜泊羊与优良蒙古羊杂交形成的杜蒙杂交羔羊已通过有机认证，每年可向市场提供12万只优质羔羊。公司现已掌握种羊繁育以及肉羊生产过程中的胚胎移植、人工授精、同期发情等核心技术，并初步实现技术产业化应用。公司以优良品种为基础，以技术为核心，并通过牵头组建肉羊联合社（育种专业合作社、肉羊繁育专业合作社、肉羊育肥专业合作社），形成了"公司+合作社+牧户"的肉羊生态养殖模式，该模式带动全旗及周边近2 000户养殖户增收，同时使合作养殖户草场载畜量下降到过去的近1/3，创造了良好的经济效益、社会效益和生态效益。

3. 建立杜蒙杂交肉羊良种技术推广服务体系

为了扩大杜蒙杂交肉羊生态养殖模式的效用，与内蒙古自治区家畜改良站和乌兰察布市家畜改良站构筑了肉羊技术服务联运机制，并以四子王旗家畜改良站和内蒙古赛诺草原羊业有限公司为牵头单位，聘用96名技术人员为基本技术队伍，在南部三个苏木镇建立了三处畜牧业技术综合服务站。2007年以来，四子王旗政府每年拿出300万元资金用于肉羊技术服务体系建设，先后建起29处肉羊中心配种站，290处输精点，配套290套人工授精器材，投放杜泊种公羊400多只（每只公羊补贴3 000元），对配种技术人员配种技术服务费进行补贴（每配一只母羊补贴7.5元），对苏木补贴行政组织费（每配一只母羊

4元），对杜泊公羊集中管理费进行补贴（每只公羊每年补贴300元）。投资同期发情药品，实施大规模同期发情配种技术。良种技术推广服务体系的建设，为杜蒙杂交肉羊产业的快速发展起到了重要的推动作用。

4. 形成了"公司+合作社+牧户"的利益联结机制

在杜蒙杂交肉羊生态养殖模式的运行过程中，形成了"公司+合作社+牧户"的利益联结机制。赛诺公司牵头组建了四子王旗肉羊联合社，联合社下设育种专业合作社、肉羊繁育专业合作社、肉羊育肥专业合作社。其中，育种合作社担负种羊生产职责，以胚胎移植方式运作；肉羊繁殖专业合作社主要负责商品羔羊生产，主要运用同期发情人工授精；肉羊育肥专业合作社则主要负责商品肉羊专业育肥。公司负责种羊繁育、胚胎生产、移植、同期发情、人工授精，并提供科学的饲养方案、免疫方案，拓展市场，牧户主要承担提供基础母羊、羔羊繁育等任务，基于此公司与牧户之间专业分工，"牧户繁，公司育"的生产格局基本形成。在专业分工的基础之上，公司又通过与牧户、肉联加工厂建立良好的合作关系，形成了利益共享联结机制。公司与牧户之间以肉羊专业合作社为纽带，与牧户签订"合作协议"及"配种协议"，给牧户以优惠转让、租赁等方式提供种公羊，并免费提供杂交、防疫等技术服务，保障牧户生产，减少牧户风险；同时，通过订单高价回收杂种羔羊，以集中育肥、定点销售等方式，获取规模效益。赛诺公司通过提供种羊、技术服务、订单生产、利润返还等方式与牧民建立了紧密的生产销售利益关系。

杜蒙杂交肉羊生态养殖模式在四子王旗取得了显著的经济、社会和生态效益，但该模式的进一步推广还受到诸如原种黑头杜泊数量不足、蒙古羊本品种选育、优质杜蒙羊肉品牌塑造和合作社与牧民组织化程度进一步提升等难题。需要政府、企业和牧民携手合作，使杜蒙杂交肉羊生态养殖模式得到提升和推广。

八、打造百万只山羊工程，建设特色畜牧业基地——关于湖北省十堰市"12345"标准化养羊模式的调查

十堰市地处鄂西北汉水之畔，东依武当山，南临神农架，西连巴蜀，北依秦岭，钟灵毓秀，物产丰富，武当山、丹江水、汽车城三大名片享誉海内外。十堰市辖一市四区五县，总人口350万，农业人口240万。十堰市地处南北气候过渡区，自然环境独特，草场广阔，秸秆资源丰富，是我国优良地方品种马头山羊的主产区，发展草地畜牧业特别是山羊产业具有得天独厚的优势。近年来，十堰市委、市政府提出建设特色农产品生产加工基地的战略目标，把山羊产业作为推进农村经济发展和农民脱贫致富的重要抓手，全力打造百万只山羊产业工程，推动了全市山羊产业大发展，形成了十堰市的"12345"标准化养羊模式。

（一）"12345"标准化养羊模式发展历程

山羊是十堰市农村的传统产业，但规模化发展始于20世纪90年代，大致经历了三个发展阶段。

1. 抓种源基地建设，夯实产业发展基础

发展山羊产业良种是基础。为了促进十堰市山羊产业大发展，在湖北省畜牧兽医局和省发改委的大力支持下，1990年十堰市郧西县实施了马头山羊种羊基地建设项目，该项目总投资1050万元。在郧西县香口乡元岭山兴建了马头山羊核心群种羊场，在香口、土

门等 6 个乡镇建了繁殖群，进行马头山羊选育，每年选育核心群种羊 1 000 只，繁殖群种羊 5 000 只。2003 年项目竣工后，郧西县山羊饲养量达到 23 万只，出栏量达到 8.1 万只，比 1990 年分别增长了 93.6% 和 183%。年山羊饲养量 1.5 万只的乡镇有 10 个，饲养山羊 50 只以上的大户有 1 000 户，出栏山羊 2 000 只以上的村有 60 多个。在国家和湖北省主管部门的支持下，2005 年郧西县投资 250 万元在城关镇石梯子村兴建了马头山羊良种繁育中心，进一步抓好马头山羊的选育和扩繁工作。通过项目的实施，十堰市马头山羊种源基地基本形成。

2. 抓商品羊基地建设，壮大山羊产业规模

为了壮大山羊产业规模，1996 年十堰市房县组织实施了商品羊基地建设项目，该项目总投资 1 000 万元，重点建设 12 个养羊大乡，建立了波尔山羊和努比山羊种羊场，健全和优化了山羊杂交改良体系。通过扶持和带动养羊大户的发展，促进了该县山羊产业突破性发展。2005 年项目完成后，全县山羊饲养量达到 44.34 万只，出栏 17.49 万只。通过项目带动，2006 年十堰市山羊饲养量首次突破百万只大关，达到 104 万只，是 20 世纪 90 年代初期的 3 倍。

3. 抓"四大创建"，实现标准化规模化发展

2010 年以来，十堰市委、市政府根据当地实际，适时提出了发展特色畜牧业，实施百万只山羊产业工程的目标，并列入"十二五"发展规划。按照目标要求，重点创建养羊"大县、大乡、大村、大户"，到 2015 年，建成以房县、郧西县、郧县等 60 个重点乡镇为主的山羊产业基地，全市山羊年出栏量达到 100 万只以上，山羊年加工量达到 60 万只。通过优化品种结构，建立良繁体系，推广标准模式，建设基础设施，抓好秸秆利用，种植人工牧草，强化疫病防控，发展合作组织，抓好加工流通等一系列措施，实现山羊产业规模化、标准化、集约化、产业化发展。为确保目标实现，市、县政府每年安排上千万元专项资金，支持山羊产业建设。由于政府支持、措施得力，全市山羊产业发展取得了突破性进展。2011 年，山羊饲养量达到 170 万只，出栏突破 90 万只，产值 20 亿元，纯收入 7.3 亿元，山羊产业从业劳动力 10 万人，人均纯收入 7 300 元，比当年农民人均纯收入高出 4 000 元，显示出良好的发展前景。

（二）"12345" 标准化养羊模式基本内涵

"12345" 标准化养羊模式的核心内容是：一个农户建设一栋标准化羊舍，面积 80～100m²；饲养 20 只能繁殖母羊；种植 3 亩优质牧草（田间、菜地、坡地）；利用农作物秸秆 40% 左右；年出栏 50 只肉羊，收入 4 万～5 万元。

1. 抓品种，提质量

马头山羊体质强、性温顺、耐粗饲、肉质嫩、膻味轻、味鲜美、繁殖率高、抗病力强、杂交亲和力好，是我国优良的肉山羊品种，1985 年被列入《湖北省家畜家禽品种志》，1992 年被国际小母牛基金会推荐为亚洲首选肉用山羊品种，被国家农业部列入"九五"星火计划并重点推广。为加强马头山羊品种保护，发挥其优良性能，积极引进优良品种，为百万只山羊产业建设提供优良种源，十堰市畜牧科技人员做了大量卓有成效的工作。

（1）抓好马头山羊品种选育：建立了马头山羊纯种繁育基地，开展了选育、提纯、复壮、培优等一系列工作，通过多年的选育提纯，其生产性能得到较大提升，种羊个体明

显提高，母羊体长增加 5~8cm，年繁殖率达到 428%，提高了 28%，商品羊屠宰率提高了 5~8 个百分点。

（2）积极引进优良品种：先后引进了努比山羊、波尔山羊等优良山羊品种，建立纯繁场，不断选育和提高其生产性能，为山羊产业发展提供了优良的亲本资源。

（3）开展山羊杂交改良工作：在划定马头山羊保护区，保持马头山羊优良品种特性的前提下，发挥其亲和力好的特性，利用波尔山羊、努比山羊等优良品种进行杂交改良。通过多年的饲养试验，探索出了适合十堰市实际的山羊杂交模式，即利用努比山羊父本与马头山羊母本杂交，增加后代体重和"块头"，提高泌乳力、成活率，再利用波尔山羊做终端父本与努马母本进行杂交，提高后代屠宰率、净肉率等产肉性能。试验数据显示，波努马或波马杂交肉羊初生重达到 3.5~4kg，1 月龄体重 6.5~7.5kg，均超过纯种马头山羊 1 倍，杂交一代肉羊当年出栏体重达 45~52.5kg，是普通山羊的 1.5 倍，出栏周期缩短 4 个月。

2. 抓科技，增效益

科技是山羊产业发展的推动力，十堰市始终把科技创新作为助推山羊产业发展的主要抓手，以科技创新促进山羊产业跨越式发展。

（1）标准创新：2002 年，十堰市成立了马头山羊研究所，组织开展了"马头山羊"湖北省地方标准研制工作。2006 年湖北省标准局发布了《马头山羊》地方标准，2007 年分获省、市科技进步三等奖和二等奖。2009 年，组织了《马头山羊》国家标准研制工作，2010 年国家标准委发布了《马头山羊》国家标准，成为湖北省首个畜禽品种国家标准，2011 年获省科技进步二等奖。

（2）技术创新：十堰市大力开展山羊养殖技术研究和推广工作。1998 年，组织实施"房县山羊杂交改良技术研究"项目，获十堰市科技进步三等奖。2002 年，组织实施"山羊杂交改良和饲草种植技术推广"项目，获湖北省科技进步三等奖。2004 年，组织开展了"马头山羊饲养与疫病防治技术规范"研究项目，湖北省标准局发布实施，并分获省、市科技进步三等奖和一等奖。2005 年，利用国家农业科技成果转化资金，实施"马头山羊品种资源保护利用新技术中试与示范研究"项目，利用分子标记辅助育种技术、计算机辅助选择技术、胚胎冷冻保种研究，达到了胚胎保种、杂交改良利用同步实施的目标，分获省、市科技进步三等奖和一等奖。

（3）模式创新：为了探索山羊养殖新模式，改变传统散养的原始习惯，提高养羊经济效益和社会效益，十堰市进行了大量研究和示范，成功打造了"12345"标准化养羊新模式。该模式的主要技术要点是：农户修建标准羊舍必须是吊楼式或高床式，面积达到 80~100m²，舍内设置漏缝式木板床 60m²，木板间隙 1~2cm；饲养能繁母羊 20 只，母羊品种以马头山羊为主，公羊为波尔山羊或努比山羊；人工种植优质牧草 3 亩，牧草品种选择可供冬春季节利用的黑麦草、冬牧 70 等冷季节牧草品种和高丹草、苏丹草、墨西哥玉米、甜高粱等夏秋季节品种；农作物秸秆以玉米秸秆、豆秸秆、花生秧、红薯藤为主，加上麦秸秆和稻谷草及豆渣；采取舍饲圈养方式，保证一年四季的饲草饲料；推行两年三胎，确保母羊年繁殖成活率达到 300%，每年出栏 50 只肉羊，收入 4 万~5 万元。

3. 抓加工，促增值

发展畜牧产业，需要龙头企业带动。十堰市在抓山羊产业规模发展的同时，积极培植山羊加工龙头企业。先后成立了郧西县天源名特畜产品开发中心、房县天森食品有限责任公司等羊肉加工企业，建成标准化车间、加工生产线、冷库等设施设备，年加工能力达30万只。主要产品包括分割肉、熟食品等13个系列品种，产品远销广东、深圳、浙江、江苏、武汉等地，全市每年加工山羊肉增值3 000万元以上。"十二五"期间，十堰市将进一步扶持现有企业做大做强，同时积极引进国内知名羊肉加工企业投资办厂，力争山羊肉年加工能力达到60万只以上规模。

4. 抓品牌，拓市场

为把马头山羊打造成为国内知名、国际知晓的特色品牌，十堰市各级政府和畜牧兽医部门坚持不懈地做好品牌建设和产品推介工作。一是量身定制马头山羊国家标准。历时6年，投资百万元，完成了马头山羊标准制定工作，并在第一时间发布，拥有了马头山羊标准的话语权，站在了制高点。二是确认了马头山羊为地理标志产品。通过申报，国家已经确定十堰市郧西县为马头山羊原产地，并予以保护，已形成了"中国马头山羊看湖北，湖北马头山羊看十堰"的共识。三是注册马头山羊系列商标。郧西县已在工商部门申请注册了马头山羊系列商标，成为马头山羊商标的拥有者。四是加大宣传力度。他们先后在中央电视台、湖北电视台、湖北日报、互联网等新闻媒体上大力宣传马头山羊，提高了十堰市马头山羊和山羊产业的知名度。通过品牌宣传，拓展了市场，提高了山羊产业的经济效益。2011年，全市外销山羊30万~50万只，由于品质好，深受消费者欢迎，价格持续走高，且供不应求，2011年年底活羊市场价格每千克32~34元，鲜羊肉每千克65~70元。农户出栏一只30~40kg重的山羊，可获纯收入600~700元。

5. 抓示范，带全面

在山羊产业建设过程中，十堰市根据各地自然资源及养殖基础，以建设养羊大县、大乡、大村、大户"四大建设"为抓手，以国家、省、市、县标准化示范场"四级联创"为依托，以点带面，分类推进，带动和促进山羊产业全面发展。一是确定房县、郧西县、郧县为山羊重点发展区域，集中一切可利用资源，抓好养羊大县的创建。二是明确60个山羊发展重点乡镇，确立发展目标，实现突破发展。三是建设山羊养殖专业村，实行整村推进。四是培植一批养殖山羊百只以上的大户，以大户带小户实行滚动发展。五是重点建设抓好标准化规模化山羊养殖示范场建设。在推进"四大建设"和"四级联创"的过程中，市县乡三级政府和畜牧兽医部门，层层兴办示范样板，以示范带全面，促进整体推进，促进了十堰市山羊产业规模化发展。2011年年底，已建成年饲养量3万~5万只的重点乡镇20个，2 000只以上的重点村200个，年出栏50只以上的规模示范户3 124户，30只以上的规模示范户7 791户，规模养殖户饲养量占全市养羊总量的60%~70%。

6. 抓技术，增服务

十堰市山羊产业以培植"12345"标准化养羊模式为突破口，以保护生态，加快山羊品改，增加养羊效益为重点狠抓技术配套。一是提供技术服务。畜牧兽医技术人员对养殖户实行包片包户方法，为养羊户提供建栏、种草、饲养、管理、品改、防疫、诊疗等各项技术服务，解决养羊户的后顾之忧。二是开展技术培训，为每个养羊户培养一名技术能手。市县两级分别组织专家服务团多次进村入户进行饲养技术、疫病防治、选种选配、人工种草等科技宣讲与培训，现场示范指导，同时编印"12345"健康养羊模式实用技术手册并刻录光盘下发。三是提供信息服务。及时为养羊户提供市场信息和营销信息，保护养羊户发展山羊的积极性。四是提供政策服务。及时将政府的惠农政策、宣传到户、落实到户。十堰市房县在推广"12345"标准化养羊模式过程中实行了"六统一"服务，即统一规划设计羊舍、统一技术指导、统一饲养品种和杂交模式、统一疫病防治、统一牧草种植和统一组织销售。

7. 抓规划，出政策

为实现山羊产业的持续快速发展，全市各级都成立了政府分管领导为组长，农办、畜牧兽医、发改、财政、国土扶贫开发、林业、科技、工商、农村能源、信用社等部门为成员的山羊产业领导小组，指导、协调山羊产业发展。出台了《加快山羊产业发展的意见》，制定了详细的山羊产业发展规划，层层分解落实任务，实行目标责任考核，并作为评价和考核各级政府工作业绩的重要依据之一。市级主要负责制定详细的产业规划布局重点抓好种羊场建设、加工龙头企业建设，督促饲草生产体系建设、品牌创建。县市区重点抓好大县、大乡、大村大户建设，标准化规模羊场建设，种羊繁育基地建设，饲草饲料综合开发利用，动物疫病防控，龙头企业建设及品牌建设。为此市及各县市区畜牧兽医局均成立了专家指导组。

为了使"12345"健康养殖模式得到全面推广，各级政府出台了一系列奖励扶持政策。市政府每年拿出1 000万奖励以"12345"健康养殖模式发展好的县（市），县政府对本县凡是建设"12345"养羊示范小区和"12345"示范户均有奖励。新建一个"12345"示范户以奖代补4 000~8 000元，凡达到特色产业专业村的奖励3万~5万元，对全县考核前三名的乡镇主要领导奖励个人3万元、2万元、1万元。凡"12345"示范户饲养的马头山羊能繁母羊补助100元/只、种公羊补助300元/只。

十堰市的"12345"标准化养羊模式取得了生产发展、环境保护、收入增加的多重绩效，湖北省畜牧兽医局将其作为标准化养羊模式在全省普遍推广。

九、示范引领推发展，提质增效促共赢——关于四川简阳市山羊产业"六化"发展模式的调查

简阳市位于四川盆地偏西，是省会成都的东大门，素有"天府雄州""东方门户"之称。简阳市的养羊业历史悠久，简阳农村素有养羊习惯，特别是山区农户，在长期的养羊实践中，积累了丰富经验。简阳既是全国肉羊优势区域布局规划重点市（县），也是四川省养羊十强市（县）。简阳市凭其特定的地理、气候条件造就了简阳羊肉独特的品质特性，并以肉质细嫩、膻味轻等特点著称，其母体为简州大耳羊，也是我国南方省区品牌山羊（肉）发展较好的典型代表。

近年来，简阳市高度重视发展现代畜牧业，在指导思想上确立了畜牧业和工业两强兴市战略，全面实施四川省委、省政府"大集团、大企业、大基地，良种化、规模化、标准化、品牌化、规范化"的现代畜牧业发展战略，并把山羊产业确定为全市畜牧业主攻产业，制订了一系列促进山羊产业发展的政策和措施，推进了现代山羊产业的快速发展。目前全市山羊生产存栏多、出栏量大、出栏率高、品种质量优良、外调种羊数量大、市内羊肉消费量大，简阳羊肉汤全国驰名。简阳市山羊养殖方式先进，产业链完整，品牌创建成效显著，现代化山羊产业雏形逐渐显现，经济效益显著，山羊产业逐步形成了独具地方特色的"品种优良化、养殖规模设施化、示范标准化、经营产业化、消费大众化、营销

品牌化"的"六化"产业发展模式,并成为增加农民收入、繁荣农村经济和建设新农村的支柱产业。

(一) 简阳市山羊产业"六化"发展模式的基本特征

1. 山羊品种优良化

2012年1月24日,国家畜禽遗传资源委员会审定通过简州大耳羊为山羊新品种,2012年2月7日公示期结束,简州大耳羊被农业部认定为山羊新品种。简州大耳羊是努比山羊和简阳本地山羊经过60年的选育形成的新品种,具有繁殖率高、个体大、生长发育快、产肉性能好、耐粗饲、抗病力强、皮质好、肉质细嫩、无膻味等品种特点,基本形成了一个遗传性能相对稳定,群体数量初具规模的优良品种,深受当地养羊户、羊屠户和消费者的青睐。简州大耳羊作为种羊年外调量达20万只以上,引种省区遍及湖南、湖北、云南、贵州、广西等省区。与此同时,简阳市政府不断加强简州大耳羊的品种选育和保护工作,建立了简州大耳羊育种场和选育核心群,在选育区发展了简州大耳羊选育户,形成了以简州大耳羊核心群场、基础群场和选育户互相结合的繁育体系,确定品种保护场,划定保种区域,实施种羊场保种和农户保种两种模式。简阳市政府发布保种公告,市财政每年拨出专项资金用于基地建设、品种选育、优质肉羊综合配套技术推广等,保种数量大于5万只,保种区域内禁止屠宰能繁种羊。

2. 肉用山羊养殖规模化设施化

简阳市通过政策扶持和项目拉动,重点培育龙头企业、专业小区和规模养殖场,引领山羊生产向规模化、标准化方向发展。2011年全市存栏山羊43.72万只,出栏山羊135万只,名列四川省县级第一名。羊肉产量2.17万t,占全市肉类总产量的11.16%,全市建成1 000只以上的规模羊场8个,200只规模羊场16个,100只规模羊场26个,50只规模羊场1 592个。其中规模羊场2011年出栏山羊68.85万只,占全市出栏山羊的51%,简阳山羊产业正由传统家庭生产向规模养殖发展,逐步成为简阳市畜牧业中的优势特色产业。与此同时,养殖效益也随之不断提高,2011年全市山羊产业实现养羊收入12亿元,农民人均实现养羊收入1 000元,农民人均实现养羊纯收入596元。目前山羊养殖效益显著,在规模化养殖条件下,每出栏一只肉羊可获纯利400元。舍饲高床养羊已经取代传统放牧养殖方式,成为简阳山羊养殖的主要模式,据调查全市舍饲高床养羊37.92万只,占存栏羊的86.73%。

3. 科技引领示范区标准化

自2007年以来,在四川省政府的关心和支持下,简阳市标准化养羊基地建设取得显著成绩。通过项目扶持,全市已创建国家级肉羊标准化养殖示范场2个,省级肉羊标准化养殖示范场1个,标准化养羊示范基地村53个,新建标准化羊舍12万 m²,通过科技引领,带动3 600户农户实施标准化养羊。其中大哥大牧业有限公司坛罐羊场已创建成为国家级典型肉羊标准化养殖示范场。在推进全市山羊产业向前发展的同时,坚持走"产、学、研"相结合的发展路子,以大哥大、正东和翔宇牧业为主的三大龙头企业在大专院校和科研部门的指导下,实施高床生态养羊、开发秸秆养羊、建设标准化羊舍、筛选山羊精饲料配方、研制羊用添加剂、防制羔羊断奶掉膘、防治羊群疫病传播等,不断创新山羊养殖模式,带领农户养羊增收致富,取得了显著的经济效益、社会效益和生态效益。

4. 龙头企业带动产业化经营

大哥大牧业有限公司、四川正东农牧集团和翔宇羊业公司是简阳市山羊养殖的三大龙头企业。其中以大哥大牧业有限公司为例，该公司是一家集简阳大耳羊种羊生产、商品羊养殖、饲料生产、山羊屠宰、羊肉深加工和销售一体化的省级农业产业化经营重点龙头企业。该企业投资 1.02 亿元建成存栏 2 000 只规模羊场 2 个，收购澳士达牧业发展有限公司肉羊屠宰加工厂，生产"香焾焾"牌系列羊肉干。现养殖简阳大耳羊核心群种羊 1.2 万只，联养大耳羊 4.5 万只，年经营销售种羊 4 万余只，商品羊 6 万余只，生产各种畜禽饲料 1 万余吨，年产值 2.3 亿元。公司充分发挥龙头企业作用，以合作社为纽带，带动简阳境内 2 000 余户养羊农户发展简州大耳羊养殖，对合作社农户实行"五统一、一保证、建圈补贴"的管理方式。在公司的带动下，合作社农户户均年增收 1.2 万元，累计新增社会产值 5 亿元以上，加速了简州大耳羊产业化规范饲养的进程，提高了农户养羊积极性，增加了农民收入。另外，四川正东农牧集团投资 6 000 万元建成存栏 2 000 只规模羊场 3 个，翔宇羊业公司投资 3 000 万元建成存栏 1 000 只规模羊场 2 个。同时，三大龙头企业在科研单位的指导下，开发出了羊用系列精料补充料，四川正东农牧集团建成了年产 1.5 万 t 的秸秆饲料加工厂。在龙头企业的带动下，全市建立了山羊产业从饲料原料、精料补充料、牧草种植、种羊繁殖，到肉羊养殖基地和屠宰加工完整的产业链。

5. 羊肉产品品牌化和消费大众化

目前，简阳市已创建有机羊肉品牌 1 个、绿色饲料产品 3 个，在四川农村改革开放 30 周年成果评选中，简州大耳羊被评为"天府十宝"中的第一宝。国家质检总局 2011 年第 14 号公告发布"简阳羊肉"为地理标志保护产品（自 2011 年 1 月 30 日起执行）。简阳不但是养羊大市，而且是羊肉消费大市，简阳人民对羊肉情有独钟，一年四季、一日三餐均喜欢消费羊肉，即使在炎热的七月，吃羊肉汤的热情仍然不减。据统计全市有羊肉汤餐馆 869 家，年消费活羊 50 万只以上，人均消费羊肉 6kg，用简州大耳羊制作的羊肉汤全国闻名，过往游客均有在简阳吃羊肉汤的喜好。中央电视台七频道《每日农经》栏目曾以"一锅汤熬掉 50 万只羊"为题目宣传报道简阳羊肉汤，并且简阳市政府每年拨款扶持羊业生产发展和举办羊肉美食文化节，现已连续成功举办了九届羊肉美食文化节，简阳羊肉已走向千家万户。

（二）简阳市山羊产业"六化"发展模式的基本经验

1. 实行种羊场、户结合，注重优良品种选育与繁育体系建设

发展肉用山羊生产，优良品种具有关键性的作用。虽然我国有山羊品种 50 多个，但肉用品种较少，提供羊肉的仍然是大量的未经系统选育的普通山羊，生产性能都较低。当前四川省培育成功的第一个肉用山羊品种为南江黄羊，因其数量有限，难以满足省内外发展的肉羊生产的迫切需要。简州大耳羊是用进口努比山羊与简阳当地山羊经过 60 多年的复杂杂交、横交固定和系统选育而形成的一个毛被以黄褐色为主的优良品种，具有体格大、生长速度快、产羔率高、适应性强、肉质好、风味独特、板皮质量优良等特点，而且作为肉用山羊的三个重要指标即繁殖力、早熟性和饲料利用率均在国内山羊中位居前列。从 20 世纪 90 年代中期开始，在四川省畜牧食品局的支持下，简阳市组织科技人员再次对简州大耳羊品种资源进行调查，初步制订了简州大耳羊种羊的选育标准，并规定成年公羊体重 70kg，母羊体重 50kg，方能留作种用。简州大耳羊为简阳市肉用山羊产业规模化标

准化发展提供了种源基础。

种羊的数量和质量对肉羊产业扩大再生产、提高肉羊生产性能与品质具有决定意义。为保证种畜的质量与数量，简阳市成立了简州大耳羊选育与开发利用领导小组，负责制定育种方案，解决简州大耳羊在纯种扩繁和生产中的重大技术问题，加强选育纯繁区和纯种扩繁的协调工作。围绕繁育体系建设，落实选育和保种措施，主抓核心群、基础群，开展繁育技术培训，宣传养羊科技知识，传授养羊技能，提供养羊技术服务。经过多年的努力，简州大耳羊繁育体系进一步充实完善，形成了以坛罐、大哥大种羊场两个核心群场为骨干，正东单景、老君华昌羊场等6个选育场为核心，丹景、武庙、五指等20多个乡镇种羊专业户扩繁为基础的种羊场、户相结合的"三级、三层""金字塔型"繁育体系结构新模式，大大加快了简州大耳羊选育与扩繁步伐，取得了显著成效。

2. 充分发挥科技支撑作用提高生产效率，增加经济、社会、生态综合效益

科技是山羊产业发展的推动力，传统的饲养和经营方式，与加快发展现代养羊业的新形势要求极不相适应。因此，改变落后的生产方式，加快现代养羊业的发展，依赖于优良品种的推广、先进实用技术的应用、科技成果的转化和养羊科学知识的普及。从1999年，简阳市被列为四川省人民政府"发展商品羊"项目县（市），同年被列为农业部丰收计划"羔羊生产增产配套技术"项目县（市）和四川省人民政府畜牧科技助农增收计划"优质肉羊生产综合配套技术推广"项目县（市）以来，充分发挥科技支撑作用，不断扩大山羊饲养规模，推广山羊生产配套技术，使得饲养水平不断提高。高床生态圈养、种草养羊、开发秸秆养羊等技术的推广，有效地解决了农牧、林牧矛盾，保护了生态环境，扩大了养殖规模，提高了劳动效率和饲草利用率，养羊经济效益进一步提高，生态和社会的综合效益也体现明显。以大哥大牧业有限公司为例，该公司在西南民族大学、四川农业大学、四川省畜牧科学研究院、成都大学等科研院所的技术支撑下，系统地开展了简州大耳羊新品种培育、饲养管理、疫病防治、羊舍设计等技术的研究与示范和羊肉深加工产品开发。经过多年的研究探索，公司已鉴定科技成果7项，获得省、市科技进步奖3项，开发新产品20余个，制定行业标准及地方标准10余项、形成发明专利8项。在羊肉深加工方面，通过"质量管理体系""食品安全管理体系"，运用世界上最新型的保鲜技术和排酸技术，生产出肉质鲜美、品质优良的纯天然绿色有机食品——"香尴尬"品牌羊肉。公司以"打造农业产业化旗舰，开创中国羊肉第一品牌"为发展目标，计划在未来3~5年的时间建成中国最大的肉羊产业化经营基地。可以说，肉羊生产技术进步不仅有利于降低肉羊生产成本，缩短生产周期，提高肉羊生产效率与产品品质，也是促进肉羊产业发展的主要动力。

3. 龙头企业带动领办合作社，建立利益联结机制实现合作共赢

为了实现养殖户增收、企业增效、产业发展、效益提升的多赢目标，作为简阳市三大龙头企业之一的大哥大牧业有限公司，充分发挥龙头带动作用，以合作社为纽带，先后成立了陈八、武庙、烂田、付夕坪、五里五个养羊专业合作社，带动境内2 000余户养羊农户发展大耳羊养殖。公司与专业合作社农户通过签订《简州大耳羊联养合同书》，建立利益联结机制，对双方权利和义务有了书面约束。对合作社农户实行"五统一、一保证、建圈补贴"的管理方式，即：统一培训，统一提供种羊，统一防疫，统一补饲供应，统一管理；保证回收后代羊；指导合作社农户修建标准化羊舍，并提供6 000元的羊舍补贴

款。同时，以合作社为主体，建立简州大耳羊健康养殖基地，实行"公司+合作社+基地+农户"的山羊联养运作机制，通过种母羊寄养、传递式寄养、股份制共养等模式，建立紧密的经济联合体。在公司的带动下，通过建立利益联结机制，不仅加速了简州大耳羊产业化规范饲养的进程，提高了农户养羊积极性，增加了农民收入，而且也实现了企业的增产创收。

4. 地理标志的认证与保护，提高了产品附加值

简阳羊肉（屠宰未加工）是一种具有营养、肉质鲜美、容易消化、膻味轻的优质羊肉，被国家质检总局于 2011 年第 14 号公告公布为地理标志保护产品。正是简阳羊肉良好的成长环境和特有的产品特性，造就了简阳羊肉较高的经济价值，简阳羊肉产品通过不断改进和完善，简阳羊肉汤已成为中国第一名汤，而地理标志的成功申请也是对简阳羊肉特有经济价值的一种保护与提升。据相关部门统计，使用地理标志之后相关产品产值得到较大幅度的提高。在简阳市质量技术监督局的推荐下，大哥大牧业有限公司获得了"简阳羊肉"地理标志的使用资格，该公司在使用之前，相关产品价值 2010 年为 1 000 万元、2011 年为 1 500 万元，使用地理标志之后，相关产品产值在 2012 年 1—5 月总值已达到 1 400 万元，同期相比产值提高了 80%。

为了从源头确保简阳羊肉品质，维护简阳羊肉品牌，保护地理标志申请成果，2011 年开始简阳市质监局、畜牧食品局对使用地理标志商标的简阳羊肉屠宰环节实施严格的统一专门屠宰点制度。统一屠宰，可以有效控制羊源，从源头上杜绝外地羊、杂交羊等冒充简州大耳羊的情况出现，从根本上保障了羊肉品质。此外，专业屠宰点不仅有利于保护环境，也有利于羊骨、羊下水（羊杂）、羊脸、羊血的屠宰、分割及收集，实现了简阳羊肉地理标志产品的保护，提高了消费者的认知度与满意度，增加了产品的经济价值。

5. 弘扬品牌文化，发挥品牌效应

简阳已创建有机羊肉品牌 1 个，绿色饲料产品 3 个，简州大耳羊也被评为"天府十宝"中的第一宝。为了弘扬品牌文化，扩大简阳羊肉的宣传、推介，促进简阳羊肉产业链相关利益主体的交流，提升简阳市和简阳羊肉的形象，拓展简阳羊肉的销售渠道，简阳市政府自 2003 年开始于每年冬至节连续成功举办了 9 届羊肉美食文化节。美食节除了开幕式、大型文艺演出、唱羊歌、打羊牌，还有千人羊肉宴等消费者互动品菜环节。经过多年摸索与发展，简阳羊肉美食节无论从规模、羊肉消费量以及新菜品推出数量、群众参与量、省内外影响力方面均有大幅度提高。美食节的成功举办既为宣传简阳羊肉、打造羊肉品牌创造了机遇，也进一步发掘了简阳山羊产业链相关商机；不仅充分发挥了品牌效应，也带动了简阳特色农产品产业的发展。

（三）简阳市山羊产业发展的未来

1. 进一步加强优良品种的选育，提高单产效益和品种质量

虽然简州大耳羊经过长期选育，在质量和数量及遗传性能等方面都具备了优良种群的条件，但与国内外著名肉用山羊——波尔山羊、南江黄羊相比，在生产性能上尚有一定差距。通过对简州大耳羊、简阳本地羊、努比山羊和其他山羊品种（如波尔山羊、南江黄羊等）间在其 DNA 分子水平的比较分析认为，简州大耳羊与其他山羊品种间存在的遗传距离是显著的，并且简州大耳羊群体内的个体间具有较好的遗传一致性。这表明简州大耳羊其遗传上具有相当程度的独立性，并能将其优良的生产性能和重要的品种特征形状稳定

地遗传给后代，是我国山羊资源的宝贵基因库。

近几年来，简州大耳羊引种到各地纯繁，表现出良好的适应性和生产性能，从四川的安岳、天全县、黑水县、重庆、黑龙江等引种地的资料表明，简州大耳羊发育正常、繁殖性能良好、适应性强。简州大耳羊在不同的生态条件下，保持了个体高大、生长发育快、繁殖率高、适应性强的特点，简州大耳羊的杂交一代也表现出了生长发育快、繁殖率高、抗病力强等特点，这有助于提高我国山羊的出栏率和商品率，有利于助农增收。并且简州大耳羊的纯繁和杂交利用效果均很好，市场需求很大，在国内外山羊品种中声誉很好，因此，继续加强对简州大耳羊的品种选育和推广利用，以提高我国肉用山羊水平和品种质量是大有裨益的。

2. 进一步整合肉羊生产资源，拓展和延伸肉羊产业链，提升产业化水平

目前，以大哥大牧业有限公司、正东农牧集团和翔宇羊业公司三大龙头企业带动为主，全市建立了山羊产业从饲料原料、精料补充料、牧草种植、种羊繁殖到肉羊养殖基地和屠宰加工完整的产业链，但是仍然存在一些问题。首先，对于优良品种简州大耳羊培育成功之后，在有些地方出现"只选不繁"的现象，羔羊生产量少，总量不足。其次，由于缺乏肉羊营养需要量标准，导致肉羊饲料的配制无据可依，缺少常用饲料参数，使得在肉羊饲料配置过程中，不知道基础饲料的营养价值，这是饲料配制浪费、成本上升、饲料转化率低的主要原因。舍饲高床养羊是简阳市山羊养殖的主要模式，据调查全市高床养羊占总存栏羊的86.73%。当前全市舍饲山羊养殖的饲料主要是秸秆粉、人工牧草、野生牧草和精料补充料，据统计全市每年有 18 万 t 秸秆用于山羊养殖，占全市秸秆产量的25.71%。然而很多养殖者对肉羊的营养需要缺乏了解，很多情况下无法做到科学配制，原料品种单一，配制相对随意。再次，与放牧相比，舍饲养殖可大幅度提高生产效率，减少环境破坏，利于标准化饲养和规范化管理，但疫病防治问题较之放牧显得更为突出。比如羊蓝舌病，主要发生在北纬 40°以南区域，气候环境的改变会导致该病流行范围的变化；羊传染性胸膜肺炎在传统放养模式下发病率在 5%以下，而规模舍饲养殖的发病率为14.3%~96.8%。而简阳市主要采用高床舍饲养殖，疫病防治的重要性更加突出。最后，肉羊屠宰加工企业生产能力过剩，羊源缺口大，许多企业开工不到生产能力的一半，处于半停产状态，造成资源浪费。此外，肉羊产品精深加工不足，附加值低，肉羊的皮革、胚胎、血液、小肠等副产品深加工领域几乎空白。综合以上问题来说，如何合理利用和整合现有肉羊生产资源，完善肉羊产业链条，提升产业化水平是未来迫切需要解决的问题。

3. 进一步强化地理标志产品的认证和保护，提升品牌产品的增值空间

在简阳羊肉申请地理标志之前，畜牧业已成为简阳市农村经济的支柱产业，简阳羊肉作为简阳市特色畜牧业，得到省市领导的高度重视。为了更好地打造简阳羊肉地理标志认证品牌，提高简阳羊肉的知名度和市场竞争力，保护名优产品，促进简阳肉羊产业健康发展，需要对地理标志产品进行保护，对其使用进行监管。为了有效控制简阳羊肉肉质的来源，防止假冒伪劣羊肉充斥市场，对地理标志使用的企业以及纵向协作组织（合作社、养殖户）等需要严格实施质量监督，对三家简阳羊肉地理标志使用企业严格执行《简阳羊肉地理标志管理相关管理办法》和《"简阳羊肉"质量技术标准》，进一步完善《简阳羊肉可追溯管理办法》。可追溯平台的组织与筹建有利于地理标志品牌的监管与保护，有利于提升品牌产品的增值空间。此外，为防止私屠乱宰现象，设立专门屠宰点，严把肉质

来源。这些措施不仅维护了简阳羊肉品牌，而且提高了消费者的认知和满意度，同时也提高了品牌产品的市场竞争力。

4. 进一步增加相关补贴和技术服务，推动肉羊产业的标准化生产

为了进一步推动简州大耳羊的规模化、标准化养殖，简阳市政府及相关部门应根据情况，对大耳羊核心产区的养殖基地、养殖大户给予一定的资金补贴以及提供生产配套技术、疫病防治技术等培训。对养羊户的补贴，考虑到每个乡镇的实际情况、养殖规模、羊舍建成年限及规格等方面，补贴范围主要涉及建舍补贴、沼气池补贴和种草补贴等。针对疫病的防治，简阳市畜牧食品局、各乡镇兽医站对本地区的重大疫病（如口蹄疫、羊快疫、羊猝狙）免费注射疫苗，对于养殖过程中的常见病（如感冒、腹泻、羊痘、羔羊痢疾、沙门氏菌病等）的防治，目前简阳市畜牧食品局通过各乡镇兽医站基本实现无偿上门防治服务。

此外，为了推动肉羊的标准化生产，围绕胚胎移植、人工授精、同期发情等新技术的推广与应用，相关政府部门应加大对养殖场户的技术培训，提高养殖场户的养羊积极性。

（四）简阳市山羊产业发展模式的启示

简阳市肉用山羊产业是在依托当地优越的地理环境和丰富的自然资源、科技支撑、政府政策与资金扶持、龙头企业示范带动、农户积极参与的基础上不断发展壮大起来的。在稳步推进简阳市肉用山羊产业向现代化方向发展的实践过程中，总结为以下几点启示：

1. 发挥品种优势，打造品牌产品

简阳特定的地理、气候条件培育出简州大耳羊的优良品种，从而造就了简阳羊肉独特的品质特性，为打造名牌产品创造了条件，而品牌的成功创建又会拉动产业的进一步发展。

2. 政府政策扶持，推动规模化标准化发展

从简州大耳羊选育繁育体系建设，到标准化规模养殖基地建设，再到疫病防控、产品标准和产品安全体系建设，市政府领导均给予了高度重视，并从政策上、资金上给以优先扶持。出台了各种优惠政策，如对企业、农户养羊从贷款、养殖用地、技术培训等方面给予支持，对半年存栏300只以上简州大耳羊能繁母羊的大型繁殖场，还从贷款贴息、退耕还林项目和种公羊配备上给予大力扶持，从而推动全市肉用山羊产业的标准化发展。

3. 龙头企业带动，创新养殖模式

充分发挥简阳市大哥大牧业有限公司、正东农牧集团和翔宇羊业公司三大龙头企业的示范带头作用，以市场为导向，以养羊户为基础，以合作社为主体，以"龙头"组织为依托，以经济效益为中心，以系列化服务为手段，实行"公司+合作社+基地+农户"的肉羊联养运作机制，将肉用山羊生产过程的产前、产中、产后诸环节联结为一个完整的产业系统，不断创新养殖模式，引导分散养羊户的小生产转变为社会化大生产，推动全市肉用山羊产业发展进入一个新的阶段。

十、种草涵养水土，养羊致富农民——关于贵州省晴隆县"晴隆模式"的调研

晴隆县地处贵州省西南部，是一个少数民族聚居的山区农业县，全县辖区面积1 331

km², 辖 14 个乡镇、91 个村, 居住着汉、布依、苗、仡佬等 13 个民族, 总人口 30.6 万人, 其中农业人口占 92.48%, 少数民族人口占 54.9%, 这里人民生产生活条件恶劣, 属于国家级贫困县。自 2001 年以来, 在国务院扶贫办和贵州省等有关部门的大力支持下, 晴隆县历届领导立足实际、因地制宜, 充分认识到晴隆县从事种植业的基本条件差, 但具有发展草食性畜牧业的优势。他们积极探索、克服困难、总结经验, 将种草涵养水土、养羊致富农民的草地生态畜牧业作为农业的主导产业, 较好地破解了生态脆弱地区农村贫困与生态退化恶性循环的怪圈, 充分体现了生态治理与扶贫开发、产业发展、农民增收的有机结合, 被大家称为"晴隆模式", 并在贵州省得到了大范围推广。

(一)"晴隆模式"的发展背景与基本内涵

1. "晴隆模式"的发展背景

晴隆县地处贵州西南部云贵高原中段, 山高、坡陡、谷深, 岩溶发育强烈, 石漠化面积 93.1 万亩, 75% 的耕地呈条状形小块坡地。2000 年, 农民人均粮食 335kg, 人均收入 1 156 元, 是当时贵州省最为贫困的县之一。在地表破碎、水土流失严重状态下, 如何实现脱贫致富, 成为历届县委、县政府思索最多的问题。晴隆县委、县政府通过深入调研论证得出结论: 晴隆属雨热同步、温凉湿润的高原热带季风气候, 适宜多种优质牧草生长, 具有发展草食性畜牧业的优势。县委、县政府一方面迅速制定规划, 并组建县草地畜牧发展中心; 另一方面积极争取上级相关部门支持。2001 年, 经国务院扶贫办批准, 贵州省扶贫办把晴隆县作为"扶贫开发与石漠化治理有机结合"的试点, 开始以典型示范的模式实施草地生态畜牧业产业化扶贫项目, 大力发展种草养羊。

10 多年来, 国务院扶贫办高度重视、大力支持, 国务院扶贫办党组把晴隆作为联系点。贵州省扶贫办始终坚持把治理石漠化地区恶劣的生态环境与扶贫开发、种草养羊、科技扶贫有机地结合起来, 以科技为支撑, 项目为载体, 扶贫开发为目的, 农业产业化为方向, 公司建基地带农户的做法, 累计投入财政扶贫资金 10 600 万人, 整合省直有关部门资金 5 700 多万元。贵州省黔西南州委、州政府, 晴隆县委、县政府成立了晴隆县草地生态畜牧业领导小组, 组建县草地畜牧业发展中心, 组织发动群众, 在 25° 坡耕地和石漠化严重的乡村种草养羊, 使种草养羊走上了产业化发展的道路。

2. "晴隆模式"的基本内涵

"晴隆模式"是科学发展观的产物。中央和各级地方政府针对晴隆县的实际情况, 通过国家和地方政府的项目支持, 在石漠化山区水土流失严重的陡坡耕地退耕还草, 在治理石漠化的同时发展草地生态畜牧业, 使农户在石漠化治理中增加了收益, 使当地的农业经济、生态环境走上了可持续发展的道路。"晴隆模式"的基本内涵是石漠化治理与发展草地生态畜牧业相结合。

项目实施以来, 晴隆县水土流失面积逐年减少, 石漠化问题得到了一定程度的解决, 生态治理效果显著。项目实行退耕还草, 通过选择适宜优质牧草、多种牧草混播、科学管理、合理载畜, 从而实现了保水、保土、保肥, 人工草地四季常绿。全县种植人工牧草 45 万亩, 改良草地 21 万亩。每年治理水土流失面积 20km² 左右, 减少水土流失面积 10km² 左右。25° 以上坡耕地每年每亩减少泥沙流失 1 260kg, 10°~25° 坡耕地每年每亩减少泥沙流失 686kg。人工草地土壤有机质含量每年增加 2%, 改良草地土壤有机质含量每年增加 1%。实施草地生态畜牧业产业化科技扶贫项目以来, 经济社会效益明显, 促进了农业产业合理化，全县畜牧业占农业总产值的比重由 2001 年的 31% 提高到 2011 年的 63%。试点从 2001 年的 1 个村发展到 2012 年的 96 个村、14 800 户、96 500 人。羊存栏由 2000 年的 2 600 只增加到 2012 年的 45 万只，累计销售商品羊 60 万只，项目区农民人均年现金收入从 2000 年 630 元增加到 2012 年的 3 450 元。此外，农户的劳动强度大幅度减轻；原来由三个强劳力干的农活，现在一个弱劳动力就可完成，在同一块土地上，现在的经济效益是原来的 5 倍左右。农民通过种草养羊不仅增加了收入，而且掌握了牧草种植、饲养管理、市场营销等技术和知识，提高了自身的素质。

（二）"晴隆模式"的基本类型

贵州省要求实施草地生态畜牧业产业化扶贫项目的各县组建事业与企业功能相结合的草地生态畜牧中心，作为为农户提供草畜生产产前、产中、产后服务的主要主体，并在此基础上形成了五种类型的模式。

1. 基地带动模式

晴隆县草地畜牧业发展中心作为良种繁育和示范学习基地，需要有一定规模的草场和荒山作支撑，需要占用部分农民承包的坡耕地及荒山。为了解决这个问题，中心采取了两种方式：一种是按国家政策规定，对农民的土地评定等级估价，农民以土地入股，参与草地的生产经营，按股分成；另一种是对农户的土地评定等级后，按面积一次性给予补偿。其中对土地被占用 60% 以上的农户，优先培训和安排到基地管理草场和羊群，并根据管理效益兑现工资和奖励：每户管理 50~70 只母羊，羊羔成活率达到 70% 以上，每户每月领取 300~500 元的基础工资。在此基础上，每增加 1 只羊羔奖励 100 元，减少 1 只扣 50 元工资，农民得到了租金、工资、奖金三项收入。对占用土地不到 60% 的农户，通过农户间土地转让或在基地从事季节性劳务获得收入。有的农民经过中心培训掌握种草养畜技术后，还被派到其他基地作为技术员，月工资均在 2 000 元以上。

2. 滚动发展模式

即"中心+养羊专业合作社+农户"模式，贵州省扶贫办以种草养羊科技扶贫波尔山羊项目资金支持晴隆。扶贫部门牵头协调晴隆县草地畜牧业发展中心实施项目。中心用扶贫资金购买基础羊群，采取以羊投放形式，无偿向农户提供种公羊、基础母羊、草种，修建圈舍，并负责技术服务、销售；农民出土地、出劳力，自己建草场，在中心的指导下进行放牧、守牧和草地管理。增加的羊群按 2 : 8 比例分成（中心占 20%，农户占 80%），每年结算一次。当年不分成，第二、第三、第四年分成，待第五年农户自有羊达到 50 只或存栏年达 90 只时，中心根据农户脱贫情况，按原发放数量收回基础母羊群后，仍继续向农户提供种公羊和技术服务。中心把收回的 20% 的基础羊群发放给另外的贫困户饲养；通过这样滚动发展，一方面扩大了项目对贫困户的扶持面，农户不出资金就能获得基础羊群发展生产，收入稳定增长；另一方面中心也在没有增加其他投入的情况下，规模逐步扩大。同时，中心帮助实施项目的片区建立养羊专业合作社，养羊合作社设社长、副社长、片区负责人、会计、出纳 7~9 人，社长和副社长由农户选举产生。专业合作社上联中心，下联农户，主要负责协调解决农户之间的矛盾，协调搞好草场以及羊群的日常管理，并参与中心的销售，每销售一只羊，由中心提取 4 元，作为专业合作社的日常管理费。

3. 集体转产模式

即整村推进，彻底改变原有产业结构的形式。主要选择比较偏远、贫困程度较深、基础设施薄弱，但土地面积较大、荒山较多的地区，引导农民由种植业转向养殖业，由农民向牧民转变。具体做法为：发动农民将土地全部拿出来，统一规划、统一种草、分片区管理、分户饲养、分户核算，进行规模化程度较高的养殖。中心长期派技术人员蹲点，负责提供草种、种羊、配套技术服务和商品羊的销售；农户负责种草、放牧、守牧，按中心的标准管理草地。在利益分配上，中心第一年不分成，收入全部归农户；第二年以后利润按2：8与农户分成；中心所得分成，又用于扶持其他农户。联合期根据农户的发展情况一般为3~5年。如江满村就是这种模式。2001年前，该村187户，有80%的农户靠卖血为生，农民人均纯收入不到600元。2002年实施种草养羊科技扶贫项目后，到2007年年末，农民人均纯收入达到3 300元。

4. 小额信贷发展模式

主要是对具有一定生产经营能力和经济基础较好的农户，由中心向银行担保，为每户农户贷款1万~2万元发展种草养羊。中心负责技术培训、技术服务、商品羊销售等，防疫治病只收成本费，无偿提供种公羊，帮助农户选购基础母羊，协调解决发展中出现的问题，利润按1：9分成（中心占10%，农户占90%）。中心所得分成仍用于扶持其他农户。

5. 自我发展模式

以土地入股或被中心吸收的农户在中心的培训和指导下，经过3~5年的发展，对羊的饲养管理、疫病防治、草地管理都能熟练掌握，并有一定数量的自有羊群后，凡不想隶属于中心，要求自己饲养的农户，中心每年无偿负责春、秋两季防疫疫苗注射，8个月更换一次种公羊，并负责商品羊的销售，提取农户利润的10%作为技术服务费，其余90%归农户。

（三）"晴隆模式"的运行机制

1. 中心与农户利益联动机制

即中心将技术人员工资、奖金、职称与工作目标完成情况及农户的经济效益情况挂钩，要求每个技术人员负责的示范基地及养殖农户要达到一定的标准，特别是承包片区内种草养羊农户每年的现金收入要在5 000元以上，并建立了相应的奖惩制度，规范技术干部的服务目标和标准。

2. 扶贫资金效益扩大机制

即由政府和扶贫部门牵头协调有关部门整合资源。扶贫资金作为引导资金，作为一个黏合剂，引导更多的资金投入扶贫，整合各部门资金，本着统一规划、集中使用、渠道不乱、任务不变、各尽其职、各计其功的原则，使扶贫资金的效益发挥得更好；用扶贫资金购买基础羊群给贫困农民，增加羊群按比例分成。经过几年发展，再把基础羊群收回来循环利用，在周转过程中实现了扶贫资金使用的良性循环。

3. 为农民服务目标责任激励机制

晴隆草地畜牧发展中心作为事业单位，实行企业管理考核制。县政府对中心制订了量化考核办法，对中心技术干部实行目标量化考核，政府与中心负责人、中心负责人与技术干部、技术干部与农户分别签订了责任目标，并将技术干部工资与承包农户羊群增长数量、成活率、死亡率等指标挂钩，充分调动了技术人员、管理人员的积极性，使其尽力去为农民服务，给农户发展提供了保障。

4. 瞄准贫困群体机制

在产业扶贫工作中，扶贫资金垒大户的现象时有发生，而晴隆县在发展种草养畜中做到了统筹兼顾、机制灵活、区别对待，形成了一种瞄准贫困群体机制。比如对贫困农民无偿提供基础羊群、无偿提供培训服务、降低收入分成比例、延长畜群的收回时间等，对经济条件较好的农户中心实行担保、发放小额贷款，使贫困户与非贫困户扶持标准有所区别，做到客观公正。

（四）"晴隆模式"拓展与推广

"晴隆模式"较好地破解了生态脆弱地区农村贫困与生态退化恶性循环的怪圈，拉开了岩溶地区石漠化综合治理的序幕，充分体现了生态修复与扶贫开发、产业发展、农民增收的有机结合，引起社会各界的广泛关注，得到了中央政府、地方政府和社会各界的充分肯定。晴隆县人民并没有止步于已取得的成就，县委、县政府按照"政府推动，农户主动，市场拉动，科技带动"的思路和做法，不断深化和拓展"晴隆模式"，实现了养殖方式由单一散养转变为散养和舍饲养殖相结合，肉羊产权由农户部分拥有转变为全部拥有，管理方式由粗放式管理向规范化管理的三个转变。

1. 政府推动

2011 年在"建设生态文明县"总体目标前提下，晴隆县委、县政府紧紧围绕抓好生态建设和促进农民增收的发展思路，拓展创新"晴隆模式"，结合晴隆县退耕还草项目、石漠化治理和坡耕地治理等项目的实施，大力推进种草养畜工作进程，搞好草畜配套，达到优化养殖结构、扩大养殖规模建设目标，推进全县生态畜牧业发展，真正把晴隆县建成贵州省草地畜牧业大县。县委、县政府提出了"1238"工程，即计划到 2015 年全县肉羊饲养量达到 100 万只，在全县发展 2 万户基本养羊户，每户发放 30 只基础母羊，并保证农户户均年收入在 8 000 元以上。一是组织推动，晴隆县成立了以县长为组长的草地畜牧业工作领导小组，乡镇、村也成立了相应机构，并在产业发展时间较长、基础较好的乡镇成立了养羊协会和产业支部。二是政策推动，对养羊农户按照标准修建羊舍并通过验收合格的，补助羊舍修建费用 4 000 元；协助养羊农户向信用联社贷款 3 万元用于购买基础母羊，政府贴息 2 年；对 2012 年实施退耕还草的农户，给予每亩 239 元的补助，并整合集团帮扶、"一事一议"财政奖补、水（电、路）配套等项目资源，大力发展水、电、路等基础配套设施。三是制度推动，建立草地畜牧业层层包保制度、发展风险金奖惩制度等，逐级签订责任状，实行同奖同罚，层层传递压力，层层激发动力。

2. 农户主动

农民种草养羊的积极性之所以大大提高，主要是以下几个方面原因：一是产权明晰，由县草地畜牧业发展中心与农户的"产权共享，利润分成"转变成由政府帮助农户贷款购羊、资助建舍和种草，实现农民拥有全部产权，让养羊户从原来为草地畜牧业发展中心养羊转变为自己养羊。二是效益明显，据测算，种草养羊与传统农作物种植相比具有较高的经济效益，与普通外出务工相比具有明显的社会效益，不仅便于照顾家庭，还能实现就近创业就业。三是风险降低，通过人才引进、技术培训和县、乡、村三级技术服务，养殖和防疫技术明显提高，加之目前市场稳定，需求量大，进一步坚定了农户的养殖决心。四是示范引导。通过示范户引导、大户带动，周边农户种草有目标、养羊有方向、发展有信心、效益有保障，许多农民，尤其是外出务工农民积极返乡参与到种草养羊的行列中来。如马场乡马场村主任黄东良家，在自己成功发展种草养羊的基础上，通过资金协助、技术指导、物资支持带动周边农户相继开展种草养羊，并取得较好成效。

农民通过种草养羊不仅增加了收入，还掌握了牧草种植、饲养管理、防病治病、市场营销等方面科技知识，培养了一批农民技术员、农村经纪人，造就了一批具有时代气息的新型农民。据不完全统计，该县仅自发和受聘到外地作为养羊技术员的农民就有 138 人，月薪在 2 000 元以上。三是促进了农民的稳定增收，加快了脱贫致富的步伐。全县农民人均纯收入 11 年来连续稳定增长，项目区的农民人均年现金收入 3 300 以上，很多外出打工人员回乡从事草地生态畜牧业的发展，可以安居乐业。

3. 市场拉动

晴隆县瞄准肉羊终端产品的生产来拉长产业链条，瞄准高端市场来提升种植养殖的标准化水平。一是建工厂，依托海权肉羊加工厂，为农户提供稳定市场，实现"种、养、加"一体化发展和"产、供、销"一条龙服务，使农户饲养的肉羊就地加工转化。二是建市场，积极筹建以活羊交易为主的大型牲畜市场，以大市场带动种草养羊的进一步发展。三是找市场，通过农户自主组建专业合作社、协会等，提高组织化水平，主动寻找市场信息、开拓市场、占有市场。全县现有岚雨、兴方等 15 个标准化农民专业养羊合作社。四是稳市场，通过延长产业链、增加产品的附加值，减少中间环节，以质量和价格占有市场、掌控市场，提高市场交易的主动权、定价权，增强抗御和防范市场风险能力。

4. 科技带动

一是强化培训指导。通过村（社区）远程教育平台、实地培训、专家讲座、实地参观等多种方式，在学校、田间、羊舍开设课堂，发放技术资料、实用光盘、挂历等，加强对农户种草养羊技术的培训。二是加强科技转化。在品种改良方面，为防止优良羊品种的退化，投资 700 多万元建立种羊胚胎移植中心，每年可以培育优质羊 4 000 只以上；在草种提升方面，探索引进并改良了皇竹草、紫花苜蓿等适合晴隆生长的优质牧草，对人工草地实行统一草种、科学种植、规范管理，产草量高，加强对秸秆、沼气的综合利用，既提升了草地载畜量，也较好地改善了生态，提高了畜牧业发展的科技含量和综合生产力；在结构调整方面，改变单一散养和种羊权属不统一的做法，实现了多样化养殖、多种化经营。三是强化人才支撑。县里以草地畜牧发展中心和农业局的技术人员为主，乡镇以草畜方面的技术人员为主，村以示范户和技术农民为主，组建了 500 余人的三级技术服务队伍，并从高校引进 3 名硕士研究生到县草地畜牧业发展中心工作，确保随时做好技术服务指导，为草地生态畜牧业的发展提供更强有力的技术保障。

十一、科技提升标准化水平，品牌塑造产业化经营——关于江苏海门山羊产业发展的调查

江苏省海门市养殖山羊的历史悠久，群众素有养羊的传统，是全国著名的长江三角洲白山羊的主产区和核心区，故又称"海门山羊"。海门山羊素以皮、肉、毛兼优而著称，是世界上唯一的生产笔料毛的羊品种，其肉膻味少、脂肪分布均匀、均肥不腻、鲜美可口。全市现有规模养羊户近 5 800 家，千头商品羊场近 20 家，羊业专业合作社约 10 个，山羊交易市场 4 个，山羊屠宰场 30 个，从事山羊交易的农民经纪人 400 多个，山羊年饲养量达 170 万只，规模养殖比例 27%。在我国很多发达地区，养羊业利益低，羊的饲养量不断减少，但在海门市海门山羊却有了较大的发展。

此外，海门山羊在科技与文化方面也形成了其特有的优势，在科技上，海门市政府与南京农业大学共建海门山羊研发中心；在文化上，作为时令性的滋补食品，冬食山羊肉早已深入江海人心，成为一种文化习惯。同时，海门山羊早已是国字号的名特优产品，是78个国家级畜禽资源保护品种之一。在2010年6月公示第57号"地理标志产品保护"名单中，海门山羊榜上有名。近年来，为了充分挖掘优质海门山羊潜力，海门市加快农业转型升级，以山羊的产业化推进市场化建设，让更多人了解和喜爱海门山羊，积极发展山羊经济，打造海门山羊品牌。

（一）海门市肉羊标准化生态养殖的基本内涵

经过长期的实践和摸索，海门山羊逐渐形成了独具特色的生态养羊模式，一系列饲养管理技术得到充分利用和发展，取得了显著成效。一是推进海门山羊良种化。以海门市家畜改良站为平台，通过人工授精，向社会源源不断地提供优质纯种海门山羊精液，大大提高了山羊繁殖能力，种公羊的优良性状在生产上得到了充分体现，推动了海门山羊产业发展质量的提升。二是促进饲料营养的合理化。海门由于地处长江三角洲，雨量充沛、阳光充足、四季常青，适于多种作物生长，他们充分利用农作物收获后残余的茎秆和叶子，通过秸秆氨化技术，将秸秆转化为山羊饲草，"四青"作物秸秆得到有效利用，并逐渐在全市推广。再加其他的饲草料搭配，山羊营养的合理化程度得到了提高。三是提高饲养环境和疫病防控的规范化。由于长江三角洲地区高热高湿，为了给山羊营造更为舒适的生活环境，减少各种疫病发生的概率，海门市大范围地推广高架养羊技术，及时清理羊粪尿。四是提倡羊粪的无害化和资源化。海门市蔬菜产业占有十分重要的地位，为此，他们将山羊粪腐熟后，制成优质有机肥提供给蔬菜种植园，不仅降低了蔬菜的生产成本，而且提升了蔬菜的质量安全程度，实现了种养业的有机结合，构建了循环农业的发展模式。

（二）海门市肉羊标准化养殖的基本经验

1. 借科技典型示范

为了开发和集成先进的实用养羊新技术、提升肉羊养殖的水平，海门市人民政府于2010年10月与南京农业大学正式签订协议，在海门市联合组建"南京农业大学海门山羊研发中心"，上对接国家产业政策和项目，下对接肉羊产业实际，重点开展海门山羊的提纯复壮工作。研发中心于2011年3月31日奠基，中国工程院副院长、国家肉羊产业体系首席科学家旭日干院士以及12位国家现代肉羊产业技术体系岗位专家参与了"中国首届海门山羊产业化发展论坛"，2011年12月16日，南京农业大学海门山羊研发中心正式落成。国家现代肉羊产业技术体系的相关岗位专家参与到海门山羊产业发展的研究中，同时，南京农业大学常年派驻团队成员，定期或不定期对公司、合作社的技术人员和养羊户进行技术指导和培训，努力提高其标准化养殖水平。经过努力，江苏金盛山羊繁育技术发展有限公司已获得农业部标准化示范场授牌，特别是该公司通过与南京农业大学合作大大提高了其养殖水平和标准化程度，并获批设立"江苏省肉羊产业工程技术研究中心"和"江苏省家畜胚胎工程实验室"，目前通过技术培训和示范带动了107个养殖户开展规模养羊，受到有关领导和社会的广泛关注，已成为江苏省促农民增收示范基地。

2. 强政策政府扶持

在海门山羊产业发展过程中，海门市政府不断强化扶持政策。一是建立种羊场，对种羊进行提纯复壮。早在1974年海门市就成立了种羊场，占地3 500亩，是国内唯一的长江三角洲白山羊种质资源场，主要承担海门山羊的纯种选育、开发利用及技术推广工作。二是制定政策，推动山羊产业向规模化方向发展。海门市政府制定了《关于加快海门山羊产业发展的意见》，曾先后三次实施国家和江苏省"秸秆养羊示范项目"，2007—2008年，海门市财政局又先后两次实施"海门山羊高架设施养殖建设项目"，以项目建设加大山羊生产投入扶持力度。2008—2010年，海门市委下发了扶持山羊业发展奖励措施的有关文件，对山羊养殖单户饲养达到800头以上，补贴3 000元，在此基础上每增加100头补贴500元。由于相关设施农业建设项目投入力度大、扶持面广、受益农户多，农民养羊积极性提高，刺激了民间资本投向山羊产业。各乡镇通过农业项目考核的促动，积极组织开展招商活动，主动出击搞好项目的对接和洽谈，规模养羊场得到扩充，这些养殖场的成功典型又进一步带动了周边农户发展规模羊场的信心，同时也提升了海门市山羊产品的市场竞争能力。三是开展政策性农业保险，确保山羊产业的平稳发展。2012年8月，中国人民财产保险公司海门支公司与江苏金盛山羊繁育技术发展有限公司所属的金三角山羊专业合作社签订了江苏省山羊养殖保险第一单。本次承保的金三角合作社的6 000头山羊，总保额270万元，其中农户每头只要交保费7.2元，财政补贴28.8元，保险期从2012年9月1日至2013年8月31日。若山羊在保险期内死亡，每头最高能获赔付450元。这是全省开展政策性农业保险以来的第一张山羊养殖保险单，对确保海门山羊产业的稳定发展起到了重要作用。

3. 塑品牌延伸产业

海门山羊浑身都是宝，重点在于如何开发其附加价值。对此海门市政府和相关企业积极实施品牌化战略，通过对海门山羊肉及其产品的开发，延伸产业链，增加其相关产品的附加值。一是通过羊肉产品深加工，创建名牌产品。海门市现有羊肉加工企业4家，利用海门山羊肉传统加工、烹调工艺，把羊肉小包装推向市场，促进羊肉的加工增值。红烧海门山羊肉蜚声省内外，其中"三方牌"红烧海门山羊肉获中国国际农业博览会名牌产品称号，与"东方雁牌"海门山羊肉均通过中国绿色食品发展中心认证，获A级绿色食品称号。"东方雁牌"海门山羊肉被江苏省餐饮行业协会评为"十大乡土风味名菜"。山羊肉产品已进入江苏、上海各大超市、宾馆，深受消费者的喜爱。二是进一步开发山羊毛价值，使传统产业更加光大。海门山羊毛享誉海内外，颈脊部所产得细光锋毛更是制作湖笔的精品原料，具有极高的商品价值。目前海门市共有山羊毛收购、销售户18家，全年收购羊毛67 700kg，产品销往日韩与欧美等国，主要分布在树勋、四甲、德胜、刘浩等乡镇。其中树勋有一个分拣羊毛等级的小企业长期从事海门山羊毛的收集、分拣、外销工作，最高的价格卖到2万元/kg，利润可观。海门山羊板皮致密有弹性，作为皮革原料也深受生产企业喜爱。三是通过开展山羊文化宣传活动，提升海门山羊品牌的文化内涵。海门市政府和相关企业通过开展"'东方雁杯'海门山羊王大赛""'开泰杯'我与海门山羊发展"征文、面向社会征集海门山羊标识和广告语、海门山羊文化节、海门山羊产业化发展论坛等一系列活动，将海门人喜爱山羊的文化内涵展现得淋漓尽致，全力打造具有海门特色的品牌农业。饲养山羊已经不仅仅是一个单纯的养殖活动，它已经成为一种地方特色，更体现了海门人勤劳致富的精神品质。四是通过申请使用地理标志保护产品标志，提升海门山羊的整体价值。因为海门山羊地道的肉品特色和特有的文化内涵，2010年海门山羊肉被国家质量监督检验检疫总局认定为地理标志保护产品，这对海门山羊肉生产经营者来说是个无形资产。2011年6月3日，海门市出台了《海门市地理标志产品保护管理办法》，地理标志产品保护范围内的生产、经营者可向质监部门申请使用专用标志，海门市的三方食品、开泰食品、东方雁食品、海扬食品、喜来食品5家企业提出了专用标志使用申请。经江苏省质检机构初审，国家质检总局审查，5家企业可以使用其申请的地理标志保护产品的专用标志。

第二部分　肉羊产业典型模式总结

本部分主要通过对上章案例的分析和总结，分析归纳肉羊产业可借鉴模式的基本经验。总的来说，在12个典型案例中，有4个是以公司为代表，并且都采取了公司+合作社+农牧户的模式，都以新品种（系）培育为起点，都形成了前后向的一体化，都取得了很好的经济、社会和生态效益，说明他们的规模经营是成功的。另外8个典型案例是以市县（旗）为单位，是在南方、北方以及农区和牧区开展肉羊规模化经营的典型代表。12个典型案例说明，在不同企业、不同地区，发展在一定的技术水平下和环境承载力条件下的肉羊适度规模经营，进行标准化生产、产业化经营、一体化延伸以及可持续发展，使土地（草地）、资本、劳动力、饲草料等生产要素配置趋向合理，同时通过科技创新推动，在政府的扶持和帮助下，结合市场需求，着重品牌建设，最终实现最佳经营效益。

一、加强合作，建立"公司+合作社+农牧户"典型模式

坚持农牧户以家庭为单位饲养在肉羊生产经营中的基础地位，同时发展合作社、企业、养殖小区等多种形式组织。通过企业建设养殖基地或养殖小区，雇佣农户养殖，增强企业与农牧户合作，帮助农牧户解决技术、资金、种羊等方面的问题，提高对农牧户饲草料资源的利用效率，带动饲草料增值等途径，提高农牧户组织水平，促进农牧户之间的合作与资源共享。

在这个过程中，龙头企业或养殖大户带领和示范作用就显得尤为重要。这种带动作用不仅是龙头企业或养殖大户提升自身利益的有效形式，也是实现其社会价值和责任、提高公众影响力的重要途径如在内蒙古金峰畜牧集团有限公司的案例中，企业和牧民合作，将种羊和草场承包给农民，养殖户与公司签订合同便于公司实行管理，同时养羊合作社为养殖户提供技术服务，并以多种形式为牧民垫付一部分生产资金，此外还充分发挥股份制作用，使得社员每年都能得到分红，整体实现良性循环，从而实现公司、合作社和牧民的"三赢"。

二、整合要素，发展全产业链

肉羊生产是在一个大的社会经济系统里面，因而肉羊生产者实现规模经营，不是一个生产者可以单独完成的，还需要前向饲料产业和后向屠宰加工企业以及生产技术、卫生防疫等相关服务支持部门。从饲养、育种、养殖、屠宰加工全产业链角度出发，整合产业资源，不仅可以扩大整个肉羊产业的规模，而且通过规模化、标准化、集群化、品牌化和产业化经营，产前、产中、产后相互促进、共同提高，提高整个肉羊产业的竞争力。

如内蒙古巴彦淖尔肉羊产业案例中推动肉羊饲料进行工业的标准化生产，配置科学合理并适合规模经营的饲料；促进屠宰加工集群化，对产品精深加工，羊肉产品分级，提高

羊肉产品的附加值，实现优质优价。

三、创新技术，推动技术进步

肉羊技术进步既包括繁育、饲养、饲草料生产加工、育肥、羊舍建设和羊病防治等技术进步，也包括生产组织制度方面的技术进步。相关技术进步为肉羊产业奠定技术基础，案例企业每一步发展都伴随着技术进步，如优良肉羊品种、颗粒饲料生产、饲料饲喂机械、科学经营管理等。此外，畜牧草业的技术进步对种草业发展以及草原生态恢复方面也发挥着重要的作用。如在贵州"晴隆模式"案例中，通过探索和培育优良的优质木材，实行科学的种草模式，既较好地改善了石漠化环境状况，又提升了草地载畜量，提高了畜牧业发展的科技含量和综合生产力，稳定农民收入。

技术研发需要大量的投入，小农牧户承担不了，因此可以通过政府推动和支持，企业合作和研发，最常见的方式是实行"产学研"结合，支持相关技术的研发与推广，促进技术进步，推动肉羊规模经营的发展。

四、保护环境，实行生态种养

肉羊产业的发展与生态环境保护密不可分，两者相互依存又相互制约。过度放牧不利于草场恢复，放牧规模过小又制约了牧民的养殖规模化，影响牧民的经济效益。此外，规模较大的养羊户饲养大量肉羊带来的羊粪、死亡羊以及养羊场的位置选择不当会带来环境污染问题，从而要投入更多的成本进行环境治理。所以近些年来，政府和企业不断强调和倡导进行生态养殖模式。如内蒙古四子王旗因前期过度放牧导致草场退化，牧区可持续发展面临着严峻的挑战。内蒙古赛诺草原羊业有限公司作为龙头企业，配合四子王旗当地政府，实行生态养殖理念，进行生态管理，以草定畜。再如宁夏盐池滩羊案例中也涉及为了帮助草原生态恢复，政府采用强力度的措施长期禁牧，退耕还草，转变牧民的饲养观念和饲养方式，促进肉羊产业可持续发展，并最终取得良好生态效应。

五、因地制宜，完善机制体制

我国肉羊产业发展呈现出显著的区域差异。我国各个省市自治区、各个县镇等在饲草饲料资源、畜禽品种资源、地域环境、气候等自然资源和社会发展以及科技进步水平不同。政府部门根据自身所具备的条件，制定相应的支持政策，因时因地制宜地发展差异化的肉羊规模经营。此外，随着规模的扩大，养羊户对于政府政策的需求也发生变化，政府需要针对不同规模养羊户的不同需求做出政策调整。政府从多角度综合考虑，并采取相应措施形成合力，以促进肉羊产业发展。

在生产要素方面，完善土地流转相应政策与法律保障，促进土地集中，对龙头企业等示范单位可优先考虑划分土地以进行牧草培育和规模化养殖。在劳动力方面，一方面促进农业劳动力向二三产业转移，提高农牧户收入，增加农牧区劳均资源；另一方面，通过饲养技术与经营管理培训提高劳动力素质，提高劳动力配置资源的能力。在资金方面，完善对于肉羊产业发展的专项政策支持，如农业保险，相关政策补贴等，帮助养羊户克服固定资产投资和扩大再生产中资金障碍。在组织方面，合作成立相关技术服务组织机构，实行责任制和检查制，推动科研院所和当地企业、牧民的合作与交流，促成"产学研"一体化。

六、品牌建设，注重市场营销

在品牌建设方面，各地方和企业可以通过注册原产地证明商标，申请地理标志农产品，申请"中国驰名商标"等方式，提高品牌知名度，提升羊产品价值，如案例中提到的简阳羊、河套巴美肉羊、乌特拉羊、马头山羊、海门山羊、盐池滩羊、玛纳斯萨福克羊等。农产品品牌化是农业市场化过程中的必然要求，羊肉的品牌建设可以带来增值、产业集聚等一系列效应，是提升肉羊产业竞争力的重要出路。

在市场营销方面，地方及企业要充分考虑市场需求，抓住消费者的需求，明确市场定位，实行差异化战略。此外，通过与大众媒体的合作进行广泛的宣传，利用新型电子商务模式进行多渠道营销，如内蒙古草原金峰畜牧集团有限公司设立专营店、直营店，还与农夫网合作开辟网店、引入电子商务模式进行营销。

在文化建设方面，各地方政府要结合当地的肉羊产业特色，采取多样形式，发扬宣传羊文化，形成独特的羊文化氛围，如玛纳斯县乡村旅游产业、四川简阳羊肉美食节、江苏海门山羊文化节和征文活动等。

参考文献

储明星，等，1999. 小尾寒羊种质特性的研究进展［J］. 中国草食动物，1（3）：
  38-41.

储明星，桑林华，王金玉，等，2005. 小尾寒羊高繁殖力候选基因 BMP15 和 GDF9 的
  研究［J］. 遗传学报，32（1）：38-45.

刁其玉，2009. 肉羊饲养实用技术［M］. 北京：中国农业科学技术出版社.

黄华榕，刘桂琼，姜勋平，等，2014. 杜泊羊与湖羊的杂交效果［J］. 中国草食动物
  科学（S1）：160-162.

金海，2005. 内蒙古草原畜牧业可持续发展途径的探讨［J］. 畜牧与饲料科学（3）：
  21-24.

李军，李秉龙.2012. 中国传统社会养羊业发展影响因素研究—技术之外的探讨［J］.
  古今农业（2）：25-34.

罗海玲主编，2004. 羊常用饲料及饲料配方［M］. 北京：中国农业出版社.

马惠海，赵玉民，金海国，等，2011. 东北细毛羊肉用类型群性能测定［J］吉林农
  业大学学报，33（2）：211-212.

马桢，郝耿，杨会国，等，2012. 阿勒泰羊品种资源现状及发展思路［J］. 草食畜，
  155（2）：10-15.

宁长申，张龙现，菅复春，2011. 河南省羊寄生虫名录［J］. 河南农业科学，40（9）：
  136-145.

祁玉香，余忠祥，2006. 欧拉型藏羊［J］. 中国草食动物（4）：62.

荣威恒，张子军，2014. 中国肉用型羊［M］. 北京：中国农业出版社.

王金文，崔绪奎，王德芹，等，2011. 鲁西黑头肉羊多胎品系培育［J］. 中国草食动
  物（1）：13-17.

王金文，崔绪奎，王德芹，等，2012. 不同类型羊舍冬季保温及对羔羊育肥效果的影
  响［J］. 当代畜牧（增刊）：93-95.

王金文，崔绪奎，王德芹，等，2012. 鲁西黑头肉羊与小尾寒羊肉质性状的比较研究
  ［J］. 家畜生态学报（33）：52-56.

王金文，崔绪奎，张果平，2009. 杜泊绵羊与小尾寒羊杂种优势利用研究［J］. 山东
  农业科学（1）：103-106.

王金文，崔绪奎，2013. 肉羊健康养殖技术［M］. 北京：中国农业大学出版社.

王金文，2013. 加强环境调控，实施肉羊健康养殖［J］. 当代畜牧（增刊）：88-91.

魏彩虹，路国彬，孙丹，等，2010. 无角道赛特、特克塞尔和小尾寒羊夏季生长发育
  性能的比较分析［J］. 中国畜牧兽医，37（12）：120-123.

许贵善，刁其玉，纪守坤，等，2012，20~35kg 杜寒杂交公羔羊能量需要参数 ［J］．中国农业科学（24）：5 082-5 090.

许贵善，刁其玉，纪守坤，等，2012．不同饲喂水平对肉用绵羊能量与蛋白质消化代谢的影响 ［J］．中国畜牧杂志，48（17）：40-44.

许贵善，刁其玉，纪守坤，等，2012．不同饲喂水平对肉用绵羊生长性能、屠宰性能及器官指数的影响 ［J］．动物营养学报（5）：953-960.

余忠祥，阎明毅，雷良煜，等，2011．欧拉羊饲养管理技术规范 ［J］．青海畜牧兽医杂志，41（3）：50.

余忠祥，2009．青海省河南县欧拉羊品种资源调查及研究报告 ［J］．畜牧与饲料科学，30（10）：120-123.

张腾龙，姜勋平，李先喜，等，2012．乌骨山羊生活习性与行为的初步研究 ［J］．中国草食动物科学（3）：36-38.

张英杰，刘月琴，储明星，等，2001．小尾寒羊高繁殖力和常年发情内分泌机理的研究 ［J］．畜牧兽医学报，32（6）：510-516.

张英杰，2015．羊生产学 ［M］．北京：中国农业大学出版社.

张英杰，2006．羔羊快速育肥 ［M］．北京：中国农业科学技术出版社.

B超孕检

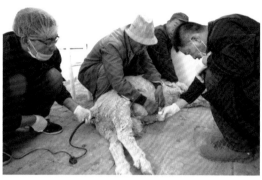

电刺激采精

腹腔镜胚胎移植

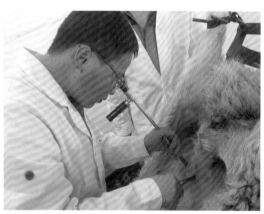

腹腔镜手术

公羊采精

人工输精

安徽白山羊

巴什拜羊

戈壁短尾羊

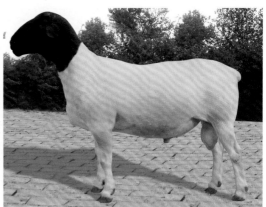

鲁西黑头羊

欧拉羊

云上黑山羊

抗应激颗粒饲料

羊胴体

称重设备

生产性能智能测定装备

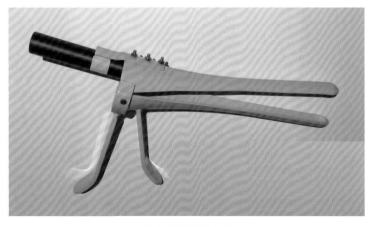

羊专用照明开支器

BRQ-30羔羊哺乳器

羊舍内自动喷雾消毒装置

羊自由采食料槽

智能称重设备

自动分群设备

颗粒饲料

牧草收割

制作裹包青贮

草地利用与生态基地

南方草地肉羊标准化羊舍

北方新型阳光现代智能羊舍

湖北多羔核心群

新型阳光现代智能羊舍

智能阳光棚舍示意图